U0232591

中国科普大奖图书典藏书系编委会

（以姓氏笔画为序）

顾　　问　王麦林　王梓坤　王绶琯　杨叔子
杨振宁　张景中　章道义

主　　任　叶永烈　刘嘉麒

副 主 任　王康友　卞毓麟　何　龙

编　　委　王直华　王晋康　尹传红　冯伟民　曲　颖
任福君　刘华杰　刘兴诗　汤书昆　李　元
李毓佩　杨焕明　吴　岩　吴国盛　张之路
张开逊　陈　玲　陈芳烈　林之光　金　涛
郑永春　孟　雄　星　河　夏　航　郭曰方
崔丽娟　隋国庆　董仁威　焦国力　颜　宁

编辑统筹　彭永东　高　然

封面设计　戴　旻　胡　博

督　　印　刘春尧

责任校对　陈横宇

中国科普大奖图书典藏书系

数学大世界

李毓佩◎著

长江出版传媒 | 湖北科学技术出版社

图书在版编目（CIP）数据

数学大世界 / 李毓佩著 . —武汉：湖北科学技术出版社，2014.7（2023.7 重印）
（中国科普大奖图书典藏书系 / 叶永烈　刘嘉麒主编）
ISBN 978-7-5352-6609-5

Ⅰ. ①数…　Ⅱ. ①李…　Ⅲ. ①数学－青少年读物
Ⅳ. ① 01-49

中国版本图书馆 CIP 数据核字 (2014) 第 058251 号

数学大世界
SHUXUE DA SHIJIE

责任编辑：李雨点　　　　封面设计：胡　博　张子容

出版发行：湖北科学技术出版社
地　　址：武汉市雄楚大街 268 号（湖北出版文化城 B 座 13—14 层）
电　　话：027-87679468　　　　邮　　编：430070

印　　刷：荆州博帆印刷有限公司　　　　邮　　编：434000

700×1000　　1/16　　27.5 印张　　2 插页　　369 千字
2014 年 7 月第 1 版　　　　2023 年 7 月第 17 次印刷
定　　价：40.00 元

（本书如有印装问题，可找本社市场部更换）

总 序

ZONGXU

我热烈祝贺“中国科普大奖图书典藏书系”的出版！“空谈误国，实干兴邦。”习近平同志在参观《复兴之路》展览时讲得多么深刻！本书系的出版，正是科普工作实干的具体体现。

科普工作是一项功在当代、利在千秋的重要事业。1953年，毛泽东同志视察中国科学院紫金山天文台时说：“我们要多向群众介绍科学知识。”1988年，邓小平同志提出“科学技术是第一生产力”，而科学技术研究和科学技术普及是科学技术发展的双翼。1995年，江泽民同志提出在全国实施科教兴国战略，而科普工作是科教兴国战略的一个重要组成部分。2003年，胡锦涛同志提出的科学发展观既是科普工作的指导方针，又是科普工作的重要宣传内容；不是科学的发展，实质上就谈不上真正的可持续发展。

科普创作肩负着传播知识、激发兴趣、启迪智慧的重要责任，优秀的科普作品不仅能带给人们真、善、美的阅读体验，还能引人深思，激发人们的求知欲、好奇心与创造力，从而提高个人乃至全民的科学文化素质。国民素质是第一国力。教育的宗旨，科普的目的，就是为了提高国民素质。只有全民的综合素质提高了，中国才有可能屹立于世界民族之林，才有可能实现习近平同志提出的中华民族的伟大复兴这个中国梦！

新中国成立以来，我国的科普事业经历了：1949—1965年的创立与发展阶段；1966—1976年的中断与恢复阶段；1977—

1990 年的恢复与发展阶段;1991—1999 年的繁荣与进步阶段;2000 年至今的创新发展阶段。60 多年过去了,我国的科技水平已达到"可上九天揽月,可下五洋捉鳖"的地步,而伴随着我国社会主义事业日新月异的发展,我国的科普工作也早已是一派蒸蒸日上、欣欣向荣的景象,结出了累累硕果。同时,展望明天,科普工作如同科技工作,任务更加伟大、艰巨,前景更加辉煌、喜人。

"中国科普大奖图书典藏书系"正是在这 60 多年间,我国高水平原创科普作品的一次集中展示。书系中一部部不同时期、不同作者、不同题材、不同风格的优秀科普作品生动地反映出新中国成立以来中国科普创作走过的光辉历程。为了保证书系的高品位和高质量,编委会制定了严格的选编标准和原则:①获得图书大奖的科普作品、科学文艺作品(包括科幻小说、科学小品、科学童话、科学诗歌、科学传记等);②曾经产生很大影响、入选中小学教材的科普作家的作品;③弘扬科学精神、普及科学知识、传播科学方法,时代精神与人文精神俱佳的优秀科普作品;④每个作家只选编一部代表作。

在长长的书名和作者名单中,我看到了许多耳熟能详的名字,倍感亲切。作者中有许多我国科技界、文化界、教育界的老前辈,其中有些已经过世;也有许多一直为科普事业辛勤耕耘的我的同事或同行;更有许多近年来在科普作品创作中取得突出成绩的后起之秀。在此,向他们致以崇高的敬意!

科普事业需要传承,需要发展,更需要开拓、创新!当今世界的科学技术在飞速发展、日新月异,人们的生活习惯和工作节奏也随着科学技术的进步在迅速变化。新的形势要求科普创作跟上时代的脚步,不断更新、创新。这就需要有更多的有志之士加入到科普创作的队伍中来,只有新的科普创作者不断涌现,新的优秀科普作品层出不穷,我国的科普事业才能继往开来,不断焕发出新的生命力,不断为推动科技发展、为提高国民素质做出更好、更多、更新的贡献。

“中国科普大奖图书典藏书系”承载着新中国成立60多年来科普创作的历史——历史是辉煌的，今天是美好的！未来是更加辉煌、更加美好的。我深信，我国社会各界有志之士一定会共同努力，把我国的科普事业推向新的高度，为全面建成小康社会和实现中华民族的伟大复兴做出我们应有的贡献！“会当凌绝顶，一览众山小”！

中国科学院院士
华中科技大学教授　杨叔子　二〇一二 十二.廿八

目 录

一、数的畅想曲

二、代数的威力

三、传奇与游戏

一、数的畅想曲

1. 数的畅想曲

古人对数的认识

远在文字出现之前，人类祖先就已经形成了数的概念。他们在很早以前就利用结绳或在木头上刻痕的办法来记数。比如美国纽约博物馆就藏有古代秘鲁用有颜色的绳子编的一种叫“基普”的东西，绳子打了许多结，它是一种记数的工具。我国古书《周易》上也有“上古结绳而治”的记载。

5000多年前，古埃及人把数字写在一种纸草上；古巴比伦人把数字刻在泥板上；我们祖先把数字刻在乌龟甲和牛骨上。下面是古人1到5的写法：

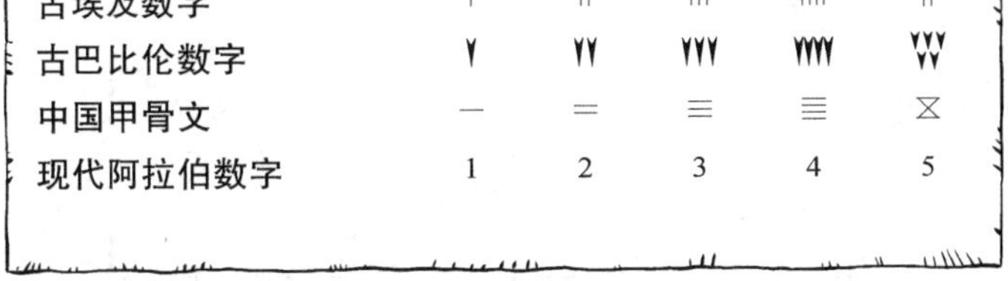
古埃及数字
古巴比伦数字
中国甲骨文
现代阿拉伯数字
1 2 3 4 5

随着数字越来越大，用不断加画道道的方法不行了，需要创造出能表示大数的数字。3000 多年前出现了罗马数字，至今还有人在使用。比如钟表上就仍能见到罗马数字。

据研究，Ⅰ、Ⅱ、Ⅲ是表示 1、2、3 根手指，V 表示一只手 4 指合并、大拇指张开的形状，这和我国广东话有时将 5 说成“一巴掌”是一个道理。10 写成 X，表示两只手掌。6 就是在 5 的右边加一道写成Ⅵ，意思是 5+1=6，而 4 是在 5 的左边加一道写成Ⅳ，意思是 5－1=4。

罗马数字、古埃及数字以及中国的筹算，都采用同一符号重复若干次之后再引入新的符号，防止重复次数太多。在罗马数字中同一符号最多写 3 次，比如 30 写成 XXX，而 40 则写成 XL，这里 L 是罗马数字 50。又如 80 写成 LXXX，而 90 则写成 XC，这里 C 是罗马数字 100。在古埃及数字中同一符号可以重复 9 次，比如 9 写成 ||| ||| |||。罗马数字显然比古埃及数字进步了。

在许多民族中，古代的数字常用一些名词来表示。比如，2 用“耳朵”“手”“翅膀”表示；4 用“鸵鸟的脚趾”（鸵鸟 4 趾）表示。古代有些数字是用象形文字来写的。比如古埃及数字：

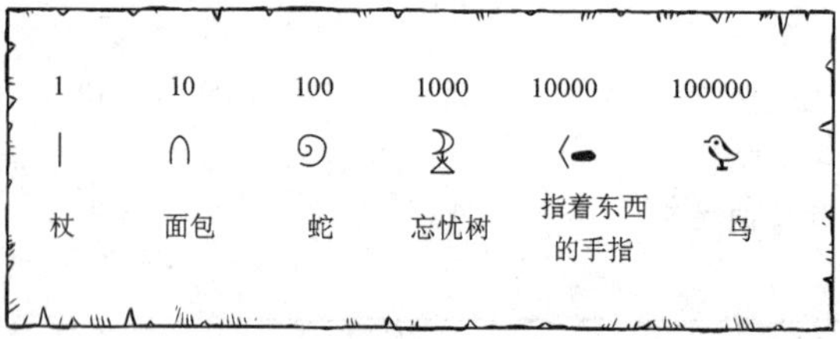

生活在中美洲中部的古代玛雅人，只用3个符号：点、横和椭圆，就可以表示任何自然数。用点和横可以从1写到19，在任何数下面加上一个椭圆，就把那个数放大20倍。

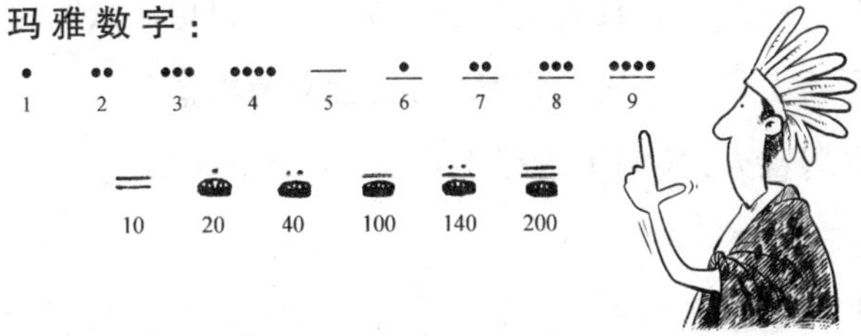

这里，· 表示1，大概是石子；—表示5，代表一根小棒；是20，大概是贝壳。

现在通行的阿拉伯数字并不是阿拉伯人创造的，而是古印度人发明的。古印度人把一些横划刻在石板上表示数，一横表示1，两横表示2。后来，他们改用棕榈树叶作为书写材料，就把笔画连起来写，把二写成 Z ，三写成 Ƶ 。后来又经过长时间的演变，才变成现在的样子。

公元8世纪，印度计数法由商人带入阿拉伯首都巴格达城。一位叫堪克的人带着数学书和天文图表，拜见了阿巴斯王朝的统治者哈里法。哈里法对此很感兴趣，下令把这些数学书和天文图表译成阿拉伯文。印度数字很快在阿拉伯流传开来。

公元12世纪初，欧洲人开始将阿拉伯文的数学书译成拉丁文。意大利的斐波纳契写成《算盘书》，这本书被学校作为教材使用了200多年，影响很大。《算盘书》一开始就写道："印度的9个数字是9，8，7，6，5，4，3，2，1，用这9个数字以及阿拉伯人叫作零的记号0，任何数都可以表示出来。"

数字0，据英国史学家李约瑟考证，最初出现于中印边界，可能是两国人民共同创造的。数字0通过阿拉伯商人传入西欧，却受到罗马教会的反对。教皇尤斯蒂尼昂宣布："罗马数字是上帝创造的，不允许0存在，这个邪物加进来会玷污神圣的数。"有位罗马学者偷偷传播0，被教会发现。罗马教皇把这位学者投入监狱，施以酷刑，用夹子把他的十根手指紧紧夹住，使他两手残废不能再握笔写字，最后将该学者害死在监狱中。

数进位制的由来

十进位制的产生与人长有十根手指有关。“屈指可数”，说明手指是人计数时最方便的工具。十根手指都数完，就要考虑进位了。

南美的古玛雅人，数完了十根手指头，再数十根脚趾，他们使用二十进位制。

介于澳大利亚北部的约克角半岛与伊利安之间的海峡，叫托列斯海峡。这个海峡附近的群岛上居住着一些部落。他们只靠两个数进行计算，“一”——“乌拉勃”和“二”——“阿柯扎”。遇到“三”就用“阿柯扎、乌拉勃”表示，“四”是“阿柯扎、阿柯扎”，“五”是“阿柯扎、阿柯扎、乌拉勃”，他们使用的是二进位制。

五进位制的手指记数法，最早起源于美洲。这种五进位制至今还在波利尼西亚群岛的居民中使用着。

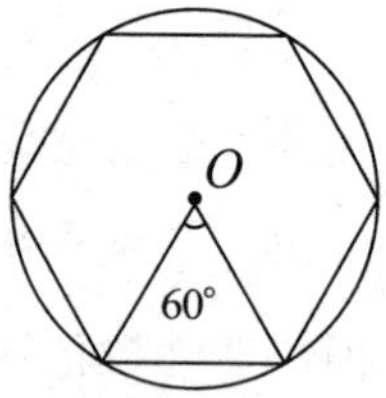

1小时等于60分，1分等于60秒；圆周角为360°，每度60分，每分60秒。最早采用六十进位制的是古巴比伦人。他们为什么要用六十进位制呢？现在有两种不同的看法：有的人认为古巴比伦人最初以360天为一年，将圆周分为360°。太阳每天行1°。而圆内接正六边形的每边都等于圆的半径，每边所对的圆心角恰好等于60°，六十进位制由此而来。另一些人认为古巴比伦人早就知道一年有365天，选择60这个数是因为它是2，3，4，5，6，10，12等简单数字的倍数。60 = 12 × 5，12是一年包含的月数，而5是一只手的手指数。

古代各地区的进位制各不相同，连数的写法也不一样。我国继甲骨文和金文（铸在铜器上的文字，也叫钟鼎文）之后，开始用更方便的算筹来记数。“筹”就是竹质或骨质的小棍。我国古代数学家就使用这些小棍，摆成不同的形式来表示不同的数，并进行计算。1971年8月在陕西千阳县的一座西汉墓中，首次出土了骨质算筹，估计算筹的使用不会晚于公元前 3 世纪。

用算筹表示数目，有纵横两种方法：

纵式

𝍠 𝍡 𝍢 𝍣 𝍤 𝍥 𝍦 𝍧 𝍨

横式

𝍩 𝍪 𝍫 𝍬 𝍭 𝍮 𝍯 𝍰 𝍱

〦，〧，〨 三个数字，从前商人记账时还经常用到。

用算筹摆数的原则在《孙子算经》中有记载：“凡算之法，先识其位，一纵十横，百立千僵（百位是纵式，千位又是横式），千十相望，万百相当。”意思是：个位、百位、万位都用纵式；十位、千位都用横式。高位在左，低位在右，比如 378，就摆成𝍢𝍯𝍧。遇到零时，就留个空位，比如 6708 就摆成𝍮𝍦　𝍧。

古巴比伦人使用六十进位制，书写时也是低位在右，高位在左，比如𒁹表示 1，𒌋表示 10。

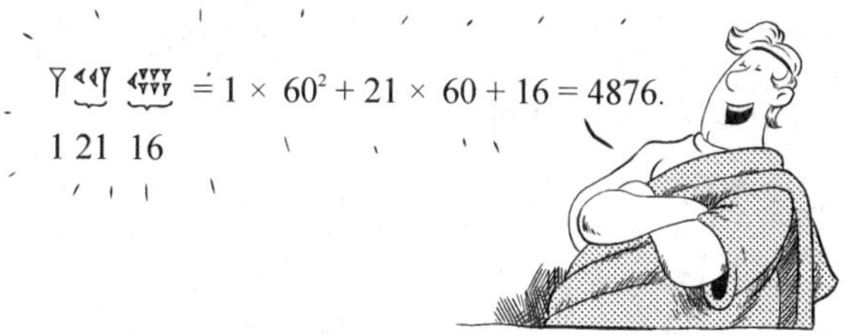

$= 1 \times 60^2 + 21 \times 60 + 16 = 4876.$
1 21 16

古埃及数字的排列次序，和我们的习惯恰好相反。他们把高位放在右边，低位放在左边。比如，1873 就写成

据史书记载，由于错误地翻译了古埃及的计数体系，而产生了一个令人困惑不解的问题，这个问题直到不久以前才得到解决。原来，古希腊哲学家柏拉图曾经根据雅典的伟大政治家和诗人梭伦的回忆录，讲述了一个关于亚特兰蒂斯岛（大西岛）的故事。梭伦曾经游历过许多地方，这个故事是一些博学的古埃及祭司告诉他的。这个故事说：在比梭伦那个时代早大约9000年的时候，有一次，巨大的灾难降临到亚特兰蒂斯岛，这个岛连同它的全体居民突然沉没到海里去了。据说，这个岛的面积是800000平方英里（1平方英里=2.59平方千米），因此，柏拉图不得不把它的位置安排到大西洋里去（大西洋这个名称就是这样得来的），因为整个地中海也容纳不下这么大的一个岛。近代对地中海海床所进行的地质考察表明，在地中海里确实曾经发生过一次巨大的火山爆发，它使米诺斯文化突然被毁灭掉了。但是，这个事件大约发生在公元前1500年，也就是说，只比梭伦那个时代早大约900年，而不是早9000年。不仅如此，柏拉图在他写的《克里蒂亚篇》一书中描述的那个四面环山的肥沃平原，原来说是长3000斯达提亚（古希腊的长度单位，1斯达提亚=600英尺，即不到200米），宽2000斯达提亚。但是，如果把这个大小减为300×200，那就正好同克里特岛上的梅萨拉平原相符了。可见，使许多古代学者迷惑的大西岛之谜，是由于读错了古埃及数字而产生的，是把位值提高了一位（把100读成1000等），使梭伦因数量相差10倍而犯了错误。其实，大西岛就是希腊南部的克里特岛。

据考查，世界大多数地区采用的是十进位制。美国数学家易勒斯曾做过调查，美国原始亚美利加各族的307种计数系统中，有146种是十进位的，有106种是五进位或二十进位的，另外还有别的进位制。

乌龟背上的数

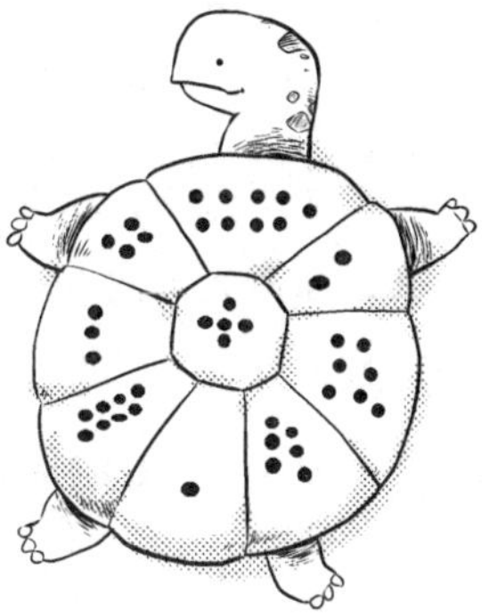

传说在很久以前，夏禹治水来到洛水。洛水中浮起一只大乌龟，乌龟背上有一个奇怪的图，图上有许多圈和点。这些圈和点表示什么意思呢？大家都弄不明白。一个人好奇地数了一下龟甲上的点数，再用数字表示出来，发现这里有非常有趣的关系。

把龟甲上的数填入正方形的方格中，不管是把横着的三个数相加，还是把竖着的三个数相加，或者把斜着的三个数相加，其和都等于 15。

有许多别的民族也很早就知道这个神奇的方图。印度人和阿拉伯人认为这个方图具有一种魔力，能够避邪恶驱瘟疫。直到现在，还可以在印度看见有人在脖子上挂着印有方图的金属片。犹太人认为方图中的 1、3、9 和希伯来文的字母对应，刚好写出“耶和华”（上帝）这个词。

传说、宗教当然是不足为信的。但是，这种方图却反映了正整数的一种性质。我国古代把这种方图叫“纵横图”或者“九宫图”。国外把它叫作“幻方”。

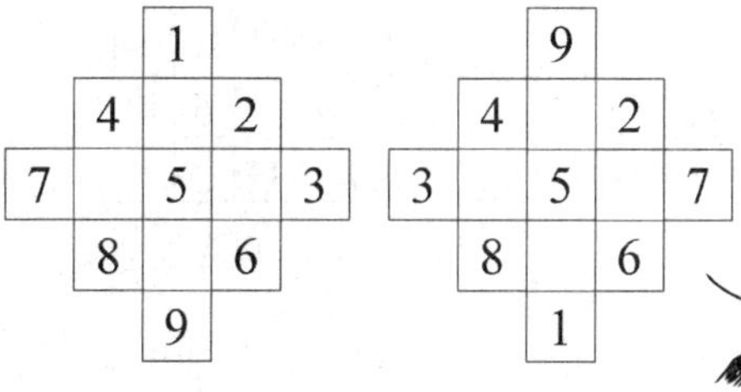

纵横图是怎样排出来的？靠碰运气行吗？不行。下面介绍我国南宋数学家杨辉创造的排列方法。

先画一个图，把1到9从小到大斜着排进图中。然后把最上面的1和最下面的9对调；把最左边的7和最右边的3对调；最后把最外面的4个数，填进中间的空格中，就得到了乌龟背上的图了。

由9个数排列出来的是3阶幻方，下面再来看几个有代表性的3阶幻方。

(1)从0到8的3阶幻方。它的横、竖、斜行的3个数之和都是12(图1)；

(2)从1到17的奇数构成的3阶幻方(图2)；

(3)从0到16的偶数构成的3阶幻方(图3)。

7	0	5
2	4	6
3	8	1

图1

11	1	15
13	9	5
3	17	7

图2

14	0	10
4	8	12
6	16	2

图3

幻方阶数越高，排起来越困难。如不掌握一定的方法，简直别想排出来。下面排一个4阶幻方：把1到16从左到右依次排进方格中(图4)；再把外正方形的2组对角上的2个数分别对调，内正方形的2组对角上的2个数分别对调，其余的数不动，得到图5。它的每一横行、每一纵列及2条对角线上的4个数之和都等于34。4阶幻方的排法不止一种，总共可以排出880种不同的4阶幻方。

1	2	3	4
5	6	7	8
9	10	11	12
13	14	15	16

图4

16	2	3	13
5	11	10	8
9	7	6	12
4	14	15	1

图5

利用杨辉创造的方法，可以把奇数阶幻方排出来，下面以5阶幻方为例来排一下。

首先把1到25按顺序斜着填进图6，然后把上、下、左、右各3对数对调，如图7，最后再填入中间相应的空格中，就得到一个5阶幻方，如图8。

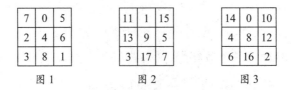

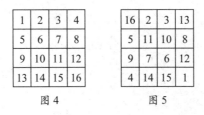

电子计算机计算结果表明，5 阶幻方共有 275305224 种，也就是两亿七千多万种排法，可真不少！

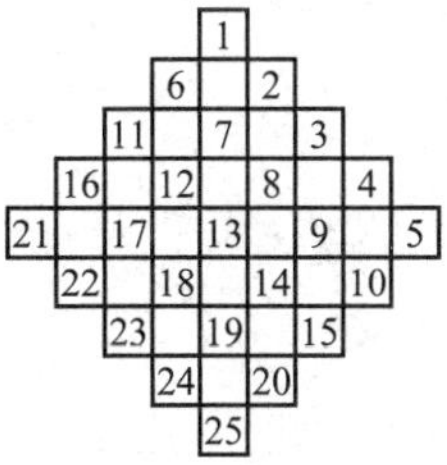

图 6

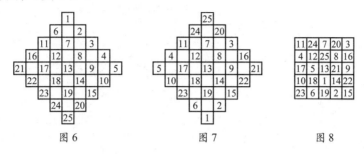

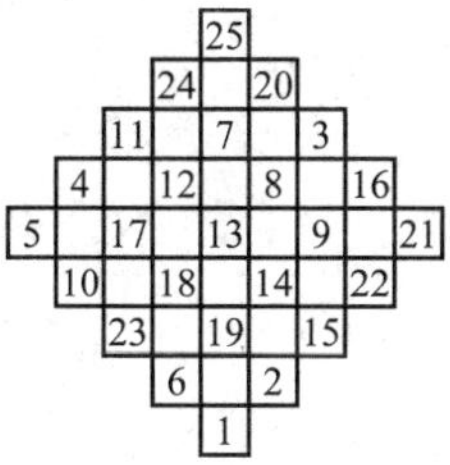

图 7

11	24	7	20	3
4	12	25	8	16
17	5	13	21	9
10	18	1	14	22
23	6	19	2	15

图 8

科学家把幻方看成人类智慧的结晶。在一次国际博览会上，人们惊奇地发现地面的方砖上都写着数字（图 9）。不论你按着横、竖、斜的方向任意找 4 个相邻的数，加起来都等于 34。原来这是由许多 4 阶幻方组成的地面。

7	12	1	14	7	12	1	14	7	12	1	14
2	13	8	11	2	13	8	11	2	13	8	11
16	3	10	5	16	3	10	5	16	3	10	5
9	6	15	4	9	6	15	4	9	6	15	4
7	12	1	14	7	12	1	14	7	12	1	14
2	13	8	11	2	13	8	11	2	13	8	11
16	3	10	5	16	3	10	5	16	3	10	5
9	6	15	4	9	6	15	4	9	6	15	4

图 9

为了探索别的星球上是否有宇宙人，人类发射了能飞出太阳系的飞船。飞船上有照片、音乐，还有一幅 4 阶幻方图。图上没有写数字，而是画的点点来代表数。啊，幻方已飞出地球啦！

奇妙的反幻方

认识了 3 阶幻方，现在介绍 3 阶反幻方。什么是反幻方呢？前面见到的 3 阶幻方的主要特点是：在任意一行或任意一列或任意一条对角线上的 3 个数的和都相等，都等于 15。而反幻方的特点是：在任意一行或任意一列或任意一条对角线上的 3 个数的和都不相等！反幻方和幻方就是背道而驰！

有，不但有，而且比幻方还要多。不信，举一个例子：用1到9这9个数字填写图10就是一个反幻方。

8	9	1
7	2	3
6	5	4

图 10

它的3行的和分别是：

8+9+1=18，7+2+3=12，

6+5+4=15；

它的3列的和分别是：

8+7+6=21，9+2+5=16，

1+3+4=8；

它的2条对角线的和分别是：

8+2+4=14，1+2+6=9.

你看，8个数都不相等。

由于反幻方比较多，人们就想找出具有特殊性质的反幻方。功夫不负有心人，还真找到2个螺旋反幻方。这种反幻方的特点是：填进方格里的自然数必须由小到大，按顺序连接，成为螺旋的形状。

螺旋反幻方有2个，一个是从左上角开始，顺时针旋转（图11）。

它的8个和数分别是：6，21，18，16，17，12，15，19。

另一个是从中心开始，逆时针旋转（图12）。

1	2	3
8	9	4
7	6	5

图 11

9	8	7
2	1	6
3	4	5

图 12

它的 8 个和数分别是:24,9,12,14,13,18,15,11。

有了幻方,又有了反幻方。有正就有反,有方就有圆嘛！世界上还会不会有“幻圆”呢？世界上还真有“幻圆”,不过它不叫“幻圆”这个名字,而是叫“魔圆”。

其实在 100 多年前,我国把幻方就叫作“魔方”。后来,匈牙利的罗毕克发明了“魔方”玩具,这种玩具传入我国以后,风靡一时,“魔方”这个名字就被这种玩具抢走了。没法子,数学的“魔方”就只好改名叫幻方了。

最简单的“魔圆”是由 3 个圆和 1 到 6 这 6 个数组成(图 13)的,每个圆上都有 4 个数。把每个圆上的 4 个数相加:

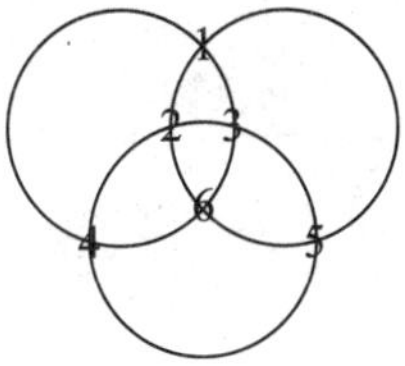

图 13

1 + 3 + 6 + 4 = 14, 1 + 2 +6 + 5 = 14,4 + 2 + 3 + 5 = 14,

都相等。

再复杂一点的就是由 4 个圆和从 1 到 12 这 12 个数组成的“魔圆”(图 14)。

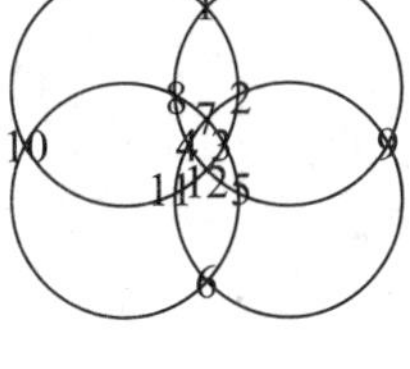

图 14

有形状的数

公元前6世纪,古希腊的毕达哥拉斯学派常把数描绘成沙滩上的小石子,又按小石子所能排列的形状,将数分类,叫作“形数”。

用3个石子可以摆成一个正三角形。同样用6个石子，或10个石子可以摆成更大的正三角形。因此,毕达哥拉斯学派把1,3,6,10等叫作“三角数”或“三角形数”。

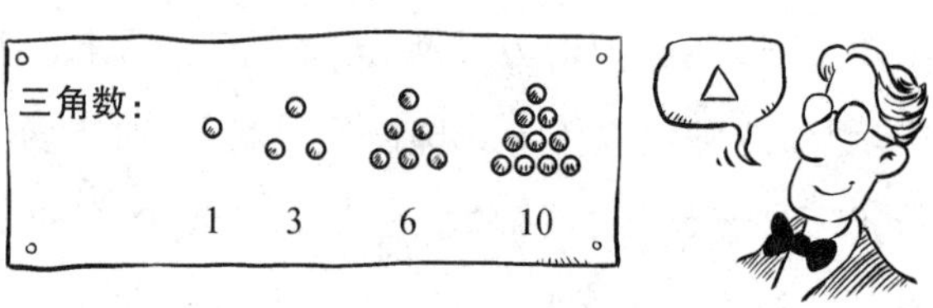

用4个、9个或16个石子都能摆成正方形,因此把1,4,9,16等叫作“正方形数”。

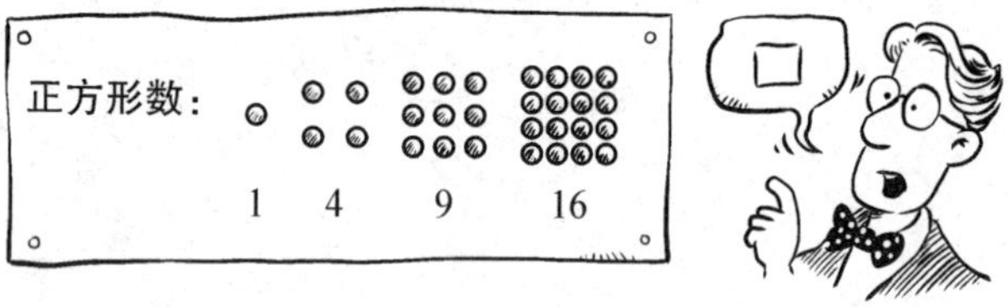

他们还摆出了五边形数、六边形数和其他多边形数。

毕达哥拉斯学派还进一步发掘了各种数间的内在联系。比如,任意2个相邻的三角形数相加,必然是一个数的平方,也就是必须是一个正方形数。

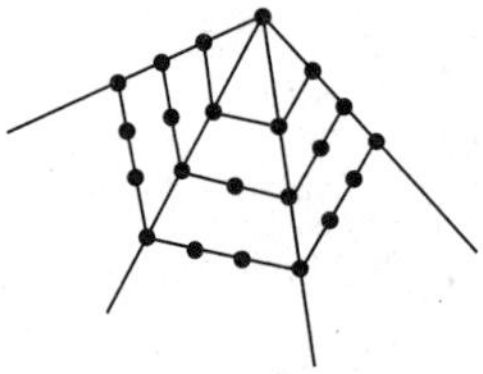
五边形数

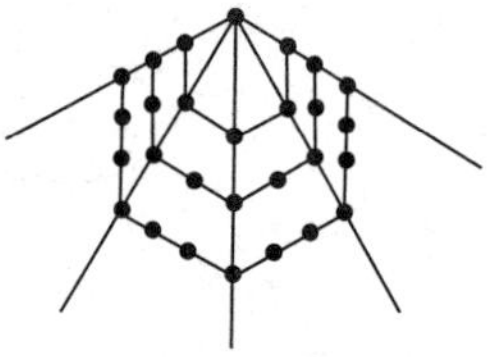
六边形数

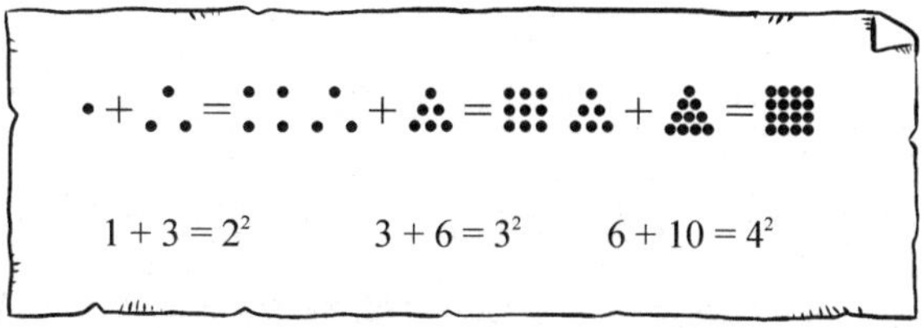

反过来，每个正方形数都可以分成相邻的2个三角形数。

利用正方形数可以造出一个奇数表：1,3,5,7,9…

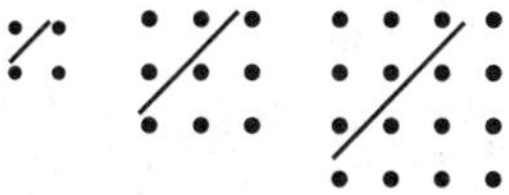

他们在正方形格子里放上石子，放法是最上面一行和最左边一列都按1,2,3…来放石子。其他空格中的石子数，等于对应的最上面一行和最左边一列两格石子数之积。他们把这种拐角形叫磬折形。

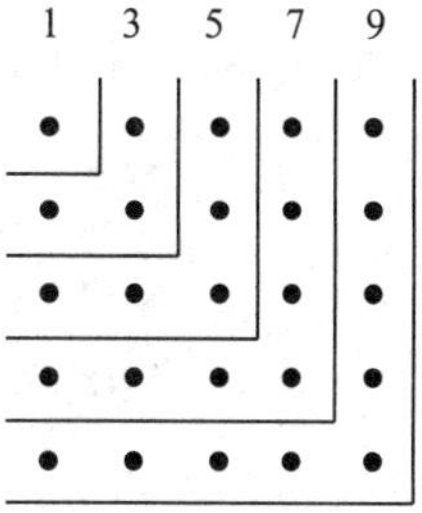

每一个磬折形中所有数之和是一个立方数。

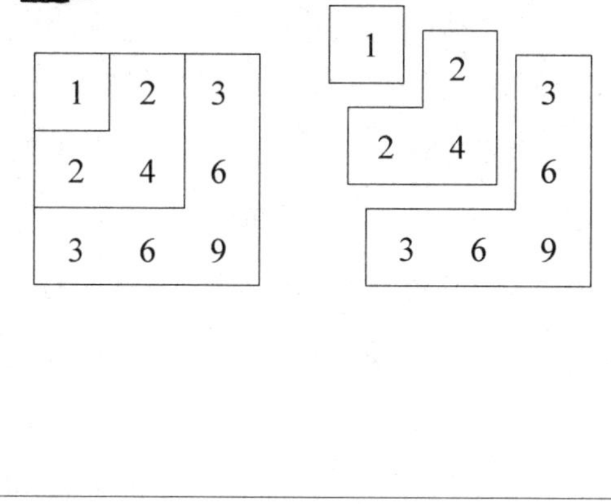

$1 = 1^3$,

$2 + 4 + 2 = 8 = 2^3$,

$3 + 6 + 9 + 6 + 3 = 27 = 3^3$.

公元前6世纪,还没有纸,用小石子来研究数的性质,又方便又直观,这真是古希腊人的一种创造,也是认识数的一种有趣方法。数的运算统称为计算“Calculation”,这个词来源于拉丁文“Calculus”,是小石子的意思。

赋予人性的数

在历史的不同时期,都可以看到人赋予数各种象征性意义。

毕达哥拉斯学派把大于1的奇数象征男性,叫“男人的”,而偶数则表示女性,叫“女人的”(也有的史书记载,把奇数象征女性,而偶数象征男性)。数5是第一个男性数与第一个女性数之和。数5象征着结婚或联合。

人之间讲友谊,数之间也有“相亲相爱”可言。毕达哥拉斯学派的人常说:“谁是我的朋友,这就像220和284一样。”为什么220和284是好朋友呢? 220除去本身以外还有11个因数,它们是1,2,4,5,10,11,20,22,44,55,110。这11个因数之和恰好等于284。同样,284的因数1,2,4,71,142之和恰好等于220。

$1 + 2 + 4 + 5 + 10 + 11 + 20 + 22 + 44 + 55 + 110 = 284$,

$1 + 2 + 4 + 71 + 142 = 220$.

这两个数是你中有我,我中有你,相亲相爱,形影不离。古希腊把具有这样性质的2个数叫作“相亲数”,也叫作“亲和数”。

220和284是第一对相亲数。17世纪法国数学家费马,找到了第二对相亲数17296和18416。几乎在同时期,法国数学家笛卡儿指出了第三对相亲数9363584和9437056。惊人的是瑞士数学家欧拉于1750年一次公布了60对相亲数。人们以为这一下把相亲数都找完了。

谁料想,过了一个世纪,意大利年仅16岁的青年帕加尼尼于1866年公布了一对相亲数,它们比220和284稍大一点,这一对相亲数是1184和

1210。前面提到的几个大数学家竟无一人找到它俩!

最近,美国数学家在耶鲁大学的计算机上,对所有100万以下的数进行了检验,共找到了42对相亲数。下面列出10万以下的13对相亲数:

$220 = 2 \times 2 \times 5 \times 11$,

$284 = 2 \times 2 \times 71$;

$1184 = 2 \times 2 \times 2 \times 2 \times 2 \times 37$,

$1210 = 2 \times 5 \times 11 \times 11$;

$2620 = 2 \times 2 \times 5 \times 131$,

$2924 = 2 \times 2 \times 17 \times 43$;

$5020 = 2 \times 2 \times 2 \times 5 \times 251$,

$5564 = 2 \times 2 \times 13 \times 107$;

$6232 = 2 \times 2 \times 2 \times 19 \times 41$,

$6368 = 2 \times 2 \times 2 \times 2 \times 2 \times 199$;

$10744 = 2 \times 2 \times 2 \times 17 \times 79$,

$10856 = 2 \times 2 \times 2 \times 23 \times 59$;

$12285 = 3 \times 3 \times 3 \times 5 \times 7 \times 13$,

$14595 = 3 \times 5 \times 7 \times 139$;

$17296 = 2 \times 2 \times 2 \times 2 \times 23 \times 47$,

$18416 = 2 \times 2 \times 2 \times 2 \times 1151$;

$63020 = 2 \times 2 \times 5 \times 23 \times 137$,

$76084 = 2 \times 2 \times 23 \times 827$;

$66928 = 2 \times 2 \times 2 \times 2 \times 47 \times 89$,

$66992 = 2 \times 2 \times 2 \times 2 \times 53 \times 79$;

$67095 = 3 \times 3 \times 3 \times 5 \times 7 \times 71$,

$71145 = 3 \times 3 \times 3 \times 5 \times 17 \times 31$;

$69615 = 3 \times 3 \times 5 \times 7 \times 13 \times 17$,

$87633 = 3 \times 3 \times 7 \times 13 \times 107$;

$79750 = 2 \times 5 \times 5 \times 5 \times 11 \times 29,$

$88730 = 2 \times 5 \times 19 \times 467.$

毕达哥拉斯学派非常崇拜数36，一个原因是36等于前3个自然数的立方和：

$36 = 1^3 + 2^3 + 3^3.$

另一个原因是36是前4个奇数和前4个偶数之和：

$36 = (1 + 3 + 5 + 7) + (2 + 4 + 6 + 8).$

毕达哥拉斯学派认为整个宇宙是建立在前4个奇数和前4个偶数基础之上的，数36就无限伟大和庄严。如果用36作誓言，那是最可怕的誓言。

数13在许多国家被认为是不吉祥的数，在这些国家绝不允许13个人在一张桌上吃饭。旅店也没有13层楼，每层楼也没有13号房间。为什么要忌讳13呢？据说耶稣有13个弟子，后来他的第13个弟子犹大出卖了他。人们憎恨犹大，连数13也跟着倒霉。

刻在骨头上的数

一个大于1的整数，如果除了它本身和1以外，不能被其他正整数所整除，这个整数就叫质数。如2,3,5,7,11等都是质数。质数也称素数。

人类在很早以前就知道质数了。现藏于比利时布鲁塞尔自然历史博物馆的2块骨头引起了考古学家的极大兴趣。骨头是从非洲刚果的爱德华湖畔一个叫伊珊郭的渔村发掘出来的。

用现代的科学方法鉴定，这2块骨头是公元前9000年到前6500年之间非洲人使用的骨具。一端的把手刻有规则的刻痕，在另一端附有一小块石英。考古学家推测这是古代居民用来雕刻或书写的工具。

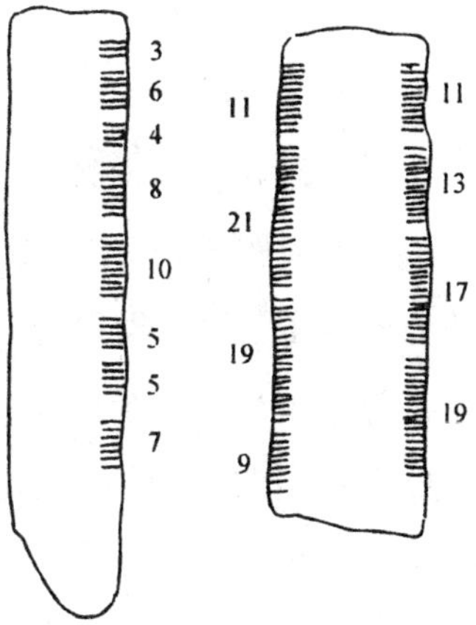

这骨具上的刻痕代表什么意思呢？在一块骨具上有8组刻痕，是由3，6，4，8，10，5，5，7等几组线条组成。其中3和6靠得很近，隔一段是4和8，然后是10和2个5，最后是7。科学家推测，刻痕人想要说明6，8，10分别是3，4，5的2倍。

另一块骨具的两侧都有刻痕，左侧是11，21，19和9；右侧是11，13，17和19。有人解释左侧是说明10+1=11，20+1=21，20-1=19，10-1=9。右侧是10与20之间的所有质数。

两块骨头合在一起，就出现了5，7，11，13，17，19一组有顺序的质数。由此看来，差不多在一万年前，非洲人民就认识质数了。

如何从自然数中把质数挑出来？

2000多年前古希腊数学家、亚历山大图书馆馆长埃拉托色尼提出了一种寻找质数的方法：写出从1到任意一个你所希望达到的数为止的全部自然数。首先在从4开始的所有偶数下面画一短横，表示把这些数除掉；再把能被3整除的，下面没画短横的数再画上横，这些数有9，15…接着在能被5整除的，下面没画横的数画横，这样的数有25，35…一直这样做下去，最后得到一列下面没画横的数，这些数除1之外全都是质数。

$$1,2,3,\frac{4}{2},5,\frac{6}{2},7,\frac{8}{2},\frac{9}{3},\frac{10}{2},11,\frac{12}{2},13,\frac{14}{2},\frac{15}{3}$$

后来把这样寻找质数的方法叫埃拉托色尼筛法，它可以像从沙子里筛石头那样，把质数从自然数中筛出来。所有的质数表都是根据这个筛法原则编制出来的。

1909年，美国数学家莱默发表了不超过10000000的质数表。在维也纳科学院保存着居立克编制的不超过100000000的质数表的手稿。电子计算机出现之后，寻找质数的工作进展很快。20世纪60年代初，美国数学家就宣布，在他们的电子计算机里，就存储着500000000个，也就是5亿个质数。嘿，可真够多的！

质数究竟有多少呢？

这个问题早在2000多年前，已经由古希腊著名数学家欧几里得很巧妙地解决了。欧几里得说，质数有无穷多个。如果质数只有有限个，必然存在着一个最大的质数p。可以把从2开始到p为止的所有质数相乘，然后再把它们的乘积加1。这样得出的数，被2到p之间所有的质数除均余1，所以这个数本身就是质数，它是一个比p更大的质数。因此，不可能存在一个最大的质数，这说明质数有无穷多个。

和数学家捉迷藏

数学家并不满足用筛法去寻找质数，因为用筛法求质数带有一定的盲目性，你不能预先知道要“筛”出什么质数来。数学家渴望找出质数的规律，以便更好地掌握质数。

从质数表中可以看出：

1到1000之间有168个质数；

1000到2000之间有135个质数；

2000到3000之间有127个质数；

3000到4000之间有120个质数；

4000到5000之间有119个质数。

随着自然数的变大，质数越来越少。

质数把自己打扮一番，混在自然数里，你很难从外表看出它有什么特征。比如101，401，601，701都是质数，但是301和901却不是质数。又比如，11是质数，而111，11111以及由11个1，13个1，17个1排列成的数都不是质数，只有由19个1，23个1，317个1排列成的数是质数。

有人做过试验：

$1^2+1+41=43$，　$2^2+2+41=47$，

$3^2+3+41=53$，$4^2+4+41=61$，

……　　　　$39^2+39+41=1601$，

虽然这样的数都是质数，但是，$40^2+40+41=1681=41\times41$ 却不是质数。

1963 年，美国数学家乌兰教授在参加一次报告会时，对报告的内容不感兴趣，他一边听，一边在纸上打出许多方格，按逆时针方向转着圈往方格里填写自然数。他又把质数画去，突然间他发现质数好像很喜欢排成直线。他又从 41 开始往下填，惊奇地发现一条对角线上的数都是质数。他按这个方法往下填，一直填到 1601 共有 40 个质数排在这条对角线上。但是，当乌兰教授再往下填时，却不再是质数了。

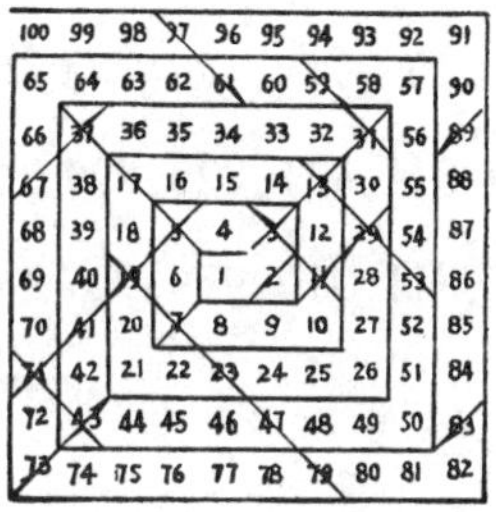

至今，数学家也没找到质数分布的确切规律。质数在和数学家捉迷藏。

下面给出的是 1000 以内的质数：

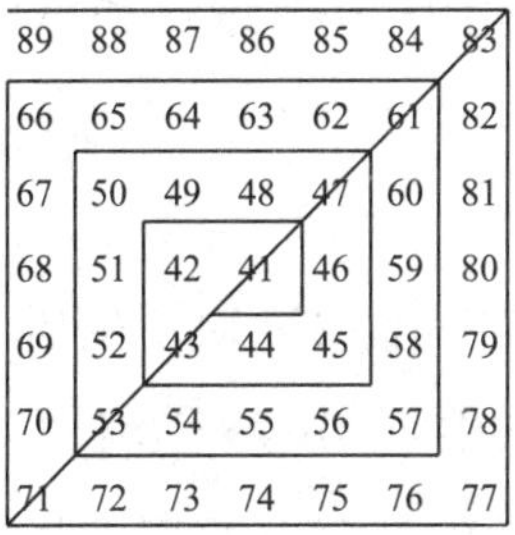

2，3，5，7，11，13，17，19，23，29，31，37，41，43，47，53，59，61，67，71，73，79，83，89，97；

101，103，107，109，113，127，131，137，139，149，151，157，163，167，173，

179,181,191,193,197,199;

211,223,227,229,233,239,241,251,257,263,269,271,277,281,283,293;

307,311,313,317,331,337,347,349,353,359,367,373,379,383,389,397;

401,409,419,421,431,433,439,443,449,457,461,463,467,479,487,491,499;

503,509,521,523,541,547,557,563,569,571,577,587,593,599;

601,607,613,617,619,631,641,643,647,653,659,661,673,677,683,691;

701,709,719,727,733,739,743,751,757,761,769,773,787,797;

809,811,821,823,827,829,839,853,857,859,863,877,881,883,887;

907,911,919,929,937,941,947,953,967,971,977,983,991,997.

孪生质数之谜

一胎所生的哥俩叫孪生兄弟。你知道吗,质数也有孪生的。数学上把相差为 2 的两个质数叫“孪生质数”或“双生质数”。

孪生质数并不少见,3 和 5,5 和 7,11 和 13,17 和 19,29 和 31 都是孪生质数,再大一点的有 101 和 103,10016957 和 10016959,还有 1000000007 和 1000000009。

人们已经知道:

小于 100000 的自然数中有 1224 对孪生质数;小于 1000000 的自然数中有 8164 对孪生质数;小于 33000000 的自然数中有 152892 对孪生质数。

目前所知道的最大孪生质数对是:

1000000009649 和 1000000009651

那么，孪生质数会不会有无穷多对呢？这个问题至今没有解决。早就有人猜想孪生质数有无穷多对，但是至今没有人能证明。

孪生质数使数学家又想起了“三生质数”。如果3个质数甲、乙、丙中，乙比甲多2，而丙又比乙多4，那么质数甲、乙、丙就叫作“三生质数”。比如5、7和11，11、13和17，17、19和23，101、103和107，10014491、10014493和10014497等，都是三生质数。

三生质数会不会有无穷多对呢？至今仍是一个谜。

看来好像很简单的问题，想给出个确切答案有时非常困难。

一个迷人的猜想

6 = 3 + 3，8 = 5 + 3，10 = 5 + 5，12 = 5 + 7，28 = 5 + 23，100 = 11 + 89。每一个大于4的偶数都可以表示为两个奇质数（除去2以外的质数）之和。这个事实被200多年前的哥德巴赫发现了。

哥德巴赫本来是普鲁士驻俄国的一位公使，他的业余爱好是钻研数学。哥德巴赫和著名数学家欧拉经常通信，讨论数学问题。这种联系达15年之久。

1742年6月7日，哥德巴赫写信告诉欧拉，说他想发表一个猜想：每个大偶数都可以写成两个奇质数之和。同年6月30日，欧拉给他回信说：“每一个大偶数都是2个奇质数之和，虽然我还不能证明它，但……”

后来，哥德巴赫根据9 = 3 + 3 + 3，11 = 3 + 3 + 5，27 = 3 + 11 + 13，103 = 23 + 37 + 43，又提出，每一个大于或等于9的奇数，都可以表示为3个奇质

数之和。

每一个大于 4 的偶数都可以表示成 2 个奇质数之和。对于哥德巴赫的这个猜想，有人对偶数逐个进行了检验，一直验算到三亿三千万，发现这个猜想都是对的。可是，偶数的个数无穷，几亿个偶数代表不了全体偶数。因此，这个猜想对于全体偶数是否正确，还不能肯定。

150 年过去了，直到 1900 年，哥德巴赫猜想仍没有解决。就在这一年，德国著名数学家希尔伯特，在第二届国际数学家会上把"孪生质数猜想"和"哥德巴赫猜想"作为 19 世纪最重要的问题提了出来。

20 世纪初，数学家发现直接攻破这个堡垒很困难，就采用了迂回战术。先从简单一点的外围开始。如果能先证明出，每个大偶数都是 2 个"质数因数不太多的数之和"，比如，$50=5\times7+3\times5$，说明偶数 50 可以表示为"各含有 2 个质数因数的数之和"，记作（2+2），这里的 2 是质数因数的个数。然后逐步减少每个数所含质数因数的个数，直到最后，每个数只含一个质数因数。也就是说，这 2 个数本身就是质数，这不就证出了哥德巴赫猜想了吗？

1920 年，挪威数学家布朗证明了每一个大偶数都可以表示为 2 个"质数因数个数都不超过 9 的"的数之和。简记为（9+9）；1924 年，数学家拉特马赫证明了（7+7）；1938 年，埃斯特曼证明了（6+6）；1938 年和 1940 年，布赫斯塔勃相继证明了（5+5）及（4+4）；1958 年，我国青年数学家王元证明了（2+3）；1962 年，王元和山东大学的潘承洞教授又证明了（1+4）；1965 年，维诺格拉托夫等人证明了（1+3）。包围圈越缩越小，工作也越来越艰巨，每往前走一步都是异常困难的。

1966 年，我国青年数学家陈景润向全世界宣布，他证明了（1+2）。离最终目的（1+1）只有一步之遥了。由于陈景润的证明过程太复杂，有 200 多页稿纸，所以他的证明过程没有全部发表。

1973 年，陈景润发表了《大偶数表为一个素数及一个不超过两个素数的乘积之和》这篇重要论文。陈景润的论文，在国际数学界引起了极大的反响。一位外国数学家写信给陈景润说:“你移动了群山!”

古今大数谈

在阿拉伯数字输入欧洲之前,欧洲普遍使用的是罗马数字。罗马数字中用L、C、D、M分别表示50、100、500、1000。

罗马数字不是进位制的,写起来非常麻烦,比如3888要写成:

M M M D C C C L X X X V Ⅲ

一个四位数要写上长长的一行。

罗马数字的符号,在民间流传的到1000就截止了,下一个数5000没有给出特殊的符号。可以推想,用罗马数字记一个上百万、上千万的数要写满一页纸。由于写出一个大数都很困难,人们很少去谈论大数。

古希腊著名学者阿基米德是历史上最早提出大数的人。他在《论数沙》一书中说道:“有人认为,无论是在叙拉古城,还是在整个西西里岛,或者在全世界所有有人烟和无人迹的地方,沙子的数目是无穷的;也有人认为沙子的数目不是无穷的,但是想表示沙子的数目是办不到的。但是我的计算表明,如果把所有的海洋和洞穴都填满了沙子,这些沙子的总数不会超过1后面有100个零。”

“1后面有100个零”这个数是10^{100},好大一个数!如果读出来,就是一万亿亿亿亿亿亿亿亿亿亿亿!日常遇到的大数很难超过它。比如,太阳很重,它的重量大约有两千亿亿亿吨,用科学记数法来写也只是2×10^{27}吨;河外星系的恒星有的距离我们100万万光年,也就是10^{10}光年,1光年表示光走一年所走过的距离,光速为3×10^{8}米/秒,一年约3×10^{7}秒,可算出这颗恒星离地球的距离是:

$$3\times10^{8}\times3\times10^{7}\times10^{10}=9\times10^{25}(\text{米}).$$

这个数也比10^{100}小得多。

10^{100}这个数很重要,有必要给这个大数专门起个名字。1940年,爱德华·卡斯纳和詹姆士·纽曼把10^{100}叫作“古戈”(googol)。

Googol

有没有比 1 个古戈更大的数呢？当然有。数学上有个著名的“斐波那契数列”，它是由 12 世纪意大利的莱昂纳多·斐波那契首先提出来的。他说：“有一对小兔，若第二个月它们成年，第三个月生下一对小兔，以后每月生下一对小兔，而所生的小兔也在第二个月成熟，第三个月生下另一对小兔，以后每月生下一对小兔，问一年后共有兔几对？”（这里假设每生下一对小兔必是一雌一雄，雌兔都可以生育，并且没有死亡）。

从第一个月开始，兔子的对数依次为 1，1，2，3，5…一年后共有兔子 144 对，计 288 只。容易看出，从第三项开始每一项都等于前两项之和。按着 $F_n = F_{n-1} + F_{n-2}$（其中 F_n 代表这串数中的第 n 项，$n \geqslant 2$）的规律，可以把这串数一直写下去。这串数增大得非常快，到第 571 个月，即 F_{571} 已经大于一个古戈了：$F_{571} > 9.6 \times 10^{118}$。

古戈在实际生活中是个非常大的数，可是在数学研究中古戈又显得太小了。比如德国汉堡大学的计算中心，前几年发现了一个有 7067 位的大质数。只有 101 位的古戈，比起有 7000 多位的大质数，当然是“小巫见大巫”喽！为了能表示更大的数，数学家又规定了“古戈布来克斯”（googolplex）。1 个古戈布来克斯等于 $10^{10^{100}}$ 或写成 $10^{10^{10^2}}$，它有一万亿亿亿亿亿亿亿亿亿亿亿个零！它的零太多了，有人打过比喻，如果把每个核子当作一个零的话，一万亿个宇宙中全部核子个数，还不够 1 个古戈布来克斯的零的个数。

破碎数与完全数

“分数”在拉丁文中的意思是打破、断裂的意思。汉语“分”也是分开、部分的意思。古希腊欧几里得的《几何原本》中，真分数为$\mu\varepsilon\rho\eta$，也是部分的意思。

200多年前，瑞士数学家欧拉在《通用算术》一书中说：“要想把七丈长的一根绳子分成三等份，是不可能的。不可能的原因是找不到一个合适的数来表示它。如果我们把三等份所得的商（即$\frac{7}{3}$），也当作数的话，就使我们了解了一种特别的数。我们就把这种数叫作‘分数’或‘破碎数’。”

“分数”“破碎数”这个名字直观而且生动。一个西瓜4个人分，不把西瓜“破碎”成4块能分吗？从分数的名字上就可以看出，分数来源于等分或除。

中国是使用分数最早的国家之一。早在2000多年以前，我国在计算每个月有多少天时，就出现了复杂的分数运算。我国古代主要研究分子小于分母的真分数，形象地把分子叫“子”（儿子），把分母叫“母”（母亲）。分子、分母反映了它们的大小关系。

古埃及也是很早就使用分数的国家。1858年，苏格兰的考古学家莱因特在埃及的卢克索的古玩市场上闲逛，一本用纸草做成的书吸引了他。纸草是尼罗河三角洲出产的一种水生植物，形状像芦苇，晒干剖开，摊开压平后，可以当“纸”写字。古埃及的文献主要写在这样的纸草上。莱因特买下了这本纸草书。书是长条形的，上面写着密密麻麻的象形会意文字。经研究，此书是4000多年前古埃及的数学文献，作者是阿默士，书上有85道实用数学题的解答方法。后来就把这本纸草书叫“莱因特纸草书”或“阿默士纸草书”。此书现保存在英国的伦敦博物馆。

在“莱因特纸草书”上发现有古埃及分数。符号表示$\frac{1}{2}$，表示$\frac{2}{3}$，其余分子为1的单分子分数都用符号下面画几道来表示。比如

表示$\frac{1}{5}$，

表示$\frac{1}{7}$。

古埃及人仅使用分子为1的单分子分数，也就是只表示若干份中的一份。为什么仅用单分子分数呢？恐怕要从实用上考虑。比如$\frac{7}{8}$用单分子分数表示是$\frac{7}{8}=\frac{1}{2}+\frac{1}{4}+\frac{1}{8}$，意思是7个面包8个人来平均分配，可以把其中的4个面包每个切成2份，2个面包每个切成4份，最后一个面包切成8份。8个人每人拿大、中、小各一块面包就行了。

单分子分数又叫“古埃及分数”。在“莱因特纸草书”的第一页，就排列着把分子是2的分数用古埃及分数表示的表，比如：

$$\frac{2}{5}=\frac{1}{3}+\frac{1}{15},\quad \frac{2}{11}=\frac{1}{6}+\frac{1}{66},$$
$$\frac{2}{29}=\frac{1}{24}+\frac{1}{58}+\frac{1}{174}+\frac{1}{232},$$
$$\frac{2}{61}=\frac{1}{40}+\frac{1}{214}+\frac{1}{448}+\frac{1}{610},$$
$$\frac{2}{99}=\frac{1}{66}+\frac{1}{198}.$$

古埃及人有没有一套系统展开古埃及分数的方法呢？现代数学家认为可能没有，因为有些展开式中古埃及分子的个数不是最少的。同一个分数用古埃及分数来表示，表达的方式不是唯一的。

比如：

$\frac{2}{3}=\frac{1}{2}+\frac{1}{6}$，因为$\frac{1}{6}=\frac{1}{7}+\frac{1}{42}$，因此

$\frac{2}{3}=\frac{1}{2}+\frac{1}{7}+\frac{1}{42}$，又因为$\frac{1}{42}=\frac{1}{43}+\frac{1}{1806}$，因此

$\frac{2}{3}=\frac{1}{2}+\frac{1}{7}+\frac{1}{43}+\frac{1}{1806}$，沿用此法可以无限加长项数。

数学上把项数最少的展式叫最优展式。莱因特纸草书上的展式有一些不是最优的，说明古埃及分数的表示法还没形成一整套方法。

在研究古埃及分数的基础上，数学家提出了一个问题：能不能把一个真分数表示成最少项数的、不重复的古埃及分数？首先他们想把1表示成古埃及分数。

直到1976年，才发现了把1表示为分母是奇数，而项数又最少的古埃及分数的办法。一共有5种表示法，每一种表示法都有9项：

$$1=\frac{1}{3}+\frac{1}{5}+\frac{1}{7}+\frac{1}{9}+\frac{1}{11}+\frac{1}{15}+\frac{1}{35}+\frac{1}{45}+\frac{1}{231};$$

$$1=\frac{1}{3}+\frac{1}{5}+\frac{1}{7}+\frac{1}{9}+\frac{1}{11}+\frac{1}{15}+\frac{1}{21}+\frac{1}{135}+\frac{1}{10395};$$

$$1=\frac{1}{3}+\frac{1}{5}+\frac{1}{7}+\frac{1}{9}+\frac{1}{11}+\frac{1}{15}+\frac{1}{21}+\frac{1}{165}+\frac{1}{693};$$

$$1=\frac{1}{3}+\frac{1}{5}+\frac{1}{7}+\frac{1}{9}+\frac{1}{11}+\frac{1}{15}+\frac{1}{21}+\frac{1}{231}+\frac{1}{315};$$

$$1=\frac{1}{3}+\frac{1}{5}+\frac{1}{7}+\frac{1}{9}+\frac{1}{11}+\frac{1}{15}+\frac{1}{33}+\frac{1}{45}+\frac{1}{385}.$$

这5种表示法中前6项都相同。

研究完了1，自然想到2，2是否也能表示成古埃及分数呢？

谈到这个问题，还有一件有趣的事：分数又叫破碎数，而在2000多年前的古希腊发现了性质独特的"完全数"。古希腊用字母来表示数。每写出一个字、一个人的名字，总是和一个数联系。这样，两个人可以比较他们的名字所表示的数的性质。

在这种名字和数的游戏中，一个数的除数显得特别重要。古希腊人心目中最理想、最完全的数，是恰好由这个数的所有因数（本身除外）相加之和。比如6有4个因数1、2、3、6，除去本身6以外，还有1、2、3三个因数。$6=1+2+3$，恰好是所有因数之和，所以6是最理想、最完全的数。把这样的数叫作"完全数"。

6是最小的一个完全数，接着又发现28、496和8128也是完全数：

$28=1+2+4+7+14$;

$496=1+2+4+8+16+31+62+124+248$;

8128 = 1 + 2 + 4 + 8 + 16 + 32 + 64 + 127 + 254 + 508 + 1061 + 2032+ 4064.

寻找完全数并不容易，人们用了近 2000 年才找到上述 4 个完全数。直到 1456 年才发现了第 5 个完全数 335503326，到了 19 世纪才找到了第 9 个完全数，它有 37 位：

2658455991569831744654692615953842176.

到 2006 年为止，一共找到了 44 个完全数。奇怪的是这 44 个完全数全是偶数。会不会有奇完全数存在呢？至今无人能回答。不过 1968 年布赖恩特・塔克曼宣布：如果存在奇完全数，它至少有 36 位数字。看来，靠手算是找不出来的了。

完全数有许多奇妙的性质，比如每一个完全数都可以写成连续自然数之和：

$6 = 1 + 2 + 3$；

$28 = 1 + 2 + 3 + 4 + 5 + 6 + 7$；

$496 = 1 + 2 + 3 + 4 + 5 + \cdots + 30 + 31$；

$8128 = 1 + 2 + 3 + 4 + 5 + \cdots + 126 + 127$.

除 6 外，完全数还可以表示成连续奇数的立方和：

$28 = 1^3 + 3^3$；

$496 = 1^3 + 3^3 + 5^3 + 7^3$；

$8128 = 1^3 + 3^3 + 5^3 + 7^3 + 9^3 + 11^3 + 13^3 + 15^3$.

完全数与古埃及分数还有关系，每一个完全数所有因数的倒数和都等于 2。

$\frac{1}{1} + \frac{1}{2} + \frac{1}{3} + \frac{1}{6} = 2$；

$\frac{1}{1} + \frac{1}{2} + \frac{1}{4} + \frac{1}{7} + \frac{1}{14} + \frac{1}{28} = 2$；

$\frac{1}{1} + \frac{1}{2} + \frac{1}{4} + \frac{1}{8} + \frac{1}{16} + \frac{1}{31} + \frac{1}{62} + \frac{1}{124} + \frac{1}{248} + \frac{1}{496} = 2$.

半边黑半边红的数

在小学数学里，一般是先学分数后学小数。从历史上看，也是先有分数后有小数，而且时间还相差得很久。

公元260年左右，我国数学家刘徽首先引出十进小数的概念。可惜刘徽以后的1000年里，没有更多的数学家去完善小数的概念。是什么原因阻碍了小数的发展呢？英国皇家学会会员、著名科学史学家李约瑟认为："《九章算术》对中国数学的影响之一，是完备的分数体系阻碍了小数的普及。"

在我国第一部数学专著《九章算术》中，使用了完整的分数体系解数学问题，使人们感到似乎有了分数就行，不必再引入小数了。

直到元代的刘瑾，才把小数的研究向前推进了一步。他在《律吕成书》中，提出了世界最早的小数表示法。他把小数部分降低一格来写。比如106368.6312写成：

15世纪上半叶，政治家和学者兀鲁伯在撒马尔汗建立了天文台。大约在1420年，兀鲁伯聘请伊朗数学家阿尔·卡西到天文台工作。阿尔·卡西在天文台工作期间，写了大量数学和天文学的著作。在阿尔·卡西的《圆周的论文》里，他第一次发现了小数，并且给出了小数乘、除法的运算法则。他使用垂直线把小数中的整数部分和小数部分分开，在整数部分上面写上"整的"。有时他把整数部分用黑墨水写，而小数部分则写成红色的。这个半边黑半边红的数就是小数。

17世纪初，在荷兰工作的工程师西蒙·斯蒂文，深入研究了十进制小数的理论，创立了小数的写法。在斯蒂文的小数写法中，他用没有数字的圆圈把整数部分与小数部分隔开。小数部分每个数后面画上一个圆圈，记上表明小数位数的数字。比如把3.237写成3〇2 ① 3 ② 7 ③。

1593年在罗马出版了克拉维斯的《星盘》一书，书中第一次使用小数点“.”来作为整数部分和小数部分的分界。

小数的记号多种多样，比如把2.5写成2˙5；2’5；2，5；2‘5；2▴5等。

任何分数都可以化成有限小数或无限循环小数，但是小数中的无限不循环小数却不能化成分数，所以说小数是比分数范围更广的数。

小数 { 有限小数；无限小数 { 无限循环小数；无限不循环小数 }

有限小数、无限循环小数 } 分数

下面是一个用小数解决的故事题：

狐狸、小熊、小鹿、小猴正在分它们得到的1千克饼。怎样分好呢？狡猾的狐狸说：“饼不多，我少分一点吧！先把饼的20%给我，小猴从我分剩的饼中分25%，小鹿从小猴分剩的饼中分30%，小熊再从小鹿分剩下的饼中分35%，最后剩下的一点点给我，怎么样？”大家觉得狐狸分得最少，就同意了。问狐狸、小猴、小鹿、小熊各分多少饼？

解：20%就是 $\frac{20}{100}=0.2$，狐狸分走0.2千克饼后，剩下0.8千克饼了。我们就从小猴分得的饼算起。

小猴分得的饼为

$0.8\times0.25=0.2$（千克），

剩下 $0.8-0.2=0.6$（千克）.

小鹿分得的饼为

$0.6\times0.30=0.18$（千克），

剩下 0.6 − 0.18 = 0.42(千克).

小熊分得的饼为

0.42 × 0.35 = 0.147(千克),

剩下 0.42 − 0.147 = 0.273(千克).

狐狸分得的饼为

0.2 + 0.273 = 0.473(千克).

结果狐狸分得的饼最多,差不多有一半了。

黄金数和音乐数

黄金数不是指用黄金做成的数,而是指身价和黄金一样贵重的数——0.618。数学家把这个其貌不扬的数叫作黄金数。

人的身体里有黄金数。以一个正常人为例:

$$\frac{\text{肚脐到脚底的距离}}{\text{头顶到脚底的距离}}=0.618.$$

$$\frac{\text{眉毛到脖子的距离}}{\text{头顶到脖子的距离}}=0.618.$$

书本里也有黄金数。以小学生用的数学书为例:

$$\frac{\text{书的长}}{\text{书的长}+\text{书的宽}}=0.618.$$

建筑中仍有黄金数。以两个古建筑为例:

埃及闻名于世的金字塔,

$$\frac{\text{金字塔的高}}{\text{底座的边长}}=0.618.$$

希腊的阿丁城至今保留着一座2000多年前的古庙,

$$\frac{\text{古庙的高}}{\text{古庙的宽}}=0.618.$$

五角星里也有黄金数,

$$\frac{AB}{BD}=\frac{AC}{AD}=\frac{BC}{AB}=0.618.$$

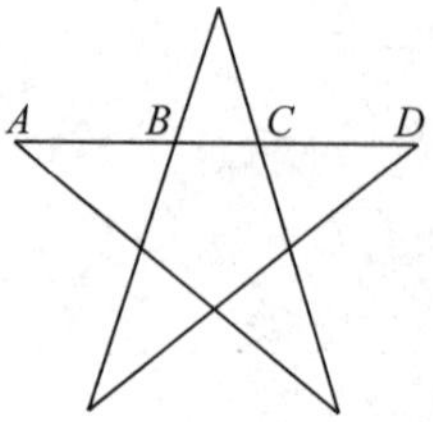

我国著名数学家华罗庚生前推广使用优选法，取得了很大成绩。优选法是一种多快好省的试验方法，举个例子：

用一种新农药防治害虫，喷洒之前需要兑水稀释。要兑多少水好呢？水兑多了，农药浓度太低，杀不死虫子；水兑少了，浪费农药，同时给作物带来了药害。农药和水的比例选取多少最合适，要通过试验来确定。

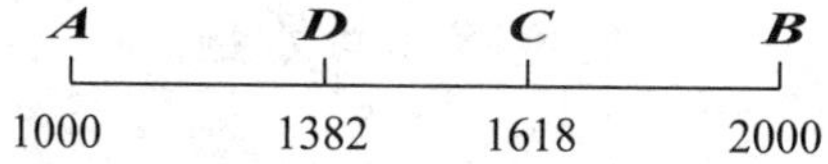

如果预先知道要兑的水是在药物的1000倍与2000倍之间，怎样才能用最少的试验次数，找出最理想的数据呢？我们把稀释倍数1000和2000看作线段AB的两个端点。第一次选取1618倍作为试验，其中1618是这样算出来的：

$1000+(2000-1000)\times 0.618=1618.$

写成一般公式：

左端点 +（右端点 − 左端点）× 0.618.

如果稀释1618倍还不理想，水兑多了，治虫效果不好，可以进行第二次试验，仍用上面的公式：

$1000+(1618-1000)\times 0.618=1382.$

就是说，你用1382倍水进行稀释。用这个公式可以再往下试验，可以较快地找到合适的数据。

使用这种优选法试验，每次都取黄金数0.618，所以这种方法叫“0.618法”。啊！无所不在的黄金数。

毕达哥拉斯学派的创始人毕达哥拉斯是音乐理论的奠基人之一。毕达哥拉斯发现乐器三弦发音是否和谐，与3根弦的长度比有关系。如果3根弦的长度之比为3∶4∶6，那么弹奏起来声音就和谐。有人就把3，4，6

这 3 个数叫“音乐数”。

2. 形形色色的数学题

刻在泥板上的数学题

古巴比伦王国的位置，在西亚底格里斯河和幼发拉底河的中下游地区，现在的伊拉克境内。古巴比伦建立于公元前 19 世纪，是世界四大文明古国之一。

古巴比伦人使用特殊的楔形文字。他们把文字刻在泥板上，然后晒干。泥板晒干后和石头一样坚硬，可以长期保存。

从发掘出来的泥板上，人们发现了 3000 多年前古巴比伦人出的数学题：

“10 个兄弟分 100 两银子，一个人比一个人多。只知道每一级相差的数量都一样，但是究竟相差多少不知道。现在第 8 个兄弟分到 6 两银子，问一级相差多少？”

如果 10 个兄弟平均分 100 两银子，每人应该分 10 两。现在第 8 个兄弟只分到了 6 两，说明老大分得最多，往下是一个比一个少。

按照题目所给定的条件，应该有以下关系：

老二得到的是老大减去差，

老三得到的是老大减去两倍的差，

老四得到的是老大减去三倍的差，

……

老十得到的是老大减去九倍的差。

这样，老大与老十共得银两

　　= 老二与老九共得银两

= 老三与老八共得银两

= 老四与老七共得银两

= 老五与老六共得银两

= 20 两。

一方面，已知老八得 6 两，可求出老三得 20 − 6 = 14(两)，老三比老八多得 14 − 6 = 8(两)。另一方面，老三与老八相差 7 − 2 = 5(倍)的差，因此，

差 = 8 ÷ 5 = 1.6(两).

答：一级相差 1.6 两银子。

古巴比伦的数学和天文学发展很快。他们除了首先使用六十进位制外，还确定一个月(月亮月)有 30 天，一年(月亮年)有 12 个月亮月。为了不落后太阳年，在某些年里用规定闰月的办法来纠正。

古巴比伦人了解行星的存在，他们崇拜太阳、月亮、金星，把数 3 看作"幸福的"。晚些时候，他们又发现了木星、火星、水星、土星，这时数 7 被看作"幸福的"。

古巴比伦人特别注意研究月亮。他们把弯月的明亮部分与月面全面积之比，叫作"月相"。在一块泥板上记载有关月相的题目：

设月亮全面积为 240。从新月到满月的 15 天中，头 5 天每天都是前一天的 2 倍，即 5, 10, 20, 40, 80。后 10 天每天都按照相同数值增加，问增加的数值是多少？

月亮全面积为 240，第 5 天月亮面积为 80，后 10 天月亮共增加的面积为 240 − 80 = 160。

因此，每天增加的数值为 160 ÷ 10 = 16。

答：增加的数值为 16。

写在纸草上的数学题

前面提到的"莱因特纸草书"，是古埃及人在 4000 多年前的一本数学书，上面用象形文字记载了许多有趣的数学题。比如：

$7, 7\times7, 7\times7\times7, 7\times7\times7\times7, 7\times7\times7\times7\times7\cdots$

这些数字上面有几个象形符号：房子、猫、老鼠、大麦、斗。翻译出来就是：

有7座房子，每座房子里有7只猫，每只猫吃了7只老鼠，每只老鼠吃了7穗大麦，每穗大麦种子可以长出7斗大麦。请算出房子、猫、老鼠、大麦和斗的总数。

有趣的是俄国民间也流传着类似的算术题：

> 路上走着七个老头，
> 每个老头拿着七根手杖，
> 每根手杖上有七个树杈，
> 每个树杈上挂着七个竹篮，
> 每个竹篮里有七个竹笼，
> 每个竹笼里有七个麻雀，
> 总共有多少麻雀？

俄国的题目比较简单，老头数是7，手杖数是$7\times7=49$，树杈数是$7\times7\times7=49\times7=343$，竹篮数是$7\times7\times7\times7=343\times7=2401$，竹笼数是$7\times7\times7\times7\times7=2401\times7=16807$，麻雀数是$7\times7\times7\times7\times7\times7=16807\times7=117649$。总共有十一万七千六百四十九只麻雀。7个老头能提着11万多只麻雀遛弯儿，可真不简单啊！若每只麻雀按20克算，这些麻雀有2吨多重。

“莱因特纸草书”上在猫吃老鼠、老鼠吃大麦的问题后面有解答，说是用2801乘以7。

求房子、猫、老鼠、大麦和斗的总数，就是求和$7+7\times7+7\times7\times7+7\times7\times7\times7+7\times7\times7\times7\times7=7+49+343+2401+16807=19607$.

这同上面$2801\times7=19607$的答数一样。古埃及人在4000多年前就掌握了这种特殊的求和方法。

类似的问题在一首古老的英国童谣中也出现过：

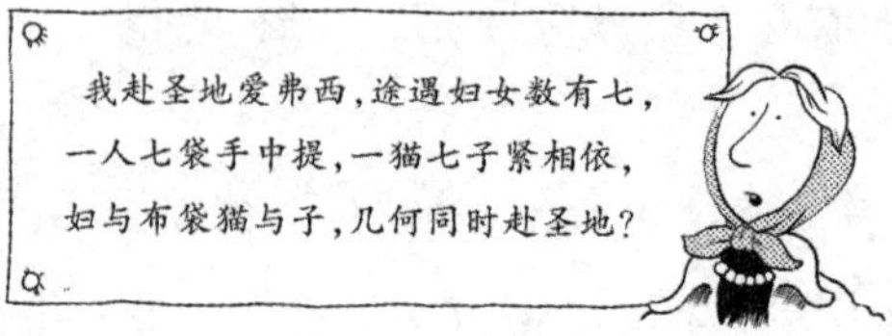

我赴圣地爱弗西，途遇妇女数有七，
一人七袋手中提，一猫七子紧相依，
妇与布袋猫与子，几何同时赴圣地？

意大利数学家斐波那契在1202年出版的《算盘书》中也有类似问题：

有7个老妇人在去罗马的路上。每个人有7匹骡子；每匹骡子驮7只口袋；每只口袋装7个大面包；每个面包带7把小刀；每把小刀有7层鞘。在去罗马的路上，妇人、骡子、面包、小刀和刀鞘，一共有多少？

同一类问题，在不同的时代、不同的国家以不同的形式出现。但是，时间最早的还要数古埃及"莱因特纸草书"。

古埃及还流传着"某人盗宝"的题目：

某人从宝库中取宝$\frac{1}{3}$，另一人又从剩余的宝中取走$\frac{1}{17}$，宝库中还剩宝150件，宝库中原有宝多少件？

这个问题的提法与现行教科书上的题目很相像。可以这样来解：

设宝库中原有宝为1，则第一人取走$\frac{1}{3}$，第二人取走$(1-\frac{1}{3})\times\frac{1}{17}=\frac{2}{51}$.

宝库最后剩下$1-\frac{1}{3}-(1-\frac{1}{3})\times\frac{1}{17}=1-\frac{1}{3}-\frac{2}{51}=\frac{32}{51}$.

因此，宝库原有宝$150\div\frac{32}{51}=150\times\frac{51}{32}=239\frac{1}{16}$.

列出综合算式为：

$$150\div[1-\frac{1}{3}(1-\frac{1}{3})\times\frac{1}{17}]=239\frac{1}{16}.$$

"莱因特纸草书"还有这样一道题：

有物品若干件，其$\frac{2}{3}$，其一半，其$\frac{1}{7}$及其全部，共33件，求物品的件数。

用算术法来解，可设全部为1，则物品的件数为：

$$33 \div \left(\frac{2}{3}+\frac{1}{2}+\frac{1}{7}+1\right)$$
$$=33 \div \frac{97}{42}=33 \times \frac{42}{97}$$
$$=14\frac{28}{97}.$$

答案是唯一的。但是纸草书上的答案却是 14，$\frac{1}{4}$，$\frac{1}{56}$，$\frac{1}{97}$，$\frac{1}{194}$，$\frac{1}{388}$，$\frac{1}{679}$，$\frac{1}{776}$。这是怎么回事？难道这道题有 8 个答案吗？

原来纸草书上是用古埃及分数的形式给出的答案，意思是 $14+\frac{1}{4}+\frac{1}{56}+\frac{1}{97}+\frac{1}{194}+\frac{1}{388}+\frac{1}{679}+\frac{1}{776}$。不妨算出来看看：

$$14+\frac{1}{4}+\frac{1}{56}+\frac{1}{97}+\frac{1}{194}+\frac{1}{388}+\frac{1}{679}+\frac{1}{776}$$
$$=14+\frac{14}{56}+\frac{1}{56}+\frac{1}{97}+\frac{1}{97\times 2}+\frac{1}{97\times 4}+\frac{1}{97\times 7}+\frac{1}{97\times 8}$$
$$=14+\frac{15}{56}+\frac{8+4+2+1}{97\times 8}+\frac{1}{97\times 7}$$
$$=14+\frac{15}{56}+\frac{15}{97\times 8}+\frac{1}{97\times 7}$$
$$=14+\frac{15}{56}+\frac{113}{97\times 56}$$
$$=14+\frac{1568}{97\times 56}=14\frac{28}{97}.$$

这和我们算得的答案相同。

用诗歌写成的数学题

希腊是世界文明古国之一，它有着灿烂的古代文化。在《希腊文集》中有一些用诗歌写成的数学题。

在《爱神的烦忧》中，爱罗斯是古代希腊神话中的爱神，皮格马利翁是塞浦路斯岛的守护神。9 位文艺女神中，欧忒耳珀管音乐，埃拉托管爱情诗，塔利亚管喜剧，忒耳西科瑞管舞蹈，墨尔波墨涅管悲剧，克利俄管历史，波吕许尼亚管颂歌，乌拉尼亚管天文，卡利俄珀管史诗。

爱神的烦忧

爱罗斯在路旁哭泣，
泪水一滴接一滴。
皮格马利翁向前问道：
“是什么事情使你如此悲伤？
我可能够帮助你？”
爱罗斯回答道：
“九位文艺女神，
不知来自何方，
把我从赫尔康山采回的苹果，
几乎一扫而光。
欧忒耳珀飞快抢走十二分之一，
埃拉托抢得更多——
七个苹果中拿走一个。
八分之一被塔利亚抢走，
比这多一倍的苹果落入忒耳西科瑞之手。
墨尔波墨涅最是客气，
只取走二十分之一。
可又来了克利俄，
她的收获比这多四倍。
还有三位女神，
个个都不空手：
三十个苹果归波吕许尼亚，
一百二十个苹果归乌拉尼亚，
三百个苹果归卡利俄珀。

我，可怜的爱罗斯。

爱罗斯原有多少苹果？还剩五十个苹果。”

这首26行的诗，给出了一道数字挺多的数学题。题目中原有苹果数不知道，经过9位文艺女神的抢劫，爱罗斯只剩下50个苹果。是“知道部分求全体类型”的数学题。

设爱罗斯原有苹果数为x.

依题意，得

$$\frac{1}{12}x+\frac{1}{7}x+\frac{1}{8}x+\frac{1}{4}x+\frac{1}{20}x+\frac{1}{5}x+30+120+300+50=x,$$

整理，得 $\frac{143}{168}x+500=x.$

$\therefore\ x=33600$

下面的《独眼巨人》中给出了另一种类型的数学题。

独眼巨人

这是一座独眼巨人的铜像。
雕塑家技艺高超，
铜像中巧设机关：
巨人的手、口和独眼，
都连接着大小水管。
通过手的水管，
三天流满水池；
通过独眼的水管——需要一天；
从口中吐出的水更快，
五分之二天就足够。
三处同时放水，
水池几时流满？

设水池的容积为1，三管同开，水流满水池所需的时间为x天，

则 $\frac{1}{3}x+x+\frac{5}{2}x=1.$

$\therefore\ x=\frac{6}{23}.$

下面是我国的一首打油诗：

李白提壶去买酒：
遇店加一倍，
见花喝一斗。
三遇店和花，
喝光壶中酒。
试问壶中原有多少酒？

这首打油诗的意思是，李白的壶里原来就有酒，每次遇到酒店便将壶里的酒增加一倍；李白赏花时就要饮酒作诗，每饮一次喝去一斗酒（斗是古代装酒的器具）。这样反复经过3次，最后将壶中的酒全部喝光。问李白原来壶中有多少酒？

解这道题最好使用反推法来解：

李白第三次见到花时，将壶中的酒全部喝光了，说明他见到花前壶内只有一斗酒；进一步推出李白第三次遇到酒店前，壶里有$\frac{1}{2}$斗酒。按着这种推算方法，可以算出第二次见到花前，壶里有$1\frac{1}{2}$斗酒，第二次见到酒店前壶里有$1\frac{1}{2}\div 2=\frac{3}{4}$（斗）酒；第一次见到花前壶里有$1\frac{3}{4}$斗酒，第一次遇到酒店前，壶里有$1\frac{3}{4}\div 2=\frac{7}{8}$（斗）酒。

原来壶里有$\frac{7}{8}$斗酒。

写在遗嘱里的数学题

在按遗嘱分配遗产的问题中，有许多有趣的数学题。

俄国著名数学家斯特兰诺留勃夫斯基曾提到这样一道分配遗产问题：

父亲在遗嘱里要求把遗产的$\frac{1}{3}$分给儿子，$\frac{2}{5}$分给女儿；剩余的钱中，2500卢布偿还债务，3000卢布留给母亲。遗产共有多少？子女各分多少？

设总遗产为x卢布.

则有 $\frac{1}{3}x+\frac{2}{5}x+2500+3000=x$,

解得$x=20625$.

儿子分 $20625\times\frac{1}{3}=6875$(卢布),

女儿分 $20625\times\frac{2}{5}=8250$(卢布).

结果是女儿分得最多，得8250卢布，儿子次之，得6875卢布，母亲分得最少，得3000卢布。看来父亲最喜爱自己的女儿。

下面的故事最初在阿拉伯民间流传，后来传到了世界各国。故事说：一位老人养了17只羊，老人去世后在遗嘱中要求将17只羊按比例分给3个儿子。大儿子分$\frac{1}{2}$，二儿子分$\frac{1}{3}$，三儿子分$\frac{1}{9}$。在分羊时不允许宰杀羊。

看完父亲的遗嘱，3个儿子犯了愁。17是个质数，它既不能被2整除，也不能被3和9整除，又不许杀羊来分，这可怎么办？

聪明的邻居得到这个消息后，牵着一只羊跑来帮忙。邻居说："我借给你们一只羊，这样18只羊就好分了。"

老大分 $18\times\frac{1}{2}=9$(只),

老二分 $18\times\frac{1}{3}=6$(只),

老三分 $18\times\frac{1}{9}=2$(只).

合在一起是 $9+6+2=17$,正好17只羊。还剩下一只羊,邻居把它牵回去了。

羊被邻居分完了。再深入想一想这个问题,我们会发现遗嘱中不合理的地方。如果把老人留的羊作为整体1的话,由于

$$\frac{1}{2}+\frac{1}{3}+\frac{1}{9}=\frac{17}{18}.$$

所以或者是3个儿子不能把全部羊分完,还留下$\frac{1}{18}$,哪个儿子也没给;或者是要比他所留下的羊再多出一只时,才可以分。聪明的邻居就是根据$\frac{17}{18}$这个分数,又领来一只羊,凑成$\frac{18}{18}$,分去$\frac{17}{18}$,还剩下$\frac{1}{18}$,就是他自己的那只羊。

再看一道有关遗嘱的题目:

某人临死时,他的妻子已经怀孕。他对妻子说:"你生下的孩子如果是男的,把财产的$\frac{2}{3}$给他;如果是女的,把财产的$\frac{2}{5}$给她,剩下的给你。"说完就死了。

说也凑巧,他妻子生下的是一男一女双胞胎。这下财产将怎样分?

可以按比例来解:

儿子和妻子的分配比例是 $\frac{2}{3}:\frac{1}{3}=2:1$,

女儿和妻子的分配比例是 $\frac{2}{5}:\frac{3}{5}=2:3$.

由此可知女儿、妻子、儿子的分配比例是 $2:3:6$,按这个比例分配就合理了。

用民谣写成的数学题

在世界各地流传着一些用民谣形式写成的数学题。

美国民谣:

一个老酒鬼，名叫巴特恩，
吃肉片和排骨共用钱九角四分。
每块排骨一角一，每片肉价只七分，
连排骨带肉片吃了整十块哟，
问问你：吃了几块排骨几片肉，我们的巴特恩？

可以这样来解算：

假设巴特恩吃的是10片肉片的话，他一共花70分钱。用94分减去70分，得差24分。这24分钱是什么呢？

由于巴特恩吃的不都是肉片，有排骨，而一块排骨比一片肉片贵11－7＝4(分)。这24分是排骨和肉片的差价得到的。可以求出巴特恩吃的排骨数：

$(94-7\times10)\div(11-7)=24\div4=6$(块).

$10-6=4$(片).

巴特恩吃了6块排骨、4片肉片。

中国也有类似的民谣：

一队强盗一队狗，
两队并作一队走，
数头一共三百六，
数腿一共八百九，
问有多少强盗多少狗？

这道题和《孙子算经》中的“鸡兔同笼”是同一种类型。只不过，把鸡换成强盗，把兔换成狗就是了。具体算法是：

$(360\times4-890)\div(4-2)=275$,

$360-275=85$.

强盗有275人，狗有85条。

还有首中国民谣：

几个老头去赶集，
半路买了一堆梨，
一人一个多一个，
一人两个少两梨。
究竟有几个老头几个梨？

设人数为x，则梨为$(x+1)$个。依题意，得：

$2x=(x+1)+2$，

$x=3$，

$x+1=4$.

“寒鸦与树枝”是一首俄罗斯的民谣：

飞来几只寒鸦，
落到树枝上停歇。
要是每支树枝上
落下一只寒鸦，
那么就有一只寒鸦
缺少一支树枝；
要是每支树枝上
落下两只寒鸦，
那么就有一支树枝
落不上寒鸦。
你说共有几只寒鸦？
你说共有几支树枝？

可以这样来解：

如果每支树枝上落2只寒鸦，比每支树枝落一只寒鸦共多出$2+1=3$（只）寒鸦，而这时每支树枝上所落寒鸦只数的差为$2-1=1$（只）。

用多出来的寒鸦数除以每支树枝寒鸦的差数,就等于树枝数。

因此,

$(2+1)\div(2-1)=3\div 1=3$(支).

寒鸦数为 $3+1=4$(只).

答案是有 3 支树枝,4 只寒鸦。

下面这首民谣也很有趣,是中国民谣:

牧童王小良,放牧一群羊。
问他羊几只,请你细细想。
头数加只数,只数减头数。
只数乘头数,只数除头数。
四数连加起,正好一百数。

其实头数和只数是一回事,因此,只数减头数得 0,只数除头数得 1。

这样一来,有:

只数 × 只数 + 2 × 只数 = 99.

使用试验法,可得只数等于 9,因为

$9\times 9+2\times 9=99$,

故羊有 9 只。

大文豪出数学题

19世纪末，俄国大文豪托尔斯泰也很喜欢数学。他曾在短篇小说《人需要很多土地吗？》中写了这样一个情节：答应农夫根据他一天所能走完路程的长度来分配土地。问：农夫走什么路能得到的土地最多？正方形、六边形、还是圆形？

（提示：在周长一定的条件下，什么形状的几何图形面积最大？答案是圆形。）

下面是托尔斯泰喜欢的第一道数学题：

“割草队要收割两块草地，其中一块比另一块大一倍。全队在大块草地上收割半天之后，分为两半，一半人继续留在大块草地上，另一半人转移到小块草地上。留下的人到晚上就把大草地全收割完了，而小块草地还剩下一小块未割。剩下的那一小块要第二天一个人花一整天才能割完。问割草队有几个人？”

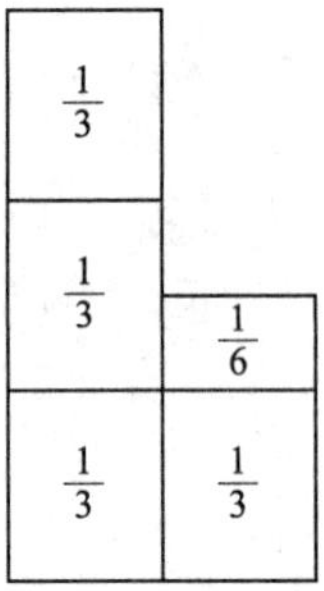

托尔斯泰本人是怎样解答的呢？据当时的见证人秦格尔教授讲：托尔斯泰认为，既然大块草地上割草队全体割了半天，接着全队的一半人又割了半天。很清楚，这一半人在半天内收割了大块草地的$\frac{1}{3}$，小块草地相当于大块草地的$\frac{1}{2}$。以大块草地为1，那么在小块草地上，半队人割了半天后剩下的草地为$\frac{1}{2}-\frac{1}{3}=\frac{1}{6}$。根据题意，这剩下的$\frac{1}{6}$，一个人一天割完了，这样就得到一个人割草的效率为一天割大草地的$\frac{1}{6}$。

大、小草地合在一起是$1+\frac{1}{2}=\frac{3}{2}$，割草队割了一天总共割了$\frac{3}{2}-\frac{1}{6}=\frac{9}{6}-\frac{1}{6}=\frac{8}{6}=\frac{1}{6}\times 8$，说明割草队共有8人。

托尔斯泰解答得十分巧妙，说明他数学功底很深。托尔斯泰还很注重数学题的直观解法。据秦格尔教授回忆："托尔斯泰一生喜欢有趣而又不太难的数学习题，割草问题在托尔斯泰年轻时，就从我父亲那里得到了。当有一次我和他谈起了这道题时——当时他已经是一位老人了——托尔斯泰对这道题可以用图解法求解感到满意。"

这个图的左边代表大块草地，右边代表小块草地。小块草地是大块草地的一半。一个人一天割了$\frac{1}{6}$，因此，每个正方形都代表2个人一天所割的草。第一天一共割了4个正方形，说明割草队有8个人。

托尔斯泰喜欢的第二道数学题：

"兄弟五人平分父亲遗留下来的3所房子。由于房子无法拆分，便同时分给老大、老二和老三。为了补偿，3个哥哥每人付出800元给老四和老五，于是五人所得完全相同。问3所房子总值多少？"

托尔斯泰的解法简单明了：3个哥哥共给2个弟弟$800\times3=2400$(元)，2个弟弟平分后各得$2400\div2=1200$(元)，这也就是每个人平分到的钱数。$1200\times5=6000$(元)，这是3所房子的总值。

托尔斯泰喜欢的第三道数学题：

"木桶上方有2个水管，单独打开其中一个，24分钟可流满水桶；若单独打开另一个，则15分钟可流满水桶。木桶底上还有一个小孔，水可以从孔中往外流，一满桶水用2小时流完。若同时打开2个水管，水从小孔中也同时流出，经过多长时间水桶才能装满？"

托尔斯泰是这样解的：当2个水管同时打开，1分钟后木桶里有多少水？

从一个水管(15分钟流满木桶那一个)1分钟流出的水占木桶容积$\frac{1}{15}$，从另一个水管(24分钟流满木桶的那一个)1分钟流出的水占木桶容积$\frac{1}{24}$，而 1 分钟从小孔流出的水为木桶容积的$\frac{1}{120}$。

因此 $\frac{1}{15}+\frac{1}{24}=\frac{8+5}{120}=\frac{13}{120}$,

$\frac{13}{120}-\frac{1}{120}=\frac{12}{120}=\frac{1}{10}$.

即 1 分钟木桶中的水为木桶容积的$\frac{1}{10}$,几分钟木桶中的水才能满?

$\frac{1}{\frac{1}{10}}=10$.

即 10 分钟可以装满。

为了纪念这位热爱数学的大文豪,后来有人用托尔斯泰生和死的年份也编了一道数学题:

伟大的俄国作家托尔斯泰享年 82 岁。他在 19 世纪中度过的比在 20 世纪中度过的多 62 年。请问:托尔斯泰生于哪一年? 死于哪一年?

可以先求出托尔斯泰死于哪一年, 也就是求出他在 20 世纪度过了多少年:

$(82-62)\div 2=20\div 2=10$,

即他在 20 世纪度过了 10 年, 所以死于 1910 年, 而生于 $1900-72=1828$ 年。

诗人与数学题

19 世纪著名诗人莱蒙托夫,不仅擅长写诗,还喜欢做数学题和玩数学游戏。

1841 年初,莱蒙托夫在邓金斯基团队服役,部队在阿那波驻防。军官们无事可做,常聚在一起闲聊。一位上了年纪的军官讲到,有位主教能够心算非常复杂的数学问题。老军官转身问道:“莱蒙托夫,您的看法如何? 听说,您也是一位不错的数学家! ”

“这没什么了不起。”莱蒙托夫回答说,“如果你们高兴,我也可以给你们表演复杂的数学计算。”

大家都高兴地说：“您表演吧！”

莱蒙托夫站起来神秘地说：“请你们事先想好一个数，按照我的要求做数学运算，我可以说出最后的答数。”

“好吧，试试看。”一位军官怀疑地笑了笑说，“事先想好的数应该多大？”

莱蒙托夫说：“多大都可以。为了您便于计算，不妨先以两位数为限。”

“好啦，我已经想好了一个两位数。”这位军官把想好的数告诉给身旁的一位妇女。

莱蒙托夫说：“在这个数上加25。”军官在纸上写了起来。

莱蒙托夫接着说：“再加上125，减去37，再减去你最初想的那个数，余数乘5再除以2。”军官算了一阵子，算出答数。

莱蒙托夫笑着说：“如果我没弄错，答数是$282\frac{1}{2}$。”那个军官几乎跳了起来，莱蒙托夫如此迅速和准确的计算，使他大吃一惊。

那个军官连连点头说：“$282\frac{1}{2}$完全正确！我原来想的数是50。您能不能再表演一次？”

“好的。”莱蒙托夫又要那个军官想好一个数，做了一系列数学运算之后，又正确地说出了最后的答数。

莱蒙托夫计算的秘密在哪儿？

秘密在于莱蒙托夫在计算最后答数时，并没有用到军官事先想好的数，把计算过程写出来就一目了然啦！

设那个军官事先想好的数为x，可得算式：

$$(x+25+125-37-x)\times 5\div 2=282\frac{1}{2}.$$

从式中看出x减去x等于0，只要你记住运算顺序：“想好的数加25，加125，减37，减想好的数，乘5，除2”，再记住“答数$282\frac{1}{2}$”，任何人都可以做这个数学游戏。

莱蒙托夫活了多大年纪呢？

由于莱蒙托夫一生喜爱数学，后来有人用他的生卒年代编了一道数学题：

“伟大的诗人莱蒙托夫是19世纪的人。他生于19世纪，也死于19世纪。根据下述条件，说出他生于哪一年？死于哪一年？

(1)他诞生与逝世的年份，都是4个相同的阿拉伯数字组成，但排列位置不同；

(2)他诞生的那一年，4个阿拉伯数字之和为14；

(3)他逝世的年份，其阿拉伯数字的十位数是个位数的4倍。”

可以这样来考虑：

既然“生于19世纪，死于19世纪”，那么他生和死的年代的前两位数字一定是18；根据“他诞生的那一年，4个阿拉伯数字之和为14。”而百位和千位数字之和为$1+8=9$，可知个位和十位数字之和是$14-9=5$。

由于“诞生和逝世的年份，都由4个相同的阿拉伯数字组成”，又由于“他逝世的年份，其阿拉伯数字的十位数是个位数的4倍”可以得知，莱蒙托夫死于1841年，生于1814年，仅仅活了27岁！

另一位大诗人贝涅吉克托夫也非常喜欢数学题，他曾写过一本数学题集。这本书中有些很有趣的数学题，请看其中的一道题：

卖鸡蛋的某妇人，派她3个女儿去市场出售她的90个鸡蛋。她给了最聪明的大女儿10个鸡蛋，给了二女儿30个鸡蛋，小女儿50个鸡蛋。

妇人对 3 个女儿说："你们先商量好售价，然后就不要让步。你们都得坚持同样的价钱，但是我希望我的大女儿运用她的智慧，即便是按照你们共同商定的价钱，仍能把她自己那 10 个鸡蛋卖得的钱数同二女儿卖掉 30 个鸡蛋的钱数相同，并教会二女儿把她那 30 个鸡蛋卖得的钱数同三女儿卖掉 50 个鸡蛋的钱数相同。注意，你们 3 个人所卖的总钱数和每次鸡蛋卖的钱数都要相同。还有，我希望你们卖鸡蛋时，90 个鸡蛋不能低于 90 分。"

你说说，这 3 个女儿是怎样完成这个任务的？

诗人是这样来解决这个问题的：

3 个女儿在去市场的路上边走边商量。后来二女儿、三女儿都请大女儿出主意。大女儿想了想说："妹妹们，咱们以前都是 10 个蛋 10 个蛋地卖，这次咱们不这样干了，改成 7 个蛋 7 个蛋地卖。每 7 个蛋一份，咱们给每一份订一个价钱，按照妈妈的嘱咐，咱们 3 个人都得遵守，一分钱也不让价，每份卖 3 分钱，你们说怎样？"

二女儿说："那可太便宜了。"

大女儿说："我们把 7 个一份按份出售的鸡蛋卖完后，提高剩下来的蛋的价钱呀！我已经注意到，今天市场上卖鸡蛋的除你我三人外，再没有别人卖了。因此，不会有人压低我们的价钱了。那么，剩下的这些蛋，只要有人急用，货又剩得不多了，价钱自然要上涨。咱们就是要在剩下的那几个蛋上赚回来。"

三女儿问："剩下那几个蛋卖什么价钱呢？"

大女儿果断地说："每个蛋卖 9 分。就这个价。急等鸡蛋下锅的买主是会出这个价钱的。"

二女儿摇摇头说:"太贵了点。"

"那有什么!"大女儿回答说,"可是我们7个一份的鸡蛋卖得不是太便宜了吗?两者刚好抵消。"大家都同意了。

到了市场,姐妹三人各找地方坐下来卖她们的鸡蛋。买东西的男男女女,看到鸡蛋如此便宜,都跑到三女儿那儿去买。三女儿把50个鸡蛋分成7个一份共分成7份,每份3分共卖了21分,筐子里还剩下1个鸡蛋;二女儿有30个鸡蛋,7个一份共卖给了4个顾客,筐子里还剩下2个鸡蛋,卖了12分;大女儿则卖了一份7个蛋,卖了3分钱,还剩下了3个蛋。

这时,市场上赶来了一位女厨师,是奉主人之命来买鸡蛋的,她的任务是必须买到10个鸡蛋,因为主人的儿子特别喜欢吃鸡蛋,而他刚刚回来探亲。女厨师在市场上转来转去,可是鸡蛋都已卖光,卖鸡蛋的3个摊子上一共只剩下6个鸡蛋:一个摊子只有1个,另一个摊子只有2个,还有一个摊子只有3个。

女厨师先跑到大女儿的摊子前问:"这3个鸡蛋卖多少钱?"

大女儿回答:"每个鸡蛋9分钱。"

女厨师瞪着大眼睛说:"你怎么啦?发疯啦?要这么多钱!"

大女儿爱理不理地说:"随您的便,少一个钱也不卖,就剩这几个了。"

女厨师又跑到只剩下2个鸡蛋的二女儿摊前问:"什么价钱?"

二女儿说:"9分钱一个。言不二价。蛋都卖光了。"

女厨师赌气又跑到三女儿摊前问:"你这个鸡蛋卖多少钱?"

三女儿回答:"9分钱一个。"

一点办法也没有,女厨师只好用高价买下了这仅有的6个鸡蛋。

于是,女厨师付了27分给大女儿,买下她的3个鸡蛋。这样连同原先卖出的3分,大女儿一共卖了30分钱;二女儿的2个鸡蛋拿到了18分,连同以前卖的12分钱,共得30分钱;三女儿剩下的一个蛋卖了9分,连同以前卖的21分,也拿到了30分钱。

三姐妹回到家里，每人交了30分钱给妈妈，并向妈妈讲述她们是怎样卖的。的确，她们在价钱上遵守了共同的条件：不论是10个鸡蛋还是50个鸡蛋，都卖得同样的钱数。

妈妈非常满意，特别为大女儿的智力出众感到高兴。

你看，贝涅吉克托夫编的数学题，不仅有趣，而且故事还挺曲折。

用童话编成的数学题

从古至今，用童话形式写成的数学题可真不少。瑞士著名数学家欧拉，曾经用童话形式编了许多有趣的数学题，许多国家也流传着一些古老的童话形式的数学题。

俄罗斯曾流传着这样一道题：一大群雁在飞，一只雁碰上它们，叫道："你们好，一百只雁！"带头的雁回答说："不，我们不是一百只雁！如果我们再增加百分之百，再增加百分之五十，再增加百分之二十五，最后再加上你才够一百只，你说我们有多少只？"

这是一道百分数的应用题，可以这样来解：

设原来雁数是100%，后来陆续增加了100%，50%，25%和1只。

总共的百分数是：$100\% + 100\% + 50\% + 25\% = 275\%$.

也就是说，原来大雁只数的275%是$100 - 1 = 99$(只)。原来的雁数为：

$99 \div 275\% = 99 \div \frac{275}{100} = 99 \div \frac{11}{4} = 99 \times \frac{4}{11} = 36$(只).

所以，原来有36只雁。

下面这道题是著名数学家欧拉编的：

毛驴和骡子驮着若干袋重量相等的面粉，一起在路上走着。毛驴抱怨它驮的东西太沉重了。

"你还抱怨什么？"骡子对毛驴说，"如果把你的一袋面粉给我，我的负担将比你的重一倍；如果把我的一袋面粉给你，我们俩的负担刚好相等。"

你知道驴和骡子各驮多少袋面粉吗？

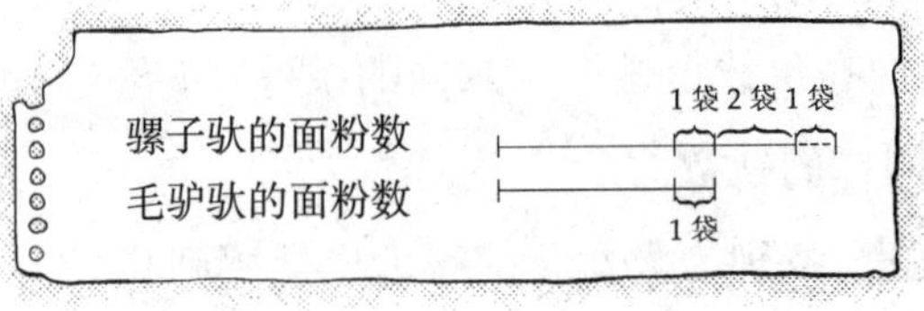

这道题利用图形最容易了解。根据“如果把我的一袋面粉给你，我们俩的负担刚好相等”，可以知道骡子原来比毛驴多驮两袋面粉。

再根据“如果把你的一袋面粉给我，我的负担将比你的重一倍”，可以知道毛驴给骡子一袋面粉后，骡子所驮的面粉数比毛驴多4袋面粉，这恰好是毛驴剩下的面粉数。这样4+1=5就是毛驴原来驮的面粉数。5+2=7是骡子原来驮的面粉数。

用竹棍摆成的数学题

前面已经提到过，中国古代的数学家用一些小竹棍摆成不同的形式来表示不同的数目，并进行各种计算，这叫作“筹算”。在《孙子算经》中就给出了摆竹棍的方法。《孙子算经》共3卷，成书在祖冲之之前，大约是公元5世纪。内容主要讲数学的用途，浅显易懂，有许多有趣的数学题。下面的“鸡兔同笼”“河边洗碗”“折绳量木”“三鸡啄粟”，都选自这本书。

（一）鸡兔同笼

原题是：“今有雉兔同笼，上有三十五头，下有九十四足，问雉兔各几何？”

“雉”也叫作“野鸡”，雄的羽毛华丽，脖子上有白色环纹，很漂亮。这道题的意思是：“今有鸡和兔同笼，从上面数有头35个，从下面数有脚94只，问鸡和兔各有多少只？”

《孙子算经》上的解法很巧妙，它是按公式

兔数 = $\frac{1}{2}$ × 足数 − 头数

来算的。具体计算如下：

兔数 = $\frac{1}{2} \times 94 - 35$

$= 47 - 35$

$= 12$（只）.

鸡数 = 头数 − 兔数

$=35 - 12$

$=23$（只）.

这个公式是怎样来的呢？

把足数除以 2 以后，每只鸡只剩下一足，每只兔剩下两足了。减去头数，就相当于每只鸡、兔再减去一足，鸡足减完了，剩下的每只兔只有一足了。此时，所剩足数恰好等于兔子的头数。

“鸡兔同笼”问题的解法不止一种，下面介绍另外一种解法。

由于每只兔子比每只鸡多两足，假如把兔子也算作两足的话，那么鸡兔共有 $2 \times 35 = 70$(足)。

由总足数 94 减去 70，剩下的应该是兔子数的两倍。因此，兔子数为

$(94 - 35 \times 2) \div 2$

$=(94 - 70) \div 2 = 12$（只）.

鸡数 $= 35 - 12 = 23$（只）.

前两种方法如果与方程比较起来，还是用方程来解最简单：

设兔子有x只，则鸡有($35 - x$)只。

由于兔子有四足，鸡有两足，总共有 94 足。可列出方程：

$4x + 2(35 - x) = 94$

$4x + 70 - 2x = 94$

$2x = 24$

$x = 12.\quad 35 - x = 23.$

答：兔有 12 只，鸡有 23 只。

（二）河边洗碗

有一名妇女在河边洗刷一大摞碗。一个过路人问她："怎么刷这么多碗哪？"她回答："家里来客人了。"过路人又问："家里来了多少客人？"妇女笑着答道："2 个人给一碗饭，3 个人给一碗鸡蛋羹，4 个人给一碗肉，一共要用 65 只碗，你算算我们家来了多少客人？"

题目给出了碗的总数以及客人和碗的关系。如果能求出每人占多少只碗，就可以求出客人的数目。

每人占多少只碗呢？

2 个人给一碗饭，每人占$\frac{1}{2}$只碗；

3 个人给一碗鸡蛋羹，每人占$\frac{1}{3}$只碗；

4 个人给一碗肉，每人占$\frac{1}{4}$只碗。

合起来，每人占$\left(\frac{1}{2}+\frac{1}{3}+\frac{1}{4}\right)$只碗。

客人数为 $65\div\left(\frac{1}{2}+\frac{1}{3}+\frac{1}{4}\right)$

$=65\div\frac{13}{12}$

$=65\times\frac{12}{13}=60$（人）.

（三）折绳量木

"有一段木头，不知它的长度，拿来一根绳子量木头的长。把绳子拉直来量，绳子多 4 尺 5 寸；如果将绳子对折过来量，绳子又短 1 尺。问这段木头有多长？"

《孙子算经》上的这道题十分有趣。解这道数学题的关键是找出绳子拉直和绳子对折的关系。

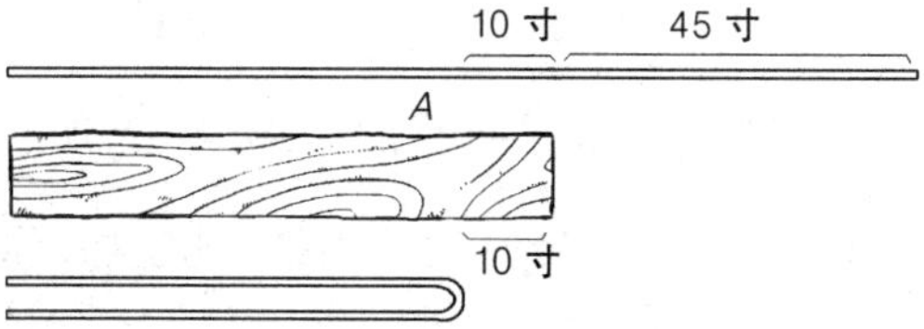

从上图可以看出，半根绳长等于 45 + 10（寸）。因为绳子可以看成由 A 点对折的。这样整根绳长就等于（45 + 10）× 2（寸），而木头长为

$$(45+10)\times 2-45=65（寸）.$$

答：木头长为 6 尺 5 寸。

（四）三鸡啄粟

一只公鸡、一只母鸡和一只小鸡在一起啄食了 1001 粒粟米。当小鸡啄食 1 粒粟米时，母鸡啄食 2 粒，公鸡啄食 4 粒。粟米的主人要求这些鸡的主人偿还粟米。问 3 只鸡的主人各该偿还粟米多少？

解答这道题时，关键是求出每只鸡啄食粟米的比例。由于小鸡啄食 1 粒时，母鸡啄食 2 粒，公鸡啄食 4 粒，所以如果把 1001 粒粟米分成 7 份的话，小鸡啄食了 1 份，母鸡和公鸡各啄食了 2 份和 4 份。

小鸡啄食了 $1001\div(1+2+4)$

$=1001\div 7$

$=143$（粒）.

母鸡啄食了 $143\times 2=286$（粒），

公鸡啄食了 $143\times 4=572$（粒）.

古印度数学题

古印度有许多有才华的数学家。他们在解数学题时，常使用的一种方法叫反演法，就是从已知条件逐步往回推。

古印度数学家大阿利耶波多在 6 世纪曾给出类似下述的问题：“带着

微笑眼睛的美丽少女，请你告诉我，按照你理想的正确反演法，什么数乘以3，加上这个乘积的$\frac{3}{4}$，然后除以7，减去此商的$\frac{1}{3}$，减去52，加上8，除以10，得2。”

根据反演法，我们从2这个数开始往回推，凡是加，你就减；凡是乘，你就除。于是有：

得2， 2

除以10， 2×10

加上8， $2\times10-8$

减去52， $2\times10-8+52$

减去此商的$\frac{1}{3}$， $(2\times10-8+52)\times\frac{3}{2}$

除以7， $(2\times10-8+52)\times\frac{3}{2}\times7$

加上这个乘积的$\frac{3}{4}$，

$(2\times10-8+52)\times\frac{3}{2}\times7\div(1+\frac{3}{4})$

乘以3，

$(2\times10-8+52)\times\frac{3}{2}\times7\div(1+\frac{3}{4})\div3$

最初的数是：

$$(2\times10-8+52)\times\frac{3}{2}\times7\div(1+\frac{3}{4})\div3$$
$$=64\times\frac{3}{2}\times7\times\frac{4}{7}\times\frac{1}{3}$$
$$=128.$$

如果按原题条件验算一下，得：

$$[128\times3\times(1+\frac{3}{4})\div7\times\frac{2}{3}-52+8]\div10$$
$$=(384\times\frac{7}{4}\times\frac{1}{7}\times\frac{2}{3}-52+8)\div10$$
$$=(64-52+8)\div10$$
$$=20\div10=2.$$

128合乎题目条件。

我们对于古印度数学的知识多半来源于婆什迦罗所著的《丽罗娃提》(即《历算书》)一书。关于这本书还有一个有趣的传说:算命的人预言,如果婆什迦罗唯一的女儿不在某一个吉利日子的某一时辰结婚,不幸的命运就会降临。到了那天,正当新娘子等待着"时刻杯"(一种计时的工具)中的水平面下沉时,一颗珍珠不知什么原因从她的头饰上掉了下来,滚到杯孔上,于是水不再流出了,因而幸福的时刻未被注意地过去了。女儿为此而不愉快,为了安慰女儿,婆什迦罗以她的名字命名这本书。

古印度的许多数学题是很有趣的。比如:

"一条长80安古拉(古印度长度单位)的强有力的、不可征服的、极好的黑蛇,以$\frac{5}{14}$天爬$7\frac{1}{2}$安古拉的速度爬进一个洞,而蛇尾每$\frac{1}{4}$天长$\frac{11}{4}$安古拉。数学家们,请告诉我:这条大蛇何时全部进洞?"

黑蛇不断往洞里爬,蛇尾也不停地向后长,要求出黑蛇身体全部爬进洞的时间。可先分别求出黑蛇向洞里爬行的速度和蛇尾生长的速度。

黑蛇爬行速度:$7\frac{1}{2}\div\frac{5}{14}=\frac{15}{2}\times\frac{14}{5}=21.$

蛇尾生长速度:$\frac{11}{4}\div\frac{1}{4}=\frac{11}{4}\times 4=11.$

两者的速度差:$21-11=10.$

全部进洞时间:$80\div 10=8$(天).

写出综合式子:

$80\div\left(\frac{15}{2}\times\frac{14}{5}-\frac{11}{4}\div\frac{1}{4}\right)=8$(天).

古印度数学题中分数问题占很大比例。比如:

"在一堆杧果中,国王取$\frac{1}{6}$,王后取余下的$\frac{1}{5}$,3个王子分别取逐次余下的$\frac{1}{4}$、$\frac{1}{3}$和$\frac{1}{2}$,最年幼的小孩取剩下的3个杧果。您对解各种各样的分数问题是很聪明的,告诉我杧果的总数吧!"

假设杧果总数为 1，那么国王取$\frac{1}{6}$；王后取余下的$\frac{1}{5}$，即$(1-\frac{1}{6})\times\frac{1}{5}=\frac{1}{6}$；3 个王子分别取逐次余下的$\frac{1}{4}$、$\frac{1}{3}$和$\frac{1}{2}$，即$(1-\frac{2}{6})\times\frac{1}{4}=\frac{1}{6}$，$(1-\frac{3}{6})\times\frac{1}{3}=\frac{1}{6}$，$(1-\frac{4}{6})\times\frac{1}{2}=\frac{1}{6}$。

计算结果告诉我们，国王、王后和 3 个王子都取得了总数的$\frac{1}{6}$，合在一起为$\frac{5}{6}$。这样小孩得到的也是总数$\frac{1}{6}$。因此，杧果总数为

$3\div\frac{1}{6}=18$（个）.

古印度有一部称作《巴卡舍里原稿》的数学书，无名氏所写，1881 年出土于西印度的巴卡舍里。它是由 70 页贝叶组成的。对于它的成书年代有许多猜测，估计在 3—12 世纪。原稿有这样一道题：

"一个商人在 3 个不同的地方为某批货物缴税，在第一个地方，缴该货物的$\frac{1}{3}$；在第二个地方，付余下的$\frac{1}{4}$；在第三个地方，付再余下的$\frac{1}{5}$。总计缴税 24。问原来货物的总数是多少？"

可设原来货物的总数为 1，

则在第一个地方，缴$\frac{1}{3}$，

在第二个地方，缴$(1-\frac{1}{3})\times\frac{1}{4}=\frac{1}{6}$，

在第三个地方，缴$(1-\frac{1}{3}-\frac{1}{6})\times\frac{1}{5}=\frac{1}{10}$，

总计缴税$\frac{1}{3}+\frac{1}{6}+\frac{1}{10}=\frac{3}{5}$.

因此，货物总数是：$24\div\frac{3}{5}=24\times\frac{5}{3}=40$.

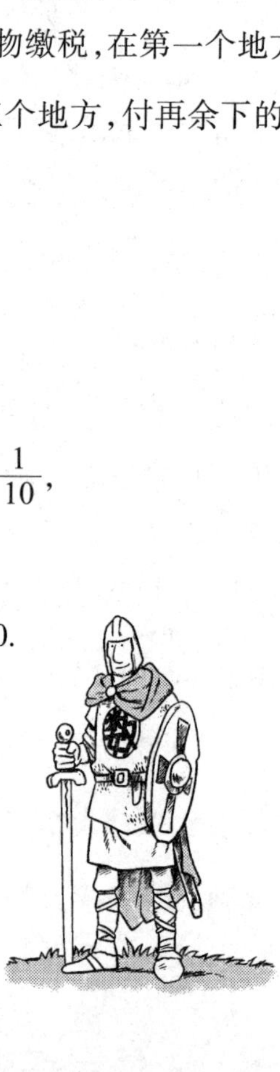

3. 解题动画片

两分钱到哪儿去了

——谈别把自己搞糊涂了

先来讲个故事：

“卖鱼啦！就剩这几条了，5 角钱全拿走。”卖鱼老人在不停地吆喝。

“5 角钱全拿走？便宜！”3 个同路人商量一下，想买这几条鱼。可是，3 个人口袋里的钱，都是面值 2 角的，而卖鱼老人又没零钱可找。怎么办？

3 个人中年龄较大的说：“咱们每人出 2 角钱，买下这几条鱼算了。”另外 2 个人都同意，就凑了 6 角钱，买下了鱼。

卖鱼老人拿着这 6 角钱，越想越不合适。怎么能多收 1 角钱呢？于是他把 2 角钱换成了零钱，去追买鱼的人。

追着追着，前面出现了一条河。河上有条渡船。老人问摆渡的少年：“有 3 个提着鱼的人过河了吗？”

少年说：“他们刚刚过河，您赶快去追！”老人上了船，付给少年 2 分钱摆渡钱。过河后，没多远就追上了买鱼的人。

老人气喘吁吁地说：“停一停，刚才你们多给了我 1 角钱，我坐船过河用了 2 分，回去还要坐船花 2 分，一共 4 分。一角钱去掉 4 分，还剩 6 分。每人恰好退 2 分钱。”老人给了每人 2 分钱就回去了。

3 个人中年龄较大的夸奖说：“卖鱼老汉真诚实，1 角钱还要追这么远的路来退还。”

年纪最轻的却摇摇头说：“不对呀！咱们每人拿出 2 角钱，老人又退给每人2分钱，每人实际只拿出1角8分钱，3个人共拿出5角4分钱。卖鱼老人坐船来回花去4分，合在一起才是5角8分钱，怎么比6角钱少2分呢？”

咦？真的少了2分钱！这2分钱跑到哪里去了？

请问：究竟少不少2分钱？如果少了，老人什么地方算错了？如果不少，年纪最轻的买鱼人又在哪儿算错了？

认真思考一下就会发现，是年龄最轻的买鱼人算法不对，他自己把自己搞糊涂了。

原来每人拿2角钱，共6角钱。卖鱼老人退给每人2分钱以后，每人实际拿出了1角8分钱。3个人总共花去的钱是5角4分，其中5角是买鱼的钱，4分是老人来回坐船的钱，这不是正对么！一分钱也不差！

年纪最轻的买鱼人怎么算错了呢？他没有分清花去的5角4分和没有花掉的6分钱，把老人坐船的4分钱重复加在已花的5角4分钱(包括鱼钱和船钱)里面，还硬要和原来的6角钱对上账。我们知道，6角钱和5角4分钱的差额为6分钱，老人已经退给了买鱼人，因此再算鱼钱也好，船钱也好，都应该在5角4分钱中考虑，不必再和6角钱对上账了。

在做应用题时，我们有时也会犯类似的错误。先看下面一道题：

“某工厂今年生产了1200台机器，今年比去年多生产$\frac{1}{5}$，求该工厂去年的产量。”

如果这样来做：用今年的产量减去今年比去年多生产的台数，剩下就是去年的产量。

列出算式：

$$1200-1200\times\frac{1}{5}=1200\times\left(1-\frac{1}{5}\right)$$

$$=1200\times\frac{4}{5}=960(\text{台}).$$

这样算就错了！错在哪里呢？错在今年比去年多生产的台数不是$1200\times\frac{1}{5}$。$1200\times\frac{1}{5}$是今年产量的$\frac{1}{5}$，而题目给出的是“今年比去年多生产$\frac{1}{5}$”，要求的是去年产量的$\frac{1}{5}$,去年的产量是多少呢？不知道！这正是题目要求的答案。

年轻的买鱼人是把“花掉的钱”和“没花掉的钱”混淆在一起了。上面的做法中把“今年比去年多”和“去年比今年少”混淆了。看来,做题目前要认真分析题目,把什么是已知条件、什么是未知条件搞清楚,不然的话,就会把自己搞糊涂了。

上题的正确做法是:

$$1200 \div (1+\frac{1}{5}) = 1200 \div \frac{6}{5} = 1200 \times \frac{5}{6}$$

$$= 1000(台).$$

答:去年的产量是1000台。

怎么避免这类错误呢?

除了认真审题、正确理解数学用语外,还可以用比较的方法。

首先想一下,什么题目应该用第一个算式:

$$1200 \times (1-\frac{1}{5}).$$

根据这个算式,可以编这样一道题:“某工厂今年生产了1200台机器,去年比今年少生产$\frac{1}{5}$,求该工厂去年的产量。”

把后编的题和原来的题逐字进行比较,不难发现两者的差别。下面再给出几个算式,你能给它们编出正确的题目来吗?

(1) $1200 \div (1-\frac{1}{5})$;

(2) $1200 \times (1+\frac{1}{5})$;

(3) $1200 \div (1+\frac{1}{5}) - 5$;

(4) $1200 \times (1-\frac{1}{5}) + 5$.

如果你都编对了,再遇到这类题目就不会把自己搞糊涂了。

狐狸的骗术

——谈掌握解题规律

先来讲个故事：

兔子、松鼠和刺猬一共采回110个草莓。兔子采得最多，刺猬采得最少。刺猬建议：兔子分得的草莓数应该是松鼠的2倍，而松鼠应该比自己多分10个。兔子和松鼠同意这样分，可是具体怎样分，谁也不会。3只小动物真发愁。

狐狸来了。狐狸说："这个好办，我来替你们分。假设兔子分得1。"

兔子连忙问："我只分得1个草莓？"

狐狸摇摇头说："不，不，我是说把你分得的草莓数当作1份，这才好算。"

松鼠问："那我分多少？"

狐狸说："由于兔子分得的草莓数是你的2倍，兔子得1，你就得$\frac{1}{2}$。"

松鼠哭丧着脸说："怎么，我才分到半个草莓？"

狐狸赶紧解释："不，不，你是兔子分得草莓数的$\frac{1}{2}$，绝不是半个！"

刺猬刚要问，狐狸抢先说，"你比松鼠少分10个，如果给你增加10个，你也恰好分得$\frac{1}{2}$。"

狐狸在地上边说边写，"我先求出兔子分得的草莓数：

$(110+10)\div(1+\frac{1}{2}+\frac{1}{2})=120\div2=60$（个）.

松鼠分得$60\times\frac{1}{2}=30$（个）.

刺猬分得$30-10=20$（个）."

3只动物分完草莓以后，发现一点不差，都非常感谢狐狸。每只动物拿出10个草莓送给狐狸，狐狸取得了它们的信任。

一天，刺猬背回来1千克饼，兔子又请狐狸帮着分一下，答应也分给狐狸 1 份。

狐狸看了看饼，用舌头舔了下嘴唇说："我们一共是 4 个，我少分一点吧！先把饼的$\frac{1}{5}$给我，兔子从我分剩下的饼中分$\frac{1}{4}$，松鼠从兔子分剩的饼中分$\frac{1}{4}$，刺猬再从松鼠分剩下的饼中分$\frac{1}{3}$，最后剩下的一点点给我。这样分怎么样？"大家以为狐狸分得最少，就同意了。

狐狸开始计算了：

狐狸先分走$\frac{1}{5}$，就是 $1 \times \frac{1}{5} = 0.2$（千克）.

剩下 $1 - 0.2 = 0.8$（千克）；

兔子分得饼 $0.8 \times \frac{1}{4} = 0.2$（千克）.

剩下 $0.8 - 0.2 = 0.6$（千克）；

松鼠分得饼 $0.6 \times \frac{1}{4} = 0.15$（千克）.

剩下 $0.6 - 0.15 = 0.45$（千克）；

刺猬分得饼 $0.45 \times \frac{1}{3} = 0.15$（千克）.

剩下 $0.45 - 0.15 = 0.3$（千克）.

狐狸一共分得饼 $0.2 + 0.3 = 0.5$（千克），结果一半的饼都被狐狸分走了。

3 个小傻瓜为什么会上当？主要是没有弄清问题的内在规律。在上次分草莓时，是拿兔子分的草莓数当作 1，这个 1 在解题当中是始终不变的；而在分饼时，狐狸分的$\frac{1}{5}$是1千克饼的$\frac{1}{5}$，兔子分得$\frac{1}{4}$，好像比狐狸多，可是兔子分的是 0.8 千克饼的$\frac{1}{4}$，也是 0.2 千克，而狐狸还要拿剩下的，结果兔子得到的反而少了。松鼠、刺猬就更少了。

在做数学题时，同样要掌握题目的内在规律。以 4 则应用题中的"工程问题"为例，工程问题的基本关系是：

工作量 ÷ 工作效率 = 工作时间。

现在来看一组题目：

(1)一项工程,甲独做5天完成,乙独做7天完成。现由甲、乙合作,几天完成?

(2)一项工程,二人合作8天完成。若甲独做12天完成,乙独做几天完成?

(3)甲1天做的工作等于乙2天做的工作,等于丙3天做的工作。今有一项工程,甲3天可完成,问乙、丙合作几天完成?

(4)一项工程,甲6天能完成它的$\frac{3}{4}$,乙8天能完成它的$\frac{2}{5}$,问甲、乙合作几天完成?

认真分析一下这4道题,不难发现,它们都是在工作量设为1的前提下,变换工作效率来求工作时间。解这类题的关键是正确求出题目所需要的工作效率。不妨列出各题的算式来分析一下:

(1) $1\div\left(\frac{1}{5}+\frac{1}{7}\right)$;

(2) $1\div\left(\frac{1}{8}-\frac{1}{12}\right)$;

(3) $1\div\left(\frac{1}{2\times3}+\frac{1}{3\times3}\right)$;

(4) $1\div\left[\frac{\frac{3}{4}}{6}+\frac{\frac{2}{5}}{8}\right]$.

在题(1)中,关键是求甲、乙合作的工作效率。

甲、乙合作的工作效率=甲的工作效率+乙的工作效率,即$\frac{1}{5}+\frac{1}{7}$;

在题(2)中,由于求乙独做几天完成,关键是求乙的工作效率,即$\frac{1}{8}-\frac{1}{12}$;

在题(3)中,甲1天等于乙2天的工作量,甲3天可做完的工程,乙需要2×3天才能做完,乙的工作效率为$\frac{1}{2\times3}$,而丙的工作效率为$\frac{1}{3\times3}$,乙、丙合作的工作效率为$\frac{1}{2\times3}+\frac{1}{3\times3}$;

在题(4)中,甲6天能完成整个工程的$\frac{3}{4}$,甲的工作效率为$\frac{\frac{3}{4}}{6}$;乙的工作效率为$\frac{\frac{2}{5}}{8}$；甲、乙合作的工作效率为$\frac{\frac{3}{4}}{6}+\frac{\frac{2}{5}}{8}$。

你看，这4道题都是在工作效率上变换花样。难道只能在工作效率上做文章，不能在工作量和工作时间上做文章吗？不，都可以做文章，再来看2道题：

(5)一项工程，甲独做8天完成，乙独做10天完成。甲独做了3天后，余下的甲、乙二人合做，还需要几天完成？

(6)一项工程，甲独做50天完成，乙独做75天完成，现在甲、乙合作，但中途乙因事离开几天，从开工后40天把这项工程做完，问乙中途离开几天？

在题(5)中，由于甲独干了3天，所剩工作量是$1-\frac{1}{8}\times3$，因此甲、乙合作所需的时间为：

$$\left(1-\frac{3}{8}\right)\div\left(\frac{1}{8}+\frac{1}{10}\right).$$

在题(6)中，可考虑假设乙不离开。40天完成的工作量为$\left(\frac{1}{50}+\frac{1}{75}\right)\times40$，这个数必然大于1。此时$\left(\frac{1}{50}+\frac{1}{75}\right)\times40-1$就是若乙不离开，40天内完成的工作量。把它除以乙的工作效率，就得到乙离开的天数，即

$$\left[\left(\frac{1}{50}+\frac{1}{75}\right)\times40-1\right]\div\frac{1}{75}.$$

仅就“工程问题”来看，工作效率可以变花样，工作量和工作时间也可以变花样。但万变不离其宗，只要掌握了它的规律，问题总是能解出来的。

他俩何时左脚同时着地

——谈作图对解题的帮助

有一个人，看见一男一女并排走路。初看时，他们恰好都用右脚同时迈步。后来他又发现男的迈2步，女的要迈3步才能跟上。他想到了一个问题：2个人这样走下去，从他们都用右脚开始起步到两人同时左脚着地为止，女的应该走多少步呢？

乍一看，这个问题挺容易：男的迈2步，女的要迈3步，2和3的最小公倍数是6，女的只要迈6步就可以和男的同时左脚着地。

可是仔细一想，问题并不那么简单。女的迈6步，男的自然应该迈4步，2个人都用右脚起步，走了偶数步，应该是右脚同时着地。那么刚才说的女的和男的同时左脚着地就显然不对了。

让男的迈6步对不对？男的迈6步，女的要迈9步才能跟上男的6步。可是，男的迈6步是右脚着地，女的迈9步是左脚着地，也不符合题意。这个答案还是不对。

看来，用求最小公倍数解决这个问题行不通。那么，用什么办法才能解决这个问题呢？

我们不妨先画个图来看看：

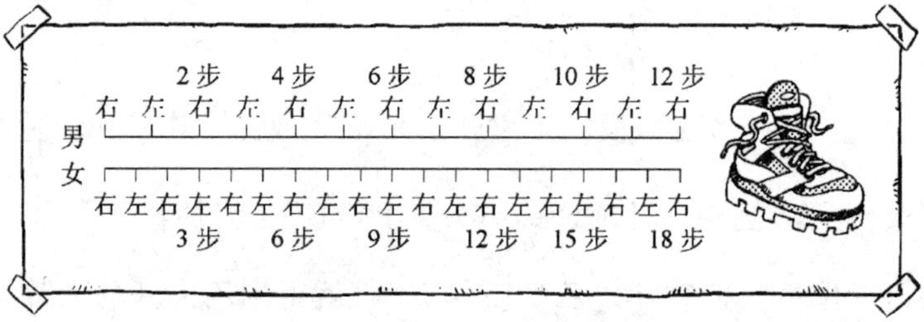

从图上一看，问题就清楚了：男女两人无论如何都不可能出现同时左脚着地的情况。因此，这个问题无解。

如果不画图，也许你还要费一番脑筋呢！

作图可以帮我们弄清题目中的已知条件和未知条件的关系以及已知条件之间的关系，可以使你少走弯路，更快地找到解题方法。比如：

“化工厂第一周用掉它所储藏原料的$\frac{1}{3}$，第二周用掉剩余的$\frac{1}{3}$。又知道第一周比第二周多用掉$\frac{1}{5}$吨。问化工厂储藏的原料是多少吨？”

先画一个示意图，设化工厂所储藏的原料为1。

第一周用料为$\frac{1}{3}$，第二周用料为$\frac{2}{3}\times\frac{1}{3}$，又知道第一周比第二周多用掉$\frac{1}{5}$吨，这是已知部分求全体的问题。因此，化工厂储藏的原料是：

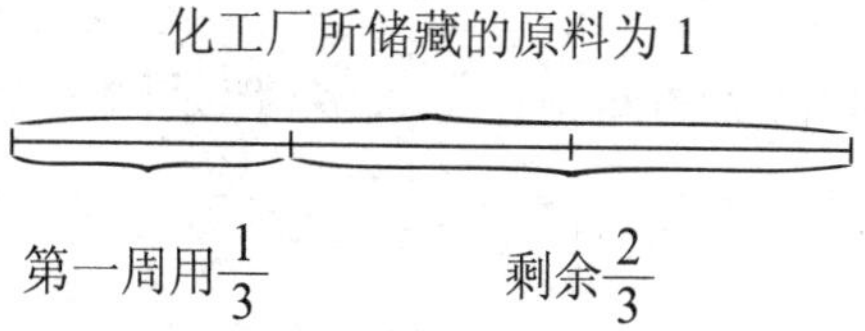

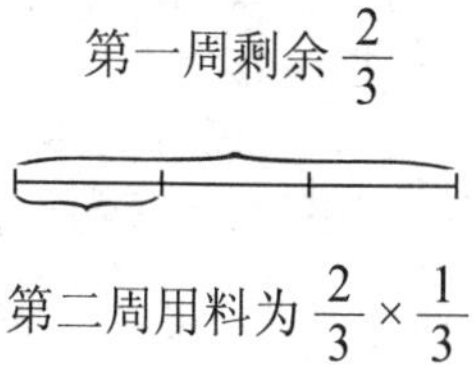

$\frac{1}{5}\div(\frac{1}{3}-\frac{2}{3}\times\frac{1}{3})=\frac{1}{5}\div\frac{1}{9}=1\frac{4}{5}$（吨）.

作图还可以帮助我们审题，避免把相近的问题混在一起，张冠李戴。比如：

“A、B 两个村庄相距 185 千米，甲、乙两个人驾车由 A、B 两地同时相对出发。3 小时以后两人还相距 20 千米。知道甲的速度是每小时 30 千米，求乙的速度。”

不妨先画个图分析一下：

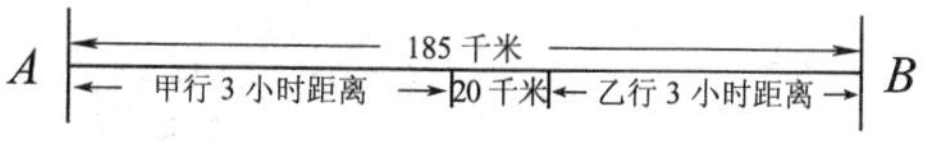

由图可以直接看出：

乙行 3 小时的距离

= 全程 − 甲行 3 小时的距离 − 两人相差距离

= 185 − 30 × 3 − 20 = 75（千米）.

乙行速度 = 75 ÷ 3 = 25（千米 / 时）.

如果把这个题变成：

“A、B 两地相距 185 千米，甲、乙两人骑车同时从 A 地往 B 地进发。3

小时以后，乙比甲少行 20 千米。知道甲 3 小时走了全程的$\frac{3}{5}$，问乙的速度是每小时多少千米？”

这个问题好像与前面的问题差不太多，但是画出示意图，就会看出它们完全不同。后一个问题的示意图：

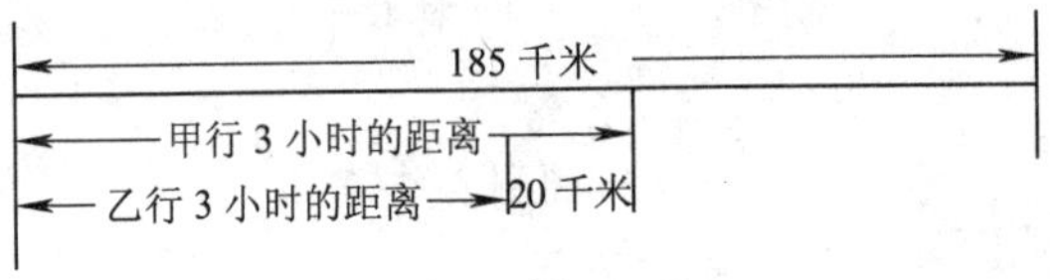

乙行 3 小时的距离＝甲行 3 小时的距离 － 两人相差的距离

$=185\times\frac{3}{5}-20=91$（千米）.

乙行的速度 $=91\div3=30\frac{1}{3}$（千米/时）.

作图可以帮助我们理解题意，探求解题思路。作图的方法可以多种多样，目的是把问题中的各种条件更形象、更直观地表现出来。比如：

“甲、乙两个排字工人，排字速度的比是 3 : 5。甲、乙两人合作 6 小时，刚好排了全部稿件的$\frac{2}{3}$，剩下的由甲单独排完。问还需要几小时？”

由于题目已给出甲单独排字的工作量是全部稿件的$\frac{1}{3}$，关键是求出甲的工作效率。可以先画个图。

乙 6 小时排出的稿件为 $\frac{2}{3}\times\frac{5}{8}$

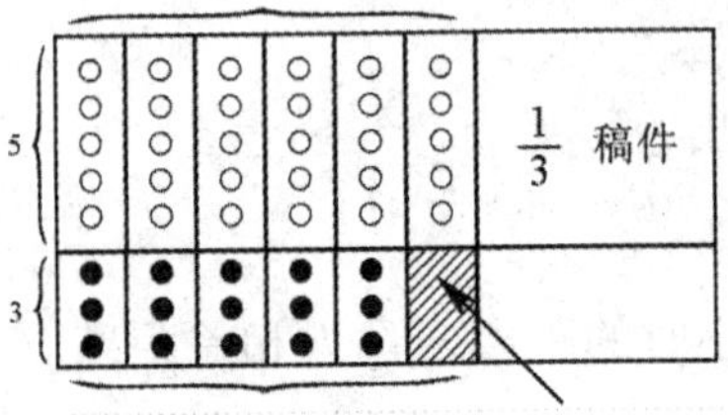

甲 6 小时排出的稿件为 $\frac{2}{3}\times\frac{3}{8}$　　甲 1 小时排出的稿件为 $\frac{2}{3}\times\frac{3}{8}\times\frac{1}{6}$

用一个长方形的面积代表全部稿件，取长方形面积的$\frac{2}{3}$表示 6 小时甲、乙合作完成的稿件。把长方形面积的$\frac{2}{3}$再六等分，每一等份表示甲、乙合作 1 小时完成的工作量。再把这一等份分成 3 : 5，其中甲占 3 份，乙占 5 份，总共是 8 份。

从图上可以看出甲的排字效率为：

$$\frac{2}{3}\times\frac{3}{8}\times\frac{1}{6}=\frac{1}{24}.$$

也就是甲 1 小时可以排完全部稿件的$\frac{1}{24}$。这样，甲单独排完剩下的稿件所用的时间是：

$$\left(1-\frac{2}{3}\right)\div\left(\frac{2}{3}\times\frac{3}{8}\times\frac{1}{6}\right)=\frac{1}{3}\div\frac{1}{24}=8\text{（小时）}.$$

因此，甲再需要 8 小时就能排完剩下的稿件。

怎样数石子

——谈探求最简捷的解法

先来做个游戏：

用 12 块石子摆一个长方形，每个石子的顺序编号如图。从 1 号石子处出发，按顺时针方向走 3 步，到 4 号石子处；再从 4 号石子处按逆时针方向走 5 步，到 11 号石子处。这就是走法。

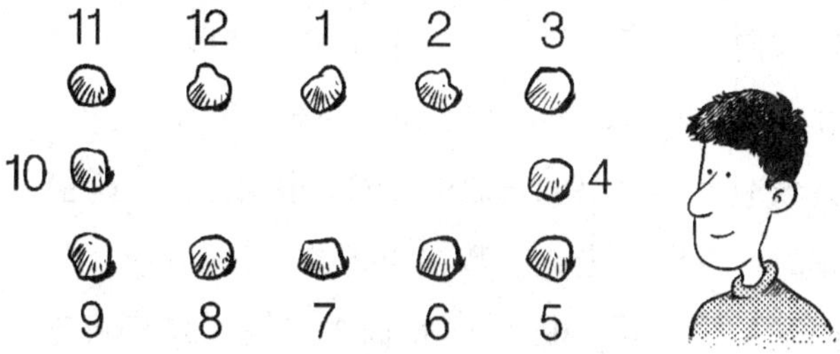

如果请你从 1 号石子处出发，按顺时针方向走 108 步；接着从那里按逆时针方向走 382 步；再以那里为起点，按顺时针方向走 411 步；再按逆时针方向走 529 步，问最后落在哪号石子处？

怎样计算呢？难道一块石子一块石子去数吗？不行！这要数 1430 次，

真会数晕了！

不妨这样考虑：一共有 12 块石子，第一步是让你按顺时针方向走 108 步，显然要绕着长方形转上几圈，而圈数对解决这个问题不起什么作用。因此，应该把所转的整圈数除去。办法是用 12 去除前进的步数。

108 ÷ 12 = 9，余数是 0，说明从 1 号石子处出发，按顺时针方向转 9 圈又回到 1 号石子处；

382 ÷ 12，商 31 余 10，说明从 1 号石子处出发，按逆时针方向转了 31 圈又 10 步。31 圈不起作用，从 1 号石子处按逆时针方向走 10 步就到了 3 号石子处；

411 ÷ 12，商 34 余 3，说明从 3 号石子处出发，按顺时针方向转 34 圈又 3 步，到了 6 号石子处；

529 ÷ 12，商 44 余 1，说明从 6 号石子处出发，按逆时针方向转 44 圈又 1 步，到了 5 号石子处。这就是最后的结果。

这种方法比直接去数好多了，主要考虑的是前进方向和余数，对所转的圈数可以不计。

还有更好一点的解决办法吗？有。由于一共转了 4 次，也就是按顺时针和逆时针方向各转了 2 次。首先把按相同方向前进的步数加起来：

按顺时针方向 2 次所走的步数：108 + 411 = 519；

按逆时针方向 2 次所走的步数：382 + 529 = 911.

然后用大数减去小数：911 − 519 = 392。也就是说，按逆时针方向所走的步数比按顺时针方向所走的步数多 392 步，相当于从 1 号石子处出发，按逆时针方向走了 392 步。392 ÷ 12 得商 32 余 8。32 仍可不计。那么，从 1 号石子处按逆时针方向走 8 步，恰好落到 5 号石子处。

对同一个问题有不同的解法。从解决上面的问题中，不难发现哪个简捷，哪个繁杂。因此，在做数学题的时候，不要满足于“题做出来了”，还要看一看所用的方法是不是最简捷的。留心探求简捷的解题方法是很重要的，它能使我们更深刻地理解概念，灵活地运用所学到的知识。

请你分析一道题：

"在一个边长为10厘米的正方形中，分别以各边中点为圆心，以各边长为直径向内做4个半圆，取圆周率$\pi=3.14$，问阴影部分面积是多少？"

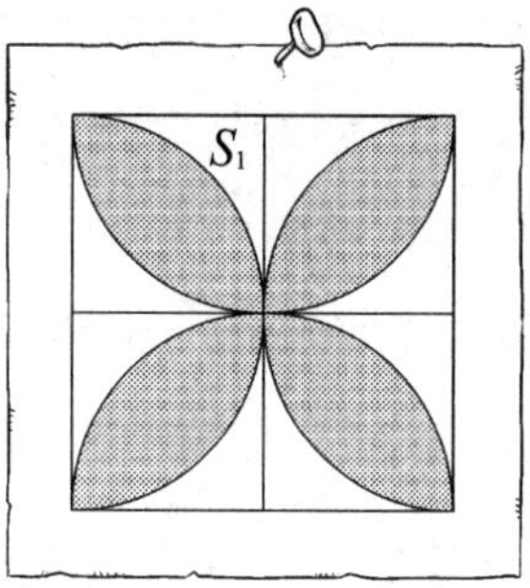

一种方法是取正方形的$\frac{1}{4}$来考虑，正方形的$\frac{1}{4}$面积，是由$\frac{1}{4}$圆面积和S_1构成。

$\frac{1}{4}$正方形面积等于$10\times10\div4=25$（平方厘米），$\frac{1}{4}$圆面积等于$\pi\times5\times5\div4=19.625$（平方厘米），所以$S_1=25-19.625=5.375$（平方厘米）。又因为在$\frac{1}{4}$正方形中有 2 个$S_1$，$\frac{1}{4}$正方形中的阴影部分面积等于$\frac{1}{4}$正方形面积减去2个$S_1$面积，即

$5\times5-2\times5.375=14.25$（平方厘米）.

整个正方形中阴影部分面积便是

$14.25\times4=57$（平方厘米）.

另一种考虑方法：取正方形的一半，它的面积是由半个圆面积和2个S_1构成，因此

$$2S_1=\frac{1}{2}\text{正方形面积}-\frac{1}{2}\text{圆面积}$$
$$=\frac{1}{2}\times10\times10-\frac{1}{2}\times\pi\times5\times5$$
$$=10.75\text{（平方厘米）}.$$

阴影部分的面积等于正方形面积减去$2S_1$的4倍，即

$10\times10-2S_1\times4=100-10.75\times4=57$（平方厘米）.

比较一下2种计算方法，第二种方法比第一种好一些，好就好在计算比较简捷。可是，仔细一琢磨，这还不是最简捷的算法。下面再提出一种思考方法：

在图中画有4个半圆，这4个半圆不但把整个正方形全部覆盖住，还

有重叠部分。这重叠部分恰好是阴影部分。因此，从4个半圆面积中减去正方形面积，就得到了阴影部分的面积：

$(\pi\times5\times5\div2)\times4-10\times10=57$（平方厘米）.

这是不是更简捷一些呢？

再来看一个例子：

某校有学生692人，每4人站一横排，各排相距1米向前行进。现知道每分钟走86米。问通过86米长的桥，从第一排踩上桥面到排尾离桥，需要几分钟？

一种考虑方法：先求出总共的横排数，即

$692\div4=173$（排）.

第一排过桥需要1分钟；

第二排需要$(86+1)\div86$分钟；

第三排过桥需要$(86+2)\div86$分钟；

依此类推，最后一排过桥需要

$(86+172)\div86=258\div86=3$（分钟）.

另一种方法：假设第一排已经走到桥边。这时最后一排离桥有多远呢？因为各排相距1米，所以他们距离桥为$(173-1)$米。因此，过桥时间为：

$[(173-1)+86]\div86=3$（分钟）.

综合算式为：

$[(692\div4-1)+86]\div86=3$（分钟）.

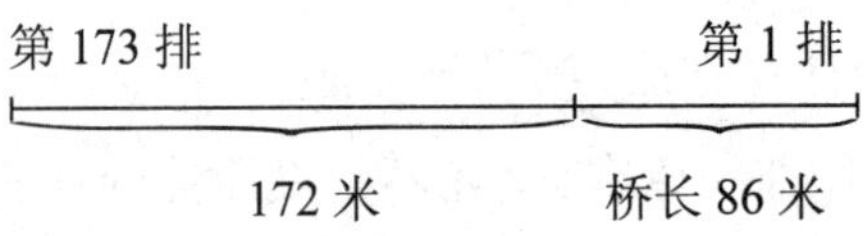

画个口袋装胡桃

——谈自己出题考自己

在一本俄罗斯儿童小说中,有这样一个故事:

维佳正在做一道数学题,题目是这样的:

一个男孩子和一个女孩子到果园去采胡桃。他们一共采了120个。女孩子采的比男孩子少一半。问男孩子和女孩子各采了多少个胡桃?

维佳把题看完了,止不住地笑。他想这个问题太简单了,120应该用2除,得60。也就是说女孩子采了60个。现在需要知道男孩子采了多少。120个减60个,也是60。不过这样不对,他俩采的一样多啦!

应该怎样做呢?维佳又用2去除60,得30个。这样男孩子采60个,女孩子采30个,女孩子采的正好是男孩子的一半。可是总数才90个,又不对!

维佳一连算了好几遍,还是算不出来。他实在没有办法,就在纸上画了一棵胡桃树,树上画了120个胡桃,树下画了一个男孩子和一个女孩子正在采胡桃。维佳给男孩子的上衣一边画一个口袋,又在女孩子的裙子上画一个口袋。画到这里,维佳忽然间眼睛一亮,120个胡桃装在3个口袋里,男孩子2个口袋,女孩子1个口袋,总共3个口袋。啊!应该把120个胡桃分成3份!女孩子1份,男孩子2份。这个问题到这里才算彻底解决了。

维佳是怎样把这道题做出来的呢？他是不断地给自己提出问题，把自己“考”明白的。

从这个故事里，我们得到了一个启发：

平时在做题的时候，要学会自己给自己出题。这不仅能学好数学，还能培养自己分析问题和解决问题的能力，掌握一种好的思考方法。下面以“比的应用题”为例，具体谈谈如何自己考自己。

“甲、乙两数的和是5，甲数和乙数的比是1∶3，求甲、乙两数。”

这大概算是最简单的问题了。如果把5分成1+3=4等份，甲占其中的1份，乙占其中的3份。那么，

甲数是 $5\times\frac{1}{1+3}=\frac{5}{4}$，乙数是 $5\times\frac{3}{1+3}=\frac{15}{4}$.

做完上面这道题，应该给自己提出一个问题：“如果知道甲数和乙数的比是1∶3，又知道甲数是5，如何求乙数？”这个问题也不难，由于乙数是甲数的3倍，甲数是5，乙数必然是15。

你再继续问自己：“知道甲数和乙数的比是1∶3，又知道乙数比甲数多6，如何求甲数和乙数？”甲占1份，乙就占3份，乙比甲多2份，一份就是3。这样甲数是3，乙数是9。

你再接着问自己：“2个数的比会做了，3个数、4个数以及更多的数的比会不会做呢？”不妨随意编一道题：

“已知甲、乙、丙三个数的和是10，甲、乙、丙三个数的比是1∶2∶3，求这3个数。”

这个问题和第一个问题是一样的，计算方法也相同，自然是会做的。这个问题可以有些变化吗？可以。比如：“已知甲、乙、丙三个数的和是10，甲与乙的比是5∶4，丙与乙的比是2∶6，求这3个数。”这个问题与前一个问题有些不同。如果能把两两的比变成3个数的连比，不就会解了吗？究竟从哪入手呢？仔细一想，不难看出起决定作用的是乙。先求出乙在2个比中所占份数的最小公倍数。由于4和6的最小公倍数是12，因此有甲：

乙 = 5 : 4 = 15 : 12，丙 : 乙 = 2 : 6 = 4 : 12，这样甲 : 乙 : 丙 = 15 : 12 : 4。往下的问题就不难解决了。

几个数的比，会不会换一种样子出现呢？请看下面的一个问题，比如：

"学校买了一批电影票，决定分给 3 个班，并按人数分配。甲班有 36 人，乙班有 32 人，丙班有 28 人，已知分给甲班的票数比分给乙、丙两班的票数的和少 12 张，问学校共买多少张票？"

由于题目中说的是"按人数分配"，而不是每人一张，所以是个比例问题。可是，题目没有直接给出比来，只给了 3 个班的人数。这 3 个班人数的比为甲 : 乙 : 丙 = 36 : 32 : 28 = 9 : 8 : 7。由 $8+7-9=6$，$12\div 6=2$，得 $2\times(9+8+7)=48$，知全校买了 48 张票。类似的题目还有很多。

自己考自己，就是把同类问题放在一起分析。经常动脑分析比较，脑筋就会越来越灵活了。

好提怪问题的爷爷

——谈学会思考和追问

爷爷总爱提些怪问题考小毅。回答爷爷的问题可不容易了，要动脑动手，还要经得起追问。

(一)一个西瓜大家分

有一回爸爸买回一个大西瓜，妈妈出差没在家。小毅拿出刀刚要切西瓜，爷爷开口了："你怎样切这个西瓜？"

"我把它切成相等的 3 块，每人 1 块。"

爷爷问："每人分得这个西瓜的几分之几呀？"

小毅答："每人分$\frac{1}{3}$呀！"

"不这样分，我让你分成不相等的 3 块，你会分吗？"

小毅想了一下说："会分，我把它切成这样的 3 块，您分$\frac{2}{5}$，爸爸也分

$\frac{2}{5}$，我分$\frac{1}{5}$。”

爷爷说：“你这种分法是分母相同，都是5，我让你分成不相等的3块，要求3个分数的分子都是1，分母都不相同，你会分吗？”

小毅拍着脑袋想了一会儿说：“有了，把西瓜切成这样不相等的3块：给您半个西瓜，就是$\frac{1}{2}$；给爸爸$\frac{1}{3}$个西瓜；我分1块，就是$\frac{1}{6}$。”

“好！”爷爷接着又问，“如果你妈妈在家，要你把西瓜切成不相等的4块。我还要求这4个分数的分子都是1，分母不相同，你怎样分？”

“这个……”小毅想了一会儿，想出了答案，可是他没敢马上说。因为爷爷还会问，姑姑来了分5份怎样分？叔叔来了分6份怎样分？得想个办法，找出规律才行，不能靠瞎碰数。

小毅终于找到了规律。你愿意也找一找吗？

(二)小羊吃草

小毅画了一张画，是一只小羊在绿茵茵的草地上吃草。他拿着画给爷爷看。

爷爷笑眯眯地说：“根据你画的画，我问你一个问题。在直径40米的圆形牧场上，圆心处竖立一根木棒。用一根10米长的绳子，一头拴在木棒上，一头拴住小羊。那么，羊能够吃草的地方占牧场面积的几分之几？”

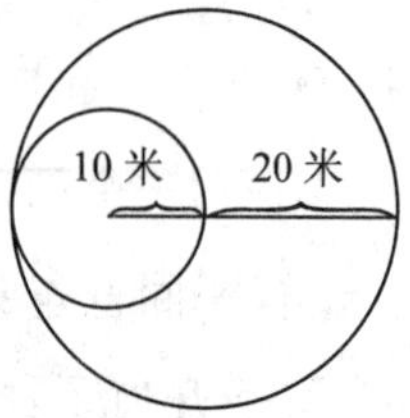

小毅笑着说：“这么简单的问题啊！牧场的面积为$\pi\times20\times20=400\times\pi$，羊吃草的地方也是圆形的，面积为$\pi\times10\times10=100\pi$，它占牧场面积的$\frac{1}{4}$呗！”

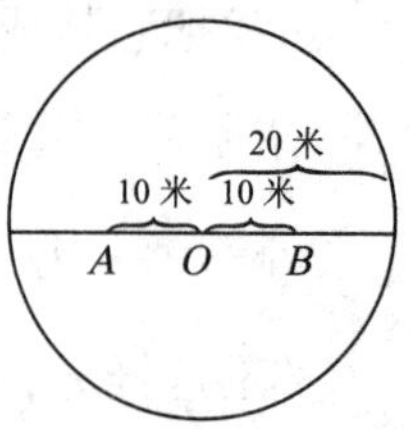

爷爷点点头又问：“如果把木棒竖在距离圆心10米远的地方呢？”

小毅先画了个图，看了看图说：“还是占$\frac{1}{4}$呀，只不过把小圆移了个地方。”

"对！"爷爷也画了个图，标出字母和数字。爷爷问："还是那个圆形牧场。在圆心O的左右10米的A、B处各竖立一根木棒，木棒上都钉着一个铁环。有一根30米长的绳子，穿过两个铁环，两头各拴一只小羊。你说两只小羊能够吃到草的地方占牧场的几分之几呢？"

小毅吃惊地问："哎呀！这绳长还可以变化哪！"

爷爷笑着说："那才有意思啊！"

"这……"小毅思索着答案。

（三）叠纸盒

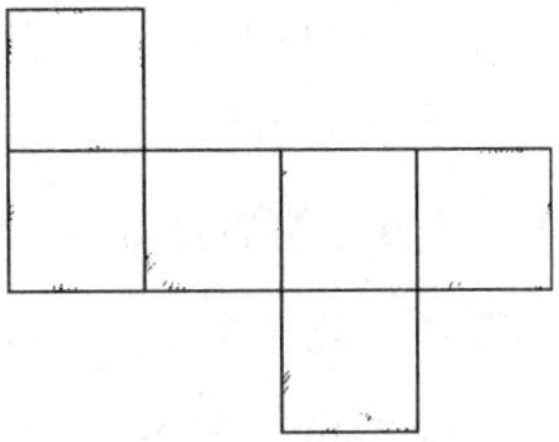

爷爷拿出一个废纸盒，把纸盒拆开说："如果不算粘贴用的小边，这个立方体小盒，是由6个连在一起的正方形组成的，对吧？"小毅点点头。

爷爷问："这6个正方形是不是不管怎样排列，都能折叠出一个纸盒呢？"

"不成，如果6个正方形连成一条线，就折叠不成纸盒了。"

"你画一画，把能折叠成纸盒的图都画出来。"

小毅很快画出了3个图，说："爷爷，加上刚才纸盒拆开时的图形，一共有4种。"

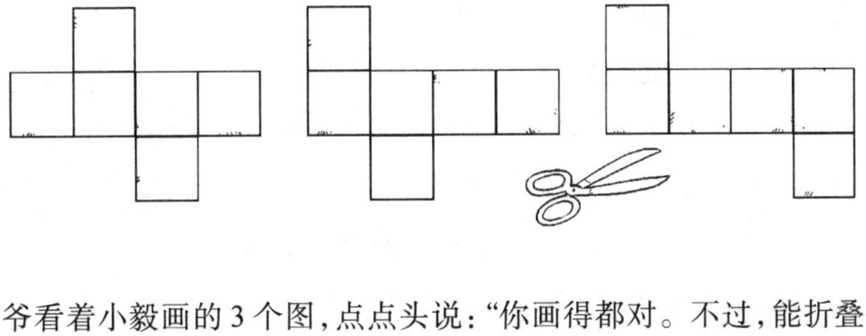

爷爷看着小毅画的3个图，点点头说："你画得都对。不过，能折叠成纸盒的图形可不止4种，而是11种。"

"11种？"小毅又画又折，好一阵才算凑齐了。

（四）取杏核

爷爷买来好多大白杏，真好吃！爷爷把杏核拣出来一些，洗了洗，分成数目相等的两堆。

爷爷说："小毅，咱俩玩一次取杏核游戏吧。每次取一个杏核，从哪一堆里取都行。谁拿到最后一个杏核，谁就算胜了。你先取吧！"

"行！"小毅随便从一堆里取一个杏核，爷爷从另一堆里取了一个。就这样你一个我一个，最后一个被爷爷取到了。小毅不服气，又和爷爷玩了两次，每次还是小毅先取，结果爷爷都胜了。

"噢！先取就输。"小毅对爷爷说，"这次您先取。"

爷爷笑着说："可以。我先吃个杏，再玩。"爷爷吃完杏，顺手把杏核放到一堆里，然后取了一个杏核。小毅从另一堆取了一个杏核，爷孙俩你一个我一个拿了起来。谁想到这次又是爷爷取得了最后一个。

小毅问："爷爷，你这里面搞什么把戏呀？"

爷爷笑了笑说："一开始我把杏核分成相等的两堆，那么这两堆合在一起，杏核数是奇数呢？还是偶数？"

"偶数呀！"

"偶数能被2整除，所以谁后取谁胜利。"

小毅这才明白，原来爷爷先取的时候，又多放了一个杏核，这使总数变成奇数，当然谁先取谁胜。

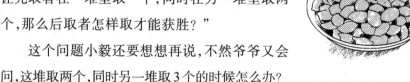

爷爷又问："还是数目相等的两堆杏核，如果让先取者在一堆里取一个，同时在另一堆里取两个，那么后取者怎样取才能获胜？"

这个问题小毅还要想想再说，不然爷爷又会问，这堆取两个，同时另一堆取3个的时候怎么办？

（五）买西瓜

小毅跟爷爷去买西瓜。在一个西瓜摊前，售货员说，买一个大西瓜要2元，买3个小的也是2元。

爷爷问小毅：“你说买一个大的好呢，还是买三个小的好呢？”

“我先量量它们的直径再说。”小毅掏出尺子量了一下说，“大西瓜直径8寸，3个小一点的西瓜的直径都是5寸，我说买这3个小西瓜合算。”

“为什么？”

小毅用手摸了摸脑袋说：“大西瓜直径比小西瓜直径长不了多少，可小西瓜多呀。”

爷爷笑着说：“光看个数多不行，你用球体积公式算算看。”

“好吧。”小毅开始心算，“球体积为 $\frac{4}{3}\pi r^3$，或 $\frac{1}{6}\pi d^3$。r是半径，d是直径。怎么算省事呀？”

爷爷说：“你求它们体积的比，可以省去用$\frac{1}{6}$和π乘了。”

“对！”小毅边算边说，“大西瓜体积比上3个小西瓜体积之和是 $8\times8\times8:3\times5\times5\times5=512:375$。哎呀！买这3个小西瓜吃亏多了！”

售货员说：“我再给你一个小西瓜，一共4个怎么样？”

小毅说：“4个？ $512:4\times5\times5\times5=512:500$，嗯，这还差不多。”

爷爷说：“还应该买大的。”

小毅说：“这回大的和4个小的体积差不了多少了！”

爷爷摇摇头说：“我不是指体积。”

“不指体积，又是指什么？”小毅捉摸不透。

本节的答案

（一）一个西瓜大家分

利用公式 $\frac{1}{b}=\frac{1}{b+1}+\frac{1}{b(b+1)}$ 可以把切得的西瓜块数逐渐加多。比如 $1=\frac{1}{2}+\frac{1}{3}+\frac{1}{6}$，如果把$\frac{1}{3}$块再分成两块，可以把3代入公式中的$b$，得

$$\frac{1}{3}=\frac{1}{3+1}+\frac{1}{3\times(3+1)}=\frac{1}{4}+\frac{1}{12}.$$

因此，$1=\frac{1}{2}+\frac{1}{4}+\frac{1}{12}+\frac{1}{6}$.

（二）小羊吃草

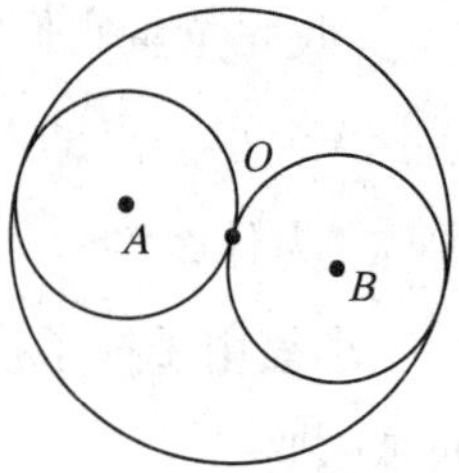

占牧场面积的$\frac{1}{2}$。实际上，每只羊吃草的最大范围还是以10米为半径的圆，因此，两个小圆合起来的面积是牧场面积的$\frac{1}{2}$。

（三）叠纸盒

还有以下7种：

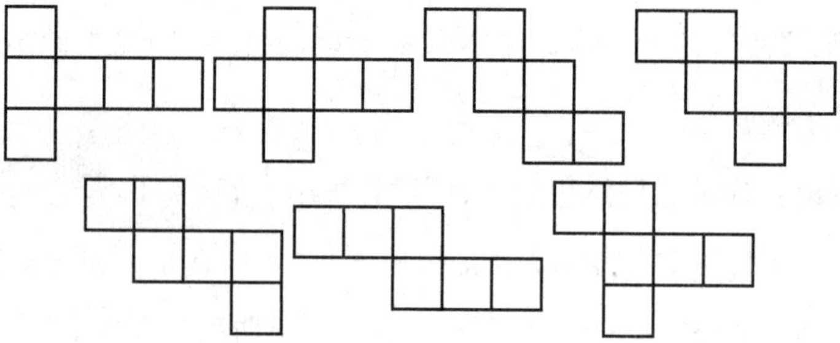

（四）取杏核

后取者要根据这个原则：自己取完之后，两堆数目保持相等。

（五）买西瓜

根据球的表面积公式πd^2，可知四个小西瓜合在一起的瓜皮，几乎比大西瓜的瓜皮多一倍。因此买大西瓜合算。

4. 数学ABC

能被2，3，5，7，9，11，13整除的数

事先能知道一个数能不能被另一个数整除，是很重要的，它能使我们少走许多冤枉路。下面给出能被2，3，5，7，9，11，13这7个整数整除的规律。

（1）一个数能不能被 2，5 整除，要看这个数的末位数字能不能被 2，5 整除。

末位数是偶数的数，一定能被 2 整除；末位数是 0 或 5 的数，一定能被 5 整除。

（2）一个数能不能被 3 整除，要看这个数的各位数字之和能不能被 3 整除。

比如 372 的各位数字之和为 $3+7+2=12$，12 能够被 3 整除，因此 372 可以被 3 整除。

这种做法的道理是什么呢？因为

$$
\begin{aligned}
372 &= 300+70+2 \\
&= 3\times100+7\times10+2 \\
&= 3\times(99+1)+7\times(9+1)+2 \\
&= 3\times99+3+7\times9+7+2 \\
&= (3\times99+7\times9)+(3+7+2) \\
&= 9\times(3\times11+7)+(3+7+2).
\end{aligned}
$$

容易看出第一部分 $9\times(3\times11+7)$ 肯定能被 3 整除，只要第二部分 $(3+7+2)$ 能被 3 整除，该数就可以被 3 整除了。因为 $3+7+2=12$ 可以被 3 整除，所以 372 能被 3 整除。

（3）一个数能不能被 9 整除，要看这个数的各位数字之和能不能被 9 整除。

（4）一个数能不能被 7，11，13 整除，要看末三位数字所表示的数与末三位以前的数字所表示的数，它们的差能不能被 7，11，13 整除。

比如 16807 的末三位数字所表示的数是 807，末三位以前的数字所表示的数是 16，它们的差（谁大谁当被减数）$807-16=791$，791 可以被 7 整除，因此 16807 可以被 7 整除。

这又是什么道理呢？

因为 $7\times11\times13=1001$，用 1001 乘任何三位数所得之积，都等于将这个三位数的三个数字,再重复一次所得到的六位数。

比如:$807\times1001=807807$,

$101\times1001=101101$,

$999\times1001=999999$.

这些乘积都含有7,11,13的因数,它们都能被7,11,13整除。

对于16807来说,将末三位数字所表示的数807乘以1001,并求这个积与16807的差:

$$807\times1001-16807=\boxed{807}\ 807-\boxed{16}\ 807=\boxed{791}\ 000,$$

亦即:16807=807807－791000。右端的807807肯定能被7整除,只要791能被7整除,整个右端就可以被7整除,因而左端的16807也就可以被7整除。这里的791就是807与16的差。

如果数字太长了,可以连续几次地使用这个方法。比如判断259867432能不能被11整除。末三位数字所表示的数是432,末三位以前的数字所表示的数为259867。求差

$259867-432=259435$.

差是六位数,判断它能不能被11整除有困难。我们对差再用一次这种判定方法。

对于259435再求差,$435-259=176$。由于176可以被11整除,因此259435能被11整除。再往前推一步,259867432也能被11整除。

判断一个数能不能被11整除,还有一种方法:先求出这个数奇位上的数字之和与偶位上的数字之和,然后再求出这两个和之差,看看这个差能不能被11整除。比如87846,奇位上数字之和是$8+8+6=22$,偶位上数字之和是$7+4=11$。其差$22-11=11$能被11整除,所以87846能被11整除。

使人发狂的运算

什么运算能使人发狂?

乘法！简单的乘法会使人发狂吗？

前面我们介绍过罗马数字。罗马数字用I,V,X,L,C,D,M分别表示1,5,10,50,100,500,1000。罗马数字记数用的不是位置记数法,而是符号累积,比如3888用罗马数字记是:

M M M D C C C L X X X Ⅷ.

这种笨拙的记数法在12世纪以前盛行于欧洲,有的国家直到16世纪还在使用。

用罗马数字进行乘法运算是相当困难的。比如做乘法235×4,235写成C C X X X V,4写成Ⅳ,第一步将C C,X X X,V分别重复写4遍:

C C　C C　C C　C C

X X X　X X X　X X X　X X X

V　V　V　V

第一行共有8个C,将其中5个C缩写成D(500),第二行的10个X缩写成C(100),第三行缩写成X X(20),缩写后写成:

D　C　C　C

C　X　X

X　X

再进一步合并，得到乘积是CMXL（其中CM是900，XL是40），即940。

上面做的仅仅是一位数乘法。如果是多位数乘多位数，计算的繁难程度可想而知。

中世纪的欧洲人厌恶这种烦琐的计算，有人写了一首诗（见右图）。

乘法原可恼，除法亦不良；
黄金律太讨厌，练习真使我发狂。

诗中提到的“黄金律”，是已知一个比例式的三项，求第四项的方法，既要用乘法，又要用除法。

乘法计算后来又出现了一种所谓的“格子算法”。我国明代学者吴敬所著的《九章算法比类大全》和程大位的《直指算法统宗》（简称《算法统宗》）中，都讲述了这种算法。

吴敬生活在当时商业发达的钱塘（现在的杭州市），是钱塘一带著名的数学家。许多官吏请他解决各种数学问题。他用了10年时间整理完成了十卷的《九章算法比类大全》。该书有一种“写算”乘法，是以前我国数学书中从未见过的乘法。

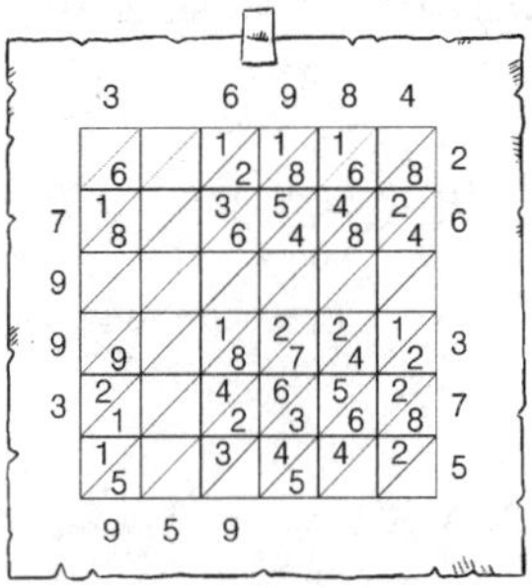

先画一些方格，格的多少根据数字位数的多少来确定。选择一个方向画上每个方格的一条对角线。将被乘数横写在方格的上面，乘数写在方格的右侧，遇0空位。

拿右侧的最上面的数依次乘方格上面的被乘数，乘积按十位数与个位数填写在对应的方格对角线上下，再按对角线斜行相加，从右下角加起。例如306984 × 260375 = 79930959000，将306984写在方格上面，260375写于方格右侧，最后乘积为79930959000。

在《算法统宗》里也有类似的算法，程大位给它起了一个很好听的名字，叫“铺地锦”，并编成歌，其中的两句是：

“写算铺地锦为奇，不用算盘数可知。

照式画图代乘法，厘毫丝忽不须疑。”

九九表和九九歌

做乘法首先要会背九九表。九九表是何时开始使用的呢？

九九表在我国古代叫九九歌。关于它有这样一个故事：传说春秋时期，齐桓公曾经设立招贤馆征求天下人才。可是等了很久，一直没有人来应征。过了一年多，才来了一个人，他把九九歌献给齐桓公，作为表示才学的献礼。齐桓公觉得此人十分可笑，就对这个人说：“九九歌也能拿出来表示才学吗？”

来人很有礼貌地回答说：“会九九歌确实够不上什么才学，但是如果您对我这个只懂得九九歌的人都能以礼相待的话，还怕天下高明人才不投奔到您这儿来吗？”

齐桓公觉得此人说得有理，就把他迎进招贤馆，并给予隆重的招待。这个消息不胫而走，果然，不到一个月的时间，就有许多贤才从四面八方来到了齐国。

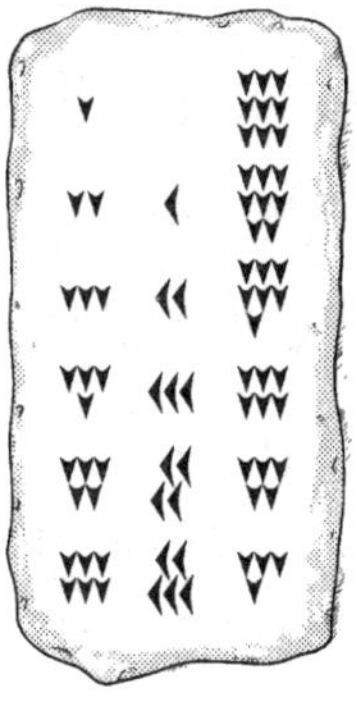

这个故事说明，九九歌的出现不会晚于春秋战国时期，在那时九九歌已经广为流传了。最早的九九歌是大数排在前面的，从“九九八十一”开始到“二二而四”止。到《孙子算经》已经扩充至“一一如一”，这是5—10世纪的事了。在13—14世纪的宋朝，九九歌的顺序才反转过来，变成和现代所使用的一样，由“一一得一”开始，至“九九八十一”结束。

从3000多年前古巴比伦人刻写的泥板上，发现了右图。这显然是一个九九表，从“一九得九”开始，接下去是“二九十八”“三九二十七”“四九三十六”，最后是“六九五十四”。可见古巴比伦人也知道九九表。

珠算一代宗师

“珠算”一词，最早见于东汉徐岳写的《数术记遗》一书（约2世纪），但许多学者认为此书是北周一位名叫甄鸾的人依托伪造而自己注释的。《数术记遗》中记载了14种古代算法，提到的计算工具有13种之多，而用算珠的就有“太一算”“两仪算”“三才算”“九宫算”和“珠算”五种。据甄鸾的注释，“珠算”把木板刻为3部分，上、下两部分是停珠用的，中间一部分是作定位用的；每位各有5颗可以移动的算珠，上面一颗珠与下面4颗珠用不同的颜色来区别；上面的一颗珠相当于5个单位，下面的4颗珠每一颗相当于1个单位。由此可见，当时的珠算与现今通行的珠算有所不同，但它已具备了现代珠算的雏形。

我国最早的珠算术没有流传下来。据明代数学家程大位在《算法统宗》（1592年）中记载，从1078年到1162年间，就有《盘珠集》《走盘集》《通微集》和《通杭集》四部著作与珠算有关，可惜它们一本都没有存留下来。元代刘因在他的《静修先生文集》（1297年）中有一首题为《算盘》的五言绝句。元末陶宗仪在《南村辍耕录》（1366年）一书中，用俗语形容婢仆侍不勤像“算盘珠”那样，“拨之则动”。在《元曲选》中，有“去那算盘里拨了我的岁数”一句唱词。现存最早载有算盘图的书是明洪武四年（1371年）新刻的《魁本对相四言杂字》。因此可以认为，我国珠算盘在元末明初已经定型，并普遍使用了。

算盘的结构也有很大学问。在十进位制数，任何一个数位上的数字都不大于9，一般说来，每一位上应该有9个算珠。筹算的表示方法启发了数学家，6可以写成丅，7可以写成Π，也就是说同样是一根算筹，竖放表示1，而横放则表示5。依照筹算的摆法，用一根横梁把算盘分成上、下两部分。上面一个珠表示5，下面一个珠表示1。这样一来，每一档上边有1珠，下面有4珠，就能够表示任何一个数位上的数字了。

在做多位数乘、除演算过程中，有时候有某一位的数字大于9而不便进入左边一位的情况，在筹算中可以用 2 个 5 来表示，如 14 摆成 $\overline{\mathrm{IIII}}$。为了使用方便，仿照筹算在算盘上边放了 2 个珠，下面放了 5 个珠。这样，每一档就由最大表示 9，扩展到最大表示 15，对于做一般的乘除运算就没有困难了。日本的算盘横梁上只放 1 个珠，在做多位数乘法时，有许多的不方便。所以，经过上千年的演变，确定了中国算盘的现在式样：用横梁把每一档分成上、下两部分，上两珠下五珠。

中国珠算的算法主要是口诀。明代以来，珠算逐渐取代了筹算，珠算算法及口诀也逐渐趋于完善。在这种变化的过程中，贡献最大的是明代数学家程大位（1533—1606）。

程大位是安徽休宁人，少年时期就极爱读书，对书法和数学很感兴趣，一生没有做过官。20 岁起，他便在长江中下游一带经商。因商业计算的需要，他非常留心数学，遍访名师，搜集很多数学书籍，刻苦钻研，并把心得随时记录下来。约 40 岁时，他弃商回家，专心研究珠算。他参考各家学说，加上自己的见解，于 60 岁时完成其杰作《算法统宗》。

《算法统宗》全书共 17 卷，万历二十年（1592 年）刻印。书中把各种算法都编写成口诀形式，便于人们学习和使用；内收 595 道数学应用题，全用珠算进行解答。该书流传极为广泛和长久，不仅对中国民间普及珠算起了很大的作用，而且于明朝末年传入朝鲜、日本及东南亚各地，对这些地方珠算术的传播和发展，也起到了极大的促进作用。人们把程大位誉为“珠算一代宗师”。

神算程大位

程大位因善于计算而闻名，在民间流传着许多关于他的有趣故事。

明代万历年间，徽州休宁县城有一家银匠铺。张秀才拿了几件金钏来到银匠铺，要用这几件金钏改制几件其他金器，恰好李秀才也拿了几件金钗来加工改制。张秀才和李秀才认识，两人把金钏、金钗都放在柜台上，然后就吟诗答对，高谈阔论。

小银匠将金钏、金钗分别过秤，向两位秀才说："金钏九成二两，金钗七色相同。"意思是金钏重二两，含纯金90%；金钗也是重二两，含纯金70%。

小银匠听这两位秀才摇头晃脑说得十分有趣，一时听走了神，把张秀才的金钏和李秀才的金钗放在一起给销熔了。

张秀才大怒，他指着小银匠的鼻子叫道："我的金钏是九成金，你现在熔成为四两八成金，你要把这四两金子都赔偿给我！"

李秀才一把揪住小银匠的衣领说："我也不多要，你把我的金钗还我！如果你交不出来，我要把你送交县衙门，治你的罪！"

小银匠知道自己办错了事，苦苦哀求两位秀才息怒，他答应把两位秀才的金子分出来。可是分来分去，总是分不清楚。正在危难之际，从看热闹的人群中挤出一个人来。来人对小银匠说："你不要为难，我已经给你分出来了。"

张秀才、李秀才本想乘机敲诈一下小银匠，没想到半路杀出来个"程咬金"。两位秀才打量来人，见他身材矮小，身着布衣，年纪约50来岁。

张秀才一指来人，问："你有什么能耐，敢吹如此大牛？"

小银匠一见来人，立即跪拜在地："多谢神算相救！"

来人不是别人，正是远近闻名的神算程大位。程大位对小银匠说："分张秀才八成色金二两二钱五分，分李秀才八成色金一两七钱五分。"

张秀才急说："分得不对，我分少了！"

李秀才忙说："我分得更少！"

程大位不慌不忙，从怀中取出算盘，然后边说边打算盘："张秀才，原来你有九成色金二两，内含纯金 $2\times0.9=1.8$(两)。现还你八成色金二两二钱五分，内含纯金 $2.25\times0.8=1.8$(两)。一分金子也没有少给你！"

张秀才忙点头："是，是。"

转身又对李秀才说："原来你有七成色金 2 两，内含纯金 $2\times0.7=1.4$（两）。现还你八成色金 1 两 7 钱 5 分，内含纯金 $1.75\times0.8=1.4$（两）。少不少？"

李秀才点头："不少，不少。"

两位秀才各自拿了金子离去，小银匠对程大位千恩万谢。

休宁县的县太爷听说程大位善算，忙派衙役把程大位请到了城外南河上游。原来这位县太爷是个清官，他要为百姓办件好事，将南河上游之水改道，灌溉下游千余亩田地。为此，县官向本城的大财主、大商人摊派了 15000 个工的钱和粮。当县官将这笔钱粮交给师爷承办时，师爷却说至少要 20000 个工的钱和粮。当时休宁县连年干旱，赋税又重，百姓叫苦连天。此时再增加 5000 个工的钱和粮，实在是难以做到。

县太爷请程大位来，是想请程大位对开掘改道的工程重新丈量计算，看看这 15000 个工的钱和粮究竟够不够。

在丈量过程中，师爷随时不离程大位左右，小声告诉程大位，如按 20000 个工来承包，多出来的钱愿与程大位平分。程大位假装听不懂，不去理师爷，认真丈量。

根据丈量的结果，程大位掏出了算盘。只听算盘珠"噼啪"响过一阵后，程大位说："县太爷，据我测算开掘这段河道，只需 14194 个工。"

师爷不服，他对程大位说："你一定是偷工减料了！否则，不会少用这么多工。"

程大位平静地问："你对这段河道情况熟悉吗？"

师爷一拍胸脯说："当然熟悉！"

程大位说："我问你几个问题。"

师爷把嘴一撇说："有问必有答，你难不倒我！"

"河长？"

"7550 尺。"

"上宽？"

"54 尺。"

“下宽？”

“40尺。”

“河深？”

“12尺。”

“每个工一日可开多少尺？”

“300立方尺。”

“请师爷给算一下。”说完程大位把算盘递给师爷。

师爷也不含糊，接过算盘边说边算：“河道是个梯形，其面积是上底加下底乘高除以2，也就是$(54+40)\times 12\div 2=564$，河道总工作量是$564\times 7550=4258200$，所需工是

$4258200\div 300=14194$。”

算盘珠“噼啪”响过，师爷也傻了眼。

师爷没话可说，只得怏怏而退。县太爷大喜，立即聘请程大位为开河总管，完成了这件好事。

程大位智斗日本商人

明代安徽休宁县是个商埠，不少外国商人也到休宁经商。

日本商人毛利在我国江南一带经商，到休宁时听说此地有个神算程大位。毛利慕名将程大位请到酒馆，两人分宾主坐定。

毛利说：“久闻程先生为江南第一神算，我要多向先生讨教。”

程大位说：“不敢，不敢，在下才疏学浅。”

毛利眼珠一转，吟诗一首：

肆中听得语盈盈，薄酒名醨厚酒醇。
好酒一瓶醉三客，薄酒三瓶醉一人。
共同饮了一十九，三十三客醉醺醺。
试问高明能算士，几多醨酒几多醇？

程大位立刻答道："醨酒九瓶，醇酒十瓶也！"

毛利倒吸一口凉气，心想，程大位人称神算，果然名不虚传。不过，他不甘心。

毛利问："先生这个答数是怎样算出来的？"

程大位微微一笑说："我先设醨酒有天瓶（我国古代不用x、y来表示未知数，而是用天、地来表示未知数）。那么醇酒就有（19－天）瓶。'好酒一瓶醉三客'，醇酒醉倒了3（19－天）人；'薄酒三瓶醉一人，'醨酒醉倒了$\frac{天}{3}$人。'共同饮了一十九，三十三客醉醺醺。'可列方程

$$3(19-天)+\frac{天}{3}=33,$$

$$9(19-天)+天=99,$$

$$8天=72,$$

$$天=9(瓶).$$

醨酒9瓶醉倒3人，醇酒19－9＝10瓶醉倒30人，一共醉倒33人。"

毛利点了点头，此时门外有两个小贩在卖水果。毛利眼珠又一转，吟诗一首：

> 九百九十九文钱，甜果苦果买一千，
> 甜果九个钱十一，苦果七个四文钱，
> 试问甜苦果几个，又问各该几个钱？

程大位不慌不忙从口袋里掏出算盘，拨动几下算珠，答道：

> 甜果六百五十七个，该钱八百零三文。
> 苦果三百四十三个，该钱一百九十六文。

毛利听罢，暗暗称奇。他又问："先生又是如何算得？"

程大位答："'甜果九个钱十一'，每个甜果$\frac{11}{9}$文；'苦果七个四文钱'，每个苦果$\frac{4}{7}$文。我设甜果有天个，苦果必有（100－天）个。由'九百九十九

文钱，甜果苦果买一千’可列出方程

$\frac{11}{9}$天 + $\frac{4}{7}$(1000 − 天) = 999，

77天 + 36000 − 36天 = 62937，

41天 = 26937，

天 = 657(个).

而1000 − 657 = 343(个)。这就是‘甜果六百五十七个’，‘苦果三百四十三个’。有了果数，又知每果值多少钱，每种果花多少钱就极易算啦！”

“佩服、佩服！”毛利虽然嘴说佩服，眼睛却四处乱看，他看到墙上有张壁面，画的是一列盐船，首尾相接，一道难题又在毛利脑中酿成，他吟道：

四千三百五十盐，大小船只要齐肩，
五百盐装三大只，三百盐装四小船，
请问船只多少数，每只船载几多盐？

程大位手拨算盘“噼啪”响，瞬间答道：

大船一十八只，装盐三千，
小船一十八只，装盐一千三百五十。

毛利“呼”地一下站了起来说：“先生讲明算法！”

程大位晃了晃算盘说：“此题更加容易。‘大小船只要齐肩’意思是大船和小船的只数一样多。每只大船装盐$\frac{500}{3}$，每只小船装盐$\frac{300}{4}$，可求出大船只数：

$4350 \div (\frac{500}{3} + \frac{300}{4})$

$= 522 \div 29$

$= 18$(只).

小船也是 18 只。

大船装盐 $\frac{500}{3} \times 18 = 3000$，

小船装盐 $\frac{300}{4} \times 18 = 1350$.”

毛利听完，万分钦佩，重整杯盏，请程大位坐在上首，倒地便拜，口称老师。他向程大位请教算术和珠算的学问，同时也了解程大位自学成才的艰难历程。

程大位将自己关于珠算的专著《算法统宗》共 17 卷赠予毛利，毛利如获至宝，阅罢对程大位佩服得五体投地，他没料到中国民间竟有如此能人。后来，他把《算法统宗》翻译成日文，明末传入日本，18 世纪又传入越南和欧洲。

长度单位的由来

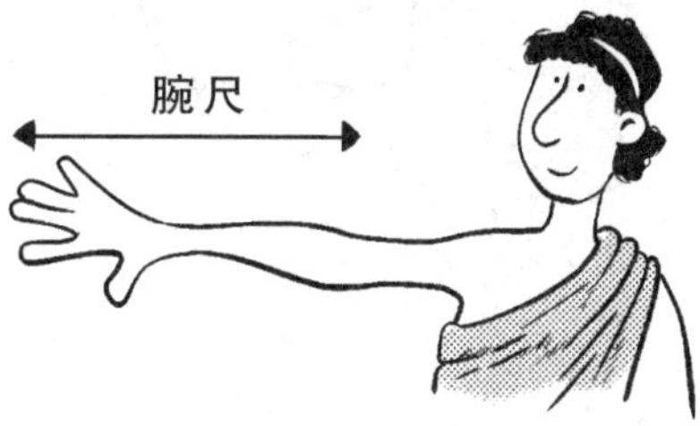

我国已经统一使用米制作为长度单位。人类为了找到一个适用的长度单位，费了不少周折。

人们很早就想寻找一种可靠的、不变的尺度，作为量度距离的统一标准。最初是以人体作为标准。从 3000 多年前古埃及的纸草书中，发现了人前臂的图形。用人的前臂作为长度单位叫“腕尺”。著名的胡夫金字塔，塔高约 150 米，就是按古埃及王胡夫的前臂作为腕尺建造的，塔高为 280 腕尺。

考古学家发现一块公元前 6 世纪的古希腊大理石饰板，图案是一个人向两侧伸展手臂，两个中指尖的距离定为长度单位 1 㖊。

“哩”的原词是“thousand”，意思是 1000 步的距离。古罗马恺撒大帝时代规定，把罗马士兵行军时的 1000 双步定为 1 哩。

公元 9 世纪撒克逊王朝亨利一世规定，他的手臂向前平伸，从鼻尖到指尖之间的距离定为 1 码。

“呎”的原词是“足”的意思。公元 8 世纪末，古罗马帝国的查理曼大帝把他的一只脚长定为 1 呎。呎作为长度单位传入英国后，英国人对呎又重新做了规定，从麦穗中取出 36 粒较大的麦粒，将它们头尾相接直线排列的长度定为 1 呎。呎传到德国后，德国人让走出教堂的 16 名男子，各出左脚，前后相接，取总长度的 $\frac{1}{16}$ 作为 1 呎。

10 世纪英国国王埃德加，把他的拇指关节之间的长度定为 1 吋。

我的拇指关节之间的长度是上天赐予的！

相传我国古代大禹治水时，曾用自己的身体长度作为长度标准，进行治水工程的测量。唐太宗李世民规定，以他的双步，也就是左右脚各走一步作为长度单位，叫作“步”，并规定一步为五尺，三百步为一里。后来又规定把人手中指的当中一节定为 1 寸。

到了 18 世纪，人们开始感到这种用人体作为长度标准缺点很多。由于人的高矮不同，造成长度单位也不同，非常混乱。比如，同样是腕尺，最早的腕尺大约长 46 厘米，后来古埃及国王米尼兹为了表现他的尊贵，把腕尺加长了 14%。

人们迫切希望找到一种长度固定不变的度量单位，终于想起了地球。当时认为地球的大小和形状不会变化，如果用地球上的一段距离作为长度单位，就可以得到固定不变的度量单位。

我国清朝的康熙皇帝，于 1709 年到 1710 年在东北地区进行大规模的大地测量。由于当时的长度单位不统一，康熙皇帝规定取地球子午线 1 度为200里，每里为1800尺。

1789年，法国政府委托法国科学院制定长度标准。法国科学院的著名数学家达朗贝尔和皮埃尔·梅香主持这项工作。他们从加来海峡开始，经过巴黎，越过比利牛斯山，一直到地中海的福尔门特拉岛，进行实地测量，得出1米等于0.513074督亚士（法国古尺）。米尺采用十进制，长度固定，使用方便，因此很快得到别的国家承认。

1875年，17个国家的外交代表在法国巴黎签署了“米制公约”，正式确定米尺为国际通用尺，并用铂铱合金（其中90%的铂，10%的铱）做成长1020毫米，宽和高各为20毫米的X型标准尺，在尺的中间面的两端各刻三条线，在0℃时，其中两条线的距离恰好为1米。这个标准尺现在保存在巴黎国际计量局的地下室。

随着科学技术的发展，科学家发现地球的形状和大小也在变化，因此米尺也不够准确；另外，国际米尺原型在刻画上也存在着缺陷，影响了米尺的准确性。

1960年，第十一届国际计量大会上，决议废除1889年以来所沿用的国际米尺原型，把同位素^{86}Kr气体放电时产生的一种橙色光谱波长的1650763.73倍作为1米。这种光尺精确度很高，误差只有十亿分之二，如果用它来量地球到月球的距离，误差不超过1米。

为什么各月的天数不都一样

现在我们使用的日历，有的月30天，有的月31天，有的月28天或29天。为什么各月的天数不都一样呢？

公元前46年，古罗马统帅儒略·恺撒制定历法。由于他生于7月，为了表示他的伟大，决定将7月改叫“儒略月”，连同所有单月都定为31天，双月定为30天。因为2月是古罗马处死犯人的月份，为了减少处死的人数，将2月减少了一天。所以，2月平年29天，闰年30天。

恺撒的继承人奥古斯都生在8月。出于同样的目的，他仿照恺撒的做法，把8月增加了一天，定为“奥古斯都月”，并把8月、10月、12月也改为31天。为了保持一年365天不变，他将9月和11月改为30天，还多出一天怎么办呢？他又从2月里减少了一天，于是2月变成28天了，只有闰年才29天。

这样，就形成了现在的1月、3月、5月、7月、8月、10月、12月等七个月大，2月、4月、6月、9月、11月等五个月小的格局。除2月外，大月为31天，小月为30天。

那么，闰年的2月为什么要多一天呢？

把地球围绕太阳转一周的时间定为一年，又规定一年有365天。但是，实际上地球围绕太阳转一周不正好是365天，而是365天5小时48分46秒。多出来这5小时怎么办呢？

5小时48分46秒 × 4 = 20小时192分184秒

= 23小时15分4秒.

也就是说四年累积起来，差不多可以凑够一天了。于是四年一闰，在闰年的2月加一天。这样一来，凡是能被4整除的年份，如1984年、1988年、1992年……2000年都是闰年。

四年一闰是四年中增加24小时，而实际只多了23小时15分4秒，增加一天后多出的44分56秒怎么办？再来算算：

44分56秒 × 100 = 4400分5600秒

= 74小时53分20秒.

合3天多2小时53分20秒。也就是说四年一闰的差数积累400年，又少了3天多，这样每隔400年要少设3个闰年才行。所以，又规定整百年的年份，必须能被400整除的才算闰年，如1600年、2000年、2400年年算闰年，而1700年、1800年、1900年虽然可以被4整除，但不能被400整除，也不算闰年。

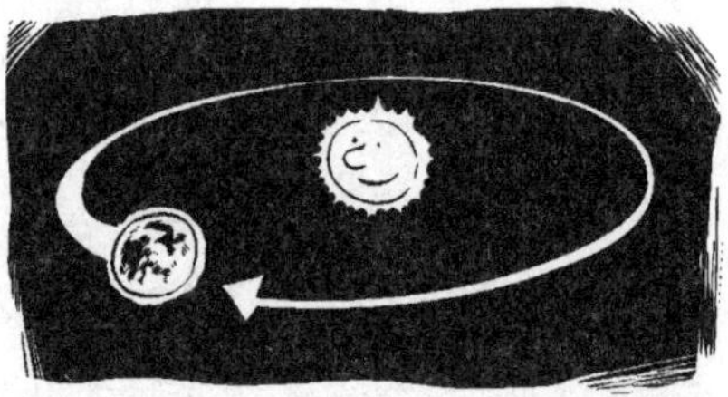

这样规定后，400年只差2小时53分

20 秒，这点差距要到 3000 年后才来调整。

你知道吗？除闰年外，一年中的第一天同最后一天的星期几总是相同的。另外，除闰年外，1 月 1 日是星期几，10 月 1 日也一定是星期几。

这两个问题很容易解释：一年的第一天与最后一天相差 $365-1=364$ 天，而 $364\div7=52$。这就是说，一年的第一天与最后一天正好相差 52 个星期，所以同是星期几。第二个问题中，10 月 1 日与 1 月 1 日相差九个月，其中 1 月、3 月、5 月、7 月、8 月为 31 天，4 月、6 月、9 月为 30 天，2 月为 28 天，相加后被 7 除，得

$$(31\times5+30\times3+28)\div7=273\div7=39.$$

这说明，10 月 1 日与 1 月 1 日正好相差 39 个星期，所以，它们同为星期几。

十二生肖是怎样排列的

我们看书会看到“子时”“寅时”，这些词代表什么呢？原来这是我国古代一种记时方法，和现代所说的“中午 12 点”“下午 3 点”相似。

我们知道，在我国的十二生肖中，鼠排在第一，猪排在最末。有一种说法认为，我国古代，一昼夜分为十二个时辰，一个时辰等于现在的两小时。古人根据对动物出没活动时间的认识，把十二个时辰配上十二种动物，用动物的特性来给时辰命名。

子：子夜 11 时到第二天 1 时，这时候，老鼠最为活跃，“子”与鼠搭配成为“子鼠”。

丑：牛吃足了草，在凌晨 1 时到 3 时还在“倒嚼”，准备凌晨耕地，所以“丑”就同牛搭配成为“丑牛”。

寅：据说老虎在凌晨 3 时到 5 时最凶猛，所以“寅”与虎搭配为“寅虎”。

卯：从凌晨 5 时到 7 时，太阳还没露面，月亮（又称玉兔）还在天上，所以“卯”同月宫神话中唯一的动物玉兔相搭配，称为“卯兔”。

辰：龙是神话中的动物，传说早晨 7 时到 9 时是群龙行雨的时候，所以

“辰”就同龙相搭配成为“辰龙”。

巳：蛇常常隐蔽在草丛中，据说早晨从9时到11时，蛇不在人行道上游动，不会伤人，这样“巳”就同蛇相搭配成为“巳蛇”。

午：上午11时到下午1时，太阳当头。根据古代“阴阳说法”，午时阳气达到极限，阴气将产生。马跑离不开地，是“阴”类动物。于是“午”就同马相搭配成为“午马”。

未：下午1时到3时，据说羊吃了这时候的草，并不影响草的再生，所以“未”就同羊相搭配成为“未羊”。

申：下午3时到5时，是将晚未晚的时候，猴子喜欢在这时候啼叫，所以猴与“申”相搭配成为“申猴”。

酉：下午5时到7时，傍晚来临，鸡开始归窝，“酉”就同鸡联系在一起成为“酉鸡”。

戌：下午7时到晚9时，黑夜来临，狗开始看家、守夜，“戌”就与狗相搭配成为“戌狗”。

亥：晚9时到11时，夜渐渐深了，万籁俱寂，猪睡得更熟，“亥”就同猪相搭配成为“亥猪”。

还有一种说法认为，十二生肖是根据这些动物足趾的奇偶数来排列的。鼠趾长得很奇特，同一体上却有单有双，没有适当位置安插，只能将它排在第一。然后，按足趾奇偶数间隔排列，依次是：牛（四趾）、虎（五趾）、兔（四趾）、龙（五趾）、蛇（无趾为零，零为偶数）、马（一趾）、羊（四趾）、猴（五趾）、鸡（四趾）、狗（五趾）、猪（四趾）。

上面两种说法，不管哪一种都和十二种动物紧紧相连，非常有趣。

规矩和方圆

我国考古学者曾发掘出2世纪汉代的浮雕像，其中有女娲手执规，伏羲手执矩的图像。在司马迁所写的《史记》中，也提到夏禹治水的时候“左准绳（左手拿着准绳）”，“右规矩（右手拿着规矩）”。在甲骨文里，就发现有规和矩这两个字。其中规字很像一个人手执圆规在画图，矩字像两个直角，可以说极尽象形文字之妙。

“规”，就是圆规，是用来画圆的工具；“矩”很像现在的直角尺，是用来画方形的工具。正如俗话所说：“不以规矩，不能成方圆。”

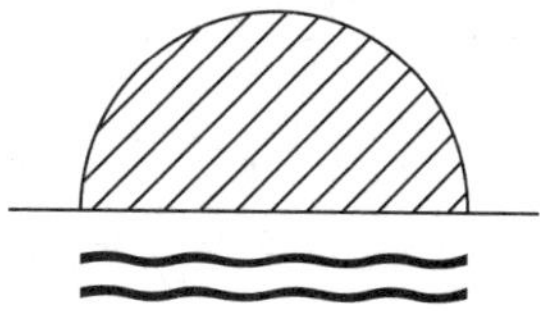

据数学史家考证，人类最早是用树杈来画圆的。这种原始圆规由于半径固定不变，只能画一种大小的圆。我国的《墨经》是公元前4—前3世纪的作品。在这本书中最早给出了圆的定义：“圜(yuán)，一中同长也。”这里所说的“圜”，就是圆。这句话的意思是：圆，就是圆周上的点到圆心的距离都相等(同长)。这个定义和现代圆的定义基本上相同。

因为圆有许多重要的性质，人类很早就认识了圆，使用了圆。

把车轮做成圆形的，是因为圆周上的点到圆心的距离相等，车子行驶起来平稳；还因为圆轮在滚动时摩擦力小，车子走起来省力。

把碗和盆做成圆形的，一方面是圆形物体制作起来比较容易，又没棱没角不易损坏；另一方面是用同样大小的材料做碗，数圆形的碗装东西最多。

在非洲流传着一个古老的神话：一个酋长要分给纪塔娜女神一块土地，这块土地的大小可以用一张灰鼠皮围起来。酋长心想，一张小小的灰鼠皮能围出多大一块土地？纪塔娜女神把灰鼠皮剪成许多小细条，再把这些小细条顺次连接起来成为一条长绳。她用这条灰鼠皮长绳靠着海岸围出一个很大的半圆形，分得了很大的一块土地。

纪塔娜女神为什么要围成半圆形呢？原来，用一定长度的绳子来围出一块面积，数围成的圆面积最大。纪塔娜又巧妙地利用海岸线，所以围出了一块很大的土地。

把桶盖和下水道盖做成圆形的，是因为圆形的盖子，不管你怎样盖都不会掉进里面去。而方形和椭圆形的盖子，盖得不合适，就会掉进去。

有的拱形门和屋顶做成半圆形的，是因为圆形拱门抗压能力强。

圆的外形对称而和谐。我国大型舞剧《丝路花雨》在国内外演出都很成功。据舞蹈设计者说，主角英娘的舞蹈，一招一式，举手投足，都循着由圆弧组成的曲线而动，有圆的特征，因此能给人以美的享受。

圆周率π的由来

圆的周长和圆的直径的比叫圆周率。尽管圆的直径不同，圆有大有小，但是对于所有的圆来说，圆周率都相等。从这个角度来讲，圆周率是刻画圆这类图形最重要的数据。

圆周率用π表示。在计算中，我们常取圆周率为3.14。圆周率真的等于3.14吗？不是的。由于圆周率π是一个无限不循环小数，在计算中一般取3.14作为它的近似值。

早在3500年前，古巴比伦人就知道取直径的3倍为圆周长，他们取得的π值为3。在公元前2世纪问世的我国天文数学专著《周髀(bì)算经》中，提出“径一周三”，意思是说直径为一个单位长时，圆周为三个单位长，也取π等于3。古埃及人使用的圆周率是3.16。古罗马人使用的圆周率是3.12。著名的古希腊学者阿基米德，曾把π取为$3\frac{1}{7}$。

古人是如何求出以上这些π值的，现在知道得不多。有确切史料记载的，是我国魏晋时期的学者刘徽创造的用割圆术求圆周率的方法，在数学史上占有重要的地位。后人把刘徽创造的求圆周率方法叫作“刘徽割圆术”。

刘徽是怎样“割圆”的呢？他首先在圆内作一个内接正六边形，由于圆内接正六边形的每条边长都等于半径，因此，六边形的周长等于3倍的直径长，也就是说圆内接正六边形的周长与圆直径的比为3。刘徽指出《周髀算

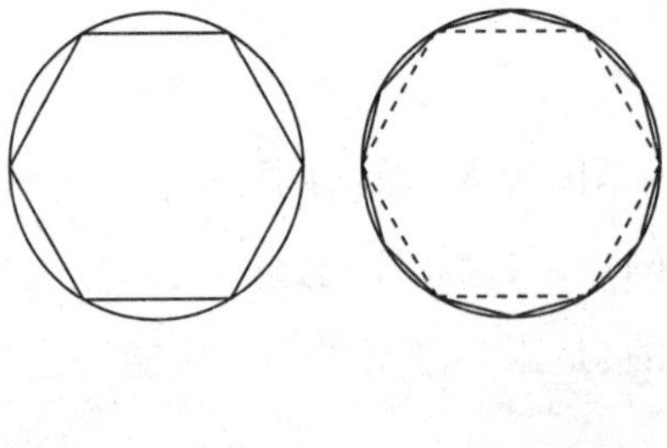

经》中的“径一周三”不是圆的“周率”，而是圆内接正六边形的“周率”。

刘徽对古代取$\pi=3$不满意，认为过于粗糙。他把圆内接正六边形每边所对的弧平分，用刘徽的话说就是割圆，把割到的六个点，与圆内接正六边形的六个顶点顺次连接，得到一个圆内接正十二边形，圆内接正十二边形的周长，更接近圆的周长。

刘徽用这种成倍地增加圆内接正多边形边数的方法，一直算到圆内接正192边形，算得圆周率的近似值是3.14。刘徽割圆术是科学的。刘徽的贡献不只是提供了更精确的圆周率，还在于他为计算圆周率提供了正确的方法。

刘徽之后，我国又有许多学者研究过圆周率，其中最有成就的，要算南北朝时期的祖冲之。他计算的圆周率，准确到小数点后第七位：

$$3.1415926<\pi<3.1415927.$$

要是用这个圆周率去计算一个半径为10千米的圆面积，误差不超过几平方米。

祖冲之计算圆周率，使用一种叫“缀(zhuì)术”的方法。可惜这种方法早已失传，无从查考。如果像有些专家推测的，缀术就是割圆术，那么祖冲之要算出圆内接正24576边形的周长，才能得出小数点后第七位的数字。计算这样一个圆内接正多边形的周长是相当繁杂的，除去加、减、乘、除，还要乘方和开方，开方尤其麻烦。估计他计算的时候，需要保留16位小数。当时还没有算盘，只能用一种叫作“算筹”的小竹棍摆来摆去进行计算，可见花费劳动之大！祖冲之是世界上第一个把圆周率算到小数点后第七位的数学家。差不多过了1000年，西方才有人把圆周率计算得更为精确。

祖冲之不仅以小数形式表示了圆周率，他还以分数形式来表示圆周率，提出“约率”为$\frac{22}{7}$，“密率”

为$\frac{355}{113}$。约率的意思是精确度比较低，$\frac{22}{7}$大约等于3.142，相当于刘徽求出的圆周率；密率的意思是精确度比较高，$\frac{355}{113}$大约等于3.1415929，小数点后有六位准确数字。这已经相当精确了。用分数表示圆周率给运算带来了方便。人们为了纪念祖冲之的伟大功绩，把3.1415926叫“祖率”。

圆周率π是一个无限不循环小数，许多人希望算出更精确的圆周率。比如16世纪德国有个叫鲁道夫的人，他几乎花费了毕生的精力，把圆周率算到了小数点后面35位。鲁道夫死后，按照他的遗嘱把他计算的圆周率刻在墓碑上：

3.14159265358979323846264338327950288

进入19世纪，许多人迷恋于计算更多位数的圆周率。

1841年，英国的威廉·卢瑟福计算π到208位小数，后来发现只有前152位是正确的；1844年，德国著名的心算家达瑟把π值准确地算到200位小数；1853年，卢瑟福再接再厉把π值算到400位小数；1873年，英国人尚克斯把π算到707位小数，长时间保持了这个纪录。

计算机的出现，使圆周率π的计算又有了新的突破。1949年，马利兰德在阿伯丁的弹道研究所，使用电子计算机，计算π值到2037位。以前，人们对尚克斯计算的707位小数没去复核验算，因为尚克斯花费了20年的时间才算出来的，想要验算至少也要花费10年以上的工夫。1945年，美国人弗格森用电子计算机对这707位小数进行了验算，发现尚克斯只算对了527位小数。第528位小数应该是4，但尚克斯却算成了5，这样，后面的数字就全错了。

1957年，伦奇和香克斯（不是那个出差错的尚克斯）用了8小时43分在电子计算机上算出π值到100265位，突破了10万位。

1973年，法国数学家盖劳德用了23小时18分钟，把π算到了100万位，法国为它出版了一本厚达400页的专著。

1984年，东京大学的田村和金田利用超高速计算机，把圆周率计算到

10013395 位小数，即突破了 1000 万位！他俩还打算突破一亿位小数。

2002 年，日本东京大学信息基础中心又宣布，他们已将圆周率计算到了小数点后 12411 亿位，其中小数点后第 1 万亿位是数字“2”。假设 1 秒钟读 1 位，读完这个圆周率需要花 4 万年！

数学家为什么没完没了地去算圆周率π的值呢？是想寻求π值中有什么规律。他们发现：

从π的第 710100 位开始，连续出现了 7 个 3，即 3333333；从第 3204765 位开始，又出现 7 个连续的 3；

在π的第一个 1000 万位小数中，除了数字 2 和 4 以外，每个单个数字都有同样长度的数字串。例如，3，5，7，8 各有 2 个长度为 7 个的数字串；0，1，6 则各有 1 个这样的数字串；9 却有 4 个这样的数字串；

在 1000 万位小数中，由 6 个同样数字组成的数字串，一共有 87 个。从第 762 位开始就出现了 999999 数字串；

在 1000 万位小数中没有发现数字序列 0123456789。圆周率π中会不会有这样的数字序列呢？谁也不知道。有的数学家说，为了弄清这个问题，哪怕把π算到十亿位小数也是值得的。

扔出个π来

1777 年的一天，法国数学家布丰约请许多朋友到家里，要做一次试验。

布丰在桌上铺好一大张白纸，白纸上画满了一条一条等距离的平行线。他又拿出一大批等长的小针，每根小针的长度都是平行线距离的一半。

布丰说：“请大家把这些小针一根一根往这张白纸上随便扔吧。”客人们你看看我，我看看你，谁也弄不清楚他要干什么。他们把小针一根一根往纸上乱扔，扔完了把针捡起来再扔。客人一边扔，布丰在一旁紧张地记数。统计的结果是，共投掷 2212 次，其中与直线相交 704 次，布丰做了一个除法 $\frac{2212}{704} \approx 3.142$。

布丰说："诸位，这个数是圆周率π的近似值。"客人们觉得十分奇怪。这种乱扔和圆周率π怎么会有关系呢？

布丰解释说："大家怀疑这个试验？你们还可以再做，每次都会得出圆周率的近似值，而且投掷的次数越多，求出的圆周率近似值越精确。"这就是著名的"布丰试验"。

1901 年，意大利人拉泽雷尼共投针 3408 次，求得π = 3.14159292。

这个试验也是概率论研究的对象之一。概率论是近代数学的重要分支。

π的节日

每年的 3 月 14 日是什么日子？这是一个很普通的日子呀！

不，国际上已经公认每年的 3 月 14 日是"Pi Day"，是"π的纪念日"。既然是节日，就要举行庆祝活动。什么时候庆祝呢？有三种选择：下午 1 点 59 分，下午 3 点 09 分，凌晨 1 点 59 分。有的国家在 3 月 1 日下午 4 点 15 分开始庆祝。总之是折腾 3，1，4，1，5，9 这 6 个数。

也有人提出把 7 月 22 日定为"π的近似值日"，因为$\frac{22}{7}$是π的近似值。

"π的纪念日"怎么过呢？最常见的方式是，学校的数学爱好者在 3 月

14日聚集起来，围坐在一起谈论有关π的话题，座谈结束时，每个人都吃一个派（馅饼）。到下午1点59分，大家开始吃午饭，通常要吃比萨（pizza）、馅饼（pie）、松子（pinenuts），因为这些食物的名称中都含有"pi"。

吃饱喝足后就要开展文娱活动了，先唱《圆周率之歌》。它是把π的小数点后109位全部唱出来，旋律还挺优美。唱完歌该看电影了，必看的是美国科幻电影《π》，电影讲述了一个类似《达·芬奇密码》的故事。

由于人们太喜欢圆周率π了，在许多文艺作品中，也经常见到它的踪影。美国喜剧《终极笑探》中的女间谍，代号"3.14"。美国系列剧《星际迷航》中，史波克命令一台被邪恶意识入侵的电脑，计算到π的小数点后最后一位。实际上，π是个无理数，是无限不循环小数，不可能有最后一位，电脑是无法完成的。

2005年瑞典女歌手凯特·布什发行专辑《虚无缥缈》，其中有一首歌名为《π》。歌里一直唱到π的小数点后137位，但不知为什么，歌词中缺少了第79位和第100位的两个数字。

美国弗吉尼亚一个叫麦克·基斯的工程师为圆周率写了一首诗，从某种意义上讲，这是一封情书，一封长达4000字的情书。诗从头到尾每个单词的长度（单词的字母数），都与圆周率的每个数字相对应，比如说，圆周率前几位是3.1415，诗中第一个单词为3个字母，第二个单词为1个字母，第三个单词为4个字母，第四个单词为1个字母，第五个单词为5个字母，实际上，读这首长诗就是在背圆周率。

捆地球的绳子

假设地球上既无山，又无海，完全像个大圆球。现在想用一根很长很长的绳子，沿着赤道捆上一圈，问绳长多少？

地球半径大约是6400千米，可以求出赤道长为：

$2\pi r = 2 \times 3.14 \times 6400 = 40192$（千米）.

由于绳子是紧紧捆在地球的赤道上，因此，绳长也是 40192 千米。

如果绳长加长 1 米，绳子围成一个大圆圈之后，就要离开赤道有一段距离，形成围绕地球的一个等距离的圆环。问圆环和地球之间的间隔有多大？

对于 4 万多千米来说，仅仅延长 1 米，会有多大的间隔？即使能有些间隙，恐怕也只是在显微镜下才能看见。

计算一下吧！

延长 1 米绳长变成 40192001 米，则有

$$\frac{40192001}{2\pi} - 6400$$
$$= \frac{40192000}{2\pi} + \frac{1}{2\pi} - 6400$$
$$= 6400 + \frac{1}{2\pi} - 6400$$
$$= \frac{1}{2\pi} \approx 0.159(\text{米}).$$

啊！间隔会有约 16 厘米，差不多有一支铅笔长。简直是不可思议！

僧侣铺地面所想到的

3000 多年以前，古埃及的尼罗河河水经常泛滥，洪水冲走了房屋、牲畜，也冲毁了标志各部族土地界限的界碑。洪水退走之后，各部族要重新测量、标记自己的土地，这就需要计算各种形状土地的面积。古埃及人掌握着测量图形面积的许多公式。

怎样测量面积呢？

先想想长度是怎样测量的。首先要选择一个固定长度，作为长度单位，比如 1 米。然后就像布店卖布一样去丈量一下，看看这条线段包含多少长度单位（米），就说这条线段有几米长。

测量面积也需要先选择一块固定的面积，作为面积单位。选择什么作为面积单位更合适呢？古埃及僧侣在给神庙的地面铺方砖时，遇到了一个问题：当方砖预先制好后，地面的长和宽各选为多少，才能使得铺满地面的方砖为整数块？

在铺垫长方形地面时，如果横向铺 26 块方砖，纵向铺 24 块方砖，就说长方形地面的面积包含 $26 \times 24 = 624$ 块方砖的面积。

方砖铺地启发了人们，选择边长为 1 米的正方形面积，作为测量面积的单位，叫 1 平方米。如果一块平面图形包含有几个这样的正方形，就叫它的面积有几平方米。

测量长度需要一把尺子，测量面积是否也需要准备一块正方形的面积呢？方砖铺地告诉我们，用不着准备这样的正方形。对于长方形来说，只要用尺子量一下它的长和宽各是多少米，长乘宽就是长方形的面积，即

长方形面积 = 长 × 宽.

长方形的面积会求了，其他图形的面积怎么求呢？古希腊人创造了一种割补法，可用来求其他图形的面积。

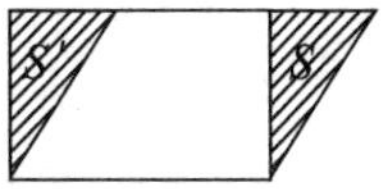

从平行四边形的一端切下一个直角三角形S，贴补到另一端S'处，这样就可以把平行四边形变成长方形而面积不变。长方形的宽就是平行四边形的高。因此有

平行四边形的面积 = 底 × 高.

沿着三角形的一边，对接上一个与它完全一样的三角形，得到一个平行四边形。所以

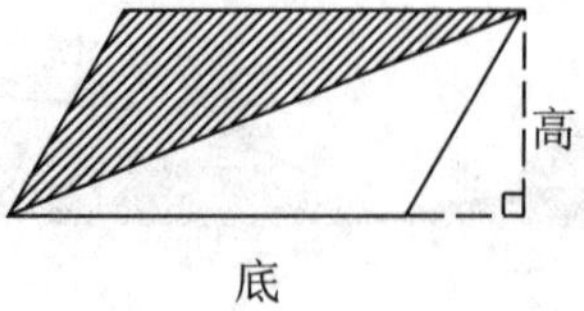

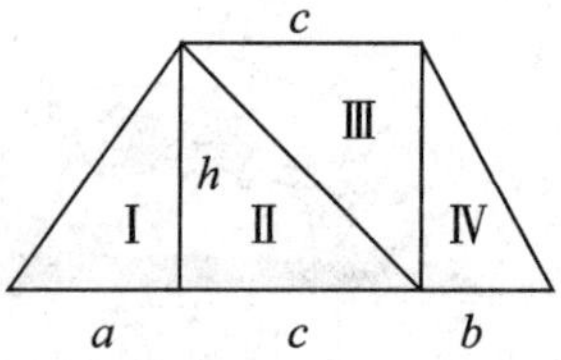

三角形的面积 $=\frac{1}{2}\times$ 底 $\times$ 高.

三角形是多边形的基础，因为任何一个平面多边形都可以割成几个三角形。比如，可以把梯形割成四个三角形Ⅰ、Ⅱ、Ⅲ、Ⅳ。梯形的面积就等于这四个三角形的面积之和。由三角形公式可写成：

$$\text{梯形的面积}=\frac{1}{2}a\times h+\frac{1}{2}c\times h+\frac{1}{2}c\times h+\frac{1}{2}b\times h$$
$$=\frac{1}{2}(a+c+c+b)\times h$$
$$=\frac{1}{2}[c+(a+c+b)]\times h$$
$$=\frac{1}{2}(\text{上底}+\text{下底})\times\text{高}.$$

分数、除法、比是一回事吗

有一个问题：

$\frac{2}{3}$是一个分数，又表示一个比——二比三，还表示除法——二除以三。这样看来，分数、比、除法，不就是一回事吗？

如果是一回事，为什么叫3个不同的名称，干脆都叫除法不就完了吗？

看来，名称不同，说明它们并不一样。

什么叫分数？把单位分成若干等份，表示它的一份或几份的数叫作分数。分数同整数和小数一样，是一个数。

什么叫除法？它同加法和减法一样，是一种运算。由于数和运算不是一回事，所以分数和除法不一样。

如果看见了$\frac{2}{3}$，是把它看作分数呢，还是看作除法？

一般说来，$\frac{2}{3}$表示一个分数；除法有它自己的记号，2 除以 3 写作 $2\div3$。

什么叫比？比较两个数，求甲数是乙数的几倍或几分之几。表示两个数的倍数关系，叫作两数的比。比也有它自己的记号，2 比 3 写作 $2:3$。

比号和除号只差一横道。不仅如此，比和除在许多情况下有相同的含意。

既然含意相同，有了除法又要比做什么？

比有比的用处。引进比的概念，是为了得到比例的概念。两个比的比值相等，就构成比例关系。例如$\frac{2}{3}$和$\frac{4}{6}$就构成比例关系：$\frac{2}{3}=\frac{4}{6}$。

不知道你注意过没有，和某个比成比例的比有无穷多个，如：

$$\frac{1}{2}=\frac{2}{4}=\frac{3}{6}=\frac{4}{8}=\cdots=\frac{1234}{2468}\cdots$$

这个事实很重要。例如直角三角形有 3 条边、2 个锐角。可是边和角有什么关系呢？当角A确定了，夹角A的两条边虽然长短可以不相同，它们长度的比却都相同：

$$\frac{AC}{AB}=\frac{AC_1}{AB_1}=\frac{AC_2}{AB_2}\cdots$$

所以角A确定了，夹角A的两边之比就确定了；反过来，夹锐角A两边的比确定了，角A也就确定了。

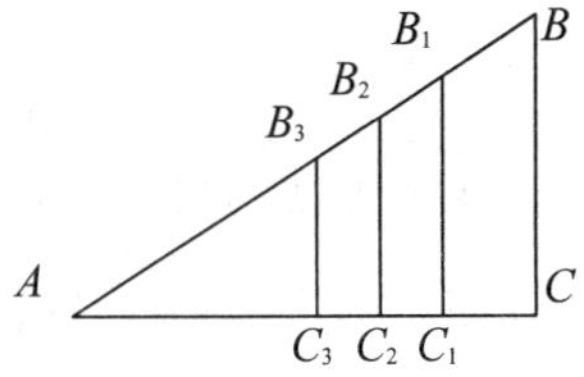

总之，分数、除法、比有它们不同的一面，分数是数，除法是运算，比表示一种倍数关系。

但是，它们也有相同的一面。为了方便，有时我们也把分数线当作除号使用。例如，繁分数化简，就是把分数线当作除号来使用的，如：

$$\frac{\frac{4}{5}}{\frac{2}{3}}=\frac{4}{5}\div\frac{2}{3}=\frac{4}{5}\times\frac{3}{2}=\frac{6}{5}=1\frac{1}{5}.$$

这样在$\frac{a}{b}$（$b\neq 0$）形式下，分数、除法、比又有统一的一面。

犹太人和“宇宙法则”

犹太人有5000年的悠久历史，其中也深藏有许多神秘的东西。一个被称为“宇宙法则”的神秘的比，被世界各地的犹太人世代相传。这个神秘比是“78∶22”。

“宇宙法则”和中国的八卦、太极图有些类似，反映出人们对客观世界的一种认识。

“宇宙法则”认为：世界上的一切事物都是按着78∶22存在的。比如，地球大气中氮和氧的比是78∶22；我们身体里水和其他物质的比是78∶22；犹太人很会做生意，他们在做生意时喜欢用78∶22来分析买卖当中的相互比例。比如，世界上是放债的人多，还是借债的人多？按一般人想象，应该是借债的人多。但是犹太人老早就知道，放债的人远远多于借债的人，他们的比是78∶22，这是因为银行是靠很多人的储蓄存款来维持运转的，而存款人就是放债的人。银行再把钱借给需要钱的人，借钱的人总是少数。他们认为到银行存钱的人和借钱的人之比大约是78∶22。

犹太人认为世界上的财富总是掌握在少数人手里，世界上78%的财富掌握在占人口总数22%的富人手里；占人口总数78%的普通人，只拥有世界上22%的财富。

犹太人做起事来总是信心十足,他们相信世界上只有22%的人掌握了“宇宙法则”,他们是战无不胜的!

0是不是偶数

小学数学规定,能被2整除的整数叫作偶数;不能被2整除的整数叫作奇数。

到中学学过代数之后,把奇偶数的概念扩大到负整数上,仍然规定能被2整除的整数是偶数,不能被2整除的整数是奇数。由于0可以被2整除,所以0是偶数。

0为什么不能做除数

数学书中一再强调,做除法时0不能做除数;在分数里0不能做分母。这是什么道理呢?

假如可以让0做分母,比如$\frac{2}{0}$。可以设$\frac{2}{0}=a$,就有$2=0\times a$。因为任何数乘0都得0,不可能得2,所以这个a是不可能存在的,假设的$\frac{2}{0}$就没有意义。如果是$\frac{0}{0}$怎么样?同样可以设$\frac{0}{0}=b$,有$0=0\times b$,在这个式子里b可以等于2,5,75…也就是b可以是任何数。这样一来,$\frac{0}{0}$到底是什么数还是不能确定。因此,0不能做除数或分母。

为什么1不是质数

如果一个自然数除去1和它本身之外,不能被其他自然数整除,这样的自然数叫质数,或者叫素数。最小的质数是2,接下去是3,5,7,11,等等。

1很特殊,它既不算质数,又不算合数。1也符合质数的定义,为什么把1排除质数之外?

原来在历史上,1 曾经被当作质数。后来对合数进行分解时出现了一个问题:我们知道每个合数都可以分成质数的连乘积,每个质数叫作合数的质因数。比如:

$35=5\times7,$

$94860=2\times2\times3\times3\times5\times17\times31.$

如果把 1 算作质数,那么一个合数分解成质因数的积时,答案就不唯一了,比如:

$35=5\times7,$

$35=5\times7\times1,$

$35=5\times7\times1\times1.$

你可以在分解式中随意添加因数 1, 使得分解形式不唯一, 这对于应用很不方便。

为了使自然数分解成质因数的结果唯一,数学家提出了“算术基本定理”,并把 1 排除在质数之外。

算术基本定理:

“每一个自然数(1 除外),可以分解成质因数的乘积,如果不考虑质因数的先后次序,分解的结果是唯一的。”

5. 数学中的“迪斯尼乐园”

整数是数学的女王

“整数是数学的女王。”这句话是 18 世纪德国著名数学家高斯说的。

高斯说得是有道理的。你看:

$$1 \times 9 + 2 = 11$$

$$12 \times 9 + 3 = 111$$

$$123 \times 9 + 4 = 1111$$

$$1234 \times 9 + 5 = 11111$$

$$12345 \times 9 + 6 = 111111$$

$$123456 \times 9 + 7 = 1111111$$

$$1234567 \times 9 + 8 = 11111111$$

$$12345678 \times 9 + 9 = 111111111$$

$$123456789 \times 9 + 10 = 1111111111$$

多么和谐，多么有规律！

可以用数字造出一个宝塔来：

$$1 \times 1 = 1$$

$$11 \times 11 = 121$$

$$111 \times 111 = 12321$$

$$1111 \times 1111 = 1234321$$

$$11111 \times 11111 = 123454321$$

$$111111 \times 111111 = 12345654321$$

……

$$111111111 \times 111111111 = 12345678987654321$$

两座由 1 构成的小宝塔，做成一个由 1~9 构成的新宝塔。

可以像变魔术一样，构造出各种各样的美丽数阵：

$$123456789 \times 9 = 1111111101$$

$$123456789 \times 18 = 2222222202$$

$$123456789 \times 27 = 3333333303$$

$$123456789 \times 36 = 4444444404$$

$$123456789 \times 45 = 5555555505$$

……

$123456789 \times 81 = 9999999909$

如果想取消乘积中的0,只要去掉被乘数中的8就行了。

$12345679 \times 9 = 111111111$

$12345679 \times 18 = 222222222$

$12345679 \times 27 = 333333333$

$12345679 \times 36 = 444444444$

$12345679 \times 45 = 555555555$

……

$12345679 \times 81 = 999999999$

可以让乘积是个从9倒排到1的数:

$$1 \times 8 + 1 = 9$$

$$12 \times 8 + 2 = 98$$

$$123 \times 8 + 3 = 987$$

$$1234 \times 8 + 4 = 9876$$

$$12345 \times 8 + 5 = 98765$$

……

$$123456789 \times 8 + 9 = 987654321$$

还可以做成更复杂一些的数阵:

$$1 = \frac{1 \times 1}{1}$$

$$121 = \frac{22 \times 22}{1+2+1}$$

$$12321 = \frac{333 \times 333}{1+2+3+2+1}$$

$$1234321 = \frac{4444 \times 4444}{1+2+3+4+3+2+1}$$

$$123454321 = \frac{55555 \times 55555}{1+2+3+4+5+4+3+2+1}$$

$$12345654321 = \frac{666666 \times 666666}{1+2+3+4+5+6+5+4+3+2+1}$$

$$1234567654321=\frac{7777777\times7777777}{1+2+3+4+5+6+7+6+5+4+3+2+1}$$

$$123456787654321=\frac{88888888\times88888888}{1+2+3+4+5+6+7+8+7+6+5+4+3+2+1}$$

$$12345678987654321=\frac{999999999\times999999999}{1+2+3+4+5+6+7+8+9+8+7+6+5+4+3+2+1}$$

四个 4 的游戏

把四个 4,用+、-、×、÷和(　)等计算符号连起来,用以表示 0 和自然数的游戏,叫作"四个 4 的游戏"。这种游戏不仅好玩,也是学习数学、掌握运算要领的一种好方法。

比如 $0=4+4-4-4$, 或 $0=44-44$,

$1=4\div4+4-4$, 或 $1=44\div44$,

$2=4\div4+4\div4$, 或 $2=4-(4+4)\div4$.

英国的鲁兹·鲍尔在做四个 4 的游戏上下过很大功夫。1913 年鲁兹·鲍尔在数学杂志上发表文章说:"用四个 4,去做成从 1 到 1000 的数。但是其中的 113,157,878,881,893,917,943,946,947 还没有做出来。"

看来,这个游戏并不好做。谁能把鲁兹·鲍尔没做出来的 9 个数做出来,可以称得上是"优秀的鲍尔"了。

"四个 4 的游戏"是 1913 年提出来的,比它更早的"四个 9 的游戏",是 1859 年由英国数学家霍艾威尔博士提出来的。他告诉朋友说:"从 1 到 15 的数可以用四个 9 表示出来。"后来又有人把"四个 9 的游戏"叫作"霍艾威尔博士的难题"。

比如 $0=9+9-9-9$, 或 $0=99-99$,

$1=(9+9)\div(9+9)$, 或 $1=99\div99$.

$2=9\div9+9\div9$, 或 $2=99\div9-9$.

相比之下还是"四个 4 的游戏"最出名,前面已经做成了 0,1,2,下面我们把四个 4 的游戏做到 10。

$3 = (4 + 4 + 4) \div 4.$

$4 = (4 - 4) \times 4 + 4.$

$5 = (4 \times 4 + 4) \div 4.$

$6 = (4 + 4) \div 4 + 4.$

$7 = 44 \div 4 - 4.$

$8 = 4 + 4 + 4 - 4.$

$9 = 4 + 4 + 4 \div 4.$

$10 = (44 - 4) \div 4.$

虫食算

外国一名百万富翁病逝前曾立下一张遗嘱,把他的部分财产分给子女,其财产数是两个三位数的乘积。可是这个遗嘱不慎被水浸泡了,只剩下了几个数字。他们请来侦探波罗给予帮助。波罗看着这张纸条想了想,很快就写出了乘积。

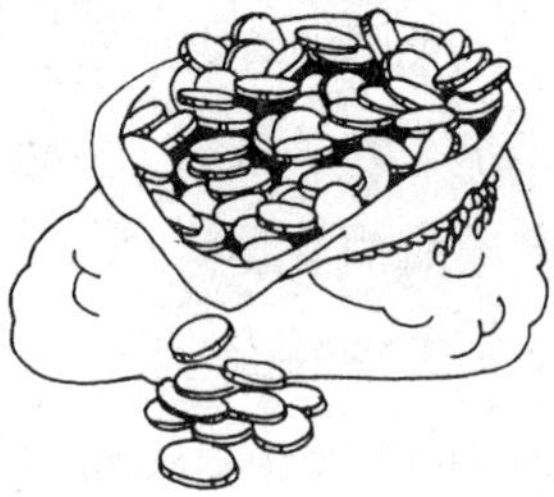

你知道波罗是怎样找到这个乘积的吗?

首先填乘数的个位数,这里只能填 1,因为大于 1 会使乘积成为四位数,而乘积的第一行只有三位数。如果填 0,会使后面相乘出现困难。下面用右上角的标号代表填数的顺序。

2 处显然应该填 6。

$$
\begin{array}{r}
6\ \bigcirc^8\bigcirc^3 \quad \text{------ (1)} \\
\times)\ \bigcirc^9\bigcirc^{12}\bigcirc^1 \quad \text{------ (2)} \\
\hline
\bigcirc^2\bigcirc^7\bigcirc^4 \quad \text{------ (3)} \\
\bigcirc\bigcirc\bigcirc\bigcirc^6 \quad \text{------ (4)} \\
\bigcirc^{11}5\ \bigcirc^{10}5 \quad \text{------ (5)} \\
\hline
\bigcirc\bigcirc\ 5\ \bigcirc\ 4\ \bigcirc^5 \quad \text{------ (6)}
\end{array}
$$

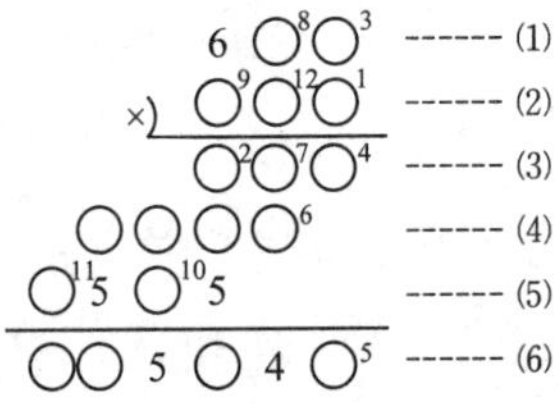

由于第五行最末一位数是 5,因此第一行的末位数与第二行首位数中,

必有一个是 5。如果第二行首位数是 5，因为 5×6=30，即使第一行后两位数填 99，第五行的第二位最大才能出现 4，因此 3 处填 5。

显然，4 和 5 处都应该填 5。

6 处是第一行的末位数 5 与第二行第二位数乘积的个位数，只可能是 0 和 5，由于第六行的十位数是 4，如果此处填 5，第一行第二位数只能填 9，而填 9 就不会使第五行出现两个 5，因此，6 处只能填 0。

$$
\begin{array}{r}
6\ ④^8\ ⑤^3 \quad \text{------ (1)}\\
\times)\ ⑦^9\ ②^{12}\ ①^1 \quad \text{------ (2)}\\
\hline
⑥^2\ ④^7\ ⑤^4 \quad \text{------ (3)}\\
①\ ②\ ⑨\ ⓪^6 \quad \text{------ (4)}\\
④^{11}\ 5\ ①^{10}\ 5 \quad \text{------ (5)}\\
\hline
④\ ⑥\ ⑤\ ⓪\ 4\ ⑤^5 \quad \text{------ (6)}
\end{array}
$$

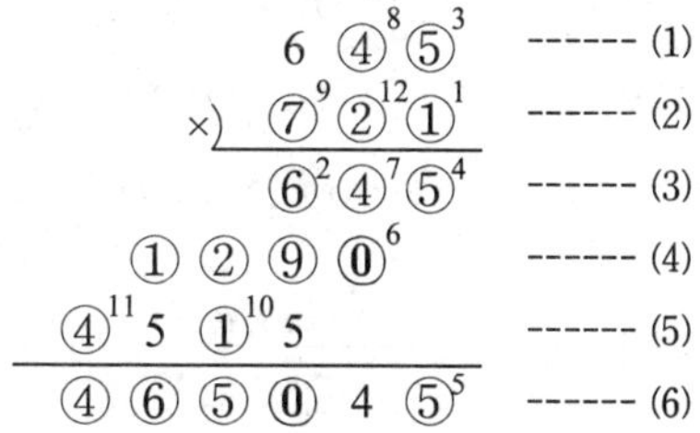

7 处必须填 4。

8 处也填 4。

9 处只能填 1 或 3，7，9。填 1 不能成为四位数，如填 3，9，第五行的第二位数分别是 9 和 8，都不是 5，所以只能填 7。

10 处填 1，11 处填 4。

12 处只能填偶数 2 或 4，6，8，而填 4，6，8 时，第四行第二位数分别为 5，8，1，第六行第三位数就不能为 5，这里只能填 2。

其他数都好填了。

日本数学家高木茂男给这种问题起了个有趣的名字，叫作"虫食算"，它是培养推理能力的一类有趣的数学题。

有一类虫食算问题连一个数字也没给，这类题叫作"无字天书"。请看下页的无字天书。

一个数字也没给，从什么地方入手考虑呢？日本数学家高木茂男指出，从被除数下移位数的多少，来判断商数中哪些数字会是 0，是解算"无字天书"的重要线索。

```
        ****.****
***)******
    ***
     ***
     ***
      ***
      ***
       ***
       ***
         ****
         ****
```

由于(3)式一下移下两位数，可以肯定1处填0，同样道理2和3处也应该填0。

4,5,6处是移下的3个0,7也是0。

由(9)式$\overline{e\ 000}$，可能出现两种情况：$c=5$，$a=0$或$a=5$，$c=$偶数。但是如果$a=0$，(8)式中的d必然为0，进一步可得$e=0$。说明到(8)式已经除尽，再往下做是不必要的了，与原题不符。因此，只有$a=5$，$c=$偶数这一种情况。

$a=5$，则d必然等于5，e也一定等于5，(9)式一定是5000。

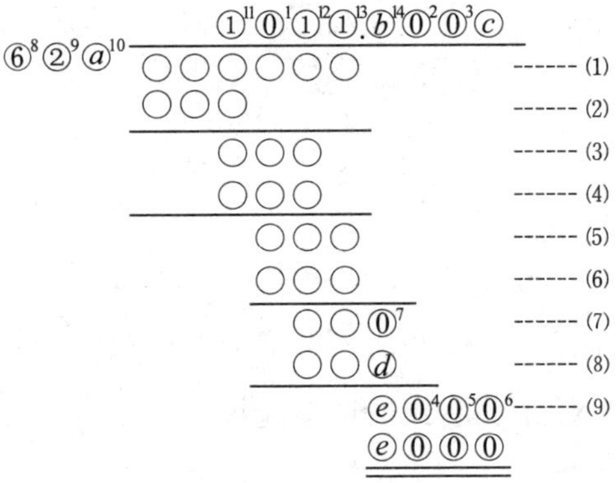

由$\overline{**a}\times c=5000$及$c$为偶数，可试出$c$必然等于8。再由$5000\div 8=625$，得知8,9,10处填6,2,5。

$625\times 2=1250$是一个四位数，而(2)、(4)、(6)、(8)式中都是三位数，说明相应的商都应该是1，因此11,12,13,14处都应该填1。

除数是625，商是1011.1008，被除数就可以算出，其他数字也就容易填了。

```
        1011.1008
625)631938
    625
     693
     625
      688
      625
       630
       625
         5000
         5000
```

数字迷信

十月革命前的俄国，流行着一种数字迷信。它类似数字占卦，根据数字的偶合来推断一个人的命运，甚至用来判定一个国家的命运、一场战争的结局。

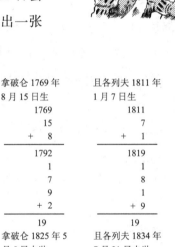

在俄国著名作家屠格涅夫的小说里，就有数字迷信的情节：小说的主人公伊丽雅·且各列夫于 1834 年 7 月 21 日去世了，从他的衣袋里找出一张纸，上面写有下列运算：

拿破仑 1769 年 8 月 15 日生	且各列夫 1811 年 1 月 7 日生
1769	1811
15	7
+ 8	+ 1
1792	1819
1	1
7	8
9	1
+ 2	+ 9
19	19
拿破仑 1825 年 5 月 5 日去世	且各列夫 1834 年 7 月 21 日去世
1825	1834
5	21
+ 5	+ 7
1835	1862
1	1
8	8
3	6
+ 5	+ 2
17	17

主人公伊丽雅·且各列夫就根据上面简单的计算，找到了自己不被拿破仑承认的原因，也“算”出了去世的日期，但实际上拿破仑是在 1821 年 5 月 5 日去世的。

数字迷信在第一次世界大战初期也曾广泛流传。1916 年，瑞士报纸曾向读者做过有关德国和奥匈帝国皇帝命运的报道：

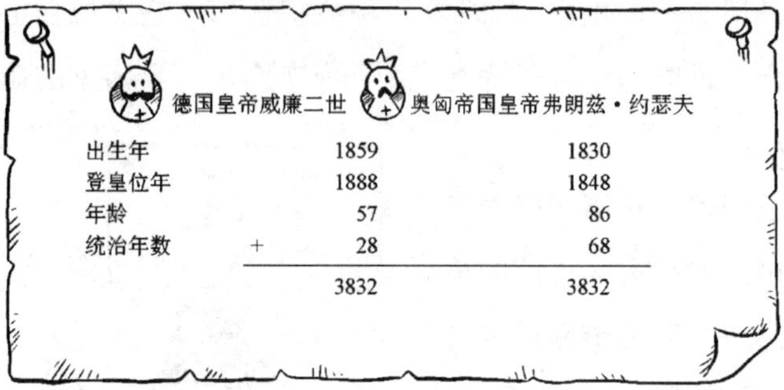

		德国皇帝威廉二世	奥匈帝国皇帝弗朗兹·约瑟夫
出生年		1859	1830
登皇位年		1888	1848
年龄		57	86
统治年数	+	28	68
		3832	3832

两个和数一样，都是 3832，而且又都是当年（1916 年）的两倍，由此得出结论，1916 年对这两位皇帝都是致命的一年，预兆着他们灭亡的一年。

真是耸人听闻！可是人们被数字愚弄了，因为上面这些数字不是巧合，而是一种数字规律。

出生年 + 年龄 = 1859 + 57 = 1916

= 1830 + 86 = 1916.

不要说这两位高贵的皇帝，任何一个人的出生年加上年龄必定等于他所在那年的数目。

同样，登皇位年 + 统治年数 = 1916。

因此，这四个数的和等于两倍的 1916，也就不足为怪了。

你完全可以利用这个道理，给你朋友变个魔术。把你朋友的以下四个数相加：

出生年 + 入学（或工作）年 + 年龄 + 学龄（或工龄），其和必然是变魔术的年份乘以 2。

心算大王的奥秘

有一位少年自称“心算大王”，在一次联欢会上他向同学们做表演。

他表演的第一个节目叫“猜杏核”。

他从口袋里掏出10个杏核放在桌上，又拿出一个碗，让同学把他的眼睛用手帕蒙住。请一位同学上来。

心算大王说：“你在黑板上随便写一个三位数，要求三位数字不一样，而且百位数字比个位数字大。你把这个三位数前后颠倒变成另一个三位数，用前一个三位数减去后一个三位数，把它们的差每一位相加，直加到一位数为止。你从桌上取走等于这个一位数的杏核，把剩下的杏核扣在碗下。取下手帕，我看一下碗就知道下面扣着几个杏核。”

“有这么神？”一位同学走向黑板，写出一个三位数895，前后颠倒位置是598，做减法 $895-598=297$，把297的每一位数字相加，$2+9+7=18$，再相加 $1+8=9$，最后得9。这位同学迅速从桌上拿走9个杏核，把剩下的一个杏核扣在碗下。

心算大王解开手帕，看了一下碗说：“碗下扣着一个杏核。”他把碗翻开，果然是一个杏核。

心算大王怎样算出来的呢？

原来按着他指定的算法，不管你写的三位数是什么，最后相加所得的一位数一定是9！碗下扣的准是一个杏核。

心算大王表演的第二个节目是“速算四位数加法”。

心算大王拿出一张白纸，找一位同学在白纸一面随便写一个四位数，这位同学写上3761。心算大王让这位同学在纸的另一面再写一个四位数，他写上7654。心算大王在7654下面迅速写上2345。心算大王让这位同学把这3个四位数相加，这位同学刚把3个数写在黑板上，心算大王就说出结果：“和为13760”。这位同学算了一下，果然正确。

心算大王表演第二个节目的奥秘，在于他写的那个四位数2345。把2345与7654相加，等于9999。心算大王只要把这位同学写的第一个四位数，前面加上1，最后面一位数字减去1，就得出结果来。这位同学最先写的是3761，前面加1得13761，最后一位数字减去1，就得13760。如果列个算式，实际做一下就清楚了。

$$\begin{array}{r} 3761 \\ +\ 9999 \\ \hline 13760 \end{array}$$

由于加数是9999，被加数的个位数必然少1，而千位数必然向万位数进1。

心算大王表演的第三个节目叫“连续相加”。

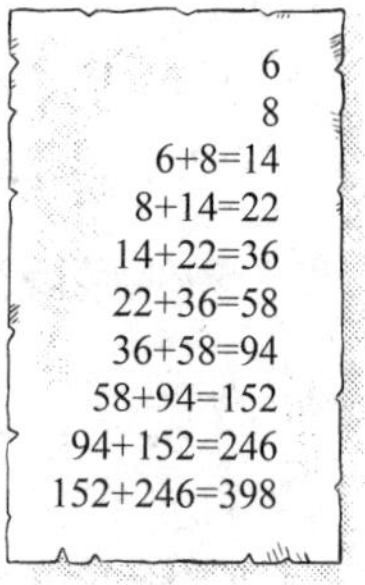

心算大王拿出一张白纸递给一位同学，让他随便写一个一位数，他写了个6；把纸传给第二个同学，他在6的下面又随便写了个8；纸传给第三个同学让他把6和8相加，得14；传给第四个同学，让他把8和14相加，得22；再传给第五个同学，让他把14和22相加……这样一直传到第十个同学，算得和是398。

心算大王把纸递给身旁的一个同学，让他把右边的十个数连加求和。这个同学刚加了3个数，心算大王脱口说出：“和等于1034。”这个同学算完以后，果然等于1034。

这次心算大王的奥秘又在哪儿呢？

关键是第七个数94，只要用11去乘94就得十个数的总和。

$94 \times 11 = 1034.$

心算大王就是这样算出来的。

道理何在？

从6到398这10个数有一个共同的特点，它们都是由6和8这两个数反复相加而成。我们研究一下6和8在这10个数中出现有什么规律。列表：

6和8相加的数	6的个数	8的个数
6	1	0
8	0	1
$6+8=14$	1	1
$14+8=(6+8)+8=6+8\times2=22$	1	2
$14+22=(6+8)+(6+8\times2)$ $=6\times2+8\times3=36$	2	3
$22+36=(6+8\times2)+(6\times2+8\times3)$ $=6\times3+8\times5=58$	3	5
$36+58=(6\times2+8\times3)+(6\times3+8\times5)$ $=6\times5+8\times8=94$	5	8

我们发现从第三个数开始，6和8出现的个数等于相邻前两个数中相应个数之和。这样就可以把每个数中6和8出现的次数都写出来：

6和8相加的数	6	8	14	22	36	58	94	152	246	398
6出现次数	1	0	1	1	2	3	5	8	13	21
8出现次数	0	1	1	2	3	5	8	13	21	34

把从6到398相加，在总和中6出现的次数为

$1+0+1+1+2+3+5+8+13+21=55$,

而8出现的次数为

$0+1+1+2+3+5+8+13+21+34=88$.

它们都正好是94中6和8出现次数的11倍，因此，用11去乘94就得到这10个数的总和了。

多彩的数字

说"五"

一提到"五",立刻使人想到迷人的时节——五月。五月是姹紫嫣红、五色纷呈的月份。

"五"是一个神秘的数字,五有12种含义,1148种用法。

在汉语的词汇中,"五"字当头的非常多,"五虫"是指动物的五大类;"五斗米"是指官俸微薄;"五门"是指皇宫的所有宫门;"五刑"是指各种刑罚的统称;"五行"是指古代认为构成万物的五种元素——金、木、水、火、土;"五脏"泛指人的内脏;"五谷"泛指谷物;另外还有五毒、五味、五伦、五常、五音等。

带有"五"字的地名也比比皆是,如五指山、五羊城、五凤楼、五老峰……

为什么"五"用得这么广泛?一是,人的一只手长有五根手指,用起来最方便;二是,五处在一和九之间,不大不小,四平八稳,比较好用。

在西方,星期五是不受人欢迎的日子。当然,这只是一种迷信。

道"六"

"六"字在我国流传很久。远古时代,东夷族部落首领皋陶的后代分散居住在安徽省六安市一带,此地被禹封为为六国,六国后来被楚国所灭,六国的后代就以"六"作为姓氏。这就出现了以六为国名,以六为姓。

秦始皇把"六"定为基数,全国分为36郡。

佛家认为人的眼、耳、鼻、舌、身、意这六部分是罪孽的根源,如能全部消除,就可以达到所谓"六根清净"。我国古典名著《金瓶梅》中提到"六根未净,本性难明",意思是说,人不能从这六种妄念中超脱出来,就不能使人的真正的本性表露出来。佛家对“六”字有厚爱，在佛家语中有六人、六如、六妄、六念、六即、六相、六贼、六通、六尘、六识、六妙门、六法戒、六欲天、六凡四圣等。

在美术界也常用“六”字。比如，画要有“六要”，这“六要”指的是气、韵、思、景、笔、墨；绘画讲究“六法”，即气韵生动、骨法用笔、应物象形、随类赋彩、经营位置、传移模写；学画要“六多”，多临、多看、多读、多画、多游、多师；画画忌“六气”，即俗气、匠气、火气、草气、闺阁气、蹴黑气。镌刻艺术讲究“六长”，粗卤中求秀丽，小品中求力量，填白中求行款，柔软中求气魄，古怪中求道理，苍劲中求润泽。

我国中医讲究“六气”，“六气”指人体的气、血、津、液、精、脉。中医有“六脉”，中医将桡动脉的腕后显露部分，分为寸、关、尺三部分，两手共有六部分即“六脉”。中医又有所谓的“六淫”，是指风、寒、暑、湿、燥、火。

音乐中有“六律”，戏曲中有“六场”，胡琴、月琴、南弦子、单皮鼓、大锣、小锣。

谈“七”

数字“七”在许多国家、许多民族都被看作一个神秘的数字。特别是在天文、历法、宗教、医学中有着广泛的应用。

我国人民喜欢七，认为“七”是天地结合、神人相通的象征性数字。早在2000多年前，就把牛郎和织女安排在七月七日团圆，这才有“七仙女”“七夕相会”的传说。傅玄在《拟天问》中说：“七月七日牵牛织女会天河。”

我国古代的文人墨客对“七”更是偏爱。西汉的枚乘写了一篇文章，诉说有人以七件事来说服、启发楚太子，这篇文章起名叫《七发》。这篇文章对后世影响很大，后来许多带有劝解性的文章都学《七发》的写法。比如，东方朔的《七谏》，傅毅的《七激》，张衡的《七辩》，马融的《七广》，曹植的《七启》，王粲的《七释》，左思的《七讽》等题目的第一字都是“七”。

在我国文学史上有著名的“建安七子”，他们是汉末建安时期的7位著名作家：孔融、陈琳、王粲、徐干、阮瑀、应玚、刘桢。魏晋时期有7位名士，常在竹林中相会游玩，后世称为“竹林七贤”，他们是嵇康、阮籍、山涛、向秀、阮咸、王戎、刘伶。

在明代弘治时期，有以李梦阳为首的7人，提倡文学要复古，后世把他们称作“前七子”，明代嘉靖时期，以李攀龙为首的7人，继承“前七子”的主张，被称为“后七子”。

古代天文学中，有二十八星宿。它们按东、南、西、北分为四方，每一方恰好有“七宿”。

古代把春、夏、秋、冬、天文、地理、人道合称“七政”。古代把日、月、金星、木星、水星、火星、土星合称“七曜”。

我国宋代和元代的韵学家把唇音、舌音、齿音、牙音、喉音、半舌音、半齿音，定为“七音”。音乐中把7个音阶中的7个音级称为“七声”，即宫、商、角、徵、羽、变宫（宫的低半音）、变徵（徵的低半音）。

在《庄子·应帝王》中提到：“人皆有七窍，以视听食息。”这“七窍”是指目、鼻、舌、口、耳七孔。在日常生活中有必需的7件事，在武汉臣写的《玉壶春》的第一折中有：“早晨起来七件事：柴、米、油、盐、酱、醋、茶。”

在数学游戏中有著名的“七巧板”，国外叫作“唐图”。它是把正方形的薄板分成7块，用来拼成各种图形，在世界各地流传很广。据说，法国皇帝拿破仑就十分喜爱玩“七巧板”，后来拿破仑兵败，被流放到圣赫勒拿岛上，他一直摆弄“七巧板”，一直到死。

在祖国的医学中有“七情”之说。这“七情”是喜、怒、忧、思、悲、恐、惊。中医要根据这“七情”波动来诊断疾病。在医书《诸病源候论》中，以大饱伤脾、大怒伤肝、久坐湿地伤肾、寒饮伤肺、忧愁伤心、风雨伤形、恐惧伤志合称“七伤”。

在人的消化系统中，中医有“七冲门”说法。这“七冲门”是飞门、户门、吸门、贲门、幽门、阑门、魄门。在中医方剂中有所谓“七方”，大方、小方、缓方、急方、奇方、偶方、复方。

古巴比伦是古代文明的发祥地之一，他们信奉“七星神”：太阳神沙马什、月亮神辛、火星涅尔伽（战神）、水星纳布（智慧神）、木星马尔都克（众神之王）、金星伊丝妲（爱情神）、土星尼努尔达（胜利神）。他们认为每天都有一位星神值班，7日一轮回，据说后世7天为一个星期就来源于此，巴比伦人所创造的星期的记日制度流传至今。他们建有七星坛，共七层，从上到下依次是太阳、月亮、火星、水星、木星、金星、土星，为各层祭祀的神。“星期”就是各星期日的日期，七日周期又称七曜星期周，从星期日到星期一，分别称为日曜日、月曜日、火曜日、水曜日、木曜日、金曜日、土曜日。

中世纪阿拉伯地理记载中，说从今天的地中海到中国之间有“七海”：中国海、红海、绿海（今天的波斯湾）、大马士革海（今天的地中海）、威尼斯海、本都海（今天的黑海）、卓章海（今天的里海）。

古希腊历史学家希罗多德提出世界七大奇迹，即埃及胡夫金字塔、巴比伦空中花园、奥林匹亚宙斯神像、罗德岛太阳神巨像、阿尔忒弥斯神庙、摩索拉斯陵墓、亚历山大灯塔。

佛经上有“七佛”之说。说是在释迦牟尼之前就有成佛的，一共有6名，他们佛名是毗婆尸佛、尸弃佛、毗舍浮佛、拘留孙佛、拘那含牟尼佛、迦叶佛。连同释迦牟尼佛一共是“七佛”。

佛经《阿弥陀经》《大智度论》中提到“七宝”，即赤金、银、琉璃、砗磲、玛瑙、琥珀、珊瑚。

在国外宗教里也大量用到“七”。《圣经》里说，上帝在七天内创造了世界，又降洪水于世界上七天，诺亚放出和平鸽七天后衔着橄榄枝回来。基督教认为人生有七件圣事：圣洗、坚振、圣体、忏悔、终傅、神品、婚配。同时说人有七大罪过：傲慢、妒忌、暴怒、懒惰、贪婪、暴食及色欲。

当今世界分为七大洲：亚洲、欧洲、非洲、北美洲、南美洲、大洋洲、南极洲。近年来，英国的《伦敦新闻画报》提出了现代世界的“七大奇迹”：人类征服太空、“协和”式超音速飞机的诞生、无线电广播电视机、微电脑技术、悉尼歌剧院、埃菲尔铁塔、内燃机。

“七”的频繁出现也有一定的科学道理。有人做过研究，由七人组成的集体最有利于行动。首先，七是一个奇数，便于表决；其次，若少于七人，意见太少，容易草率做出决定，而多于七人，人多了又会在小集团中滋生权欲。也有人说，七个字的诗词最容易记，所以我国古代诗词中有“七律”。

2002 年 6 月在韩国和日本举行的第 17 届世界杯足球比赛中，巴西的主教练斯科拉里认为 7 是最幸运的数。一个球队的队长最重要，斯科拉里把 7 号球衣和队长的袖标同时交给了埃莫森，他崇拜 7，期望着 7 能给巴西队带来好运。斯科拉里还说他喜欢带有 7 的数字，如 17，27。斯科拉里解释说，77 在《圣经》里有“无限发挥”的意思。在星象学里 7 字被认为有“卓越”的意思；在希伯来语中 7 字意味着物质世界和精神世界的统一；在伊斯兰教里 7 象征着天国；在古希腊毕达哥拉斯眼里，7 是智慧的象征；根据瑜伽理论，7 能通管人的整个身体；然而 7 字用意最多的是天主教，他们把 7 当作“完美”的化身或包含着大功告成的意思。

论“八”

现代一些想发财的人特别喜欢“八”，认为“八”就是“发”，发财的意思。但是在我国古代，从一到十这十个数字中，八却不是很吉利的，“八”是离别的意思。在《说文》中是这样解释“八”的：“别也，像分别相背之形。”就是说“八”的外形，就像两个人相分离，背对背的样子。按照古代的解释，“八”不但发不了财，而且和“财”背道而驰。

我国著名的《易经》中有“八卦”，八卦被后世认为是世界上最早的二进位数。古代文人的标志有八种：珠、磬、币、菱、书、画、犀角、艾叶。

清代雍正元年，在银川城西15里（1里=0.5千米）筑城，城的周长、墙高、垛口数、炮眼数、炮台数、药楼数、水沟数都是“八”的倍数。它的面积以及城内官兵衙门房屋的排列栋数、将军及副都统衙门房间数、兵房数也都是“八”的倍数。驻防的军队，其编数为满蒙八旗，官兵数还是“八”的倍数。

汉语词汇中，用“八”字当头的不计其数。古人以“八元”比喻贤能重臣；以“八公”比喻神仙；以“八龙”比喻才德出众的人；用“八面玲珑”来形容某人处世圆滑而不得罪任何一方；用“八面威风”来形容神气十足；用“八字还没有一撇”来形容事情还没有眉目。此外，还有“八方”“八字”“八拜之交”“八九不离十”等。

书法中有“八体”，它们是大篆、小篆、刻符、虫书、摹印、署书、殳书、隶书。画法中有“八格”，即石老而润，水净而明，山要崔巍，泉宜洒落，云烟出没，野径迂回，松偃龙蛇，竹藏风雨。音乐中有“八音”：金、石、土、革、丝、木、匏、竹。

中医里有“八纲”，即阴、阳、表、里、寒、热、虚、实。中医治疗的方法有“八法”：邪在肌表用汗法，邪壅于上用吐法，邪实于里用和法，寒症用温法，热症用清法，虚症用补法，积滞肿块用下法等。

老北京与“八”有不解之缘，有著名的“燕京八景”：西山晴雪、卢沟晓月、金台夕照、蓟门烟树、琼岛春阴、太液秋风、玉泉趵突、居庸叠翠。

老北京人的衣食住行都离不开“八”。过去，穿衣服，买布匹要去“八大祥”：瑞蚨祥、瑞和祥、谦祥益、聚祥益、东升祥、和升祥、同和祥、义和祥。请客人吃饭要去“八大楼”：东兴楼、致美楼、泰丰楼、春华楼、正阳楼、新丰楼、安福楼、鸿兴楼。到天桥要看“八大怪”：大金牙、小金牙、云里飞、管儿张、大兵黄、花狗熊、王小辫儿、大洋铁壶。逛庙会要去“八庙”：隆福寺、护国寺、白塔寺、东岳庙、蟠桃宫、雍和宫、大钟寺、白云观。

神奇的"九"

在10个阿拉伯数字中，9是最值得歌颂的，它神奇、崇高，无所不在。

在我国的神话传说中，龙生有九子。第一子叫囚牛，平生好音乐，今胡琴头上刻兽是其遗像；第二子叫睚眦，平生好杀，今刀柄上龙吞口是其遗像；第三子叫嘲风，平生好险，今殿角走兽是其遗像；第四子叫蒲牢，平生好鸣，今钟上兽钮是其遗像；第五子叫狻猊，平生好坐，今佛座狮子是其遗像；第六子叫霸下，平生好负重，今碑座兽是其遗像；第七子叫狴犴，平生好讼，今狱门上狮子头是其遗像；第八子叫负屃，平生好文，今碑两旁文龙是其遗像；第九子叫螭吻，今殿脊兽头是其遗像。

凡是到北京旅游的人，大概都去过故宫和天坛。在这些皇帝住过和去过的地方，你会发现许多和9有关的建筑、陈设和礼仪。比如，故宫共有房屋9999间半，各大门的门钉都是横着9个、竖着9个共81个。明朝建北京城时，设有9个城门；天安门城楼面阔9间；金銮殿宝座上有9条龙，甚至台阶也是9级或9的倍数。

在礼仪方面，"九"见得更多。给皇帝行礼要三拜九叩，贡品要以九计数。清朝宫廷大宴，各种菜肴、点心、果品要有九十品；皇帝过生日、举行娱乐活动，要表演九九八十一个节目，最后还要举行"九九大庆会"等。

天坛是明清两代帝王祭天行礼的地方，在建筑格局上，工匠们表现出很高的数学才能。

天坛的圜丘，是帝王祭天的地方。古代的"圜"就是"圆"，三层圆形台渐次缩小形成一丘状。古人有"天圆地方"之说，所以祭天的地方一定要修成圆形的。圜丘最上层台面直径9丈（1丈=3.33米）。第一层台面的中央嵌着一块圆形石板，叫太极石。太极石的四周绕有9圈石块，第一圈9块扇形板，第二圈18块，依次递加，第九圈为99块。第二层台面也是9圈石块，由99块一直到162块，每圈递增9块。第三层台面也是9圈，由171块至243块，每圈递增9块。每层四面都有台阶，各9级，共27级。每层栏板（即两个碧柱之间的石板）设计得更巧妙！它也是9的倍数，一层栏板72块，二层108块，三层180块，合在一起又是360块，正合周天的360度。

在旧社会，常用“三教九流”来形容社会人物的复杂多样。“三教”指的是儒、释、道。“九流”分“上九流”“中九流”“下九流”。“上九流”指的是帝王、圣贤、隐士、童仙、文人、武士、农、工、商。“中九流”指的是举子、医生、相命、丹青（卖画人）、书生、琴棋、僧、道、尼。“下九流”指的是师爷、衙差、升秤（秤手）、媒婆、走卒、时妖（拐骗及巫婆）、盗、窃、娼。

在我国古代，九表示多，如九重、九霄、九泉、九州。在古书《周易》中，称三为天数，四为地数，而九是天数的极数。我国古代文学家屈原作有《九歌》，而传说《九歌》是启从天上偷下来的，把天上的乐章偷到了人间。

我国的农历，从冬至开始数九，9天为一段，数完9个九，严冬已过，春暖花开，万物复苏，正所谓“九九加一九，耕牛遍地走”。9是春天的信息。

在艺术的殿堂里，北海公园的“九龙壁”闻名遐迩。在金黄色的边框之中，上方茫茫青天，白云缭绕；下方海水碧绿，波浪翻卷。9条龙的分布呈中心对称，最外面两条为橙黄色的巨龙，次外为一对紫色巨龙，第三对为乳白色，居中一对为蓝色。一条浅黄色巨龙为群龙之首，它独居当中，腾空飞舞。9条龙栩栩如生，姿态各异，气势磅礴。9是艺术家的骄子。

神秘的“十二”

人的日常生活中，时时离不开数字“十二”。一年365天，被分为12个月。为什么这样划分呢？是因为一年中有12次满月或圆月，这是观察月球运行的结果。

我国还有十二生肖，它们是鼠、牛、虎、兔、龙、蛇、马、羊、猴、鸡、狗、猪。每年一属，12年一个轮回。

由于12等于3乘4，古希腊人提出了人的3种个性、4种基本物质。人的3种个性，即3种反应方式：一种人的反应方式是积极的；另一种人则相反，毫无反应，平静异常；第三种人反应一般。4种基本物质是水、土、气、火。这与现代物理学上的 4 种基本物质状态相对：水，即液态；土，即固态；气，即气态；火，即等离子态。

现代天文学为了研究星空需要，把整个宇宙的星空划分为 88 个区域，即星座。古代人记录了太阳位移的路线，发现是一个大圆圈，把这个大圆圈叫作黄道。把黄道两侧画了一条黄道带，再把这一带的恒星分为 12 个星座，叫作十二宫。

黄道十二宫的来历，最早起源于古巴比伦时代。古巴比伦天文学家把黄道分成 12 段，每段 30°，每段对应于一个月，太阳每月向东移动过一段，位移过 12 段的时间正好是一年。黄道十二宫是以动物命名的：春季三宫是白羊宫、金牛宫、双子宫；夏季三宫是巨蟹宫、狮子宫、室女宫；秋季三宫是天秤宫、天蝎宫、人马宫；冬季三宫是摩羯宫、宝瓶宫、双鱼宫。

有一首十二宫的歌谣：白羊金牛把路开，双子巨蟹相继来。狮子室女光闪烁，天秤天蝎共徘徊。人马摩羯挽强弓，宝瓶双鱼把头抬。春夏秋冬分四季，十二宫里巧安排。

数学上，12 是合数，它共有 6 个约数：1、2、3、4、6 和 12。在小于 24 的自然数中,12是约数最多的数。由于12的约数多,分起来方便,它也被选来用作进位制。在英制中,1尺=12寸,1先令=12便士。日常生活中的一"打"有12件物品,钟面上是12小时。

19世纪,英国数学家哈密顿提出了一个著名的"周游世界问题"。他说,从正十二面体的一个顶点出发,沿着各条棱前进,把20个顶点无遗漏地全部通过,而且不许重复,问这种走法能否实现?

正十二面体共有12个面,其中每个面都是一个正五边形,共有20个顶点,30条棱。我们可以设想这20个顶点是世界上20个大城市,比如北京、上海、纽约、伦敦、巴黎、东京等。经过论证,哈密顿所提出的走法完全可以实现。

在数学的三维理论中,12被称为"吻数"。所谓"吻数",意思是"可以相吻之数"。12个球体包围一个同样大小的球体,中间的球体可以被所围的12个球体中的每一个触及,多一个就不成了。

在化学中,碳是最基本的元素之一。在元素周期表中,碳的原子量是12,碳有12个质子,12个电子。由碳生成的3个变体是煤炭、石墨、钻石。

在古罗马的神话中,幸运之神朱庇特绕太阳一周需要12年。于是就把12看成吉利数、幸运数。古希腊人相信,每隔12年朱庇特会给他们带来好运气。希腊历史学家希罗多德发现,古希腊人在小亚细亚建造了12座城池,此后,再也不肯建造新城池了,因为他们认为12这个数字是神圣的,是不可超越的。

数字与诗词

历代诗人总喜欢让数字入自己的诗词。清代文学家纪晓岚写过一首诗,诗中"一"字到底:

一帆一桨一渔舟,一个渔翁一钓钩;
一俯一仰一顿笑,一江明月一江秋。

明代诗人梅鼎祚写过一首诗，句句不离一个“半”字：

半水半烟着柳，半风半雨催花；
半没半浮渔艇，半藏半见人家。

诗的意境美妙，烘托出一幅烟雨迷蒙的春天美景。

在诗中除了用单一的数字，更多的是把从一到十的数字，按顺序排进诗中。比如一首非常有名的五言诗：

一去二三里，烟村四五家，
亭台六七座，八九十枝花。

小诗总共20个字，数字占了一半，但是它一点也不枯燥，而是活脱脱勾勒出一幅山村风光画。

清朝末年，河南陈州有个穷秀才进城访友，路过城中一湖泊时，忽然雪花飞扬，茫茫一片。秀才诗兴大发，信口咏出《吟雪诗》一首：

一片二片三四片，五六七八九十片，
千片万片无数片，飞入芦花总不现。

在对联中加入数字更是常见，后来把这种对联叫作“嵌数对联”。这种对联的特点是，从一到十，或从十到一，全部按照递增或递减的顺序排在句中。

传说宋代苏东坡早年乘船赴考，因途中遇风浪，误了开考时辰，主考大人不让他进考场。后来听了苏东坡的诉说，顿生恻隐之心，出一对联的上联：“一叶小舟，载着二三位考生，走了四五六日水路，七颠八倒到九江，十分来迟。”这就是“嵌数对联”，数字是递增的。苏东坡对出：“十年寒窗，读了九八卷诗书，赶过七六五个考场，四番三往到二门，一定要进。”这也是“嵌数对联”，数字却是递减的。

当代也有人用“嵌数对联”来歌颂人民教师的：

上联：一支粉笔，两袖清风，三尺讲台，四季晴雨，加上五脏六腑七嘴八舌九思十想，教必有方，滴滴汗水诚滋桃李芳天下。

下联：十卷诗赋，九章勾股，八索文思，七纬地理，连同六艺五经四书三字两雅一心，诲而不倦，点点心血勤育英才泽神州。

现在许多人，新年用手机发祝贺短信，也有与数字有关的，比如：

一帆风顺，二龙腾飞，三阳开泰，
四季平安，五福临门，六六大顺，
七星高照，八方来财，九九同心，
十全十美。

诗词和对联中，除了有数字还有数学运算：

乾隆皇帝下江南时，遇到一位老寿星，一打听，这位老寿星已有141岁高龄。乾隆皇帝随即给出一个上联：

花甲重开，外加三七岁月。

乾隆皇帝的随行大臣纪晓岚很快对出下联：

古稀双庆，更多一度春秋。

上联中的“花甲”指的是60岁，“重开”指的是两个60岁，“三七”是21岁，合在一起就是：$60\times2+21=120+21=141$（岁）。

下联中的“古稀”指的是70岁，“双庆”指的是两个70岁，“多一度春秋”就是多1岁。合在一起就是：$70\times2+1=140+1=141$（岁）。

在阅读古文时，时常会遇到一些数字。比如陈子昂的《上元夜效小庾体》中有“三五月华新，遨游逐上春”的句子。在康熙皇帝的《四十一年除夕书怀》中有“平生宵肝志，七七又将过”的句子。这里的“三五”“七七”都是相乘关系，“三五”就是“三乘五”，即农历十五之夜；“七七”就是“七乘七”，即四十九岁。

古文中也有用两个数字构成分数关系的。比如《陈涉世家》中有“戍死者固十六七”，意思是说守卫边塞死掉的有十分之六七。前面的“十”是除数(即分母)，后面的“六七”是被除数(即分子)。

古文中还有一种是表示近似值的约数。比如《西门豹治邺》一文中有“从弟子女十人所”，这里的“十”指的是十个人左右。在《冯婉贞》中有“日暮，所击杀者无虑百十人”。这里“百十人”即“百余人”，也是一个约数。

怎样辨别两个数字的乘除关系和约数关系呢？一般说来，小数在前、大数在后的是乘法关系，如“三五”“二八”；大数在前、小数在后是除法关系，如十六七；两个序数先后并提是约数关系。

乾隆皇帝曾出过一个以数字为谜底的词谜。乾隆皇帝很欣赏纪晓岚的渊博学识，有时候故意出些难题考他。有一次，乾隆出了这样一个颇为有趣的词谜：

下珠帘焚香去卜卦，
问苍天，侬的人儿落在谁家？
恨王郎全无一点真心话。
欲罢不能罢，
吾把口来压！
论文字交情不差，
染成皂难讲一句清白话。
分明一对好鸳鸯却被刀割下，
抛得奴力尽手又乏。
细思量口与心俱是假。

乾隆得意扬扬地问纪晓岚：

“老爱卿，你可知道这个词谜的谜底是什么？”

纪晓岚沉思了片刻答道：

“圣上才高千古，令人敬佩！这表面上是一首女子的绝情词，实际上各句都隐藏着一个数字。”

原来谜底是“一二三四五六七八九十”。

解法是：

“下”去“卜”是一；

“天”不见“人”是二；

“王”无“一”（古时候“一”也可以竖写成“丨”）是三；

“罢”（罢繁写为罷）不要“能”是四；

“吾”去了“口”是五；

“交”不要差（叉谐音，意指×）是六；

“皂”去了“白”是七；

“分”去了“刀”是八；

“抛”去了“力”和“手”是九；

“思”去了“口”和“心”是十。

“十三”的传说

西方人不喜欢数字十三，认为它给人带来厄运。他们的饭店里没有13楼，从12楼直接到14楼。电梯按键上没有13，房间没有13号。

西方人为什么这样讨厌十三呢？这是从宗教的典故中来的。

在基督教的《圣经》里有这样一个记载：耶稣和他的12个门徒聚会时，被他的第13个门徒出卖了。因此，耶稣被钉死在十字架上。从此之后，13这个数就被认为是不吉利的了。随着基督教的传播，后来逐步变成了一种风俗。实际上这是一种迷信，许多西方人也不相信13真的就不吉利。

还有一种说法，据说耶稣不要第13个门徒，是把宇宙的现象用到了人间。人们把12看作一个完整的周期，认为13是多余的。在天文上把黄道分为12段，用白羊、金牛、巨蟹、狮子等来命名。第13被认为是亵渎神灵，狂妄傲慢。

世界著名童话《睡美人》中，讲述了一个国王为庆祝女儿的诞生，宴请了12个聪明的女人来为女儿祈祷，祝福她幸福、美丽、讲道德、健康，但是来了第13个未被邀请的女巫，她却诅咒小公主沉睡一百年。这个流传很广的故事，更加深了人们对13的不祥印象。

其实，13是一个很重要的数字。自然界有许多东西都和13有联系，比如，小麦一生中长出13个叶片，而最后长出的第13个叶片——旗叶，能为小麦提供总积累量50%的有机物；被人们认为长寿的乌龟，它的背甲上有13块多角图形，构成一个美丽的图案。

但是，在西方的国家里，也有把13当作吉祥数字的。比如，著名的古希腊荷马史诗里，英雄奥德赛曾率领12个勇士远征，结果其他人都死了，只有他被救了回来，13被看作吉祥的象征。

现代国际象棋世界冠军加里·卡斯帕罗夫就非常喜欢13。他在同卡尔波夫争夺世界冠军前，诙谐地对卡尔波夫说："你作为世界棋坛的第12位冠军已载入史册，而我最心爱的数字是13，我这个13日出生的孩子(加里·卡斯帕罗夫是1963年4月13日出生)，13岁成为候补运动健将，想成为第13位世界冠军不知你愿不愿意？"经过长达一年的艰苦奋战，加里·卡斯帕罗夫终于如愿以偿成为第13位世界冠军。

扎加洛是世界足球冠军巴西队的主教练，他对数字13情有独钟。他在13日和妻子结婚，他的车牌号码是"0013"，在他当足球运动员时，把自己的号码由11号换成13号。扎加洛率领巴西队于1958年夺得世界杯冠军，他认为5+8=13，是13帮了忙。1994年在世界杯决赛上，巴西队遭遇意大利队，扎加洛信心十足，他说9+4=13，巴西肯定要赢，结果巴西夺冠。

中国从古至今与13有关的事情太多了。比如，儒家经典俗称十三经，古代医学曾划分为十三科，北魏有《十三州志》，古代南曲曲牌通称十三调，明朝帝陵俗称十三陵，唐末有十三太保，小说里有《七剑十三侠》，等等。

13和其他数字一样，既不会带来噩运也不会带来好运。

有趣的几何图画

三角形、长方形、正方形和圆是最简单的几何图形。可是用这些简单的图形却能组成许多有趣的图画。

用2个圆和3个三角形就能组成一只可爱的小兔；用3个圆和3个三角形能组成一只发愁的熊猫。

下页图是一组体育画，有体操、冰球、自行车、举重等。你如果仔细观察，会发现这些图基本上是由三角形、长方形和圆组成的。

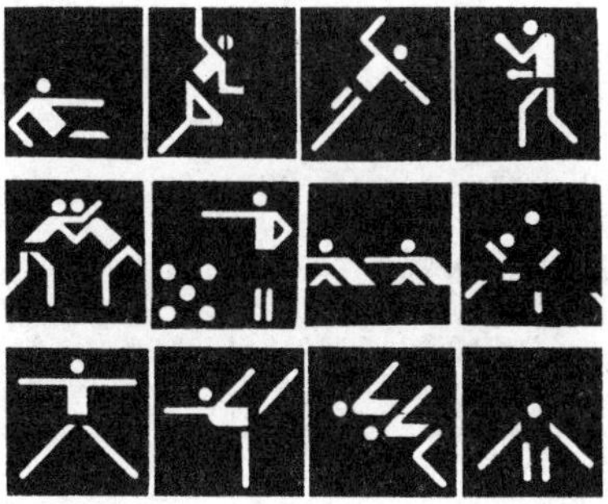

下图是由8个头像组成的一组表情画。由直线、圆弧、圆等简单几何图形构成了各种各样的表情，惟妙惟肖，令人忍俊不禁。

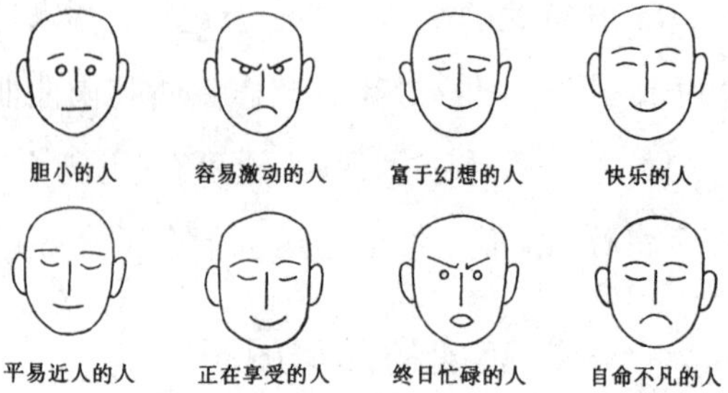

下图的头像是世界上4位著名的大文豪：

图1是19世纪美国著名幽默讽刺作家马克·吐温。他长着一张正方形的脸，一个大三角形鼻子，两只圆眼睛。

图2是19世纪俄国著名作家托尔斯泰。他的脸是倒三角形的，平行四边形的鼻子是瘪的。八字眉是由2个三角形对接而成。

图1

图2

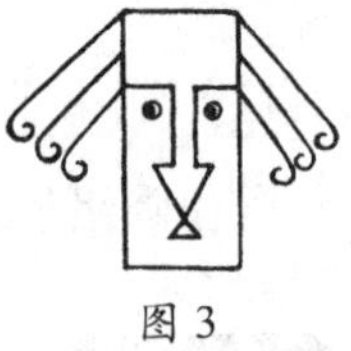
图3

图4

图3是16世纪末至17世纪英国杰出的戏剧家和诗人莎士比亚。他的脸是长方形的，鼻子和嘴都是三角形的。

图4是法国19世纪批判现实主义文学的代表作家巴尔扎克。他一定很胖，看他的脸是圆形的，眼睛是2个同心圆组成。他长的是蒜头鼻子，圆圆的。大八字胡子，是2个三角形。

看，多么有趣的几何图画！

最后给出一张几何图画（右图）。它是由圆、半圆、弧、长方形和三角形组成的头像。我不说，你认识他是谁吗？

韩信暗点兵

我国汉初军事家韩信，神机妙算，百战百胜。传说在一次战斗前为了弄清敌方兵力，韩信化装到敌营外侦察，隔着高大寨墙偷听里面敌将正在指挥练兵。只听得按 3 人一行整队时最后剩零头 1 人，按 5 人一行整队时剩零头 2 人，7 人一行整队时剩零头 3 人，11 人一行整队时剩零头 1 人。据此韩信很快算出敌兵有 892 人。于是针对敌情调兵遣将，一举击败了敌兵。这就是流传于民间的故事《韩信暗点兵》。

“韩信暗点兵”作为数学问题最早出现在我国的《孙子算经》中。原文是：“今有物不知其数，三三数之剩二，五五数之剩三，七七数之剩二，问物几何？”

用现代话来说：“今有一堆东西，不知它的数量。如果三个三个地数最后剩两个，五个五个地数最后剩三个，七个七个地数最后剩两个，问这一堆东西有多少个？”

该书给出的解法是：

$$N = 70 \times 2 + 21 \times 3 + 15 \times 2 - 2 \times 105.$$

这个解法巧妙之处在于 70，21，15 这 3 个数。

70 可以被 5 和 7 整除，并且是用 3 除余 1 的最小正整数，因此 2×70 被 3 除余 2；21 可以被 3 和 7 整除，并且是用 5 除余 1 的最小正整数，因此 3×21 被 5 除余 3；15 可以被 3 和 5 整除，并且是用 7 除余 1 的最小正整数，因此 2×15 被 7 除余 2。

这样一来，$70 \times 2 + 21 \times 3 + 15 \times 2$ 被 3 除余 2，被 5 除余 3，被 7 除余 2。这个数大于 100，容易算出 3，5，7 的最小公倍数是 105。从这个数中减去两

倍的105,不会影响被3,5,7除所得的余数。

$N=70\times2+21\times3+15\times2-2\times105=23.$

我国明代数学家程大位在《算法统宗》里用诗歌形式给出了以上解法,便于记忆:

三人同行七十稀,五树梅花廿一枝,
七子团圆月正半,除百零五便得知。

“三人同行七十稀”,表示70是被3除余1,且能被5和7整除。“五树梅花廿一枝”,与上句类似。“月正半”就是15。“除百零五便得知”,这里“除”是“减”的意思,减去105的整数倍就可得知结果。

仿照《孙子算经》中“物不知数”问题的解法,来算一算“韩信暗点兵”:

$N=385\times1+231\times2+330\times3+210\times1-1155$

$=2047-1155$

$=892.$

“韩信暗点兵”在中国古代数学史上有过不少有趣的别名,如“鬼谷算”“秦王暗点兵”“剪管术”“隔墙算”等。

1852年,《孙子算经》传入欧洲,人们发现孙子的解法与欧洲著名数学家高斯的定理一致,而孙子的研究早了1000多年。这个定理被称为“中国剩余定理”或“孙子剩余定理”。这个定理不仅在数学史上占有重要地位,而且还包含了近代数学中许多问题所使用的一个根本原则,在电子计算机的设计中也是不可缺少的。

数学上类似“物不知数”的问题很多,解法各异,再看一个问题:

“有一个数,用2除余1,用3除余2,用4除余3,用5除余4,用6除余5……用11除余10,问此数是多少?”

解答这个问题,从正面直接去算比较复杂,因为所余的数各不相同,很不容易计算。但是,若反过来考虑,把“有余”变成“不足”,计算就简单多了。

实际上,用2除余1,也就是用2除缺1,意思是比2的整数倍少1;用3

除余 2，也就是用 3 除缺 1；用 4 除余 3，也就是用 4 除缺 1；以此类推，直到用 11 除余 10，仍然是用 11 除缺 1。总之，所求的数被从 2 到 11 的各数去除，都因为缺 1 而不能整除。如果添上 1 呢？就都是它们的整数倍了。

根据这个道理，可以先求出 2，3，4，5，6，7，8，9，10，11 的最小公倍数，然后再减 1 就是所求的数了。

用短除求最小公倍数得：

$$2 \times 2 \times 3 \times 5 \times 7 \times 2 \times 3 \times 11 = 27720.$$

所求的数中最小的数是 $27720 - 1 = 27719$。

符合条件的数不止 27719 这一个，满足 $n \times 27720 - 1$（n为自然数）的数都行。

奇怪的赛程

黄蚂蚁和黑蚂蚁都认为自己跑得快。

黄蚂蚁说："我腿长，步子大，一步顶你两步，我跑得一定比你快！"

黑蚂蚁不甘示弱地说："我虽然腿短，但是步子迈得快，你刚迈出一步，我三步都迈出去了，我跑得肯定比你快！"

两只蚂蚁争论半天，谁也不服气，只好实地比试一下了。刚好一位小朋友在地上画了 3 个半圆。

黄蚂蚁指着半圆说："沿着这个大半圆可以从甲跑到乙，沿着这两个小半圆也可以从甲跑到乙。两条道路你挑吧。"黑蚂蚁挑选了两个小半圆连接成的道路。

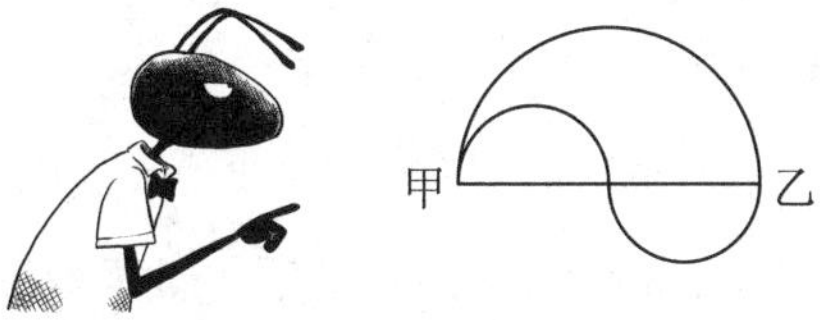

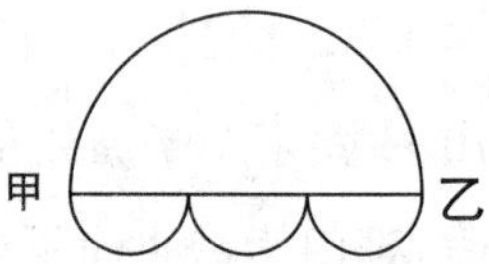

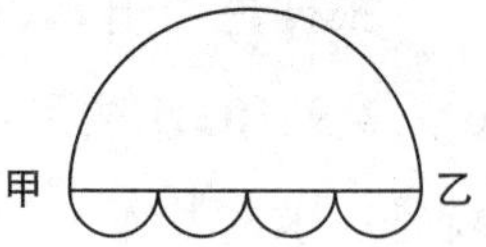

两只蚂蚁在甲处站好，一声令下，各自沿着自己选择的道路飞快地跑着。一只腿长步大，一只步小轻快。说也奇怪，两只蚂蚁不先不后同时到达了乙处。

黑蚂蚁一边喘气一边说："不对，你走的这条道一定比我的近。你想呀，你走的是一个半圆，我走的是两个半圆，我比你多走一个半圆哪！"

黄蚂蚁跺着脚说："你胡说！你走的半圆多小啊，我走的半圆有多大。我走的这条路一定比你的长。"两只蚂蚁又你一句我一句争了起来。

最后，两只蚂蚁决定再赛一次。这次道路互相换一下，从乙处再跑回到甲处。一声令下，黄蚂蚁沿着两个小半圆，而黑蚂蚁则沿着大半圆跑了起来。结果怎么样？两只蚂蚁又是同时到达了甲处。

黄蚂蚁和黑蚂蚁互相看了一眼，尽管谁也不服气，可是谁也说不出什么来。

这两条道路哪条长呢？其实是一样长。可以算一下：设外面大半圆的半径为r，那么里面两个小半圆的半径各为$\frac{r}{2}$。

大半圆周长$=\pi r$，两个小半圆周长之和$=\pi\frac{r}{2}+\pi\frac{r}{2}=\pi r$。确实是一样长，两只蚂蚁跑得一样快。

那么，如果把两个小半圆改成三个小半圆、四个小半圆……一百个小半圆，大半圆的周长和这些小半圆周长之和仍然相等吗？回答是肯定的。从计算圆周长的公式上很容易看到这个结论，不信你就动手算算。

聪明的法官

这是一个罗马尼亚民间故事：

2个老乡一起出门，甲的背包里有3个面包，乙的背包里有2个面包。走累了，就在树荫下休息，两个人把面包都拿出来放在一起吃。这时有个过路人向他俩打招呼，要求让他也吃一点。

“请坐！”2个人说，“只要有2个人吃的，也就有3个人吃的。”

3个人边说边吃，不一会儿就把5个面包吃光了。

过路人掏出5角钱递给挨着他坐的甲说：“请收下，好心肠的人们，这点钱略表我的一点谢意。”说完就走了。

甲递给乙2角钱说：“老兄，你有2个面包，给你2角；我有3个面包，我留下3角钱。”

乙摇摇头说：“这不公平，应该平分才对。”

两个人争吵不休，决定去找法官。

法官听了两个人的陈述，问乙：“你觉得这样分法不公平吗？”

“是的。”乙说，“只有平分才公平。”

法官对乙说：“如果说公平的话，你还应该给他1角钱。”

乙惊讶地说：“这怎么可能！难道他分4角，我分1角才算公平？”

“是的。”法官平静地说，“你原有2个面包，他有3个面包，而你们3个人吃的面包一样多，对吗？”

乙说：“完全正确。”

法官说：“这就对了。如果把5个面包中的每个都平均分成3块，总共有15块，其中有你的6块，他的9块。你们每人都吃了5块。这样一来，你只拿出了1块，而他却拿出了4块。你说说，你拿1角、他拿4角是不是最合理呀？”

“这……”乙只好又拿出1角钱给了甲。

富翁失算

从前国外有个贪财的大富翁，虽然已经非常有钱，可是每天还在盘算着如何得到更多的钱。

一天，富翁在路上遇到一个衣着俭朴的年轻人，他连眼皮也没眨一下，就走了过去。年轻人自言自语地说：“1分钱换10万元总会有人干的……”

富翁一听,急忙回头叫住年轻人:“喂,你说的换钱是怎么回事?”

年轻人很有礼貌地一鞠躬说:“先生,是这样的。我可以在一个月内,每天给你送来10万元钱,虽然不是白给,但是代价是微不足道的。第一天只要你付我1分钱。”

“1分钱?”富翁简直不敢相信自己的耳朵。

“对,是1分钱。”年轻人说,“第二天再给你10万元时,你要付2分钱。”

富翁急切地问:“以后呢?”

“第三天,付4分钱;第四天,付8分钱……以后每天付给我的钱数都要比前一天多一倍。”

“还有什么附加条件呢?”

“就这些。但我们俩都必须遵守协定,谁也不准反悔!”于是,两人签订了协议。

10万元换几分钱!真是难得的好事!富翁满口答应:“好!就这样。”

第二天一清早,年轻人准时到来,他说:“先生,我把10万元送来了。”随即从大口袋里掏出整整10万元,并对富翁说:“下面该你付钱了。”

富翁掏出1分钱放在桌子上,陌生人看了看,满意地放入衣袋说:“明天见。”说完走出门去。

10万元钱从天而降!天下最大的便宜事叫富翁遇上了,他赶忙把钱藏了起来。

第二天早晨,年轻人又来了,他拿出10万元,收下2分钱。临走时说:“明天请准备好4分钱。”

第二个10万元又到手了!富翁乐得手舞足蹈,心想这个年轻人又蠢又怪!世上这样的人要是多几个多好。

第三天,年轻人用10万元换走4分钱。

第四天换走8分钱。以后又是1角6分、3角2分、6角4分,7天过去了,富翁白白收入70万元,而付出的仅仅是1元2角7分。富翁真想把期限再延长些，哪怕多半个月也好呀！

年轻人照常每天送10万元来。第八天付给他1元2角8分，第九天付2元5角6分，第十天付5元1角2分，第十一天付10元2角4分，第十二天付20元4角8分，第十三天付40元9角6分，第十四天付81元9角2分。

14天过去了，富翁已经收入整整140万元，而付出的才150元多一点。

又过了一段时间，富翁慢慢感到年轻人并不那么简单了，换钱也不像最初想象的那样合算了。15天后，每收入10万元，付出的已是几百元了。不过，总的来说还是收入的多，支出的少。

可是，随着天数的增加，支出在飞速地增大，纯收入在逐日减少。第25天，富翁支出167772元1角6分，第一次超过了收入；第26天支出335544元3角2分，大大超过了收入；到了第30天支出竟达5368709元1角2分。

年轻人最后一次离开时，富翁连续算了一昼夜，终于发现：为了收入300万元，他付出了10737418元2角3分，亏了近800万元。富翁失算了！

计算一下富翁付出的总钱数，以分为单位的话，就有以下30个数相加：

$1+2+4+8+16+32+64+\cdots+536870912.$

为了算出这个和，可以写成算式：

$$1+2+4=2\times2\times2-1,$$

$$1+2+4+8=2\times2\times2\times2-1,$$

……

$$1+2+4+8+\cdots+536870912$$

$$=\underbrace{2\times2\times\cdots\times2}_{30个}-1$$

$$=1024\times1024\times1024-1=1073741823(分).$$

不会数学的猪八戒

猪八戒不爱动脑筋，也不爱学习，数学更是一塌糊涂。下面讲几个故事：

猪八戒不识奇偶数

唐僧师徒四人往西天取经，行走匆匆。这一日，骄阳似火，孙悟空对师父说："我去弄点儿清泉水或野果来。"唐僧点头答应。

猪八戒对师父说："我去化点馒头和米粥来。"唐僧也点头同意。

猪八戒看见了一片西瓜地。他摇身一变，变成一头小野猪，钻进西瓜地，大吃西瓜。忽然，一只猛虎猛扑过来，小野猪扭头就跑，老虎紧追不舍。

小野猪急了，就地一滚，又恢复了原样。猪八戒抡起钉耙就打老虎。可定睛一看，哪里还有老虎，是孙悟空站在那里！

孙悟空问："八戒，你偷吃了多少个西瓜？"

猪八戒摇摇头说："我没偷吃，我可以对天起誓。"

孙悟空也不答话，从怀中取出10片同样大小的竹板，上面各写着1到10中的一个数。孙悟空左、右手分别拿着5片竹板，写着数的那面朝下。孙悟空说："你从我的两手中，各抽出一片竹板，记住竹板上写的数，然后再插回去。我翻过来看一眼。如果我能说出你抽的是哪两片竹板，就说明你心里想什么我都知道。"

"有这种事？"猪八戒半信半疑地从孙悟空的左、右手各抽出一片竹板，默记住上面的数字后又插了回去。

孙悟空把两手的竹板翻过来一看，说："你抽的竹板，一片上写的是3，一片上写的是8，对不对？"

"嘿！还真对。"猪八戒连续抽了几次，每次都被孙悟空猜中。于是，猪八戒也就真相信孙悟空知道他心里在想什么了，于是只得承认自己一共偷吃了18个西瓜。

猪八戒不好意思地问："猴哥，你要的究竟是什么把戏？"

孙悟空把左手一举说:“这 5 片竹板上都是偶数。”接着又把右手一举说:“这 5 片竹板上都是奇数。”孙悟空又说:“你从我左手抽的竹板一定是偶数,从我右手抽的竹板一定是奇数。当你翻过竹板看数时,我把左、右手的竹板迅速换一下。你再往回插时,是把写着偶数的竹板插进全写着奇数的竹板中,翻过来以后,我就能一眼看出你插进的是哪片竹板了。”

猪八戒摇摇头说:“我叫奇偶数骗了!”

猪八戒藏起几个馒头

猪八戒外出化缘,要来一大包馒头。走到半路,猪八戒眼珠一转,心想:这么多馒头我何不藏起一些,留着自己慢慢吃呢?于是,他就把几个馒头藏进一个大树洞里。

孙悟空见猪八戒捧着馒头回来,笑着说:“真不错,有馒头吃啦!不过,就是少了点。猪八戒,你不会半路藏起一些吧?”

“没有,没有!”猪八戒忙分辩道。

吃过饭,孙悟空将猪八戒叫到一边小声问:“快从实招来,你藏起多少馒头?”说罢,眼睛一瞪。

“嘿,嘿。”猪八戒知道瞒不过孙悟空了,只是一个劲傻笑。

“听着,我给你算出来!”孙悟空稍一寻思,就说,“把你藏的馒头数乘以 5,加上 365,再乘以 4,最后减去 1460,告诉我结果等于多少。快讲!”

“别着急呀!”猪八戒算了一阵说,“得 300。”

孙悟空立刻说:“好呀呆子,你藏起了 15 个馒头!”

猪八戒心想:“怪呀!他怎么算得这么准呢?”

猪八戒对孙悟空说:“猴哥,你是怎样算出来的?告诉我,也分给你 7 个馒头。”

“谁像你这般贪嘴!”说着,孙悟空在地上边写边讲,“假设你藏起的馒头数为x个,

把藏起的馒头数乘以 5:$x\times 5$,

加上 365：$5x+365$,

再乘以 4：$(5x+365)\times 4$,

最后减去 1460：$(5x+365)\times 4-1460$.

算出来：

$$(5x+365)\times 4-1460$$
$$=20x+1460-1460$$
$$=20x.$$

只要把你算出的答数除以 20,就是你藏起的馒头数。刚才你算出的答案是 300。300÷20=15,也就是 15 个。”

“嗨！”八戒一拍大腿说,“结果是我告诉你的,又上当了！”

猪八戒摆方阵

这一天,日近正午,唐僧走得累了,就对孙悟空、猪八戒说:“你俩去弄些吃的来。”

两人来到一座山林,按下云头各自去了。不大一会儿,猪八戒就呼喊悟空。原来,猪八戒不知从哪儿采来一些大蜜桃,他喜滋滋地让孙悟空先给看着。

刚要离开,猪八戒心想:猴哥最爱吃桃,他如果趁我不在偷吃几个怎么办？就灵机一动,把采来的蜜桃摆成一个正方形：

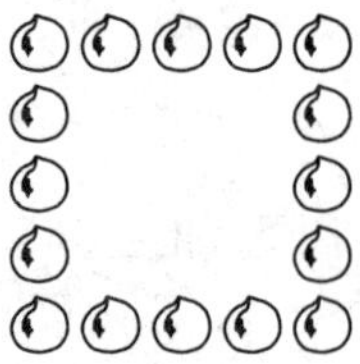

猪八戒说:“这个正方形每边上都有 5 个桃子,猴哥你可要看好了。”孙悟空笑着对他摆了摆手。一会儿工夫,猪八戒又拿着几串野葡萄回来了,刚要递给悟空,却瞅着摆好的蜜桃愣了好一阵。

猪八戒问道:“猴哥,这桃子怎么少啦？”

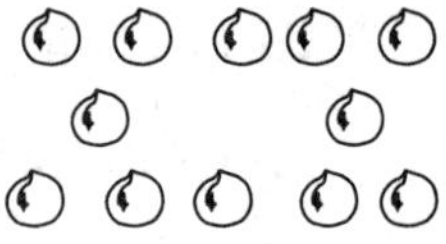

“没有的事！”孙悟空把眼睛一瞪说,“你数一数,每边是不是 5 个桃子。”猪八戒一数,果然每边仍是 5 个桃子。

孙悟空说:“我闲着无事,把它们重新摆了摆,个数不变。你快去采果子吧！”猪八戒半信半疑,只好转身去了。

猪八戒走远了，孙悟空捂着嘴"哧哧"暗笑着说："呆子，原来的摆法有16个桃子，我这么一变动就剩下12个桃子了。"说着他从衣袋里掏出那4个桃子看了看，又从方阵中拿出两只桃子，一起藏了起来。

眨眼间，猪八戒又背回一口袋野山梨。他一瞅桃子方阵，简直不敢相信自己的眼睛啦，吃惊地问："怎么，桃子就剩下这么几个啦？"

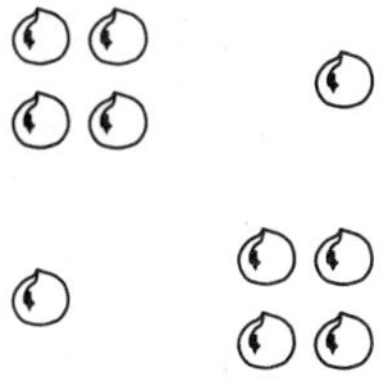

"不少，不少！"孙悟空指着桃子说，"每边5个，你自己数嘛！"

猪八戒一数，每边确实是5个桃子。

猪八戒为什么上当，我想读者是清楚的。

猪八戒分馒头

唐僧师徒四人走在路上又渴又饿。孙悟空说："我去采些野果给师父解渴。"说完，一个跟头翻走了。

猪八戒也不甘落后，忙对师父讲："我去化些馒头给师父充饥。"说完，扛着钉耙摇摇摆摆地走开了。

没过多久，孙悟空背着一口袋鲜桃回来了。又过了一会儿，猪八戒也拎着一大筐馒头气喘吁吁地转回来了。

猪八戒说："我化来32个馒头。"

孙悟空说："每人分8个正合适。"

"不成！"猪八戒说，"不能平分。师父应该多分，我去化的馒头，也应该多分。你们两人么……只好委屈了，少吃一点喽！"

沙僧问："你具体说说怎么分法？"

猪八戒想了想说："分成的4份不能一样多。沙僧所得的馒头数加3，师父所得的馒头数减3，猴哥所得的馒头数乘以3，我所得的馒头数除以3，这4个得数要相等。"

沙僧对孙悟空说："大师兄，你脑子灵，给算算每人分多少？"

“好个八戒，敢来戏我！”孙悟空在地上写了两个式子：

沙＋师＋孙＋猪＝32，（1）

沙＋3＝师－3＝孙×3＝猪÷3.（2）

孙悟空说：“我只要把沙师弟分多少馒头求出来就可以了。”

由式(2)得，师＝沙＋6，

$孙=(沙+3)\div 3=\frac{1}{3}\times 沙+1$，

$猪=(沙+3)\times 3=3\times 沙+9$，

将上面三式同时代入式(1)，得

沙＋师＋孙＋猪

$=沙+(沙+6)+\frac{1}{3}\times 沙+1+3\times 沙+9$

$=\frac{16}{3}沙+16=32.$

由 $\frac{16}{3}沙+16=32$

解得　沙＝3.

这样　师＝沙＋6＝3＋6＝9，

孙＝(沙＋3)÷3＝(3＋3)÷3＝2，

猪＝3×沙＋9＝3×3＋9＝18.

悟空说：“好哇！师父分9个馒头，沙师弟分3个馒头，我才分2个，而你八戒却分18个馒头，实在可恶！”

猪八戒不以为然地说：“多劳者多得嘛！”说完抓起一个馒头就往嘴里放，只听“咔吧”一响，猪八戒大叫一声，原来猪八戒啃的不是馒头而是石头，馒头早被孙悟空变成了一块大石头。

小王子的智慧

抽牌游戏

从前有个国王，他有3个王子。大王子只喜欢读书，二王子只知道习武，小王子的兴趣十分广泛，爱读书，爱习武，还爱玩。

国王想试一试3个王子谁更聪明，把他们都找来。国王一本正经地说："今天，我让你们比试一下，看谁最会玩。"

"比玩？"大王子、二王子有点莫名其妙，两人互相看了一眼。

"比玩？那可太好了！"小王子高兴得直蹦。

国王从口袋里拿出一副扑克牌，从中拿掉大王、小王，又拿掉4张K，把剩下的48张牌分成3份，每份16张牌，分别发给3个王子。

国王说："你们都先不要看牌。大王子从二王子手中抽出一张牌，二王子从小王子手中抽出一张牌，小王子再从大王子手中抽一张牌。"3位王子各抽一张牌后，把手中的牌依次交给国王，国王分别把3份牌都重新洗过，又还给他们。

国王说："我第一次给你们的牌都是有规律的。现在，谁能说出你从别人那儿抽的是什么牌？被抽走的又是什么牌？"

3位王子刚把手中的牌翻过来，小王子就说："我从大哥那儿抽来了一张红桃3，二哥从我手中抽走了一张梅花7。"

二王子问："你是怎么知道的？"

小王子举着手中的牌说："你看，我手中有4张5、4张6、4张8，可是只有3张7，缺1张梅花7。但是多了1张红桃3。父王说第一次发牌是有规律的，原来一定有4张7才对。"

国王点点头说："小王子说得对！"

大王子不服气，他说："这是蒙人，再来一次我也能猜出来。"

"再做一次游戏。"国王把红桃A到红桃Q这12张牌挑了出来，每人分了4张牌，让3位王子按刚才的方法再抽一次。抽过之后每人把手中的牌都亮出来。

大王子手中的牌是6，7，9，Q（12）；

二王子手中的牌是A（1），5，10，J（11）；

小王子手中的牌是2，3，4，8。

大王子抢先说："我知道了！我手中的牌有规律：7－6＝1，9－7=2，12－9＝3，它们的差是1，2，3对不对？"

小王子摇摇头说："大哥您别忘了，您手里有一张牌是刚从二哥手里抽去的呀！您原来的牌并没有这个规律。"大王子和二王子实在想不出来。

小王子说："大哥手中的6，9，12这三张牌都可以被3整除，因此，我手中的3一定是从大哥手中抽来的。"

二王子问："我手中的牌有什么规律呢？"

"二哥手中的牌原来是1，5，7，11，这些数（除1之外）只能被1和它本身整除，数学上叫质数。只是7被大哥抽走了。"小王子答道。

小王子把手中的牌一举说："我原来手里的牌一定是2，4，8，10。其中10被二哥抽走了。"

"答得好！"国王又从扑克牌里挑出了7张，在桌面上摊开。3位王子一看有6张红桃牌，它们是2，4，6，8，10，Q（12），外加一张小王（代表14）。国王把七张牌洗过之后，背面朝上摆在桌上，让每位王子任选2张牌，把2张牌的数字之和报出来。

大王子说："我的两张牌数字之和是12。"

二王子说："我的两张牌数字之和是10。"

小王子说："我的两张牌数字之和是22。"

国王问："桌上还剩下一张牌，谁能以最快的速度回答我，桌上这张牌是红桃几？"

二王子说："这可以算出来。由于8＋4＝12，10＋2＝12，因此，大哥手中的牌可能是红桃8和红桃4，也可能是红桃10和红桃2……"

"对，对。"大王子急着也搭话说，"由于8＋2＝10，6＋4＝10，因此，二弟手中可能是红桃8和红桃2，也可能是红桃6和红桃4……"

但是，大王子和二王子谁也不说出自己手里到底拿的是什么牌。

小王子见两位哥哥正在猜测，就脱口而出说："桌子上那张牌是红桃Q（12）。"国王翻牌一看，果然是它。

大王子问:“三弟,你怎么算得这么快?”

小王子笑着说:“这红桃Q(12)不是算出来的。”

二王子奇怪地问:“不算,怎么能知道?”

小王子解释说:“我手里的两张牌是红桃8和14(小王),我就肯定桌子上的牌是红桃Q(12)。”

二王子摇摇头说:“我看三弟是在蒙人吧?”

小王子说:“二哥的两张牌之和才是10,红桃Q(12)不可能在二哥手中;大哥的两张牌之和也只有12,因此,红桃Q(12)也不会在大哥手里,我手里又没有,红桃Q(12)只能在桌子上!”

国王笑着点点头说:“小王子不用算就可以知道桌上的牌是几,你们说,他的巧妙之处在哪里呢?”

大王子顿有所悟,他说:“三弟善于动脑筋去分析问题。”

蒙眼猜珠

强人国派2位使者来见国王。

一个矮矮胖胖的使者说:“我们强人国国王,听说贵国的3位王子聪明过人,特派我们给3位王子送上薄礼,请笑纳。”

另一个又高又瘦的使者拿出一金一银两个盒子,又拿出一个口袋。打开口袋,里面装有30颗又圆又大的珍珠。

胖使者像变魔术一样,从口袋里抽出一条黑绸子。他举着绸子说:“我用这条绸子把一位王子的眼睛蒙上,然后有人把珍珠往2个盒子里放。往银盒子里放,每次只能放一颗;往金盒子里放,每次只能放2颗,不许不放也不许多放,每放一次就拍一下手。放完后,蒙眼的王子要根据听到的拍手次数,在20秒内说出金盒、银盒里各有几颗珍珠。”

瘦使者插上一句说:“若猜对了,就把这些珍珠作为礼物,送给他!”

3位王子互相看了一眼,二王子说:“我先猜。”胖使者马上给二王子蒙上眼睛。

二王子听到 19 次拍手，他自言自语地说："关键是要找到 2 个数，这 2 个数之和等于 19；其中一个数乘 2，另一个数乘 1，相加之后等于 30。这 2 个数是几呢？"

"噢，我想起来啦！"二王子刚要说，只见瘦使者把手一举说："20 秒钟已到。"

二王子生气地把黑绸子一把抓下来说："往金盒里放了 11 次，共 22 颗珍珠；往银盒里放了 8 次，有 8 颗珍珠，加在一起恰好是 30 颗！"

"您虽然算对了，但是时间已超过 20 秒钟，这份礼物不能送给您。十分遗憾哪！"胖使者的几句话，不冷不热，听了很不顺耳。

小王子笑眯眯地说："我来试试。"胖使者赶紧给小王子蒙上眼睛。

瘦使者一共拍了 21 下手，小王子立刻答出："银盒里有 12 颗珍珠，金盒里有 18 颗珍珠，对不对？"大家一数，一点也不差。

胖使者皮笑肉不笑地问："我相信小王子是不会蒙人的，请小王子说说算法，我们也长长见识。"

小王子说："我听到了 21 次拍手。如果这 21 次都是往银盒子里放，只有 21 颗珍珠，还差 9 颗。这说明 21 次中必然有 9 次是向金盒子里放的，因为金盒子每次放 2 颗珍珠，就可以补上所差的 9 颗。"

小王子悄声对胖使者说："我告诉你一个公式吧：

金盒子的珍珠数 =（30 − 拍手次数）× 2，

银盒子的珍珠数 = 30 − 金盒子的珍珠数。"

"你也猜猜看。"小王子用黑绸子把胖使者的眼睛给蒙上了，又抓起珍珠一会儿往金盒子里放，一会儿往银盒子里放，"啪，啪……"一连拍了 11 下，然后问胖使者："快说各有多少颗珍珠？"

胖使者结结巴巴地回答："金盒子里有 38 颗珍珠，而银盒子有……嗯，按你的公式做，怎么不对啦？"

"哈，哈。"小王子笑着说，"一共才 30 颗，你算出了 38 颗。我才拍了 11 次手，就是每次都放了 2 颗，才放了 22 颗呀！而且我还没有放完哪！你要记住，拍手次数不能少于 15 次，不然这个公式是不能使用的！”大家一起大笑起来。

宝石在哪盒里

强人国使者见一计不成，就又施一计。

瘦使者在桌上摆了 5 只金光闪闪的盒子，5 只盒子从 1 到 5 都编上号。1，2，4 号盒子都写着“宝石在这个盒子里”，3 号盒子上写着“宝石不在这个盒子里”，而 5 号盒子上写着“宝石不在 1 号盒里”。

瘦使者指着盒子说：“在这 5 只盒子里，有一只盒子里装有一块价值连城的宝石，请王子猜一下宝石在哪只盒子里。但每位王子只能猜一次，谁猜对了就把宝石送给谁。哪位王子先猜？”

“我先猜。”大王子用手指了一下 2 号盒子。

瘦使者连忙打开 2 号盒子。盒子里面空空的，什么也没有。

小王子上前一步问：“这盒子上写的都是真话吗？”

瘦使者说：“只有一句是真话。”

小王子指着 3 号盒子说：“宝石在这个盒子里。”

瘦使者打开 3 号盒子，宝石果然在盒子里，在场的人齐声称赞。

瘦使者皮笑肉不笑地问：“小王子怎么知道宝石一定在 3 号盒子里呢？”

小王子解释说：“5 号盒上写的‘宝石不在 1 号盒里’和 1 号盒上写的‘宝石在这盒里’这两句话中必有一句是真话，因此 2、3、4 号盒上写的一律是假话。而 3 号盒上写的‘宝石不在这盒里’是假话，那么宝石必在 3 号盒里。”

3129 中的谜

有一天，国王忽然想起了什么，他对王子们说：“你们的祖父母去世得早，你们可能都记不得他们的年龄了。谁能告诉我，你们的祖父母都活了多大年岁？”

二王子问："可以问您几个问题吗？"

国王回答："只能问一个。"

"啊，问一个问题就猜到祖父母的年龄，太困难了，这恐怕连神仙也难办到！"大王子自言自语地说。

国王又问小王子说："你行吗？"小王子点了点头。大王子和二王子很惊讶。

小王子说："请您把祖父的年龄用5乘，再加6，然后乘以20，再加上祖母的年龄，再减掉365，把最后得数告诉我。"

国王不知道小王子想干什么，心算了一阵说："得2884。"

小王子马上答道："祖父活到31岁，祖母活到29岁。"

国王高兴地站起来说："对极啦，就是这两个年龄！"

"为什么让父王算一道题，就能把祖父母的年龄算出来呢？""只许问一个问题，要猜出2个人的年龄，还不能直接去问，你是怎么算的呢？"2位哥哥不停地问着小王子。

小王子的妙算是叫父王算出一个四位数，使得千位和百位上的数字与祖父的年龄有关；十位和个位的数字与祖母的年龄有关。

小王子的算法是：用祖父的年龄乘以5得31×5；加上6再乘以20得$(31\times5+6)\times20$；再加上祖母的年龄29，最后减掉365得

$$(31\times5+6)\times20+29-365=2884.$$

小王子心里把2884再暗自加245，得3129。31是祖父的年龄，29是祖母的年龄。

大王子问："为什么最后要加上245呢？"

小王子解释，可以利用乘法分配律，把上面的算式以另一种方式做一下：

$$\begin{aligned}&(31\times5+6)\times20+29-365\\&=31\times5\times20+6\times20+29-365\\&=31\times100+29+120-365\end{aligned}$$

$= 3129 - 245.$

你看这最后一个式子，如果再加上一个 245，不就得到需要的 3129 了吗?

原来小王子像魔术师变魔术一样,在计算中加了一点“伪装”,这就是“加 6,减去 365”。其实这两步与计算祖父、祖母的年龄毫无关系,目的是使这种计算更隐蔽、更神秘。不然的话就会叫人家一眼识破,变得没意思了。不信,我们换一种直接计算方法你看看。

小王子对父王说:“请您把祖父的年龄乘以 100，再加上祖母的年龄，把最后得数告诉我。”

国王会说:“得 3129。好小子！你把祖母年龄放在十位、个位上;把祖父年龄放在千位、百位上,这还不如直接问问我,祖父、祖母活了多大年岁呢！”你看,这样直接问不就坏事了吗?

二、代数的威力

1. “代数学”的发现

“代数学”的由来

“代数学”一词，来自拉丁文，但是它又是从阿拉伯文变来的，其中还有一段曲折的历史。

传说中，大食国善于吸取被征服国家的文化，把希腊、波斯和印度的书籍译成阿拉伯文，设立许多学校、图书馆和观象台。在这个时期出现了许多数学家，最著名的是9世纪的阿尔·花剌子米。这个名字的原意是“花剌子米人摩西之子穆罕默德”，简称阿尔·花剌子米。

阿尔·花剌子米生活于780—850年。公元820年左右，他写了一本《代数学》。到1140年左右，罗伯特把它译成拉丁文。书名是‘*ilm aljabr wa’l muquabalah*，其中aljabr是“还原”或“移项”的意思。wa’l muquabalah是“对消”，即将两端相同的项消去或合并同类项。

全名是“还原与对消的科学”，也可以译为“方程的科学”。后来第二个字渐渐被人遗忘，而 aljabr 这个字变成了 algebra，这就是拉丁文的“代数学”。

“代数学”这个名称，在我国是 1859 年正式使用的。这一年，我国清代数学家李善兰和英国人伟烈亚力合作翻译英国数学家德·摩根所著的 *Elements of Algebra*，正式定名为《代数学》。后来清代学者华蘅芳和英国人傅兰雅合译英国沃利斯的《代数术》，卷首有“代数之法，无论何数，皆可以任何记号代之”，说明了所谓代数，就是用符号来代表数字的一种方法。

阿尔·花剌子米的《代数学》讨论了方程的解法，并第一次给出了二次方程的一般解法。书中承认二次方程有两个根，还允许无理根的存在。阿尔·花剌子米把未知数叫作“根”，是树根、基础的意思，后来译成拉丁文 radix，这个词有双重意义，它可以指一个方程的解，又可以指一个数的方根，一直沿用到现在。

阿尔·花剌子米的《代数学》有一个重大的缺点，就是完全没有代数符号，一切算法都用语言来叙述。比如“$x^2 + 10x = 39$”要说成“一个平方数及其根的十倍等于三十九”。如果把用符号和字母来代替文字说成代数学的基本特征的话，阿尔·花剌子米的《代数学》恐怕名不符实。

负数的出现

早在 2000 多年以前，我国就了解了正负数的概念，掌握了正负数的运算法则。那时候还没有纸，计算时使用一些小竹棍摆出各种数字。例如 378 摆成𝍢𝍯𝍧，6708 摆成𝍮𝍦 𝍧，等等。这些小竹棍叫作“算筹”。

人们在生活中经常遇到各种具有相反意义的量。比如在记账时会有余有亏；在计算粮仓存米数时，有进粮食、出粮食。为了方便，就考虑用具有相反意义的数——正负数来记它们。把余钱记为正，亏钱记为负；进粮食记为正，出粮食记为负等。

我国三国时期的学者刘徽，在建立正负数方面有重大贡献。

刘徽首先给出了正负数的定义。他说：“今两算得失相反，要令正负以名之。”意思是说，在计算过程中遇到具有相反意义的量，以正数和负数来区分它们。

刘徽第一次给出了区分正负数的方法。他说："正算赤，负算黑。否则以邪正为异。”意思是说，用红色的棍摆出的数表示正数，黑色的棍摆出的数表示负数。也可以用斜摆的棍表示负数，用正摆的棍表示正数。

刘徽第一次给出了绝对值的概念。他说："言负者未必负于少，言正者未必正于多。”意思是说，负数的绝对值不一定小，正数的绝对值不一定大。

我国2000多年前的数学著作《九章算术》中，记载了正负数加减法的运算法则，原话是：

"正负术曰：同名相除，异名相益，正无入负之，负无入正之；其异名相除，同名相益，正无入正之，负无入负之。”

这里“名”就是号，“除”就是减，“相益”“相除”就是两数绝对值相加、相减，“无”就是零。

用现代语言解释，就是："正负数加减的法则是：同符号两数相减，等于其绝对值相减；异符号两数相减，等于其绝对值相加。零减正数得负数，零减负数得正数。异符号两数相加，等于其绝对值相减；同符号两数相加，等于其绝对值相加。零加正数得正数，零加负数得负数。”

这一段关于正负数加减法的叙述，是完全正确的。负数的引入是我国古代数学家杰出的创造之一。

用不同颜色的数来表示正负数的习惯一直保留到现在。现代一般用红色数表示亏钱，表示负数。报纸上有时登载某某国家经济上出现“赤字”，表明这个国家支出大于收入，财政上亏了钱。

无理数与谋杀案

无理数怎么和谋杀案扯到一起去了？这件事还要从公元前 6 世纪古希腊的毕达哥拉斯学派说起。

毕达哥拉斯学派的创始人是著名数学家毕达哥拉斯。他认为:“任何两条线段之比,都可以用两个整数的比来表示。”两个整数的比实际上包括了整数和分数。因此,毕达哥拉斯认为,世界上只存在整数和分数,除此以外,没有别的什么数了。

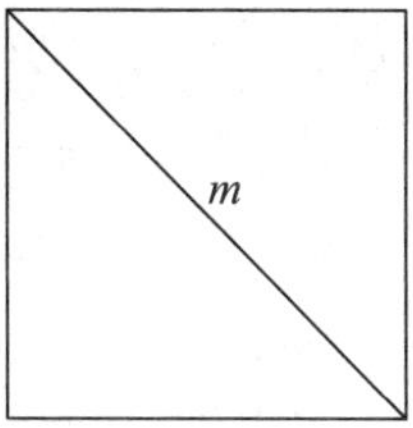
m

可是不久就出现了一个问题,当一个正方形的边长是1的时候,对角线的长 m 等于多少?是整数呢,还是分数?

根据勾股定理$m^2=1^2+1^2=2$。m显然不是整数,因为 $1^2=1$,$2^2=4$,而$m^2=2$,所以m一定比1大,比2小。那么m一定是分数了。可是,毕达哥拉斯和他的门徒费了九牛二虎之力,也找不出这个分数。

边长为1的正方形,它的对角线 m 总该有个长度吧!如果 m 既不是整数,又不是分数,m 究竟是个什么数呢?难道毕达哥拉斯错了,世界上除了整数和分数以外还有别的数?这个问题引起了毕达哥拉斯极大的苦恼。

毕达哥拉斯学派有个成员叫希伯斯,他对正方形对角线问题也很感兴趣,花费了很多时间去钻研这个问题。

毕达哥拉斯研究的是正方形的对角线和边长的比,而希伯斯却研究的是正五边形的对角线和边长的比。希伯斯发现当正五边形的边长为1时,对角线既不是整数也不是分数。希伯斯断言:正五边形的对角线和边长的比,是人们还没有认识的新数。

当正五边形的边长为1时,对角线既不是整数也不是分数。

希伯斯的发现，推翻了毕达哥拉斯认为数只有整数和分数的理论，动摇了毕达哥拉斯学派的基础，引起了毕达哥拉斯学派的恐慌。为了维护毕达哥拉斯的威信，他们下令严密封锁希伯斯的发现，如果有人胆敢泄露出去，就处以极刑——活埋。

真理是封锁不住的。尽管毕达哥拉斯学派教规森严，希伯斯的发现还是被许多人知道了。他们追查泄密的人，追查的结果，发现泄密的不是别人，正是希伯斯本人！

这还了得！希伯斯竟背叛老师，背叛自己的学派。毕达哥拉斯学派按照教规，要活埋希伯斯。希伯斯听到风声逃跑了。

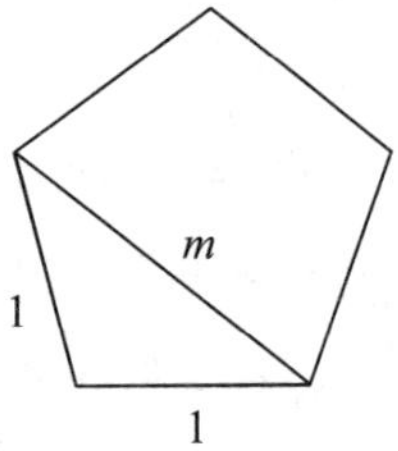

希伯斯在国外流浪了好几年，由于思念家乡，他偷偷地返回希腊。在地中海的一条海船上，毕达哥拉斯的忠实门徒发现了希伯斯，他们残忍地将希伯斯扔进地中海。无理数的发现人被谋杀了！

希伯斯虽然被害死了，但是无理数并没有随之而消灭。从希伯斯的发现中，人们知道了除去整数和分数以外，还存在着一种新数，$\sqrt{2}$就是这样的一个新数。给新发现的数起个什么名字呢？当时人们觉得，整数和分数是容易理解的，就把整数和分数合称有理数；而希伯斯发现的这种新数不好理解，就取名为无理数。

有理数和无理数有什么区别呢？

主要区别有两点：

第一，把有理数和无理数都写成小数形式时，有理数能写成有限小数或无限循环小数，比如 $4=4.0, \frac{4}{5}=0.8, \frac{1}{3}=0.333\cdots$ 而无理数只能写成无限不循环小数，比如$\sqrt{2}=1.4142\cdots$根据这一点，人们把无理数定义为无限不循环小数。

第二，所有的有理数都可以写成两个整数之比；而无理数却不能写成两个整数之比。根据这一点，有人建议给无理数摘掉“无理”的帽子，把有理数改叫“比数”，把无理数改叫“非比数”。本来嘛，无理数并不是不讲道理，只是人们最初对它不太理解罢了。

利用有理数和无理数的主要区别，可以证明$\sqrt{2}$是无理数，使用的方法是反证法。

证明$\sqrt{2}$是无理数。

证明：假设$\sqrt{2}$不是无理数，而是有理数。

既然$\sqrt{2}$是有理数，它必然可以写成两个整数之比的形式：

$$\sqrt{2}=\frac{p}{q}.$$

又由于p和q有公因数可以约去，所以可以认为$\frac{p}{q}$为既约分数。

将 $\sqrt{2}=\frac{p}{q}$两边平方

得 $2=\frac{p^2}{q^2}$,

即 $2q^2=p^2$.

由于 $2q^2$ 是偶数，p 必定为偶数，设 $p=2m$。

由 $2q^2=4m^2$,

得 $q^2=2m^2$.

同理q必然也为偶数，设$q=2n$。

既然p和q都是偶数，它们必有公因数 2，这与前面假设$\frac{p}{q}$是既约分数矛盾。这个矛盾是由假设$\sqrt{2}$是有理数引起的。因此$\sqrt{2}$不是有理数，而应该是无理数。

无理数可以用线段长度来表示。下面是在数轴上确定某些无理数位置的方法，其中$\sqrt{2}$，$\sqrt{3}$，$\sqrt{5}$…都是无理数。具体做法是：

在数轴上，以原点O为一个顶点，以从O到 1 为边作一个正方形。根据勾股定理有

$$OA^2=1^2+1^2=2,$$

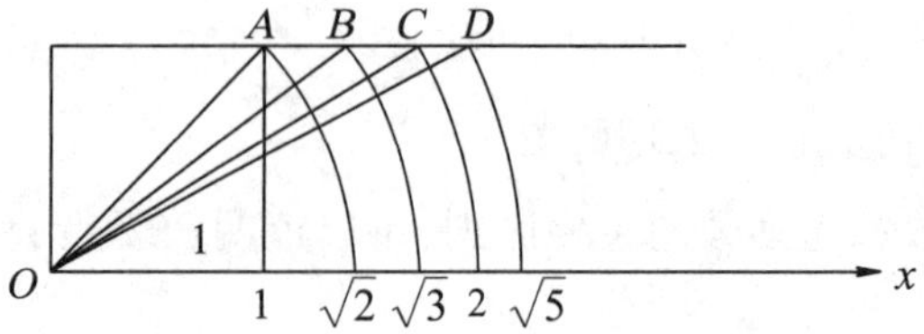

$OA=\sqrt{2}$.

以O为圆心、OA为半径画弧与OX轴交于一点，该点的坐标为$\sqrt{2}$，也就是说在数轴上找到了表示$\sqrt{2}$的点；以$\sqrt{2}$点引垂直于OX轴的直线，与正方形一边的延长线交于B，同理可得$OB=\sqrt{3}$，可在数轴上同法得到$\sqrt{3}$。还可以得到$\sqrt{5}$，$\sqrt{6}$，$\sqrt{7}$等无理数点。

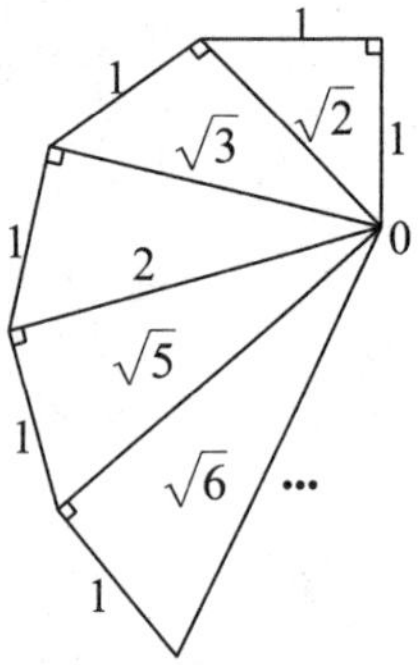

也可以用作直角三角形的方法，得到表示$\sqrt{2}$、$\sqrt{3}$、$\sqrt{5}$等无理数的线段。

有理数与无理数合称实数。初中阶段遇到的数都是实数。今后还要陆续学到许多无理数，如 e，sin10°，$\log_{10}3$ 等。

虚无缥缈的数

从自然数逐步扩大到了实数，数是否“够用”了？够不够用，要看能不能满足实践的需要。

在研究一元二次方程$x^2+1=0$时，人们提出了一个问题：我们都知道在实数范围内$x^2+1=0$是没有解的，如果硬把它解算一下，看看会得到什么结果呢？

由 $x^2+1=0$，得 $x^2=-1$.

两边同时开平方，得 $x=\pm\sqrt{-1}$（通常把$\sqrt{-1}$记为 i）。

$\sqrt{-1}$是什么？是数吗？关于这个问题的正确回答，经历了一个很长的探索过程。

16世纪意大利数学家卡尔达诺和邦贝利在解方程时，首先引进了$\sqrt{-1}$，对它还进行过运算。

17世纪法国数学家和哲学家笛卡儿把$\sqrt{-1}$叫作“虚数”，意思是“虚假的数”“想象当中的，并不存在的数”。他把人们熟悉的有理数和无理数叫作“实数”，意思是“实际存在的数”。

数学家对虚数是什么样的数，一直感到神秘莫测。笛卡儿认为，虚数是“不可思议的”。大数学家莱布尼茨一直到18世纪还以为“虚数是神灵美妙与惊奇的避难所，它几乎是又存在又不存在的两栖物”。

随着数学研究的进展，数学家发现像$\sqrt{-1}$这样的虚数非常有用，后来把形如$2+3\sqrt{-1}$，$6-5\sqrt{-1}$，一般地把$a+b\sqrt{-1}$记为$a+b\mathrm{i}$，其中a，b为实数，这样的数叫作复数。

当$b=0$时，就是实数；

当$b\neq 0$时，叫作虚数；

当$a=0$，$b\neq 0$时，叫作纯虚数。

虚数作为复数的一部分，也是客观存在的一种数，并不是虚无缥缈的。由于引进了虚数单位$\sqrt{-1}=\mathrm{i}$，开阔了数学家的视野，解决了许多数学问题。如负数在复数范围内可以开偶次方，因此在复数内加、减、乘、除、乘方、开方六种运算总是可行的；在实数范围内一元n次方程不一定总是有根的，比如$x^2+1=0$在实数范围内就无根。但是在复数范围内一元n次方程总有n个根。复数的建立不仅解决了代数方面的问题，也为其他学科和工程技术解决了许多问题。

自然数、整数、有理数、实数、复数，人类认识的数，在不断地向外膨胀。

随着数概念的扩大，数增添了许多新的性质，但是也减少了某些性质。比如在实数范围内，数之间是可以比较大小的，可是在复数范围内，数之间已经不能比较大小了。

所谓能比较大小，就是对于规定的“>”关系能满足下面四条性质：

(1)对于任意两个不同的实数a和b，或$a>b$，或$b>a$，两者不能同时成立。

(2)若$a>b$，$b>c$，则$a>c$。

(3)若$a>b$，则$a+c>b+c$。

(4)若$a>b$，$c>0$，则$ac>bc$。

对于实数范围内的数，“>”关系是满足这四条性质的。但对于复数范围内，数之间是否能规定一种“>”关系来满足上述四条性质呢？答案是不能的，也就是说复数不能比较大小。

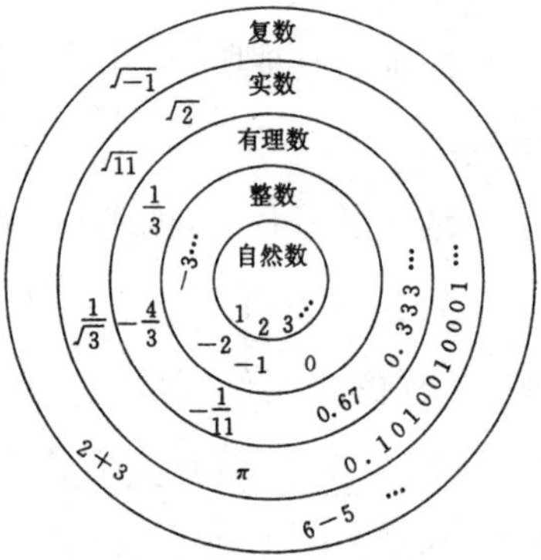

为了证明这个结论，我们需要交代复数运算的部分内容，证明中要用到它：

(1)$\sqrt{-1}\cdot\sqrt{-1}=-1$，$\sqrt{-1}\cdot 0=0$，

$(-\sqrt{-1})\cdot 0=0$，

$(-\sqrt{-1})\cdot(-\sqrt{-1})=-1$，

$\sqrt{-1}+(-\sqrt{-1})=0$，

$0+(-\sqrt{-1})=-\sqrt{-1}$.

(2)复数中的实数仍按实数的运算法则进行运算。

现在用反证法证明复数不能比较大小。假设我们找到了一种“>”关系(注意，“>”关系不一定是实数中规定的含义)来满足上述四条性质。当然对于$\sqrt{-1}$与0应具有性质(1)：

$\sqrt{-1}>0$或$0>\sqrt{-1}$.

先证明$\sqrt{-1}>0$不可能。

$\sqrt{-1}>0$的两边同乘$\sqrt{-1}$，由性质(4)得：

$\sqrt{-1}\cdot\sqrt{-1}>\sqrt{-1}\cdot 0$,

$-1>0$.

(注意，由于“>”不一定是实数中规定的含义，故未导出矛盾)

$-1>0$的两边同加1，由性质(3)得

$$-1+1>0+1,$$

$$0>1.$$

$-1>0$ 的两边同乘 -1，由性质(4)得

$$(-1)\cdot(-1)>(-1)\cdot 0,$$

$$1>0.$$

于是得到 $0>1$，而且 $1>0$，也就是 0 与 1 无法满足性质(1)，这与假设形成矛盾，所以 $\sqrt{-1}>0$ 是不可能的。

其次证明 $0>\sqrt{-1}$ 不可能。

$0>\sqrt{-1}$ 的两边同加 $-\sqrt{-1}$，由性质(3)得

$$0+(-\sqrt{-1})>\sqrt{-1}+(-\sqrt{-1}),$$

$$-\sqrt{-1}>0.$$

$-\sqrt{-1}>0$ 的两边同乘 $-\sqrt{-1}$，由性质(4)得

$$(-\sqrt{-1})\cdot(-\sqrt{-1})>(-\sqrt{-1})\cdot 0,$$

$$-1>0.$$

以下可依第一种情况证明，导出矛盾。所以 $0>\sqrt{-1}$ 不可能。

以上证明了从复数中取出两个数 $\sqrt{-1}$ 与 0 是无法比较大小的，从而证明了复数没有大小关系。

复数无大小，听来新鲜，确是事实！

代数之父

提起韦达定理，凡是学过二次方程的人没有不知道的。韦达定理又称为“根与系数的关系”。

韦达是 16 世纪末的法国数学家，由于他在发展现代的符号代数上起了决定性作用，后世称他为“代数之父”。

韦达是利用业余时间研究数学的，他本职是律师，还是一位国务活动家。当时法国和西班牙正进行战争，西班牙军队使用非常复杂的密码进行通信联系，他们甚至用这种密码和法国国内的特务联系。尽管法国截获了

一些秘密信件，但由于信上的密码无法破译，无法了解其中的内容。

法国国王亨利四世请韦达帮助破译密码，韦达欣然同意。经过紧张的工作，终于揭开了密码的秘密。韦达这一爱国行动激怒了西班牙的统治者，西班牙宗教裁判所宣布韦达背叛了上帝，判处他烧死的极刑。当然，西班牙宗教裁判所的这个野蛮裁决并没有实现。

韦达把所有的空闲时间都用在研究数学上，有时为解决一个问题，一连几天不睡觉。1591 年，他的数学专著《分析方法入门》出版了。韦达不但使用字母表示未知数，还使用字母表示方程中的系数，使方程得到现代的形式。韦达发现了根与系数的关系，发展了二、三、四次方程的统一方法以及根的各种变换。

韦达常使用代换法来解方程。下面介绍韦达用代换法解二次方程 $x^2+px+q=0$。

韦达首先引入代换 $x=y+z$。代入方程

得 $$(y+z)^2+p(y+z)+q=0,$$

整理，得

$$y^2+(2z+p)y+z^2+pz+q=0. \qquad (1)$$

由于z是任意的，可以取$z=-\frac{p}{2}$，此时有

$$2z+p=0,$$

$$z^2+pz+q=\frac{p^2}{4}-\frac{p^2}{2}+q=q-\frac{p^2}{4}.$$

方程(1)化成

$$y^2+q-\frac{p^2}{4}=0.$$

$$y^2=\frac{p^2}{4}-q,$$

$$y=\pm\sqrt{\frac{p^2}{4}-q},$$

$$x=y+z=-\frac{p}{2}\pm\sqrt{\frac{p^2}{4}-q}.$$

如果此时令 $x_1=-\frac{p}{2}+\sqrt{\frac{p^2}{4}-q}$,

$$x_2=-\frac{p}{2}-\sqrt{\frac{p^2}{4}-q}.$$

则 $x_1+x_2=-p$,

$$x_1\cdot x_2=q.$$

这就得出了韦达定理的表达式。

应该指出的是,由于韦达只承认方程有正根,他不可能完全认识方程的全部解,因此也不可能像上面那样,给出方程的根与系数的表达式。他只接近了方程的根与系数关系的思想。尽管如此,后世还是把根与系数的关系叫作韦达定理。

奇妙的数字三角形

17 世纪法国数学家、物理学家、文学家帕斯卡被誉为具有“火山般的天才”。

帕斯卡三岁时母亲去世了,由于从小缺少应有的照顾,帕斯卡体弱多病。帕斯卡在回忆自己的童年生活时说:“从十岁起,我每日在苦痛之中。”不幸和病魔并没有压倒帕斯卡,他满腔热情投身于科学事业。

帕斯卡 13 岁时,有一天他信手在纸上横着、竖着各写了十个 1。然后在第二行第二列的地方写上一个 2,这个 2 是它上面的 1 和左边的 1 的和,1+1=2;第二行第三列的地方写上一个 3,这个 3 是它上面的 1 和左边的 2 的和,1+2=3;他就用上面的数和左边的数相加的方法,填出一个斜放着的等腰直角三角形。

1	1	1	1	1	1	1	1	1	1
1	2	3	4	5	6	7	8	9	
1	3	6	10	15	21	28	36		
1	4	10	20	35	56	84			
1	5	15	35	70	126				
1	6	21	56	126					
1	7	28	84						
1	8	36							
1	9								
1									

帕斯卡把这个三角形向右旋转45°,进一步发现从第三行开始,中间的每一个数都等于它肩上两个数之和。这些数字的排法好面熟啊！像在哪儿见过。

1
1 1
1 2 1
1 3 3 1
1 4 6 4 1
1 5 10 10 5 1
1 6 15 20 15 6 1
1 7 21 35 35 21 7 1
1 8 28 56 70 56 28 8 1
1 9 36 84 126 126 84 36 9 1

帕斯卡反复回忆,啊！想起来了,他在纸上写出一串等式:

$(a+b)^2=a^2+2ab+b^2$,

$(a+b)^3=a^3+3a^2b+3ab^2+b^3$,

$(a+b)^4=a^4+4a^3b+6a^2b^2+4ab^3+b^4$,

$(a+b)^5=a^5+5a^4b+10a^3b^2+10a^2b^3+5ab^4+b^5$.

这里每一个二项式展开式的系数,不正好是这个三角形一行的数吗?不用问,这最下面的一行数必定是$(a+b)^9$展开式各项的系数。

有了这个三角形,写以自然数为指数的二项式展开式就方便多了。比如求$(a+b)^6$的展开式,只要从三角形的顶尖往下数到第七行,就得到各项的系数,a的指数从6开始降幂排列;b的指数从1开始升幂排列,可以写出:

$$(a+b)^6=a^6+6a^5b+15a^4b^2+20a^3b^3+15a^2b^4+6ab^5+b^6.$$

后来人们就把这个三角形叫作“帕斯卡三角形”。这个三角形给出了二项式展开式系数的规律，对研究二项式非常有用。

其实，这个三角形并不是帕斯卡最早发现的，早在帕斯卡前五六百年，11 世纪我国北宋数学家贾宪曾给出类似的三角形。

贾宪曾在北宋朝廷里做过左班殿直（低级武官）。贾宪对数学颇有研究，著有三本数学书，《算法斅（xiào）古集》《黄帝九章细草》和《释锁》，可惜都已失传。贾宪对数学最重要的贡献是建立了一种开高次方的新方法——“增乘开方法”。用这种方法可以开三次或三次以上的任意次方。

贾宪解方程时，反复遇到二数和的任意次方的展开问题。他发现了展开式中系数的规律，并造了一张数表，叫作“开方作法本源”，包括相当于 0 次到 6 次的二项式展开式的全部系数。

由于贾宪的著作都已失传，因此贾宪所作“开方作法本源”载于南宋数学家杨辉所撰的《详解九章算法》一书中。杨辉部分数学著作被收入明初编写的巨篇《永乐大典》中。清末，英国侵略者把《永乐大典》掠夺去许多册，其中恰好包括“开方作法本源”图的那一册，此书现藏于剑桥大学图书馆，我国国内已没有了。

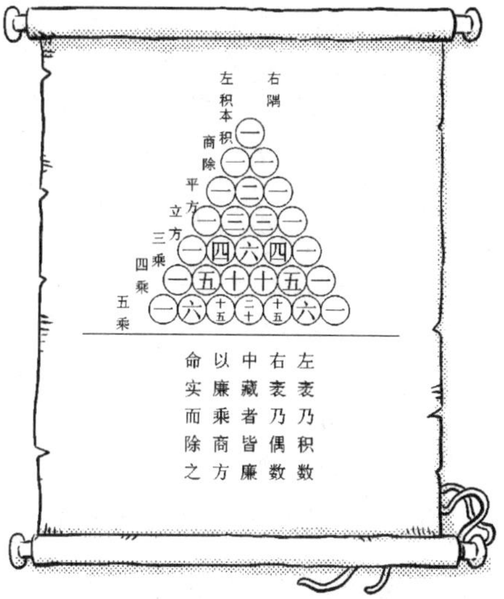

从制作此图时间的早晚来看，此三角形应叫“贾宪三角形”更合适。比帕斯卡早的还有中亚数学家阿尔·卡西，他于 1427 年发表类似三角形。16 世纪德国的阿皮亚纳斯也曾造出此三角形。

《算盘书》和兔子问题

13 世纪，欧洲普鲁士王国的弗雷德里希二世，听说意大利有个解题能手叫斐波那契，此人聪明过人。弗雷德里希二世邀请斐波那契参加王宫的科学竞赛。参加科学竞赛的还有来自欧洲各国的才子和数学家。

弗雷德里希二世出的第一道题是：

“求一个数x，使x^2+5与x^2-5都是平方数。”

参加竞赛的人都在紧皱双眉冥思苦想，而斐波那契用他独创的方法得出答案$3\frac{5}{12}$。有人不相信他能算得这样快，做了一下验算：

$$(3\frac{5}{12})^2+5=\frac{1681}{144}+\frac{720}{144}=\frac{2401}{144}=(\frac{49}{12})^2;$$

$$(3\frac{5}{12})^2-5=\frac{1681}{144}-\frac{720}{144}=\frac{961}{144}=(\frac{31}{12})^2.$$

完全正确！

用代数的方法，设

$$x^2+5=t_1^2,\quad x^2-5=t_2^2,$$

得 $$t_1^2-t_2^2=10.$$

即 $$(t_1-t_2)(t_1+t_2)=10.$$

令 $t_1-t_2=t$，则 $t_1+t_2=\frac{10}{t}$，

于是得 $t_1=\frac{1}{2}(t+\frac{10}{t})$.

$$\therefore\quad x^2=\frac{1}{4}(t+\frac{10}{t})^2-5=\frac{1}{4}(t^2+\frac{100}{t^2}).$$

令 $t=\frac{3}{2}$，就得 $x=3\frac{5}{12}$.

弗雷德里希二世又出了一道题：

“有一笔款，甲、乙、丙三人各占$\frac{1}{2}$，$\frac{1}{3}$，$\frac{1}{6}$。现各从中取款若干，直到取完为止。然后，三人分别放回自己所取款的$\frac{1}{2}$，$\frac{1}{3}$，$\frac{1}{6}$，再将放回的钱平均分给三人，这时各人所得恰好是他们应有的。问原有钱若干？第一次各取若干？”

这道题本身就挺绕人，有人听了三遍题还没把题目的意思弄懂。可是斐波那契已经把答数交给弗雷德里希二世了。答案是：总数是47元，第一次甲取33元，乙取13元，丙取1元。

这个问题可以用方程组来解。

设原有钱x元，第一次甲取u元，乙取v元，丙取w元，可得

$$u+v+w=x,$$

$$\begin{cases}\left(\frac{u}{2}+\frac{v}{3}+\frac{w}{6}\right)\cdot\frac{1}{3}+\frac{u}{2}=\frac{x}{2},\\\left(\frac{u}{2}+\frac{v}{3}+\frac{w}{6}\right)\cdot\frac{1}{3}+\frac{2v}{3}=\frac{x}{3},\\\left(\frac{u}{2}+\frac{v}{3}+\frac{w}{6}\right)\cdot\frac{1}{3}+\frac{5w}{6}=\frac{x}{6}.\end{cases}$$

解这个方程组可得以上答数。

通过这次竞赛，斐波那契名声大震。有人评论说，斐波那契的水平显得比他实际水平高，这是因为没有与他匹敌的同时代人。

斐波那契生于意大利的比萨，父亲是商人。他早年跟随父亲到北非，后又到埃及、叙利亚、希腊、西西里岛和法国游历。他每到一地，都注意该地数学的发展情况。通过比较各地使用的算术，他认为阿拉伯数字和算法最先进。斐波那契返回意大利之后，于1202年写成一部数学专著，起名叫《算盘书》。这本书被欧洲各国选作数学教材，使用达200年之久，在欧洲有巨大的影响。

《算盘书》全书分15章。前7章为十进制的整数及分数的计算问题；第8~11章有适合商业计算的比例、利息和级数求和问题；第12~13章是求一次方程的整数解问题；第14章是求平方根与立方根的法则；第15章是几何度量和代数。《算盘书》内容丰富，方法先进，向欧洲普及了阿拉伯数字，推动了欧洲数学的发展。

《算盘书》中有一道非常出名而又十分有趣的题目——“兔子问题”。

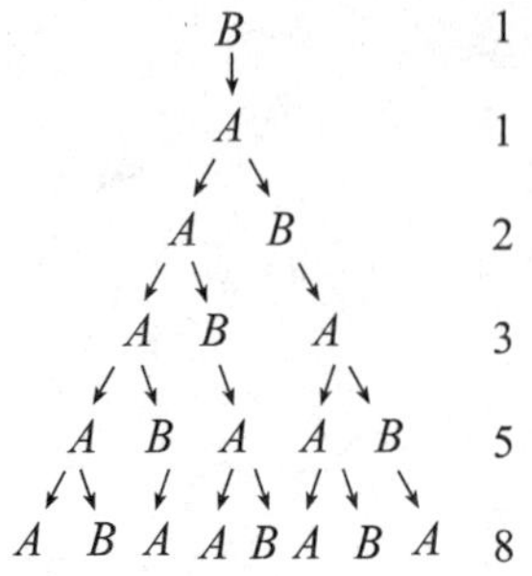

有人想知道一年内一对兔子可繁殖成多少对，便筑了一道围墙将一对兔子关在里面。已知一对兔子每一个月可以生一对小兔，而一对小兔子生下后第二个月就又开始生小兔。假如一年内没有死亡，一对兔子一年内可繁殖成几对？

如果用A表示一对成年的大兔，用B表示一对未成年的小兔。它们的增长规律是：

从上面这个表可以看出，开始是1对小兔，一个月后变成1对大兔，两个月后变成2对兔子，三个月后变成3对兔子，四个月后变成5对兔子，五个月后变成8对兔子……有什么规律没有？我们可以多写出几项来观察，

$$1,1,2,3,5,8,13,21,34,\cdots \qquad (1)$$

不难发现，从第三项开始，每后一项都等于相邻的前两项之和，如$2=1+1,3=2+1,5=3+2,\cdots$19世纪，法国数学家敏聂给出了表示上面一串数(1)的一般公式：

$$F_n=\frac{1}{\sqrt{5}}\left[\left(\frac{1+\sqrt{5}}{2}\right)^n-\left(\frac{1-\sqrt{5}}{2}\right)^n\right].$$

其中$\frac{1+\sqrt{5}}{2}$与$\frac{1-\sqrt{5}}{2}$是方程$x^2-x-1=0$的两个根。数列(1)叫作“斐波那契数列”。

“斐波那契数列”有许多奇妙的性质，在物理学和生物学上有着广泛的应用。数学家泽林斯基在一次国际数学会议上提出树木生长问题：如果一棵树苗在一年以后长出两条新枝，然后休息一年。在下一年又长出一条新枝，并且每一条树枝都按照这个规律长出新枝(如下页图)。这样，第一年只有主干，第二年有2枝，第三年有3枝，接下去是5枝、8枝、13枝等。把这些枝数排起来，恰好是“斐波那契数列”。生物学中所谓的“鲁德维格定律”，实际就是“斐波那契数列”在植物学中的应用。

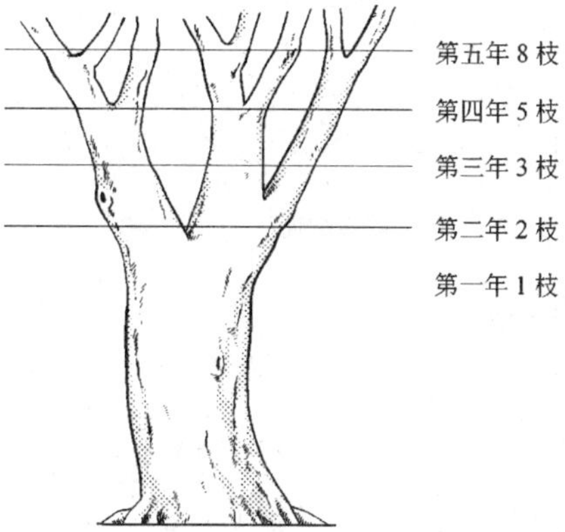

他延长了天文学家的生命

“给我空间、时间和对数，我可以创造一个宇宙。”这是 16 世纪意大利著名学者伽利略的一段话。从这段话中可以看出，伽利略把对数与最宝贵的空间和时间相提并论。

对数的发展绝非一人的功劳，首先要提到的是 16 世纪瑞士钟表匠彪奇。这个人心灵手巧，他不但精通钟表修理，还会修理天文仪器。后来彪奇被任命为布拉格的宫廷钟表师。在布拉格期间，彪奇结识了天文学家开普勒，他看到开普勒每天与天文数字打交道，数字之大，计算量之繁重，常使开普勒头痛。彪奇就产生了简化计算的思想。

造对数表的主要困难在于取什么数作底数。比如在 $y=\log_a x$ 中取 $a=10$，问 $y=0.0001$ 时，x 等于多少？

由 $0.0001=\log_{10}x$ 可得 $x=10^{0.0001}=10^{\frac{1}{10000}}=\sqrt[10000]{10}$。这里需要计算 10 开一万次方，这个工作量太大了。

把底取大点好吗？比如取 $a=10^{10000}$，这样可以解决开一万次方的矛盾，但是新问题又出现了，先来算几个数，对于 $y=\log_a x$ 来说：

当 $y=0.0001$ 时　$x=(10^{10000})^{0.0001}=10^1=10$；

当 $y=0.0002$ 时　$x=(10^{10000})^{0.000}2=10^2=100$；

当 $y=0.0003$ 时　$x=(10^{10000})^{0.0003}=10^{3}=1000$；

……

当 $y=0.99$ 时　$x=(10^{10000})^{0.99}=10^{9900}$.

对数每增加万分之一，真数就增加十倍。真数变化太快。这种表真数变化太快，不好用。

经过反复演算发现，彪奇取了这样的底a，

$$a=1.0001^{10000}=\left(1+\frac{1}{10000}\right)^{10000}.$$

取这样的底可以使对数和真数变化的速度差不多。

彪奇从1603年到1611年，前后用了8年时间，硬是一个数一个数算，造出了一个对数表。彪奇造出的对数表帮了开普勒的大忙。开普勒深刻了解对数表的实用价值，劝彪奇赶快把对数表出版。彪奇自己嫌这个对数表还过于粗糙，一直没下决心出版。

正在彪奇犹豫不定的时候，1614年6月在爱丁堡出版了苏格兰耐普尔男爵所造的、题为《奇妙的对数规律的描述》一书。在这本书中，耐普尔取底为$a=1.0000001^{10^7}$。这个对数表的出版震动了数学界。许多人对这个表感兴趣。

“对数”(logarithm)一词是耐普尔首先创造的，意思是“比数”。最早他用“人造的数”来表示对数。

著名诗人莱蒙托夫是位数学爱好者。传说有一次他解算一道数学题，冥思苦想也没能解决。睡觉时他做了个梦，梦见一位老人提示他应该如何去解这道题，醒后他真的把这道题解出来了。莱蒙托夫把梦中老人的像画了出来，大家一看，竟是数学家耐普尔。这个传说告诉我们，耐普尔在人们心目中的地位是很高的。

1616 年,英国牛津大学数学天文学教授布里格斯访问耐普尔,首先向这位伟大的对数发现者表示敬意,而后向耐普尔提了个建议:为了实用方便,是否把对数的底由1.0000001^{10^7}。改为 10,因为以 10 为底在数值计算上具有优越性。耐普尔也早有这个想法,双方同意合作造以 10 为底的对数表。不幸的是第二年耐普尔就去世了。

耐普尔的死,没有动摇布里格斯造新对数表的决心。他与荷兰数学家和出版者弗拉寇合作,用十年时间造出了以 10 为底的 14 位的对数表,这就是于 1624 年发表的《对数算术》。布里格斯先造出了从 1 到 20000 和从 90000 到 100000 的对数表。后来又在弗拉寇的帮助下补上了从 20000 到 90000 的对数表。

布里格斯造表的工作量是非常大的,下面以他计算 lg5 为例,看看他的计算过程:布里格斯是把真数的几何平均数与对数的算术平均数相对应进行计算的:

真数	对数
$A=1$,	$a=0.0000$(原为 14 位),
$B=10$,	$b=1.0000$,
$C=\sqrt{AB}=3.1623$,	$c=\dfrac{a+b}{2}=0.5000$,
$D=\sqrt{BC}=5.6234$,	$d=\dfrac{b+c}{2}=0.7500$,
$R=\sqrt{CD}=4.2170$,	$r=\dfrac{c+d}{2}=0.6250$,
………	

如此下去，一共进行了22次开方，求出真数约为5.000，相应的对数是0.6990，即lg5＝0.6990。

布里格斯的对数表是我们现在用的四位常用对数表的先驱。

最后应提到两点，最早研究对数的彪奇，直到1620年才发表自己的对数表，比耐普尔晚了六年；现在教科书上都是指数在前，对数在后，而实际上是对数的发现早于指数的应用，这是数学史上的反常情况之一。

对数的出现使学术界，特别是天文学界简直沸腾起来了。法国著名数学家和天文学家拉普拉斯说："对数的算法，不仅免除大数计算时不易避免的错误，并且数月的工作可用数天完成，无异延长了天文学家的生命。"

躺在床上思考的数学家

笛卡儿是17世纪法国哲学家、数学家、物理学家、生理学家。笛卡儿从小丧母，深得父亲的疼爱。他身体不好，父亲与学校商量，每天叫笛卡儿多睡会儿。后来笛卡儿养成了早上躺在床上沉思的习惯。据说笛卡儿许多发现都是早上在床上思考而得的。

数学是一门抽象的科学。方程、函数等都是比较抽象的概念。如果能把数学也搞得比较直观、形象该多好！笛卡儿为这件事动了脑筋。笛卡儿想：几何图形是直观的，而代数方程则比较抽象。能不能用几何图形来表示方程呢？关键是如何把组成几何图形的"点"与满足方程的每一组有序实"数"挂上钩，要在方程和几何之间架设一座桥梁。

传说有一次笛卡儿生病卧床，这是他思考问题的好时机。身体有病，头脑可不能闲着。笛卡儿反复琢磨通过一种什么办法，能够把点和数挂起钩来。突然，他看见屋顶上的一只蜘蛛拉着丝垂了下来。一会儿，蜘蛛又顺着丝爬了上去，在屋顶上左右爬行。

笛卡儿看到蜘蛛的"表演"，灵机一动，他想，可以把蜘蛛看作一个点，它在屋子里可以上、下、左、右运动，能不能用一组有序实数把蜘蛛的位置确定下来？他又想，屋子里相邻的两面墙与地面交出了三条线。如果把地面上的墙角作为计算起点，把交出来的三条线作为三根数轴，那么空间中任一点的位置，不是可以用在这三根数轴找到的三个有顺序的数来表示了吗？比如图中的P点，它用$\left(3,2\frac{1}{2},2\right)$来表示，$\left(3,2\frac{1}{2},2\right)$叫作$P$点的坐标。反过来，任意给一组三个有顺序的数，也可以用空间中的一个点来表示它们。

在蜘蛛爬行的启示下，笛卡儿创建了坐标系。坐标系如同架设在代数和几何之间的一座桥梁。在坐标系下，几何图形和方程建立了联系，可以把几何图形通过坐标系转化成代数方程来研究，也可以画出方程的图形来研究方程的性质。笛卡儿还创造了用代数方法来研究几何图形的数学分支——解析几何。

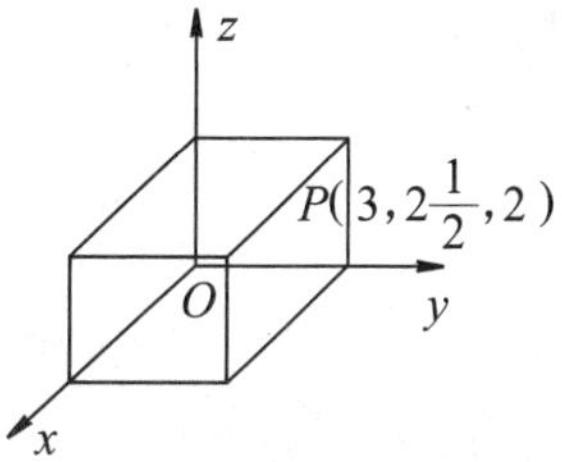

应该说明的是：笛卡儿最初开始创造的并不是直角坐标系，而是很不完备的斜坐标系。1637 年，笛卡儿匿名出版了他的划时代著作，题为《方法谈》。为什么要匿名出版呢？因为笛卡儿的哲学主张遭到反动教会的反对，意大利著名学者伽利略刚刚被宗教法庭审判，因此，笛卡儿不敢用真名发表。即使这样，1647 年宗教法庭还是判处笛卡儿有罪，将笛卡儿的著作交宗教法庭烧毁！

笛卡儿这本书有三个附录，即《折光》《陨星》《几何学》。笛卡儿是在附录《几何学》中首先引入了坐标系的。他在一根给定的轴上标出x，在与该轴成固定角的线上标出y，并且作出其x值和y值满足给定关系的点。

笛卡儿并不是专门研究数学的。他研究哲学，还从事文学创作。多方面的兴趣、细心的观察、深入的思考，使他在数学方面创造了许多重要的方法。笛卡儿写道:“虽说我从小就喜欢把空闲的时间用在解决数学问题上,但是这都是些小事情。在这些小事情当中,可能我发现了比普通数学更精确的地方。我抛弃了专门研究代数和几何,使我能献身于多方面的数学研究。在细心寻思时,我发现一切科学,所有跟顺序和度量有关的知识都属于数学,它们总要表现在数、图形、星座和声调里。”笛卡儿坐标系的建立,解析几何的创立,对数学的发展有着重大意义,是数学发展的一个重要转折点。

真函数与假函数

“函数”这个词被用作数学的术语,最早提出的是德国数学家莱布尼茨。他于1692年第一次用这个词。最初莱布尼茨用函数一词表示幂,比如x,x^2,x^3都叫函数;后来,他又用函数一词表示在直角坐标系中,曲线上一点的横坐标、纵坐标等。

把函数理解为幂的同义词,可以看成函数的代数起源;用函数表示与几何有关的量,可以看作函数的几何起源。

进入18世纪,数学家将函数概念进行了扩展:

1718年,瑞士数学家伯努利把函数定义为:“由某个变量及任意的一些常数结合而成的数量。”意思是凡变量x与常量所构成的式子都叫作x的函数。伯努利已不再强调幂的形式了,凡是用公式表达的都叫作函数,如x^3+2x+1, $\sin x$, $\cos x$, e^x+1都是函数。

后来数学家觉得不应该把函数概念局限于只能用公式来表示。只要一些变量变化,另一些变量能随之而变化就可以,至于这两类变量的关系是否要用公式来表示,就不作为判别函数的标准。

1775年,瑞士数学家欧拉把函数定义为:“如果某些变量,以某一种方式依赖于另一些变量,即当后面这些变量变化时,前面这些变量也随着变化,我们把前面的变量称为后面变量的函数。”在欧拉定义中,就不强调函数要用公式表示了。

由于函数不一定要用公式来表达，欧拉曾把画在坐标系中的曲线也叫“函数”。如图，只要把曲线上点P_0的横坐标x_0确定，通过曲线就可以把点P_0的纵坐标y_0确定。当曲线上点P的横坐标x变化时，点P的纵坐标y也随之而变化。实际上，欧拉这里讲的是函数的图象表示法。

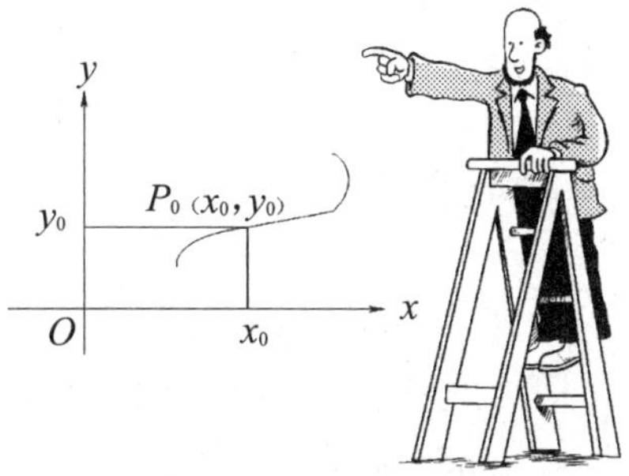

有的数学家对于不用公式来表示函数感到很不习惯，有的数学家甚至对不用公式来表示函数，还抱怀疑态度。因此，数学家曾把能用公式表示的函数叫“真函数”，把不能用公式表示的函数叫“假函数”。

现行中学课本上的函数定义是谁提出来的呢？最先提出类似定义的是法国数学家柯西。柯西于1821年提出如下定义：“在某些变量间存在着一定的关系，当一经给定其中某一变量的值，其他变量的值可随之而确定时，则将最初的变量叫作自变量，其他各变量叫作函数。”在柯西的定义中出现了“自变量”一词。

与柯西同时期的德国数学家黎曼也提出过类似的定义：“对于x的每一个值，y总有完全确定的值与它对应，而不拘建立x，y之间的对应方法如何，把y叫作x的函数。”

从用公式表示的才叫函数，扩充到现在用公式法、图像法、列表法等表示的都叫作函数，经历了一段很长的认识过程。19世纪70年代，德国数学家康托尔提出了集合论，函数便明确地定义为集合间的对应关系，使得函数这个概念更准确，应用范围更广泛。

汉语中的“函数”是个意译词，就像“收音机”“自行车”一样，是把外文的词按意思转译过来的。它是我国清代数学家李善兰在译著《代微积拾级》中首先使用的。中国古代"函"字与"含"字通用,都有着"包含"的意思。李善兰的定义是:"凡式中含天,为天之函数。"中国古代用天、地、人、物四个字来表示四个不同的未知数或变量。这个定义的含意是"凡是公式中含有变量x,则该式子叫作x的函数"。所以"函数"是指公式里含有变量的意思。它比现在中学所学的函数定义要狭窄一些。

由瓦里斯问题引起的推想

17 世纪英国著名数学家瓦里斯,自学成才,被人们称赞为"当时最有能力,最有创造力的人"。他在牛津大学当了 54 年数学教授。他著的《无穷的算术》一书,对数学发展影响很大。

瓦里斯曾提出一个问题:如何证明周长相同的矩形中正方形面积最大?这是 300 多年前的一个求极大值问题。

证明瓦里斯问题的方法很多,下面用二次函数来证明:

设矩形的周长为 $2p$,长为x,则宽就是 $p-x$。

矩形的面积 $S=x\cdot(p-x)$

$=-x^2+px.$

这是一个二次函数。

对于二次函数$y=ax^2+bx+c$来说,当$a>0$时,y有极小值;当$a<0$时,y有极大值。

$\because\ S=-x^2+px,\quad a=-1<0,$

$\therefore\ S$有极大值.

对上面二次函数进行配方:

$$S=-\left(x^2-px+\frac{p^2}{4}\right)+\frac{p^2}{4}$$

$$=-\left(x-\frac{p}{2}\right)^2+\frac{p^2}{4}.$$

当$x=\frac{p}{2}$时,S有最大值$\frac{p^2}{4}$,且当$x=\frac{p}{2}$时,$p-x=\frac{p}{2}$,说明周长为

$2p$ 的矩形中，以正方形的面积最大。

同样利用二次函数做工具，可以把瓦里斯问题层层引申，解决许多有趣的极值问题。

问题1：用一定长的篱笆，靠墙围成一个矩形，问怎样围法才能使围的面积最大？

设篱笆总长为L，如图设一边为x，另一边为$L-2x$，所围矩形面积为S.

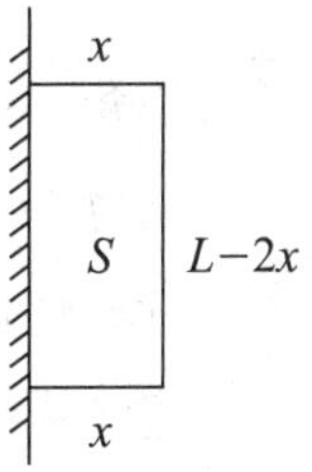

问题1图

$S=x(L-2x)$

$=-2x^2+Lx.$

由二次项系数为-2，所以该函数有极大值。使用配方法，得：

$S=-2(x^2-\frac{L}{2}x+\frac{L^2}{16})+\frac{L^2}{8}$

$=-2(x-\frac{L}{4})^2+\frac{L^2}{8}.$

当$x=\frac{L}{4}$时，S的最大值为$\frac{L^2}{8}$，此时另一边为$L-2\cdot\frac{L}{4}=\frac{L}{2}$。

问题2：在一个锐角三角形中作一个内接矩形。问怎样作法才能使内接矩形的面积最大？

设$\triangle MNP$的底边$MP=a$，高$NR=h$。又设内接矩形$ABCD$的一边$AD=x$.

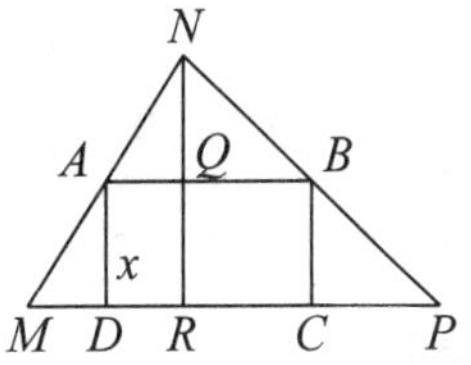

问题2图

$\because\quad \triangle ABN\backsim\triangle MPN,$

$\therefore\quad \frac{AB}{MP}=\frac{NQ}{NR},\qquad \frac{AB}{a}=\frac{h-x}{h},$

$AB=\frac{(h-x)a}{h}.$

设内接矩形$ABCD$的面积为S.

$S=AD\times AB$

$=\frac{a}{h}(h-x)\cdot x=-\frac{a}{h}(x^2-hx)$

$$=-\frac{a}{h}\left(x^2-hx+\frac{h^2}{4}\right)+\frac{ah}{4}$$

$$=-\frac{a}{h}\left(x-\frac{h}{2}\right)^2+\frac{ah}{4}.$$

当$x=\frac{h}{2}$时，S有最大值$\frac{ah}{4}$.

这个结果说明，当把垂直于底边的矩形一边取作三角形高的一半时，内接矩形有最大面积。最大面积恰好等于三角形面积的一半。

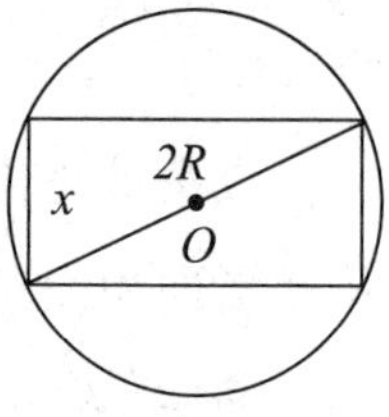

问题 3 图

问题 3：在半径为R的圆内作一个内接矩形。问怎样作法才能使内接矩形的面积最大？

设圆内接矩形的一边为x，由勾股定理可得矩形的另一边为$\sqrt{4R^2-x^2}$。

设内接矩形的面积为S.

$$S=x\sqrt{4R^2-x^2}.$$

从表面上看，这不是一个关于x的二次函数，但是可以把它化成为二次函数。

将上式两边同时平方，得

$$S^2=x^2(4R^2-x^2)=-x^4+4R^2x^2.$$

若S^2有最大值，S必有最大值，而且在相同的x值处取得最大值（注意，此处$S>0$才有此结论，否则无此结论）。因此，只需要求S^2的最大值就可以了。

$$S^2=-x^4+4R^2x^2,$$

令 $y=x^2$,

则 $S^2=-y^2+4R^2y=-(y-2R^2)^2+4R^4$.

当 $y=2R^2$ 时，S^2 有最大值 $4R^4$。

由 $y=x^2$ 可得 $x=\sqrt{2}R$，此时 $S=2R^2$，另一边是 $\sqrt{4R^2-x^2}=\sqrt{4R^2-2R^2}=\sqrt{2}R$.

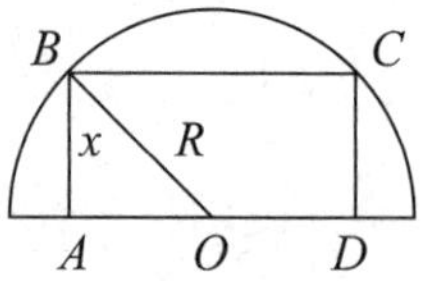

问题 4 图

这说明，当圆的内接矩形为一正方形时面积最大，等于 $2R^2$。

问题 4：在半径为R的半圆中，作一个内接矩形。问怎样做，能使内接矩形的面积最大?

设内接矩形的一边为x,连接OB,由勾股定理可得$AO=\sqrt{R^2-x^2}$,所以另一边$AD=2AO=2\sqrt{R^2-x^2}$.

设内接矩形面积为S.

$$S=2x\sqrt{R^2-x^2}.$$

两边同时平方,可得

$$S^2=4x^2(R^2-x^2)$$
$$=-4(x^2-\frac{R^2}{2})^2+R^4.$$

当 $x^2=\frac{R^2}{2}$,即 $x=\frac{\sqrt{2}}{2}R$ 时,S 有最大值 R^2。此时矩形的另一边 $AD=2\sqrt{R^2-\frac{R^2}{2}}=\sqrt{2}R$,恰好是$AB$的两倍。

这说明,当平行于直径的一边是另一边的两倍时,内接矩形的面积最大。

神奇的普林顿 322 号

被挖掘出来的古代巴比伦人制作的泥板,已经超过 50 万块,其中纯数学泥板约有 300 块。在已经分析过的巴比伦数学泥板中,最引人注意的也许是普林顿 322 号。它是哥伦比亚大学普林顿收集馆的第 322 号收藏品。该泥板是用古代巴比伦字体写的,时间为公元前 1900—前 1600 年。

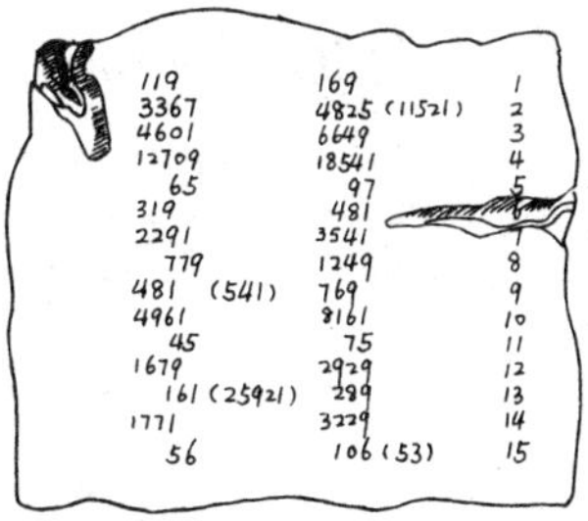

该泥板左边掉了一块,右边靠中间有一个很深的缺口,左上角也剥落了一片。通过验查,发现泥板左边破处有现代胶水的结晶。这表明,这块泥板在挖掘时大概是完整的,后来破了。科学工作者曾试着用胶水把它们粘在一起,以后又分开了。碎片也许还在,如果能把这块碎片找到,一定会引起人们很大的兴趣。

普林顿 322 号包括基本上完整的三列数字。为了方便,我们用阿拉伯数字改写了。显然，靠右边的那一列只不过是用来表示行数的。另外两列，乍一看，好像杂乱无章。但是认真研究之后，会发现：两列中的对应数字（除了四个例外）恰好构成边长为整数的直角三角形的斜边和一条直角边。那四个例外，图中把正确的数字写在右边的括号里。

我们都知道，像3,4,5这样一组能作为一个直角三角形三条边的正整数叫作勾股数，或称毕氏三数（毕达哥拉斯三数）。如果这一组数中，除了1以外没有其他公因子，就称为素毕氏三数。比如3,4,5是素毕氏三数，而6,8,10就不是素毕氏三数。数学家已经证明：所有的毕氏三数a,b,c都能用下列公式表达

$$a=2uv,\ \ b=u^2-v^2,\ \ c=u^2+v^2.$$

其中u和v互质，奇偶性不同，并且$u>v$。例如$u=2,v=1$则满足互质、u偶数、v奇数及$u>v$的条件。将它们代入公式，得：

$a=2\times2\times1=4$，$b=2^2-1^2=3$，

$c=2^2+1^2=5$，即3,4,5为一组素毕氏数。

利用勾股定理，假定普林顿泥板上给出的是斜边c和直角边b，就可以算出另一条直角边a来。见下表：

a	b	c	u	v
120	119	169	12	5
3456	3367	4825	64	27
4800	4601	6649	75	32
13500	12709	19541	125	54
72	65	97	9	4
360	319	481	20	9
2700	2291	3541	54	25
960	799	1249	32	15
600	481	769	25	12
6480	4961	8161	81	40
60	45	75	2	1
2400	1679	2929	48	25
240	161	289	15	8
2700	1771	3229	50	27
90	56	106	9	5

比如由$\sqrt{169^2-119^2}=\sqrt{14400}=120$，算出$a=120$. $a=2\times12\times5=120$，$b=12^2-5^2=119$，$c=12^2+5^2=169$，所以$u=12,v=5$.

上列毕氏三数中，除第11行的60,45,75，第15行的90,56,106之外都

是素毕氏三数。为了便于研究，我们给出了这些毕氏数的参数u,v的值。

普林顿322号告诉了我们，早在3000多年前，古代巴比伦人就知道了素毕氏数的一般表达式了。这真是一件了不起的贡献！

我需要一个特殊时刻

泰勒斯是古希腊哲学的鼻祖，是古希腊爱奥尼亚学派的创始人。

泰勒斯早年是个商人，游历过许多地方。关于他的传说也很多，下面说一个泰勒斯测金字塔的故事。

2500多年以前，埃及法老阿玛西斯命令说："找人测量一下雄伟的金字塔究竟有多高。"可是所有埃及的聪明人都试验过了，谁也测不出来。

泰勒斯在埃及跟僧侣学习过数学，他答应测出金字塔的高度。那时候连件像样的测量仪器也没有，想直接测出四棱锥形金字塔的高，真是困难呀！

泰勒斯对法老阿玛西斯说："我需要找一个特殊时刻，才能测出金字塔的高。"

泰勒斯在金字塔旁竖立一根1米长的木棒，他不断测量这根木棒的影长。等到木棒的影子也是1米长时，特殊时刻来到了。因为在同一场所，同一时刻，金字塔的影子也应该和金字塔的高度一样长。

木棒的影子和金字塔的影子有所不同。木棒的影子可以全部测出来，而金字塔的影子却有一部分藏在金字塔的底座里。如果像下页图那样，把金字塔从当中切开，藏在里面的影子正好等于底边的一半b。再把金字塔外面的影长a测出来，二者相加得$a+b$，就是金字塔的高。

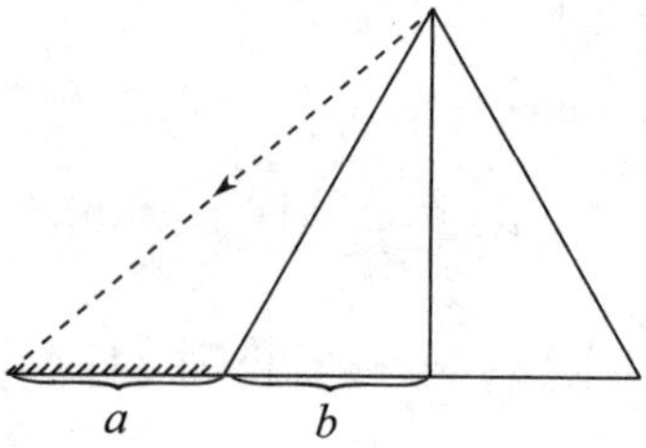

泰勒斯测金字塔的高度,是人类用相似原理进行测量最早的尝试。

泰勒斯在数学上最大的贡献是开创了命题的证明,使数学从直观判断跃升为逻辑证明,从而使数学定理更可靠了。泰勒斯曾证明"圆被任一直径所平分""等腰三角形的两底角相等"等几何命题。

泰勒斯还是天文学家,会预测日食的发生。传说,当时的美地亚国和吕地亚国发生战争,五年不分胜负,伤亡惨重。泰勒斯预先测知有日食发生,便传话给两国,说上天反对战争,如双方不停止战斗,某月某日必用日食来警告。到了那一天,双方战斗正在激烈进行,突然太阳失去光辉,白天变成了黑夜。双方非常害怕,认为是上天的惩罚,于是停战。后来查阅史料知道,这次日食发生在公元前585年5月28日。

但很多学者对上述传说抱怀疑态度,认为在那个时代准确地测出日食,几乎是不可能的!

刘徽发明"重差术"

刘徽是我国三国时期的魏国人,可能是山东人。他曾从事度量衡考校工作,研究过天文历法,但主要是研究数学。

刘徽自幼就学习《九章算术》,对该书有独到的研究。他不迷信古人,对《九章算术》中许多问题的解法不满意,于263年完成了《九章算术注》,对《九章算术》的公式和定理给出了合乎逻辑的证明,对其中的重要概念给出了严格的定义,为我国古代数学建立了完备的理论。

刘徽创造了一种测量可望而不可即目标的方法,叫作"重差术"。重差术也叫"海岛算经",附在《九章算术注》之后,共有九个问题。

刘徽说："凡望极高，测绝深而兼知其远者必用重差，勾股则必以重差为率，故曰重差也。"这段话的意思是，重差用于测不可到达物的距离。用两次测量之差，再利用相似比来进行计算。

"海岛算经"的第一个问题是"测海岛高及距离"。题目原文是：

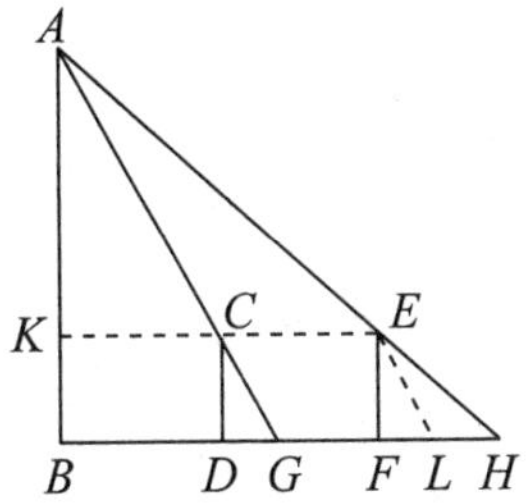

"今有望海岛，立两表，齐高三丈，前后相去千步，令后表与前表参相直。从前表却行一百二十三步，人目著地取望岛峰，与表末参合。从后表却行一百二十七步，人目著地取望岛峰，亦与表末参合。问岛高及去表各几何。"按现代数学语言译出，就是："为了求出海岛上的山峰AB的高度，在D和F处树立标杆DC和FE，标杆高都是 3 丈，两标杆相距 1000 步，AB、CD和EF在同一平面内。从标杆DC退后 123 步到G点，看到岛峰A和标杆顶端C在一条直线上；从标杆FE退后 127 步到H点，也看到岛峰A和标杆顶端E在一条直线上。求岛峰高AB及水平距离BD。"

为解此题，可令标杆高为h，两标杆的距离为d，第一次退a_1，第二次退a_2。又设岛高为x，BD为y。

按刘徽的做法是，作$EL /\!/ AG$交BH于L点.

$\because \quad \triangle ELH \backsim \triangle ACE,$

$\quad\quad \triangle EHF \backsim \triangle AEK,$

$$\therefore \quad \frac{EC}{HL} = \frac{AE}{EH}, \quad \frac{AE}{EH} = \frac{AK}{EF},$$

$$\therefore \quad \frac{EC}{HL} = \frac{AK}{EF}.$$

已知$EC = DF = d$, $HL = FH - FL = FH - DG = a_2 - a_1$, $EF = h$，可得

$$\frac{d}{a_2-a_1}=\frac{AK}{h},\ AK=\frac{d}{a_2-a_1}h,$$

$$x=AK+h=\frac{d}{a_2-a_1}h+h.$$

$$\text{又}\because\quad \triangle CDG\backsim\triangle AKC,$$

$$\therefore\quad \frac{KC}{DG}=\frac{AK}{CD}.$$

已知$KC=y,\ DG=a_1,\ AK=\dfrac{d}{a_2-a_1}h,\ CD=h$,所以

$$\frac{y}{a_1}=\frac{\dfrac{d}{a_2-a_1}h}{h},$$

$$y=\frac{d}{a_2-a_1}a_1.$$

在上面公式里$\dfrac{d}{a_2-a_1}$是两个差数之比,所以叫重差术。也有人说因为两次用到差 a_2-a_1,所以叫重差。

刘徽也得到了上面的公式,其公式为:

$$\text{岛高}=\frac{\text{表高}\times\text{表间}}{\text{后表却行}-\text{前表却行}}+\text{表高},$$

$$\text{前表去岛之远近}=\frac{\text{前表却行}\times\text{表间}}{\text{后表却行}-\text{前表却行}}。$$

其中“表”就是标杆,“却行”就是后退。

将“海岛算经”第一题的数据代入公式,可得$x=1506$步,$y=30750$步。

“海岛算经”本来不独立成书,是附在《九章算术注》中“勾股”章后面的一个附录,主要讲用勾股定理进行测量的补充和发展。到公元 7 世纪唐朝初年,才从《九章算术注》中抽出来成为一部独立著作。因为第一题是关于测量海岛的高和远,所以起名《海岛算经》。

现传本《海岛算经》的九个问题中,有三个问题需要观测两次;有四个问题要观测三次;还有两个问题要观测四次。所有的观测和计算,都是应用相似三角形对应边成比例进行的,虽然没有引入三角函数,但是利用线段之比,同样可得结果。

重差术是我国数学上的一个创造。

代数符号小议

1842年，数学家内塞尔曼把代数的发展分为三个时期：

(1)古老的文字叙述代数。

(2)简化代数。由古希腊数学家丢番图开始的用缩写方法来表示代数。

(3)符号代数。这是近400年才出现的。

20世纪英国著名哲学家、数学家罗素说，什么是数学？数学是符号加逻辑。可见，数学符号在数学发展中起着重要作用。

公元13世纪，意大利数学家斐波那契首先使用符号“℞”表示平方根号，它是取拉丁文Radix头尾两个字母合并而成。17世纪，法国数学家笛卡儿使用“$\sqrt{\quad}$”表示根号。这个符号包含两个意思：“$\surd$”是由拉丁字母“r”演变而来，它的原词为root(方根)；上面的短线“—”表示括线，相当于常用的括号。

指数符号。首先是苏格兰人休姆引入一个记号，用罗马数字表示指数，写在底的右上角，后经笛卡儿改良变成现在的A^n形式。

分指数最早见于奥力森的《比例算法》一书中。他把

$$2^{\frac{1}{2}} \text{写作} \frac{1 \cdot P}{2 \cdot 2}, \quad (2\frac{1}{2})^{\frac{1}{4}} \text{写作} \frac{1 \cdot P \cdot 1}{4 \cdot 2 \cdot 2}$$

或者

$9^{\frac{1}{3}}$ 写作 $\frac{1}{3} \cdot 9^P$，$2^{\frac{1}{2}}$ 写作 $\frac{1}{2}2^P$，后经牛顿改造成现在的形式。

17世纪，英国数学家沃利斯最早提出了负指数。他在《无穷算术》一书中说：“平方数倒数的数列 $\frac{1}{1},\frac{1}{4},\frac{1}{9}\cdots$ 的指数是 -2，立方数倒数的数列 $\frac{1}{1},\frac{1}{8},\frac{1}{27}\cdots$ 的指数是-3，两者逐项相乘，就得到‘五次幂倒数’的数列 $\frac{1}{1},\frac{1}{32},\frac{1}{243}\cdots$ 它的指数显然是 $-2-3=-5$……同样，‘平方根倒数’的数列$\frac{1}{\sqrt{1}},\frac{1}{\sqrt{2}},\frac{1}{\sqrt{3}}\cdots$的指数是 $-\frac{1}{2}$。”

沃利斯引入了负指数，但是没有给出负指数符号，还是牛顿第一个给出了负指数符号。1676 年 6 月 13 日，牛顿写信给英国皇家学会秘书奥尔登伯格，请他把信转给德国数学家莱布尼茨。信中说：“因为代数学家将 aa，aaa，$aaaa$ 等写成a^2，a^3，a^4等，所以我将 $\sqrt{a}$，$\sqrt{a^3}$，$\sqrt[3]{a^5}$写成 $a^{\frac{1}{2}}$，$a^{\frac{3}{2}}$，$a^{\frac{5}{3}}$；又将 $\frac{1}{a}$，$\frac{1}{aa}$，$\frac{1}{aaa}$写成 a^{-1}，a^{-2}，a^{-3}。”

对数符号“log”是 logarithm（对数）的字头。苏格兰男爵耐普尔于 1614 年在爱丁堡出版了《奇妙的对数规则的描述》一书。耐普尔引进了对数这个词。

1620 年，英国牛津大学教授布里格斯的一位同事冈特使用了 cosine（余弦）和 cotangent（余切），首先出现在他写的《炮兵测量学》中。

sine（正弦）一词由雷基奥蒙坦最早使用。雷基奥蒙坦是 15 世纪西欧著名数学家。

secant（正割）及 tangent（正切）最早见于 16 世纪丹麦数学家托马斯·芬克所写的《圆几何学》一书。

cosecant（余割）最早见于 16 世纪锐梯卡斯所写的、1596 年出版的《宫廷乐曲》一书。

1626 年，阿贝尔特·格洛德最早将“sine”“tangent”“secant”简写成“sin”“tan”“sec”。1675 年，英国人奥特雷德最早将“cosine”“cotangent”“cosecant”简写为“cos”“cot”“csc”。这些符号一直到 1748 年经欧拉应用，才逐渐普及起来。

欧拉于 1734 年引入函数符号$f(x)$；于 1736 年引入自然对数的底 e。

2. 代数的威力

裁纸与乘方

在书和本子的背面，你会看见：8 开、16 开、32 开等字样。你知道这是什么意思吗？

一张整张的纸(787 毫米 × 1092 毫米)，叫整开纸。把它对折裁开，就得到两张对开的纸。对开纸也叫两开纸。如果把对开纸再对折裁开，就得到四张 4 开纸。像这样再继续对折裁开，还可以得到 8 开、16 开、32 开、64 开等各种大小不同的纸。如果换一种对折的方法裁纸，还会得到 18 开、22 开等其他开型的纸。

研究一下用对折方法裁开的纸：折一次得 2 开纸，$2=2^1$；折二次得 4 开纸，$4=2^2$；折三次得 8 开纸，$8=2^3$；往下是 16 开，$16=2^4$；32 开，$32=2^5$；64 开，$64=2^6$……

以上这些数都可以写成幂的形式：幂底 2 表示裁纸的方法，每次都是把一张纸裁成两张；幂指数表示折纸的次数；幂是裁出纸的张数，也就是纸张的开型。

在数学上，把求相同因数的积的运算，叫作乘方。乘方的结果叫作幂。有人把乘方叫作加、减、乘、除四种运算之外的第五种运算。

喜马拉雅山的主峰——珠穆朗玛峰，海拔 8848.86 米，是世界第一高峰，被称作“世界屋脊”。一张报纸只有$\frac{1}{100}$厘米厚，但是把一张报纸连续对折 30 次后，它的厚度能够超过珠穆朗玛峰！

是危言耸听吗？可以用计算来回答：

一张报纸连续对折，它的层数按如下规律增加：1，2，4，8，16，32…即 1，

$2^1, 2^2, 2^3, 2^4, 2^5 \cdots$

对折 30 次，层数为 2^{30}。可用对数算出 2^{30}：设 $x = 2^{30}$，两边同时取对数：

$$\lg x = 30\lg 2 = 30 \times 0.3010 = 9.030,$$

$$\therefore\ x = 1.072 \times 10^9.$$

如果按 100 层报纸厚为 1 厘米计算，

$$x = 107200(\text{米}).$$

也就是说，这张报纸连续对折 30 次后，它的厚度大约是 107200 米，比 12 座珠穆朗玛峰接在一起还要高！

有了乘方和幂，就可以用幂的形式来记大数或小数了。比如人体大约有 100 万亿个细胞。100 万亿就是 100000000000000，这里 0 真够多的，很容易弄错。用幂形式记就是 10^{14}，很方便。

幂的形式不仅记数方便，计算更是简便。比如人体大约有 100 万亿个细胞，我国有 10 亿人，问共有多少个细胞？

设细胞总数为 n，则

$$n = 100000000000000 \times 1000000000$$
$$= 100000000000000000000000.$$

是个 24 位的大数，其中 0 有 23 个。

如用幂的形式来记，再使用乘方法就有

$$n = 10^{14} \times 10^9 = 10^{14+9} = 10^{23}.$$

10 的幂指数是多少，1 后面就写多少个 0。如能记住"千"对应着 10^3，"亿"对应着 10^8，使用起来就更方便了。

幂字的趣味

"幂"字有 12 画，古代的幂字却只有两画，写作"冖"。"冖"是个象形字，表示一块盖桌子的布。你看，"冖"字多像一块布盖在桌子上，两边还垂下一部分来。

我国古代数学家就借用“一”字来表示一块方形布的面积。现在a的二次幂的几何意义，就是表示以a为边的正方形的面积。

16世纪，法国数学家韦达把a的一次幂叫作“长度”，a的二次幂a^2叫作“面积”，a的三次幂a^3叫作“体积”。

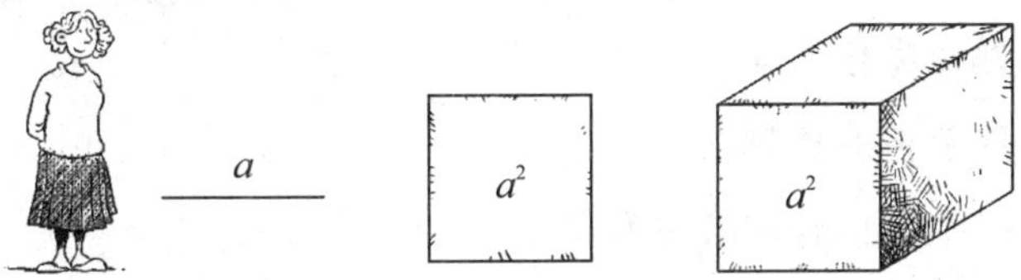

a的四次幂a^4叫什么呢？韦达也有办法。他把a^4叫作“面积 — 面积”，把a^5叫作“面积 — 体积”，把a^6叫作“体积 — 体积”。依次类推，一直到a^9叫作“体积 — 体积 — 体积”。人们对幂的理解，就是从几何直观开始的。

人对大数的认识和表示，与“幂”字的发展是密不可分的。早在2000多年前，古希腊的数学家阿基米德在《数沙者》一书中写道：“有人认为无论是在叙拉古城，还是在整个西西里岛，或者在全世界所有有人烟和无人迹的地方，沙子的数目是无穷的；也有人认为沙子数目不是无穷的，但是想表示沙子的数目是办不到的。但是我的计算表明，如果把所有的海洋和洞穴都填满沙子，这些沙子的总数不会超过1后面有100个零。”这里阿基米德提出了一个大数：10^{100}。在这本书中阿基米德还提出计算大数的单位——“万万”即10^8。以万万为起点，可以得到一系列新的大数10^{16}，10^{24}等。

阿基米德在著名的“阿基米德牛群”问题中，提出了更大的数。该问题说：

> 朋友，请告诉我，
> 西西里岛上有多少头牛？

如果你不缺少智慧，

请数一数吧！

这些牛分成四群，

以不同颜色相区别：

一群乳白色闪闪发亮，

一群灰黑色如同海浪，

一群红褐色的像一团火，

一群杂色的像花儿开放。

每一牛群中都有公牛和母牛，

它们虽然极其众多，

却也不是没有一定规律：

白色公牛的数目，

等于$(\frac{1}{2}+\frac{1}{3})$黑色公牛数目，加上褐色公牛数目；

黑色公牛的数目，

等于$(\frac{1}{4}+\frac{1}{5})$杂色公牛数目，加上褐色公牛数目；

杂色公牛的数目，

等于$(\frac{1}{6}+\frac{1}{7})$白色公牛数目，加上褐色公牛数目。

母牛数目也有一定规则：

白色母牛的数目，

等于$(\frac{1}{3}+\frac{1}{4})$黑色公牛加母牛的数目；

黑色母牛的数目，

等于$(\frac{1}{4}+\frac{1}{5})$杂色公牛加母牛的数目；

杂色母牛的数目，

等于$(\frac{1}{5}+\frac{1}{6})$褐色公牛加母牛的数目；

褐色母牛的数目，

等于($\frac{1}{6}+\frac{1}{7}$)白色公牛加母牛的数目。

朋友,还请你注意,

公牛数的特别性质:

如果把白色和黑色公牛一个挨一个排列,

将构成一个正方形;

如果把杂色和褐色公牛一个挨一个排列,

将构成一个三角形。

朋友,请运用你的智慧回答:

共有多少公牛和母牛?

各种颜色的公牛和母牛各有多少?

如果你能回答,

你将是世界上最聪明的人!

由于题目很长,条件也比较多,想当“世界上最聪明的人”也并不容易。

假设以X,Y,Z,T分别表示白色、黑色、褐色、杂色公牛数。再以x,y,z,t分别表示相应的母牛数,则可得方程组:

$X=\left(\frac{1}{2}+\frac{1}{3}\right)Y+Z,$

$Y=\left(\frac{1}{4}+\frac{1}{5}\right)T+Z,$

$T=\left(\frac{1}{6}+\frac{1}{7}\right)X+Z,$

$x=\left(\frac{1}{3}+\frac{1}{4}\right)(Y+y),$

$y=\left(\frac{1}{4}+\frac{1}{5}\right)(T+t),$

$t=\left(\frac{1}{5}+\frac{1}{6}\right)(Z+z),$

$z=\left(\frac{1}{6}+\frac{1}{7}\right)(X+x),$

$X+Y=$完全平方数(即$X+Y=P^2$),

$T+Z=$ 三角形数[即 $T+Z=\frac{q(q+1)}{2}$].

这是一个难解的不定方程,它包含了8个未知整数。这8个未知整数受7个线性方程和2个附加条件的约束。

尽管此题很困难,阿基米德还是给出了详细的解法,答数很大,有的超过206500位数。数学家维谢洛夫斯基说:“如果每页写2500个数字,这道题的答案全部写出来需要660页的一本书。如果用幂来表示就方便多了,比如白色公牛数 $X=1598\times10^{206541}$,公牛总数为 7766×10^{206541}。”

沈括与围棋

围棋棋局变化万千,自古以来几乎没有看到过完全相同的棋局。围棋与数学的关系密切,其中棋局总数有多少就是一个数学问题。这个问题看起来很简单,可是棋路多了计算就很复杂。传说我国唐代的张遂曾计算过棋局总数,但他是怎样计算的,没有留下记载。

沈括是我国北宋时期杰出的科学家。他多才多艺,在许多领域内取得重要成就。沈括对棋局的总数进行了计算,他认为棋路多了,棋局总数大得很,“非世间名数可能言之”,就是说,已有的数目字都不够用。

沈括是由简到繁来考虑的。他从二路开始计算。如果棋盘是二路见方,只考虑一个用子位置,对方就有三种落子的可能,也就有三种变化。用子可以有四种位置。因此,只考虑四个棋子的位置就可以有 $3^4=81$ 种变化。以后不管是横是直,每增加一个用子位置,棋局数目就乘3。

如果棋盘增加到三路见方,有九个棋子位置,$3^9=19683$,可变出一万九千六百八十三局。一直算下去,如果棋盘是七路以上见方的,棋局总数就无法用当时所有的大数名称表达出来。围棋的棋盘一般是十九路,共 $19\times19=361$(个)用子的位置,棋局总数更大得惊人。但是,沈括研究出三种计算方法,求出了总局数。

下面先用对数方法计算一下总局数是多少。

设总局数为 x，则 $x=3^{361}$。

两边同时取对数，得：

$$\begin{aligned}\lg x &= \lg 3^{361}\\ &= 361\times\lg 3\\ &= 361\times 0.47712\\ &\approx 172.24075\end{aligned}$$

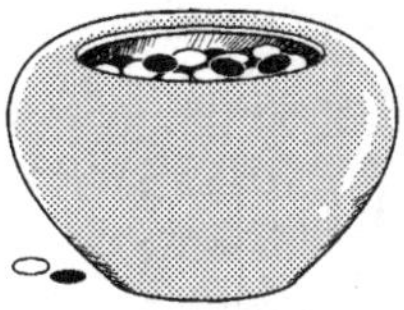

$\therefore\quad x\approx 1.74\times 10^{172}.$

棋局总数远远超过 1 古戈(10^{100})。

重要的一点是，沈括在计算中用到了指数法则，例如$a^3\times a^3=a^6$，$a^{12}\times a^6=a^{18}$等。

组成最大的数

我国现代一位著名数学家，他在中学读书时，有一次数学老师给班上同学出了一道题："用三个 9 组成一个最大的数。"

有个同学很快就答道是 999；

有的同学认为不对，应该是 99^9；

还有同学提出 9^{99} 最大，或$(9^9)^9$ 最大；

我国这位著名数学家一直没发言，后来举手回答说："9^{9^9}最大。"

究竟谁回答得对呢？

用对数算一算：

设 $x=99^9$，

$\lg x=\lg 99^9=9\lg 99=9\times 1.9956=17.9604$，

$x=9.128\times 10^{17}$，即 $99^9=9.128\times 10^{17}$.

设$y=9^{99}$，

$\lg y=\lg 9^{99}=99\lg 9=99\times 0.9542=94.4658$

$y=2.922\times 10^{94}$，　即 $9^{99}=2.922\times 10^{94}$.

设$z=(9^9)^9=9^{81}$，

$\lg z=\lg 9^{81}=81\lg 9=81\times 0.9542=77.2902$,

$z=1.951\times 10^{77}$， 即$(9^9)^9=1.951\times 10^{77}$.

设$u=9^{9^9}$,

$\lg u=\lg 9^{9^9}=9^9\lg 9$，　再令 $9^9=v$,

$\lg v=\lg 9^9=9\lg 9=9\times 0.9542=8.587$,

$v=3.871\times 10^8$.

$\lg u=v\lg 9=3.871\times 10^8\times 0.9542$

$=3.694\times 10^8=369400000$,

$u=10^{369400000}$， 即$9^{9^9}=10^{369400000}$.

9^{9^9} 这个不太显眼的数,没想到有这么大,比 1 古戈大多了。

从富兰克林的遗嘱谈起

美国著名政治家富兰克林曾立下一份遗嘱,下面是遗嘱的摘要:

“1000 英镑赠给波士顿的居民。如果他们接受了这 1000 英镑,那么这笔钱应该托付给一些挑选出来的公民,他们要把这笔钱按每年百分之五的利率借给一些年轻的手工业者。这笔钱过了 100 年增加到 131000 英镑。我希望,那时候用 100000 英镑来建立一所公共建筑物,剩下的 31000 英镑拿去继续生利息。在第二个 100 年的末了, 这笔钱增加到 4061000 英镑,其中的 1061000 英镑还是由波士顿的居民来支配,而其余的 3000000 英镑让马萨诸塞州的公众来管理。过此以后,我可不敢多作主张了。”

留下 1000 英镑,富兰克林却在为几百万英镑安排用场,这可能吗? 数学计算证实富兰克林所说的一切是可能做到的。

1000 英镑,每年增加到 1.05 倍。

第一年为 $x_1=1000\times 1.05$

$=1050$(英镑).

第二年得 $x_2=(1000\times 1.05)\times 1.05$

$=1000\times 1.05^2$(英镑).

这里要注意的是计算第一年的钱数时，“本”是1000英镑，“利”即利息是50英镑。而计算第二年的钱数时，“本”是第一年的“本利和”1050英镑，是在第一年的本利和上乘以1.05的。

第三年得 $x_3=(1000\times1.05^2)\times1.05$

$=1000\times1.05^3$(英镑).

如此算下去，第100年末的本利和

$$x_{100}=1000\times1.05^{100}\text{(英镑)}.$$

可以用对数来计算：

$$\begin{aligned}\lg x_{100}&=\lg1000\times1.05^{100}\\&=\lg1000+100\lg1.05\\&=3+100\times0.0212\\&=5.12.\end{aligned}$$

$$x_{100}=131800\text{(英镑)}.$$

(如果用七位数学用表，lg1.05=0.0211893，$x_{100}=131000$。上面用的是四位数学用表)。计算结果和富兰克林遗嘱基本一致。

用类似的方法，可以计算第二个100年末的本利和：

$$x_{200}=31000\times1.05^{100}$$

$$\begin{aligned}\lg x_{200}&=\lg31000+100\times\lg1.05\\&=5.4914+2.12\\&=7.6114.\end{aligned}$$

$$x_{200}=4087000\text{(英镑)}.$$

如果用高位的对数表来算，会得到4061000英镑。

富兰克林遗嘱实际上讲了一个“复利问题”。贷款或在银行储蓄所得到的报酬叫作利息，简称利。贷款或储蓄的金额叫作本金，简称本。每期利息对本金的百分率叫作利率。富兰克林最初留下的本金是1000英镑。年利率是百分之五。

如果计算利息时，无论经过多少期，都用存款作本金，利不生利，叫作单利；如果把每期的利息加入本金作为下一期的本金，这样利上加利的计算利息叫作复利。复利第n期本利和的计算公式为：

$$本金\times(1+利率)^n.$$

所以富兰克林遗嘱中讲的是复利。

从密码锁到小道消息

有一种密码锁，锁上有5个圈子，圈子可以转动，每个圈子上都有0到9共10个数。只有把这5个圈对上某一个5位数，密码锁才能打开。

现在要问，这把密码锁可以组合出多少个5位数字？

可以从简到繁来考虑：如果只有一个圈子，那么只有10个不同的数字；如果有2个圈子，就有$10\times10=10^2$（个）不同的数字……现在有5圈，就会有10^5个，也就是十万个不同的5位数字。看来，密码锁靠碰运气去开，实在是可能性太小了。

俄国十月革命胜利以后，从某机关里发现了一个保险柜。保险柜里藏有什么呢？保险柜的门用的就是密码锁。门上有5个圈子，每个圈子上都有36个字母，只有将这5个圈子的字母组成某个字时，门才能打开。

5圈字母，每圈有36个字母，可组成$36^5=60466176$（种）字母组合。如果想把这6000多万个字母组合都组完，假定每个组合要3秒，就要用$3\times60466176=181398528$（秒），超过5万小时。按每天工作8小时计算，大约要6300个工作日，差不多有20年！

再说说小道消息。你知道小道消息传播有多快吗？

比如一个人得到了一条小道消息，他偷偷地告诉了两个朋友。半小时后这两个朋友又各自偷偷地告诉了自己的两个朋友。如果每个得到小道消息的人在半小时内把这一消息告诉两个朋友，计算一下24小时后有多少人知道这条小道消息：

半小时有 $1+2$ 人，

一小时有 $1+2+2^2$ 人，

一个半小时有 $1+2+2^2+2^3$ 人，

……

设 24 小时后有 x 人知道，则

$$x=1+2+2^2+2^3+\cdots+2^{48}.$$

这个数怎样算才能简便一些呢？可以两边同时用 2 乘，即

$$2x=2+2^2+2^3+2^4+\cdots+2^{49},$$

再减去原式

$$x=1+2+2^2+2^3+\cdots+2^{48},$$

得 $$x=2^{49}-1.$$

可以利用对数计算出 2^{49} 的值。设 $y=2^{49}$，

$$\lg y=\lg 2^{49}$$
$$=49\lg 2=49\times 0.3010$$
$$=14.7490,$$
$$y=561000000000000$$
$$=5.61\times 10^{14}.$$
$$x=y-1\approx 5.6\times 10^{14}.$$

也就是说从第一个人知道消息开始，只过了一天时间就有 561 万亿人知道这条小道消息。这个数字竟是全世界的人口 70 亿的 8 倍！当然，由于许多人不愿意传播小道消息，小道消息在传播过程中会遇到各种抵制和限制，所以永远不可能传遍全世界所有的人。

小道消息常常不可靠。我们不要传播小道消息。

韦达定理用处多

不论是解方程，还是研究方程的性质，韦达定理都很有用。

第一个例子：在方程 $x^2-(m-1)x+m-7=0$ 中已知下列条件之一，

求m的值。

(1)有一个根为零;

(2)两根互为倒数;

(3)两根互为相反数。

可以这样来解:

(1)由题目条件知“有一个根为零”,不妨设$x_1=0$。由韦达定理可知

$$x_1\cdot x_2=m-7.$$

$$\because\quad x_1=0,$$

$$\therefore\quad m-7=0,\ m=7.$$

(2)题目条件给出“两根互为倒数”,必有 $x_1=\frac{1}{x_2}$,由韦达定理可知

$$x_1\cdot x_2=m-7.$$

$$\because\quad x_1\cdot x_2=x_1\cdot\frac{1}{x_1}=1,$$

$$\therefore\quad m-7=1,\ m=8.$$

(3)由于“两根互为相反数”,有$x_1=-x_2$,由韦达定理可知

$$x_2+x_2=m-1.$$

$$\because\quad x_1+x_2=0,$$

$$\therefore\quad m-1=0,\quad m=1.$$

第二个例子:已知方程 $x^2+2x-18=0$ 的两根为α和β,

(1)写出以 $2\alpha+3\beta$ 和 $2\beta+3\alpha$ 为两根的方程;

(2)写出以 $\alpha+\frac{2}{\beta}$ 和 $\beta+\frac{2}{\alpha}$ 为两根的方程。

可以这样来解:

(1)由韦达定理得

$$\alpha+\beta=-2,\quad \alpha\cdot\beta=-18,$$

$$\because\quad (2\alpha+3\beta)+(2\beta+3\alpha)$$

$$=5(\alpha+\beta)$$

$$=5\times(-2)=-10.$$

又∵ $(2\alpha+3\beta)\cdot(2\beta+3\alpha)$

$=6\alpha^2+13\alpha\beta+6\beta^2$

$=6(\alpha^2+\beta^2)+13\times(-18)$

$=6(\alpha^2+\beta^2)-234.$

而 $\alpha^2+\beta^2=(\alpha+\beta)^2-2\alpha\beta$

$=(-2)^2-2\times(-18)$

$=40.$

且 $(2\alpha+3\beta)\cdot(2\beta+3\alpha)$

$=6\times40-234=6.$

∴所求方程为 $x^2+10x+6=0.$

(2) ∵ $(\alpha+\frac{2}{\beta})+(\beta+\frac{2}{\alpha})$

$=\alpha+\beta+2\frac{\alpha+\beta}{\alpha\beta}$

$=-2+2\times\frac{-2}{-18}$

$=-\frac{16}{9},$

又 ∵ $(\alpha+\frac{2}{\beta})\cdot(\beta+\frac{2}{\alpha})$

$=\alpha\beta+\frac{4}{\alpha\beta}+4$

$=-18+\frac{4}{-18}+4$

$=-\frac{128}{9},$

∴ 所求方程为 $x^2+\frac{16}{9}x-\frac{128}{9}=0,$

即 $9x^2+16-128=0.$

第三个例子:1956 年北京市中学生数学竞赛中的一道题。

已知 $x^2-x-4=0$,不许解方程,求出 $x_1^2+x_2^2$ 和 $\frac{1}{x_1^3}+\frac{1}{x_2^3}$的值。

由韦达定理可知

$$x_1+x_2=1,\ x_1\cdot x_2=-4,$$

$$x_1^2+x_2^2=(x_1+x_2)^2-2x_1x_2$$

$$=1^2-2\times(-4)=9;$$

$$\frac{1}{x_1^3}+\frac{1}{x_2^3}=\frac{x_1^3+x_2^3}{x_1^3\cdot x_2^3}$$

$$=\frac{(x_1+x_2)(x_1^2-x_1x_2+x_2^2)}{(x_1\cdot x_2)^3}$$

$$=\frac{(x_1+x_2)[(x_1^2+x_2^2)-x_1x_2]}{(x_1\cdot x_2)^3}$$

$$=\frac{1\times[9-(-4)]}{(-4)^3}$$

$$=-\frac{13}{64}.$$

一般来说,韦达定理主要有以下四个方面的用途:

(1)利用韦达定理可以观察出一些一元二次方程的根;

(2)已知方程的两根之间的某种关系,可以求出系数来(第一个例子);

(3)已知二次方程,求它的两个根的齐次幂的和(第三个例子);

(4)已知二次方程,求作一个新的二次方程,使得两个方程的根满足某种关系(第二个例子)。

算术根引出的麻烦

算术根是一个不太好掌握的概念,稍不注意就会出问题。

现在证明"蚂蚁和大象一样重":

设蚂蚁重量为x,大象重量为y,又设$x+y=2v$,

由$x+y=2v$,移项得$x-v=v-y$,

两边同时平方,得$(x-v)^2=(v-y)^2$,

因为$v-y$可以写成$[-(y-v)]$,

所以 $(v-y)^2=[-(y-v)]^2=(y-v)^2$,

即 $(x-v)^2=(y-v)^2$,

两边同时开方$\sqrt{(x-v)^2}=\sqrt{(y-v)^2}$,

得到 $x-v=y-v$,

因此 $x=y$。

即　蚂蚁的重量=大象的重量。

还可以证明"$-1=1$"。

由等式　$2^2+3^2=3^2+2^2$,

两边各减去 $2\times2\times3$,得

$2^2-2\times2\times3+3^2=3^2-2\times2\times3+2^2$.

根据公式$a^2-2ab+b^2=(a-b)^2$,有

$$(2-3)^2=(3-2)^2,$$

两边同时开方,有

$\sqrt{(2-3)^2}=\sqrt{(3-2)^2}$

$2-3=3-2$,

因此　$-1=1$.

上面两个荒唐的结论,问题出在哪儿呢?都出在算术根上!

$x^2=4$, x 等于多少?

$x=2$,还是 $x=\pm2$?

$\sqrt{4}$ 等于多少?

$\sqrt{4}=2$,还是$\sqrt{4}=\pm2$?

每个问题都有两个答案,究竟哪个对呢?

$x^2=4$,求x等于多少,意思是让你解这个方程,找出x所有的根。因为$2^2=4$,$(-2)^2=4$,所以 $x=\pm2$ 是对的。

$\sqrt{4}$ 表示什么?既然 $2^2=4$,$(-2)^2=4$,如果用$\sqrt{4}$ 表示 4 的平方根的话,可以规定$\sqrt{4}=\pm2$,但是这种表示法使得我们无法对平方根进行运算。如果让$\sqrt{4}=\pm2$,必然有$\sqrt{9}=\pm3$,此时$\sqrt{4}+\sqrt{9}$等于多少呢?会出现四个答案:

$\sqrt{4}+\sqrt{9}=2+3=5$;

$\sqrt{4}+\sqrt{9}=2+(-3)=-1$;

$\sqrt{4}+\sqrt{9}=-2+3=1$;

$\sqrt{4}+\sqrt{9}=(-2)+(-3)=-5.$

而且这四个答数全都对！假如我们做$\sqrt{4}+\sqrt{9}+\sqrt{16}$的话，会得出八个答数，也是个个都对。这样就和我们过去所做过的加、减、乘、除四则运算的题目不同了，那时答数都只有一个。运算有多个答数，会影响我们的计算结果。

因此，数学上规定，当一个数a（$a\geqslant 0$）的平方根有两个时，$\sqrt{a}$只代表那个正的平方根，叫作a的算术平方根，简称算术根。在这种规定下，$\sqrt{4}$只能代表4的正的平方根，即$\sqrt{4}=2$。

负数不能开平方。只有$a=0$时，$\sqrt{a}=0$。今后看到符号$\sqrt{a}$（$a\geqslant 0$）时，记住它代表算术根，是个非负数。

这样一来，在算术根的意义下，$\sqrt{4}+\sqrt{9}=5$，$\sqrt{4}+\sqrt{9}+\sqrt{16}=9$，答数都唯一了。

再看看上面提出的两个错误结论：在“蚂蚁和大象一样重”的问题中，$\sqrt{(x-v)^2}$代表算术根，应该是非负数。可是$\sqrt{(x-v)^2}=x-v$，其中$x-v$是非负数吗？v代表蚂蚁与大象重量之和的一半，x代表蚂蚁的重量。蚂蚁多轻啊！因此$x-v$应该是一个负数，根据算术根的规定$\sqrt{(x-v)^2}\neq x-v$，而应该等于$v-x$。按着$\sqrt{(x-v)^2}=v-x$，将得到

$$v-x=y-v,$$

$$x+y=2v.$$

这是我们的假设，是对的。不会再出现$x=y$了。

在“$-1=1$”中，$\sqrt{(2-3)^2}$究竟等于什么呢？因为$\sqrt{(2-3)^2}$代表的是算术根，应该是一个非负数，而在上面证明中却取了$\sqrt{(2-3)^2}=2-3=-1$了，左边是算术根，右边是-1，这怎么能相等？正确的应该是$\sqrt{(2-3)^2}=3-2=1$。只要正确理解算术根，就不会得出荒唐的结论了。

神通广大的算术根

算术根是初中代数中非常重要的概念，在根式的恒等变换、方程、函数

图象中起很大作用，可谓神通广大。

根式运算是以根式性质为基础的，而根式性质又建立在算术根之上。符号$\sqrt{A}$($A>0$)只代表算术根。

比如，性质 $\sqrt[n]{a^m}=\sqrt[np]{a^{mp}}$ 必须 $a\geqslant 0$，否则不一定成立。因此，将代数式由根号内移到根号外时要特别注意。例如

$$\sqrt{\frac{(a^2-2ab+b^2)y}{25}}$$
$$=\sqrt{\frac{(a-b)^2y}{5^2}}$$
$$=\begin{cases}\frac{a-b}{5}\sqrt{y}\ (a\geqslant b),\\ \frac{b-a}{5}\sqrt{y}\ (a<b).\end{cases}$$

$$\sqrt{(2-x)^2}+\sqrt{(x-1)^2}$$
$$=|2-x|+|x-1|$$
$$=\begin{cases}3-2x & (x<1),\\ 1 & (1\leqslant x<2),\\ 2x-3 & (x\geqslant 2).\end{cases}$$

算术根可以巧妙地运用于解方程，比如根据算术根的定义可以判定某些无理方程无解。例如，以下无理方程可直接看出无解。

(1) $\sqrt{x^2+2x+3}=-1$;

(2) $\sqrt{x-1}+\sqrt{2-x}=-3$;

(3) $\sqrt{x+1}-\sqrt{x-1}=0$;

(4) $\sqrt{x-3}-\sqrt{x-4}=0$.

以上四式等号左端都是算术根，不可能为负数，因此(1)，(2)两个方程无解；由于$x+1\neq x-1$，$x-3\neq x-4$，因此(3)，(4)也无解。

有些无理方程需要用到算术根定义来解。

例如方程 $\sqrt{x^2-6x+9}=3-x$，

$\sqrt{(x-3)^2}=3-x$，

由于 $\sqrt{(x-3)^2}\geqslant 0$，即 $3-x\geqslant 0$，

所以 $x\leqslant 3$.

当 $x\leqslant 3$ 时，$\sqrt{(x-3)^2}=3-x$，

即 $3-x=3-x$为恒等式。

∴ 方程的解为$x\leqslant 3$.

有些函数作图也离不开算术根。比如

(1)作 $y=\sqrt{x^2}$的图象。

∵ $\sqrt{x^2}=\begin{cases}x & (x\geqslant 0),\\ -x & (x<0).\end{cases}$

∵ 该函数图象如下面左图。

(2)作$y=\sqrt{(x^2-4)^2}$ 的图象。

$\sqrt{(x^2-4)^2}$

$=\begin{cases}x^2-4 & (x\geqslant 2 \text{ 或 } x\leqslant -2),\\ -x^2+4 & (-2<x<2).\end{cases}$

其函数图象如下右图。

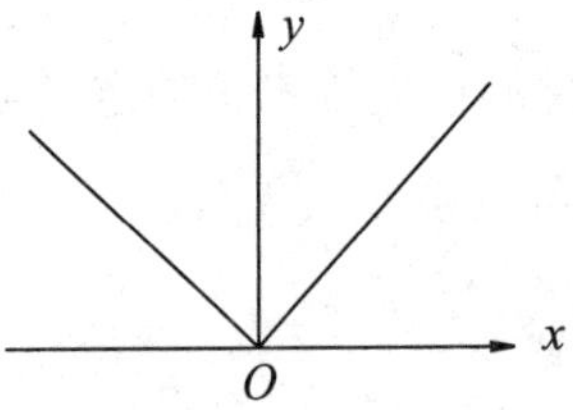

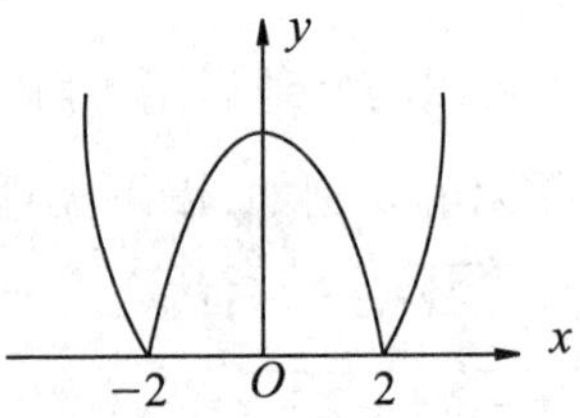

测量古尸的年代

我国曾在湖南长沙的马王堆挖掘出一具保存完好的汉代古尸，这个考古发现震动了全世界。这具古尸生前所在的年代是多少呢？

现代考古工作中，常使用一种 ^{14}C 测定年代法，它可以帮助确定死者生前所在的年代。

^{14}C 是一种放射性同位素，每年都按着相同的比例将一小部分 ^{14}C 转变成 ^{14}N。生物体内都含有一定数量的 ^{14}C，当生物活着的时候，^{14}C 一方面消耗，一方面补充，总保持一定水平。一旦生物死亡了，^{14}C 就停止补充，它只能按一定规律减少。这样一来，只要测出生物遗体中 ^{14}C 减少的程度，就可以推算出生物生前所在的年代。

假如我们知道 ^{14}C 每年有 0.012%变成 ^{14}N，计算一下 1 克的 ^{14}C 经过多少年变成 $\frac{1}{2}$ 克 ^{14}C。

原有 ^{14}C 为 1 克，

第一年剩下的 ^{14}C 为

$$y_1 = 1 - \frac{12}{100000} = \frac{99988}{100000}(\text{克}).$$

第二年剩下的 ^{14}C 为

$$y_2 = y_1 \times \left(1 - \frac{12}{100000}\right) = y_1 \times \frac{99988}{100000}$$
$$= \left(\frac{99988}{100000}\right)^2 (\text{克}).$$

第三年剩下的 ^{14}C 为

$$y_3 = y_2 \times \left(1 - \frac{12}{100000}\right) = y_2 \times \frac{99988}{100000}$$
$$= \left(\frac{99988}{100000}\right)^3 (\text{克}).$$

第x年剩下的 ^{14}C 为

$$y = \left(\frac{99988}{100000}\right)^x (\text{克}).$$

我们设经过了x年 ^{14}C 从 1 克变成为$\frac{1}{2}$克，则有

$$\frac{1}{2} = \left(\frac{99988}{100000}\right)^x,$$

两边同时取对数，得

$$\lg\frac{1}{2} = x\lg\frac{99988}{100000},$$
$$x = \lg\frac{1}{2} \div \lg\frac{99988}{100000}.$$

用更高位数的对数表可算得$x = 5700$年。这说明 1 克 ^{14}C 要经过 5700 年才变成$\frac{1}{2}$克 ^{14}C。把 5700 年叫 ^{14}C 的半衰期，而求半衰期需要解一个特殊的方程——未知数在指数的方程，这种方程叫指数方程。

马王堆古尸经考证死于公元前 160 年，而用 ^{14}C 测定死者距今为 2130 年。公元前 160 年距现在约有 2140 年，两者相差很少。

我国辽东半岛普兰店曾挖掘出古莲子，至今还能开花。用 ^{14}C 测定，大约距今有 1040 年了。又如荷兰长期处于构造下沉，用 ^{14}C 测定在近 7500 年

内每百年下沉21厘米。

用几何法证代数恒等式

古代的希腊人是用线段长度来表示数，根本没有任何适当的代数符号。为了进行代数运算，他们设计了灵巧的几何法证代数恒等式。这种几何法，大部分应归功于古希腊的毕达哥拉斯学派。在欧几里得的《几何原本》的前几卷可以零星地见到这种形式。证明方法是毕达哥拉斯的“剖分法”。下面是《几何原本》中的几个命题：

第二卷命题4：

如果一条线段被分成两部分，则以整个线段为边的正方形等于分别以这两部分为边的两个正方形以及以这两部分为边的矩形的两倍之和。

单纯用语言来叙述，不好理解。如果引进字母就容易弄明白。命题4说：边长为$a+b$的正方形可以分成面积分别为a^2，b^2，ab，ab的两个正方形和两个矩形。

命题4就是用几何法证明代数恒等式。

$$(a+b)^2=a^2+2ab+b^2.$$

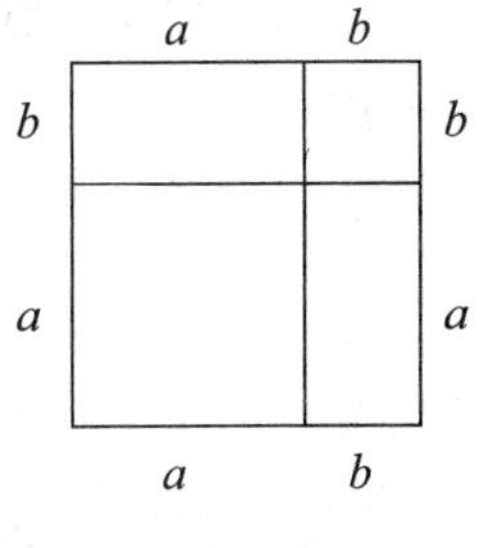

从右图可以看出以$a+b$为边的正方形，被剖分成四部分，分别以a，b为边的两个正方形，以a，b为邻边的两个长方形。大正方形的面积等于两个小正方形和两个长方形面积之和，所以有

$$\begin{aligned}(a+b)^2&=a^2+ab+ba+b^2\\&=a^2+2ab+b^2.\end{aligned}$$

第二卷命题5：

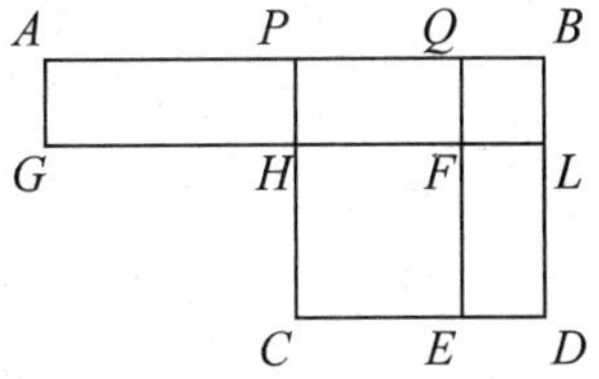

如果一线段既被等分又被不等分，则以不等分为边的矩形加上以两分点之间的线段为边的正方形等于以这一线段的一半为边的正方形。

如果AB是给定的线段，P为等分点，Q为不等分点。命题 5 可写作：

$AQ \cdot QB + PQ^2 = PB^2$.

如果令$AQ = 2a$，$QB = 2b$，则可导出代数恒等式

$4ab + (a - b)^2 = (a + b)^2$.

如果令$AB = 2a$，$PQ = b$，则可导出另外形式的代数恒等式

$(a - b)(a + b) = a^2 - b^2$.

下面以剖分法进行证明：

取$AG = QB$，作矩形AGLB，以PB为边作正方形PCDB。

$$\begin{aligned}AQ \cdot QB + PQ^2 &= S_{AGFQ} + S_{HCEF}\\ &= S_{AGHP} + S_{PHFQ} + S_{HCEF}\\ &= S_{PHLB} + S_{PHFQ} + S_{HCEF}\\ &= S_{PHLB} + S_{FEDL} + S_{HCEF}\\ &= S_{PCDB} = PB^2.\end{aligned}$$

妙啊，恒等式

等式$(a+b)(a-b) = a^2 - b^2$在代数里是常见的。这个等式中a和b无论取什么数都是正确的，我们把它叫作“恒等式”。下面是比较复杂一点的恒等式：

$$(a^2 + b^2)(c^2 + d^2) = (ac + bd)^2 + (ad - bc)^2. \tag{1}$$

它可以从熟知的公式$(a + b)^2 = a^2 + 2ab + b^2$入手来验证。把它的右边乘出来：

$$\begin{aligned}&(ac + bd)^2 + (ad - bc)^2\\ &= (a^2c^2 + 2abcd + b^2d^2) + (a^2d^2 - 2abcd + b^2c^2)\\ &= a^2c^2 + b^2d^2 + a^2d^2 + b^2c^2\\ &= (a^2c^2 + a^2d^2) + (b^2c^2 + b^2d^2)\\ &= a^2(c^2 + d^2) + b^2(c^2 + d^2)\\ &= (a^2 + b^2)(c^2 + d^2).\end{aligned}$$

这正是(1)式的左边。

由恒等式(1)可以得出一些有趣的结果:如果两个数中每一个数又都是两个平方数之和,则乘积也是两个平方数之和。比如

$$13=9+4=3^2+2^2,$$

$$41=25+16=5^2+4^2,$$

则
$$13\times41=(3^2+2^2)\times(5^2+4^2)$$
$$=(3\times5+2\times4)^2+(3\times4-2\times5)^2$$
$$=23^2+2^2.$$

18世纪瑞士著名数学家欧拉,发现了下面一个恒等式:

$$(a_1^2+a_2^2+a_3^2+a_4^2)\times(b_1^2+b_2^2+b_3^2+b_4^2)$$
$$=(-a_1b_1+a_2b_2+a_3b_3+a_4b_4)^2+(a_1b_2+a_2b_1+a_3b_4-a_4b_3)+(a_1b_3-a_2b_4+a_3b_1+a_4b_2)^2+(a_1b_4+a_2b_3-a_3b_2+a_4b_1)^2. \quad (2)$$

要想验证这个恒等式并不困难,把等式两边各自都乘出来,再利用公式

$$(x_1+x_2+x_3+x_4)^2$$
$$=x_1^2+x_2^2+x_3^3+x_4^2+2x_1x_2+2x_1x_3+2x_2x_3+2x_1x_4+2x_2x_4+2x_3x_4.$$

就可以证出,只是麻烦一些,要细心一点。

由恒等式(2)可以得出:如有两个数,其中每个数都是四个平方数之和,则这两个数的乘积也是四个平方数之和。

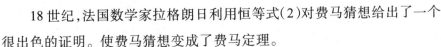

早在17世纪,法国数学家费马就猜想:每个正整数都可以表示成最多是四个平方数之和。费马本人并没有给出证明。

18世纪,法国数学家拉格朗日利用恒等式(2)对费马猜想给出了一个很出色的证明。使费马猜想变成了费马定理。

在费马定理的基础上,法国数学家刘维尔提出:每个正整数都可以表示成最多是53个四次方数之和。

代数滑稽戏

结论是荒谬的，推理又好像正确，这是诡辩题的特点。能不能指出推理中的错误，是对你基本概念、基本方法是否掌握的考验。

诡辩题 1

证明：1=2.

证明：设$a>0, b>0$，并且$a=b$，

等式两边同乘以a，得$a^2=ab$，

等式两边同减去b^2，得 $a^2-b^2=ab-b^2$，

分解因式，得$(a+b)(a-b)=b(a-b)$，

等式两边同除以$(a-b)$，得 $a+b=b$，

用b代a，得 $2b=b$，

两边同除以b，得 $2=1$.

错在哪里？

由于证明开始时设$a=b$，那么$a-b=0$。而在证明过程中又同用$(a-b)$去除等式两端，相当于用 0 做除数，这是不允许的！

诡辩题 2

证明：$\frac{1}{8}>\frac{1}{4}$.

证明：显然　$3>2$，

两数同乘以 $\lg\frac{1}{2}$，得 $3\lg\frac{1}{2}>2\lg\frac{1}{2}$，

根据对数性质有 $\lg(\frac{1}{2})^3>\lg(\frac{1}{2})^2$，

因此　　$(\frac{1}{2})^3>(\frac{1}{2})^2$，

$$\frac{1}{8}>\frac{1}{4}.$$

错在哪里？

由于 $\lg\frac{1}{2}<0$，根据不等式的性质，用负数乘不等式两边，不等号要改

变方向。

诡辩题 3

证明：$-1=1$.

证明：显然 $(-1)^2=1^2$,

两边同时取对数，得 $\lg(-1)^2=\lg 1^2$,

根据对数性质，有 $2\lg(-1)=2\lg 1$,

因此 $-1=1$.

错在哪里？

由于“零和负数无对数”，因此把 $\lg(-1)^2$ 变成 $2\lg(-1)$ 是不允许的。

诡辩题 4

推导：$7=13$.

解：分式方程 $\dfrac{x+5}{x-7}-5=\dfrac{4x-40}{13-x}$, (1)

左端通分，得 $\dfrac{x+5-5(x-7)}{x-7}=\dfrac{4x-40}{13-x}$,

$$-\frac{4x-40}{x-7}=\frac{4x-40}{13-x},$$

$$\frac{4x-40}{7-x}=\frac{4x-40}{13-x}. \quad (2)$$

根据“如果两个分式相等而且有相等的分子，则它们也有相等的分母”，得

$$7-x=13-x,$$

即 $7=13$.

错在哪里？

“如果两个分式相等而且有相等的分子，则它们也有相等的分母”这一根据是错误的。比如 $\dfrac{0}{3}=\dfrac{0}{5}$，显然等式成立，而且分子相等，但是分母却不等。

正确的是“如果两个分数相等而且有相等的非零分子，则它们也有相等的分母”。分式方程(1)有根 $x=10$，将 $x=10$ 代入方程(2)，得

$$\frac{4\times10-40}{7-10}=\frac{4\times10-40}{13-10},$$

$$\frac{0}{-3}=\frac{0}{3}.$$

尽管分母不等,由于分子都是零,两端还是相等的,但是,不能以此推出 $-3=3$ 来。

3. 方程博览会

最古老的方程

“莱因特纸草书”是用古埃及的象形文字写成的。有这样一道题(该书的第 11 题):

科学家对这道怪题进行了翻译:其Ⅰ,Ⅱ,Ⅲ表示1,2,3,记号∩表示10,那么∩∩∩就表示30。30下面再加七道,表示37。因此最右边表示的是37。符号表示$\frac{2}{3}$,表示$\frac{1}{2}$,表示$\frac{1}{7}$。

我们把这道用象形文字写的题,从左到右读一下:最左边的三个符号表示“未知数”和“乘法”,第五个符号小鸭子表示“加法”,第九个符号上半部有一个小人头,旁边写数字1,表示“全体”。串联在一起就是

$$x\left(\frac{2}{3}+\frac{1}{2}+\frac{1}{7}+1\right)=37.$$

用现代代数语言来叙述是:“有一个未知数,它的$\frac{2}{3}$,$\frac{1}{2}$,$\frac{1}{7}$和它本身一共是37,问该未知数是多少?”

这是一道3000多年前的一元一次方程,可以说是目前已知的人类最古老的方程了。

这道古方程很容易解：

$$\frac{97}{42}x=37,$$

$$x=\frac{1554}{97}.$$

1893 年俄国收藏家哥连尼雪夫又得到一本古埃及的纸草书。这本纸草书于 1912 年转归莫斯科艺术博物馆保存，起名叫“莫斯科纸草书”。书中有 25 道题，其中有两道方程题。一道是：“某长方形的面积为 12，其宽是长的$\frac{3}{4}$，求其长和宽。”如果设长为x，则宽为$\frac{3}{4}x$。根据长方形面积公式，可得

$$\frac{3}{4}x\cdot x=12,$$

$$\frac{3}{4}x^2=12.$$

这是一个一元二次方程。

另一道题是：“某直角三角形的一条直角边是另一条直角边的 $2\frac{1}{2}$ 倍，其面积为 20，求其两个直角边之长。”如果设一条直角边长为x，则另一条直角边长为 $2\frac{1}{2}x$。根据直角三角形面积公式，可得

$$\frac{1}{2}\cdot 2\frac{1}{2}x\cdot x=20,$$

$$\frac{1}{2}\cdot\frac{5}{2}x\cdot x=20,$$

$$\frac{5}{4}x^2=20.$$

这也是一个一元一次方程。

“莱因特纸草书”和“莫斯科纸草书”表明，早在 3000 多年前，人们已经建立了初步的方程概念，并且提出了与一元一次方程和一元二次方程有关的问题。

墓碑上的方程

古希腊的大数学家丢番图生活的年代距现在有 2000 年左右了。他对

代数学的发展做出过巨大贡献。

1842 年，数学家内塞尔曼把代数学发展分为三个时期:①文字叙述代数。这个时期还没有出现代数符号,全靠文字叙述运算过程。②简化代数。这个时期，用缩写方法来简化文字叙述运算。③符号代数。其中第二个时期就是从丢番图开始的,因此有人把丢番图称为“代数学的鼻祖”。

丢番图著有《算术》一书,共 13 卷,但是只有 6 卷保留下来了。从书中可以知道,丢番图用 P′表示未知数,⩚表示减法,I 表示等式。他已经从单纯的叙述转为借助符号,采用更简单的写法。这在代数发展史上是非常重要的一步。

但是,人们对于丢番图的生平知道得非常少。他唯一的简历是从《希腊文集》中找到的。这是由麦特罗尔写的丢番图的“墓志铭”。“墓志铭”是用诗歌形式写成的:

过路的人!
这儿埋葬着丢番图。
请计算下列数目,
便可知他一生经过了多少寒暑。
他一生的六分之一是幸福的童年,
十二分之一是无忧无虑的少年。
再过去一生的七分之一,
他建立了幸福的家庭。
五年后儿子出生,
不料儿子竟先其父四年而终,
只活到父亲岁数的一半。
晚年丧子老人真可怜,
悲痛之中度过了风烛残年。
请你算一算,丢番图活到多大,
才和死神见面?

可以用方程来解这个问题：

设丢番图共活了x岁，

童年$\frac{x}{6}$，少年$\frac{x}{12}$，过去$\frac{x}{7}$年建立家庭，儿子活了$\frac{x}{2}$，按题目条件可列出方程：

$$\frac{x}{6}+\frac{x}{12}+\frac{x}{7}+5+\frac{x}{2}+4=x.$$

这是一个一元一次方程，解得$x=84$.

进一步解算可知丢番图33岁结婚，38岁得子，80岁丧子，本人活了84岁。

丢番图的《算术》中有解一元一次方程的一般方法。他说："如果方程两边遇到的未知数的幂相同，但是系数不同，那么应该由等量减去等量，直到得出含未知数的一项等于某个数为止。"丢番图的这段话相当于现在解方程中的移项。

丢番图的《算术》的另一个特点是，代数从几何形式下脱离出来独树一帜，使它成为数学中的一个分支。

《算术》一书的缺点是，除解一元一次方程外，解算其他问题时没有普遍适用的解法，是因题而异，一道题一种特殊解法。这样做固然显露出丢番图的数学才华，但是也降低了自身的科学价值。正如19世纪德国史学家韩克尔所说："近代数学家研究了丢番图100个题后，去解101道题，仍然感到困难。"

丢番图已经懂得负数运算的符号法则，他说："消耗数乘以消耗数得到增添数，消耗数乘以增添数得到消耗数。"这里的"消耗数"就是指负数，"增添数"指的是正数。这个法则相当于"负负得正，负正得负"。

泥板上的方程

从19世纪开始，考古学家在巴比伦王国的遗址进行了挖掘，共挖出50万块写有文字的泥板，大的和一般教科书差不多大小，小的只有几平方厘米。在这50万块泥板中，大约有300块数学泥板。

经数学家研究，在这些泥板上刻有一些二次方程题和它的解法。例如有这样一道题："如果某正方形的面积减去其边长得 870，问边长是多少？"

泥板上的解法是：取 1 的一半，得 $\frac{1}{2}$；以 $\frac{1}{2}$ 乘 $\frac{1}{2}$，得 $\frac{1}{4}$；把 $\frac{1}{4}$ 加在 870 上，得 $\frac{3481}{4}$，它是 $\frac{59}{2}$ 的平方，再加上 $\frac{1}{2}$，结果是 30。

泥板上有好几道这种类型的题，古巴比伦人都是以相同的步骤来解的。这说明古巴比伦人已经掌握了一些特殊类型的二次方程的解法了。

这是些什么样的二次方程呢？特殊在哪儿呢？

以上面的题目为例：如果设正方形的边长为 x，那么正方形的面积就是 x^2。由"正方形的面积减去其边长得 870"，可列出方程

$$x^2 - x = 870.$$

这种特殊二次方程就是

$$x^2 - px = q \text{ 或 } x^2 - px - q = 0,$$

根据古巴比伦人的解题步骤可以得出下式

$$x = \sqrt{(\frac{1}{2})^2 + 870} + \frac{1}{2},$$

对于 $x^2 - px = q$ 可以得到公式

$$x = \sqrt{(\frac{p}{2})^2 + q} + \frac{p}{2},$$

或写成

$$x = \frac{p + \sqrt{p^2 + 4q}}{2}. \tag{1}$$

对于一般一元二次方程 $ax^2 + bx + c = 0$（$a \neq 0$）来说有求根公式

$$x = \frac{-b \pm \sqrt{b^2 - 4ac}}{2a}. \tag{2}$$

对照(1)和(2)不难看出，古巴比伦人会解的是 $a = 1, b = -p, c = -q$ 的特殊型二次方程。

我们不能不佩服古巴比伦人在4000年前就能掌握这种解法。这表明古巴比伦人具有很高的数学水平。

当二次方程的二次项系数不是1时，古巴比伦人也会解。他们使用类似现代代数中的换元法解此类方程。在发掘出的一块泥板上，有如下的方程：

$$11x^2+7x=195.$$

令$y=11x$，然后将方程的两边同乘以11，得

$$(11x)^2+7\cdot(11x)=195\times 11,$$

$$y^2+7y=2145.$$

解这个二次项系数为1的方程，可以代入公式

$$y=\sqrt{\left(\frac{p}{2}\right)^2+q}+\frac{p}{2}$$

$$=\sqrt{\left(-\frac{7}{2}\right)^2+2145}-\frac{7}{2}$$

$$=\frac{\sqrt{8629}-7}{2},$$

$$x=\frac{\sqrt{8629}-7}{22}.$$

当然，古巴比伦人只会求正根。

《希腊文集》中的方程

《希腊文集》是一本用诗写成的问题集，主要是六韵脚诗。荷马著名的长诗《伊利亚特》和《奥德赛》就是用这种诗体写成的。《希腊文集》在10世纪到14世纪特别流行。

《希腊文集》中有一道关于毕达哥拉斯的问题。毕达哥拉斯是古希腊著名数学家。他生活在公元前6世纪，早年留学埃及，也可能到过巴比伦和印度。后来他在意大利南部的克罗顿建立了一个秘密组织，形成"毕达哥拉斯学派"。这个学派对数学发展有重要贡献。有关毕达哥拉斯的问题是这样提的："尊敬的毕达哥拉斯，请告诉我，有多少名学生在你的学校里

听你讲课？”

毕达哥拉斯回答说：“一共有这么多学生在听课：其中$\frac{1}{2}$在学习数学，$\frac{1}{4}$学习音乐，$\frac{1}{7}$沉默无言，此外，还有3名妇女。”

可以设听课的学生有x人，根据题目条件列出方程：

$$\frac{x}{2}+\frac{x}{4}+\frac{x}{7}+3=x.$$

这是一个一元一次方程。

移项

$$x-\frac{x}{2}-\frac{x}{4}-\frac{x}{7}=3,$$

$$\frac{3}{28}x=3,$$

$$x=28.$$

毕达哥拉斯有28名学生。

《希腊文集》中还有许多神话形式的题目。比如：

“时间之神柯罗诺斯，请告诉我，今天已经过去多少时间了？”

柯罗诺斯回答说：“现在剩余的时间等于已经过去的$\frac{2}{3}$的两倍。”

古希腊人把一天分为12小段。如果我们还是按一天24小时来计算，此题可以这样解：

设过去的时间为x小时。由于剩余的时间等于已经过去的$\frac{2}{3}$的两倍，所以剩余的时间为$2\times\frac{2}{3}x$。可列方程

$$x+\frac{4}{3}x=24.$$

也是一元一次方程，解得　$x=10\frac{2}{7}.$

今天已经过去$10\frac{2}{7}$小时。

《希腊文集》中还有用童话形式写的题目。如“驴和骡子驮货物”这道题，曾被欧拉改编过，本书前面已有介绍，这里再用代数方法来解。

"驴和骡子驮着货物并排走在路上。驴不住地埋怨自己驮的货物太重,压得受不了。骡子对驴说:'你发什么牢骚啊!我驮的比你更重。倘若你的货给我一口袋,我驮的货就比你驮的重一倍;而我若给你一口袋,咱俩才驮得一样多。'驴和骡子各驮几口袋货物?"

可以用方程组来解:

设驴驮x口袋,骡子驮y口袋。

则驴给骡子一口袋后,驴还剩$x-1$,骡子成了$y+1$,这时骡子驮的货物的重量是驴的二倍(重一倍),所以有

$$2(x-1)=y+1. \tag{1}$$

又因为骡子给驴一口袋后,骡子还剩$y-1$,驴成了$x+1$,此时骡子和驴子驮的相等,有

$$x+1=y-1. \tag{2}$$

联立(1)与(2),有

$$\begin{cases}2(x-1)=y+1,\\x+1=y-1.\end{cases}$$

这是一个二元一次方程组。

由(1)-(2)得

$x-3=2,$

$x=5,$ (3)

将(3)代入(2),得 $y=7.$

驴原来驮5口袋,骡子原来驮7口袋。

古印度方程

印度是世界的文明古国之一,出现过许多优秀的数学家,12世纪的婆什迦罗就是其中的一个。在他所著的《丽罗娃提》《算法本原》中有许多可以用方程来解的有趣的数学问题。

先看蜂群问题:

“有一群蜜蜂，其半数的平方根飞向茉莉花丛，$\frac{8}{9}$留在家里，还有一只去寻找在荷花瓣里嗡嗡叫的雄蜂。这只雄蜂被荷花的香味所吸引，傍晚时由于花瓣合拢，飞不出去了。请告诉我，这群蜜蜂有多少只？”

如果设这群蜜蜂为x只的话，那么“其半数的平方根”就是$\sqrt{\frac{x}{2}}$，会出现无理方程。

如果设这群蜜蜂为$2x^2$只，则飞向茉莉花丛的就是$\sqrt{\frac{2x^2}{2}}=x$只（$x>0$）。留在家里的是$\frac{8}{9}(2x^2)$只。一只雄蜂被困在花瓣里，另外一只蜂去寻找这只雄蜂，总共是两只蜜蜂。可以列出方程：

$$2x^2=x+\frac{16}{9}x^2+2.$$

整理，得一元二次方程

$$2x^2-9x-18=0.$$

用求根公式解得：

$$x=\frac{9\pm\sqrt{81+144}}{4}$$

$$=\frac{9\pm15}{4}.$$

只取正根 $x=6$， $\therefore$ $2x^2=72$.

这群蜜蜂有 72 只。

再看两道有趣的猴群问题：

（1）有一群猴子在小树林中玩耍：总数的$\frac{1}{8}$的平方只猴子，在欢乐地蹦跳；还有 12 只猴子愉快地啼叫。小森林中的猴子，总共有多少？

可以设这群猴子总共有x只，则可列出方程

$$(\frac{x}{8})^2+12=x.$$

整理，得

$$x^2-64x+768=0.$$

这是一个一元二次方程。

$$x=\frac{64\pm\sqrt{64^2-4\times768}}{2}$$

$$=\frac{64\pm32}{2}.$$

$x_1=48$, $x_2=16$.

此问题有两解，这群猴子可以是48只，也可以是16只。

(2)有一群猴，它的$\frac{1}{5}$再减去3之后的平方只猴躲在洞中，只留下一只在外面树上。求共有多少只猴。

设共有x只猴子，则可列出方程

$$\left(\frac{x}{5}-3\right)^2+1=x.$$

整理，得

$$\left(\frac{x}{5}-3\right)^2-5\left(\frac{x}{5}-3\right)-14=0.$$

令$y=\frac{x}{5}-3$，得

$$y^2-5y-14=0.$$

解得$y_1=7$, $y_2=-2$.

即$x_1=50$, $x_2=5$。婆什迦罗在结尾处指出“因为$\frac{1}{5}\times5-3$为负数，故只有第一个根是适用的。”

这群猴子共50只。

婆什迦罗还出过一道著名的战争题材的方程题：

“在一次会战中，波利赫的勇猛的儿子阿尔宗携带若干支箭去射卡尔诺：半数的箭用于自卫，总数平方根的四倍用于射马，6支用于射车夫沙尔亚，3支射破卡尔诺的华盖，毁坏了他的弓和旗，只有最后一支射穿了卡尔诺的头颅。阿尔宗共有多少支箭？”

从题目中就可以感觉到激烈的战斗场面。如果设阿尔宗共有x支箭，那么：有$\frac{x}{2}$支箭用于自卫；$4\sqrt{x}$支箭用于射马；6 支箭用于射车夫沙尔亚；3 支箭射破卡尔诺的华盖，毁坏了他的弓和旗；1 支箭射穿卡尔诺的头颅。

这样就能列出方程

$$\frac{x}{2}+4\sqrt{x}+6+3+1=x.$$

这是无理方程。

可以设$\sqrt{x}=y$，则 $x=y^2$，原方程可化为

$$\frac{1}{2}y^2+4y+10=y^2,$$

整理，得 $y^2-8y-20=0.$

解得 $y_1=10, y_2=-2$（舍去）.

因此，可得 $x=y^2=100.$

阿尔宗一共带了 100 支箭。

以上我们一共举了 4 道方程题，这 4 道题都出自古印度数学家婆什迦罗之手。它们都是二次方程，都是根据“全体等于各部分之和”列出方程的。题目是有趣的，但是这些问题的面比较窄，只限于一种模式。这是古印度数学家研究方程的一个特点。

小偷与方程

“小偷”是一个使人厌恶的词。奇怪的是，从古到今我们都能发现一些与小偷有关的数学题。

我国南宋大数学家秦九韶编著的《数书九章》中有一道题，译成白话文叙述如下：

“三个小偷从三个箩筐中各偷走一些米。三个箩筐原来装米量相等，事后发现，第一箩筐中余米1合，第二箩筐中余米1升4合，第三箩筐中余米1合。据三个小偷供认：甲用木勺从第一箩筐里舀米，每次都舀满装入口袋；乙用木盒从第二箩筐里舀米装袋每次都舀满；丙用大碗从第三箩筐里舀米，每次也都舀满。经测量，木勺容量为1升9合，木盒容量为1升7合，大碗容量为1升2合。问：每个小偷各偷米多少？”

这道题解起来并不很容易。可设 x 表示用木勺舀米的次数，y 表示用木盒舀米的次数，z 表示用大碗舀米的次数。

根据题意可以得到如下结果：

$$19x+1=17y+14=12z+1$$

由 $19x+1=12z+1$，得

$$19x=12z,$$

$$x=\frac{12}{19}z.$$

因为 x、y、z 都是整数，所以可设

$$z=19t,$$

$$x=12t,$$

这样一来 $$17y=228t-13,$$

$$y=\frac{228}{17}t-\frac{13}{17}.$$

令 t 分别取1,2,3…直到 y 得整数为止，容易验证当 $t=14$ 时，$y=187$。

因此，$x=168, y=187, z=266$.

$19x=3192, 17y=3179, 12z=3192$.

即甲偷米3石1斗9升2合，乙偷米3石1斗7升9合，丙偷米3石1斗9升2合。

牛顿与方程

阿基米德、牛顿、高斯被誉为历史上最伟大的三位数学家。牛顿是17世纪英国著名科学家。他和德国数学家莱布尼茨共同创立了微积分。他提出了牛顿三定律和万有引力定律。他对光学也有重大贡献。这位大数学家喜欢用方程解题。他不认为用方程详细地去解“文字题”会降低自己的身份。

牛顿说：“要想解一个有关数目的问题，或者有关量的抽象关系的问题，只要把问题里的日常用语，译成代数语言就成了。”

列方程的过程就是把日常用语译成代数用语的过程。比如：“父子两人年龄的和是58岁。7年后，父亲的年龄是儿子的2倍。求父亲和儿子的年龄。”设父亲年龄为x岁，则儿子年龄为$(58-x)$岁。7年后，儿子是$[(58-x)+7]$岁，父亲是$x+7$，而父亲又是儿子年龄的2倍，可列出等式：

$$x+7=2[(58-x)+7].$$

这最后一个等式，就是代数语言。解算代数语言就可以解答用日常用语提出来的问题，实际上就是解方程。

牛顿常常出一些方程问题，下面来看其中的两道题。这些题出自牛顿的名著《普通算术》。要说明的是，为便于理解，我们把长度和重量的单位都已改为现行通用单位。

“邮递员A和B相距59千米，相向而行。A 2小时走了7千米，B 3小时走了8千米，而B比A晚出发1小时，求A在遇到B前走了多少千米？”

设A在遇到B前走了$(x+\frac{7}{2})$千米，其中$\frac{7}{2}$是A比B早出发1小时所走的路程。

此时B走了$\left[59-\left(x+\frac{7}{2}\right)\right]$千米，即$\left(55\frac{1}{2}-x\right)$千米.

两人相向而行，同时相遇，所用时间一样，可列出等式：

$$x\div\frac{7}{2}=\left(55\frac{1}{2}-x\right)\div\frac{8}{3}.$$

整理，得

$$\frac{37}{56}x=\frac{333}{16},$$

$$x=31.5,$$

$$x+\frac{7}{2}=35.$$

答：A在遇到B前走了35千米。

上面是一道一元一次方程应用题，下面再看牛顿出的另一道题：

"某人买了40千克小麦，24千克大麦，20千克燕麦，共用31.2元。第二次用32元买了26千克小麦、30千克大麦和50千克燕麦。第三次用68元又买了24千克小麦，120千克大麦和100千克燕麦。问各种谷物每千克的价钱。"

可设小麦每千克x元，大麦每千克y元，燕麦每千克z元。可列出方程组：

$$\begin{cases}40x+24y+20z=31.2,\\26x+30y+50z=32,\\24x+120y+100z=68.\end{cases}$$

化简系数，得

$$\begin{cases}10x+6y+5z=7.8, & (1)\\13x+15y+25z=16, & (2)\\12x+60y+50z=34. & (3)\end{cases}$$

由$2\times(2)-(3)$，得$14x-30y=-2$， (4)

由$5\times(1)-(2)$，得$37x+15y=23$， (5)

由$2\times(5)+(4)$，得$88x=44$，$x=0.5$.

将$x=0.5$代入(5)，得 $15y=4.5$，$y=0.3$.

将$x=0.5$，$y=0.3$代入(1)，得 $z=0.2$.

答：小麦每千克 0.5 元，大麦每千克 0.3 元，燕麦每千克 0.2 元。

以上是牛顿出题我们来解，下面来看牛顿自己解算的一道题，对我们很有启发。

“一个商人每月将自己的财产增加$\frac{1}{3}$，但从中要花掉 100 元维持全家生计。经过三年，商人发现他的财产增加了一倍。问：商人最初有多少财产？”

牛顿一开始就进行了从日常用语到代数语言的翻译工作。牛顿说：“为了解这个问题，应澄清问题中隐含的所有假定：

文字	代数符号
商人有财产	x
第一年花掉 100 元	$x-100$
然后增加剩余的$\frac{1}{3}$	$x-100+\frac{x-100}{3}=\frac{4x-400}{3}$
第二年又花掉 100 元	$\frac{4x-400}{3}-100=\frac{4x-700}{3}$
然后又增加剩余的$\frac{1}{3}$	$\frac{4x-700}{3}+\frac{4x-700}{9}=\frac{16x-2800}{9}$
第三年再花掉 100 元	$\frac{16x-2800}{9}-100=\frac{16x-3700}{9}$
然后再增加剩余的$\frac{1}{3}$	$\frac{16x-3700}{9}+\frac{16x-3700}{27}=\frac{64x-14800}{27}$
此数等于最初财产的 2 倍	$\frac{64x-14800}{27}=2x$

于是问题归结为解方程

$$\frac{64x-14800}{27}=2x.$$

方程两端同乘 27，得　$64x-14800=54x$，

方程两端同减去 $54x$，得　$10x-14800=0$，

由此得　$x=1480$.

这就是商人最初的财产，即 1480 元。”

从牛顿解方程中，我们可以看到他是怎样一步一步把一个比较困难的问题，分步译成代数式，最后列出方程来的。

牛顿在《普通算术》一书中写道："在学习科学的时候，题目比规则还有用些。"牛顿在叙述理论的时候，总喜欢把许多实例放在一起。

下面介绍的是牛顿最著名的"牧场问题"。

"有三片牧场，场上的草是一样密的，而且长得一样快。它们的面积分别是 $3\frac{1}{3}$ 公顷、10 公顷和 24 公顷。第一片牧场饲养 12 头牛可以维持 4 个星期；第二片牧场饲养 21 头牛可以维持 9 个星期。问在第三片牧场上饲养多少头牛恰好可以维持 18 个星期？"

牛顿是这样解的，他说："在青草不生长的条件下，如果 12 头牛 4 个星期吃完 $3\frac{1}{3}$ 公顷，则按比例 36 头牛 4 个星期之内，或 16 头牛 9 个星期之内，或 8 头牛 18 个星期之内将吃完 10 公顷。由于青草在生长，才有 21 头牛 9 个星期只吃完 10 公顷。这就是说，在随后 5 个星期内，10 公顷草地上新生的青草足够 $21-16=5$（头）牛吃 9 个星期，或足够 $\frac{5}{2}$ 头牛吃 18 个星期。由此类推，14 个星期（即 18 星期减最初 4 星期）内新生长的青草可供 7 头牛吃 18 个星期。这是因为 5 个星期 : 14 星期 $=\frac{5}{2}$ 头牛 : 7 头牛。上面已经算出，若青草不长，则 10 公顷草地可供 8 头牛吃 18 个星期，现考虑青草生长，故应加上 7 头，即 10 公顷草地实际可供 15 头牛吃 18 个星期。由此按比例可算出，24 公顷草地实际可供 36 头牛吃 18 个星期。"

牛顿是用比例算法来解的。此题可以用方程来解：

设 y 表示每公顷每星期新生长青草的份额，则第一片草地每星期新生青草为 $\frac{10}{3}y$，而 4 星期新生的青草为 $4\times\frac{10}{3}y=\frac{40}{3}y$。因此，12 头牛在 4 星期内吃的青草所占面积为 $\left(\frac{10}{3}+\frac{40}{3}y\right)$ 公顷。由此可算出每头牛每星期吃的青草所占面积为：

$$\frac{\frac{10}{3}+\frac{40}{3}y}{12\times4}=\frac{10+40y}{144}\text{（公顷）}. \qquad (1)$$

现在求供 21 头牛吃 9 个星期的草地面积。它等于 $10+90y$。因为每

星期每公顷新生青草份额为y,故10公顷草地9个星期新生青草为$90y$。因此,可供1头牛1个星期的草地面积为:

$$\frac{10+90y}{9\times 21}=\frac{10+90y}{189}(\text{公顷}). \qquad (2)$$

由于牛的食量相同,故有

$$\frac{10+40y}{144}=\frac{10+90y}{189}.$$

由此得出 $y=\frac{1}{12}$.

将y值代入(1)式可得每头牛1个星期吃的草地面积为:

$$\frac{10+40\times\frac{1}{12}}{144}=\frac{5}{54}(\text{公顷}).$$

令x表示第三块草地上牛的数目,可得方程:

$$\frac{24+24\times 18\times\frac{1}{12}}{18x}=\frac{5}{54}.$$

解上面分式方程,得$x=36$,即第三片草地可供36头牛吃18个星期。

欧拉与方程

瑞士著名数学家欧拉,是18世纪最高产的数学家。他一生著述颇丰。59岁时双目失明,他凭惊人的记忆力和心算能力,一直没有间断研究,长达17年之久。

欧拉非常重视方程,他写的《代数学原理》有许多关于方程的重要论述。下面看几道欧拉出的方程题。

“某人用 100 元买了猪、山羊和绵羊共 100 只，其中猪$\frac{7}{2}$元一只，山羊$\frac{4}{3}$元一只，绵羊$\frac{1}{2}$元一只。问各买了多少只？”

这道题和我国《张丘建算经》中的“百鸡问题”很相似，但晚了 1000 多年。

欧拉解这道题用的方法叫作“盲人法则”。这个“盲人法则”与张丘建解“百鸡问题”的方法很相似。

欧拉设 x,y,z 分别是猪、山羊、绵羊的数目，它们都是正整数。

先写出总只数，再写出总钱数，可得方程组：

$$\begin{cases} x+y+z=100, \\ 21x+8y+3z=600. \end{cases}$$

把x暂时看作常数移到符号右端，可得关于y和z的方程组：

$$\begin{cases} y+z=100-x, & (1) \\ 8y+3z=600-21x. & (2) \end{cases}$$

由(2) − 3 ×(1)，得 $5y=300-18x$，

$$y=60-\frac{18}{5}x.$$

由 8 ×(1)−(2)，得 $5z=200+13x$，

$$z=40+\frac{13}{5}x.$$

令$x=5t$，则

$$x=5t,\ y=60-18t,\ z=40+13t.$$

由$y=60-18t$中对t的限制，t只能取 1，2，3 三个值。可得三组解：猪 5 只，山羊 42 只，绵羊 53 只；猪 10 只，山羊 24 只，绵羊 66 只；猪 15 只，山羊 6 只，绵羊 79 只。

欧拉喜欢出分遗产的问题，题目十分有趣。

“父亲死后留下 1600 元给三个儿子。遗嘱上说，老大应比老二多分 200 元，老二应比老三多分 100 元，问他们各分了多少？”

解这道题时，可以设分得最少的老三得x元，则老二得$(x+100)$元，老大得$[(x+100)+200]$元。他们一共分 1600 元，可列出方程：

$$x+(x+100)+[(x+100)+200]=1600.$$

整理，得 $3x=1200$，

$$x=400,\ x+100=500,\ x+300=700.$$

答：老大分得700元，老二分得500元，老三分得400元。

第二题："父亲死后，四个儿子按下述方式分了他的财产：

老大拿了财产的一半少3000英镑；

老二拿了财产的$\frac{1}{3}$少1000英镑；

老三拿的恰好是财产的$\frac{1}{4}$；

老四拿了财产的$\frac{1}{5}$加上600英镑。

问整个财产有多少？每个儿子分了多少？"

可以设整个财产为x英镑，则

老大拿了$\frac{x}{2}-3000$；老二拿了$\frac{x}{3}-1000$；

老三拿了$\frac{x}{4}$；老四拿了$\frac{x}{5}+600$。

合在一起恰好等于总财产x，可得方程：

$$\left(\frac{x}{2}-3000\right)+\left(\frac{x}{3}-1000\right)+\frac{x}{4}+\left(\frac{x}{5}+600\right)=x.$$

整理，得

$$\frac{17}{60}x=3400,$$

$$x=12000.$$

$$\frac{x}{2}-3000=3000,\quad \frac{x}{3}-1000=3000,$$

$$\frac{x}{4}=3000,\ \frac{x}{5}+600=3000.$$

答：总财产为12000英镑，四个儿子分得一样多，各为3000英镑。

第三题："父亲给孩子们留下了遗产，他们按下列方式分配财产：

第一个孩子分得100元和剩下的$\frac{1}{10}$；

第二个孩子分得200元和剩下的$\frac{1}{10}$；

第三个孩子分得 300 元和剩下的$\frac{1}{10}$;

第四个孩子分得 400 元和剩下的$\frac{1}{10}$,如此下去,最后发现所有的孩子分得的遗产相等。问财产总数、孩子数和每个孩子得到的遗产数各是多少?”

可以设每个儿子分得x元,遗产总共有y元。则

第一个儿子分得 $x = 100 + \frac{y-100}{10}$;

第二个儿子分得 $x = 200 + \frac{y-x-200}{10}$;

第三个儿子分得 $x = 300 + \frac{y-2x-300}{10}$,依此类推。

因为第一个儿子与第二个儿子分得遗产数一样多,就有

$$100 + \frac{y-100}{10} = 200 + \frac{y-x-200}{10},$$

整理,得

$$100 - \frac{x+100}{10} = 0,$$

解得

$$x = 900.$$

将$x = 900$代入第一个方程中,得

$$y = 8100.$$

答:老人有 8100 元遗产,9 个儿子,每个儿子分得 900 元。

爱因斯坦与方程

世界科学史上的巨人、“20 世纪的牛顿”、著名物理学家爱因斯坦也喜爱解方程,他生动地比喻了解方程的过程。爱因斯坦说:“代数嘛,就像打猎一样有趣。那藏在树林里的野兽,你把它叫作x,然后一步步地逼近它,直到把它逮住!”

有一次爱因斯坦病了,他的一位朋友给他出了一道题作消遣:“如果时钟上的针指向 12 点钟,在这个位置把长针和短针对调一下,它们所指示的位置还是合理的。但是有的时候,比如在 6 点钟,时针和分针就不能对

调，否则会出现时针指12点，而分针指6点，这种情况是不可能的。

问时针和分针在什么位置时，它们可以互相对调，并仍能指示某一实际可能的时刻？”

爱因斯坦想了一下说：“这对于病人确实提了一个很有意思的问题，有趣味而又不太容易。只是消磨不了多少时间，我已经快解出来了。”

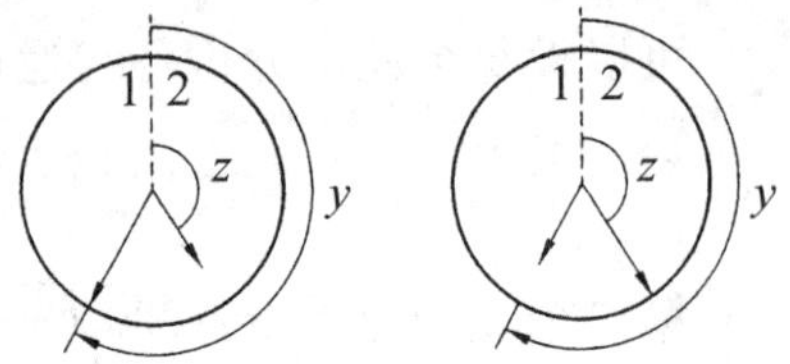

钟盘上共有60个刻度，分针运转的速度是时针的12倍。

爱因斯坦画了个草图。设所求的钟针位置是在x点y分，此时分针在离12点有y个刻度的位置，时针在离12点有z个刻度的地方。

时针走一点钟，分针要转一圈，也就是要转60个刻度。如果时针指向x点钟，分针要转x圈，要转过$60x$个刻度。现在时针指在x点y分，分针从12点起已转过了$(60x+y)$个刻度。由于时针运转速度是分针的十二分之一，所以时针转过的刻度是

$$z=\frac{60x+y}{12}.$$

把时针、分针对调以后，设所指时刻为x_1点z分，这时时针离12点有y个刻度

$$y=\frac{60x_1+z}{12}.$$

这样就得到了一组不定方程组：

$$\begin{cases} z=\dfrac{60x+y}{12}, \\ y=\dfrac{60x_1+z}{12}. \end{cases}$$

其中x和x_1是不大于11的正整数或0。

分别让x_1和x取0到11的各种数值时，可以搭配出144组解。但是当$x=0$，$x_1=0$时是时针、分针同时指向12点；而$x=11$，$x_1=11$时算出$y=60$，$z=$

60 是 11 点 60 分，即 12 点。这样一来，$x=0, x_1=0$ 与 $x=11, x_1=11$ 是同一组解。因此，这组不定方程只有 143 组解。

比如，当 $x=1, x_1=1$ 时，解出 $y=5\frac{5}{11}$，$z=5\frac{5}{11}$，说明 1 点 $5\frac{5}{11}$ 分时，两针重合，可以对调；当 $x=2, x_1=3$ 时，解出 $y=15\frac{135}{143}$，$z=11\frac{47}{143}$，就是说 2 点 $15\frac{135}{143}$ 分与 3 点 $11\frac{47}{143}$ 分时，两针可以对调。

爱因斯坦的朋友十分佩服爱因斯坦灵活使用方程的能力。

丞相买鸡与不定方程

《张丘建算经》是我国南北朝时期写成的一本数学书，距现在有 1500 多年了。张丘建生平不详。

《张丘建算经》共有 92 个问题，其中有一道著名的“百鸡问题”：

“今有鸡翁一，直钱五；鸡母一，直钱三；鸡雏三，直钱一。凡百钱买鸡百只。问鸡翁、母雏各几何。”

用现代的语言来说就是：公鸡五文钱一只，母鸡三文钱一只，小鸡一文钱三只。今想用一百文钱买一百只鸡，问买公鸡、母鸡、小鸡各多少只？”

关于这道百鸡问题，还有一个传说：当时有位丞相，听说张丘建擅长计算，想考一考他。一天，命人把张丘建的父亲召到府中，给他 100 文钱到市场去买公鸡、母鸡和小鸡共 100 只。当时市场上鸡的价格是：公鸡每只五文钱，母鸡每只三文钱，小鸡三只卖一文钱。这一下可难住了老人，这 100 只鸡如何买法呢？

老人回到家对张丘建说了一遍，张丘建让他父亲到市场上买 4 只公鸡、18 只母鸡、78 只小鸡送给丞相。老人如数办了。丞相一算，恰好是 100 文钱买了 100 只鸡。丞相很高兴，于是又拿出 100 文钱，让老人再去买 100 只鸡，但是公鸡、母鸡和小鸡数要和上次不一样。老人想，这次恐怕办不到了。张丘建算了一下，让他父亲到市场去买 8 只公鸡、11 只母鸡、81 只小鸡，拿去见丞相。丞相一算，又恰好是 100 文钱买了 100 只鸡。

丞相把张丘建召进府内进行面试。丞相再拿出100文钱命张丘建去买100只鸡，要求公鸡数、母鸡数和小鸡数与他父亲前两次买的又不一样。张丘建很快从市场上买来了12只公鸡、4只母鸡和84只小鸡交给了丞相。丞相一算，又是100文钱恰好买了100只鸡。丞相非常佩服张丘建的计算能力。

上面仅是一个民间流传的故事。如果用代数方法又应该怎样解这道百鸡问题呢？

可以设公鸡为x只，母鸡为y只，小鸡为z只。由题目所给的条件可列出方程组：

$$\begin{cases} x+y+z=100, \\ 5x+3y+\frac{1}{3}z=100. \end{cases}$$

这个方程组有点特殊，未知数有三个，方程却只有两个，数学上把未知数个数多于方程个数的方程或方程组叫"不定方程"。

"百鸡问题"就是一道不定方程。解不定方程时，可以把其中一个未知数移到方程的右端，得

$$\begin{cases} x+y=100-z, \\ 5x+3y=100-\frac{1}{3}z. \end{cases}$$

再给z一些合适的值。比如令$z=78$，由方程组

$$\begin{cases} x+y=22, \\ 5x+3y=74. \end{cases}$$

可以解得$x=4, y=18$。也就是说用100文钱可以买4只公鸡、18只母鸡、78只小鸡，这正是张丘建父亲第一次买回来的鸡数。

如果令$z=81$，可得方程组

$$\begin{cases} x+y=19, \\ 5x+3y=73. \end{cases}$$

解得$x=8, y=11$，即8只公鸡，11只母鸡，81只小鸡。这正是张丘建父亲第二次买回来的鸡数。

如果令$z=84$，可解得$x=12$，$y=4$，即12只公鸡、4只母鸡和84只小鸡，这正是张丘建自己买回来的鸡数。

一般来说，不定方程有无穷多组解。但是对于实际问题，往往只有几组解，比如在“百鸡问题”中z值就不能随便给。当我们把z的值取得小于78或大于84时，鸡数就出现负数了；当我们取78~84之间的其他数时，鸡数会出现分数，在实际问题中这都是不允许的。

“百鸡问题”在我国民间流传很广，后来又演变出“和尚吃馒头问题”：有一百个和尚，有一百个馒头。大和尚一人吃三个馒头，中和尚一人吃一个馒头，小和尚三人吃一个馒头，正好把馒头吃完，求大和尚、中和尚和小和尚各有多少。

还演变出“马拉砖问题”：一百匹马拉一百块砖，大马一匹拉三块，中马一匹拉一块，小马三匹共拉一块，正好一次拉完。求大马、中马、小马各多少匹。

《张丘建算经》中正确地给出了百鸡问题的三组解。张丘建是世界上第一个给出一题多解的人。张丘建解算“百鸡问题”的方法也是简单、先进的。书中只有15个字的解法：

“鸡翁每增四，鸡母每减七，鸡雏每益三，即得。”

这个解法怎么来的呢？

原来张丘建解不定方程时，先把x看成常数，这样可得

$$\begin{cases} y+z=100-x, \\ 3y+\frac{1}{3}z=100-5x \end{cases}.$$

解出

$$\begin{cases} y=25-\frac{7}{4}x, \\ z=75+\frac{3}{4}x. \end{cases}$$

为了得到整数解，令$x=4t$，可得一组解：

$x=4t,\ y=25-7t,\ z=75+3t.$

当$t=1,2,3$时，就得到上述的三组解，而且t每增加1时，有“鸡翁每增四，鸡母每减七，鸡雏每益三”。

据说我国古代有个皇帝也曾编了个“百牛问题”来考某大臣：“有银子一百两，共买牛一百头。大牛每头价是十两，小牛每头价是五两，牛犊每头价是半两。问买的一百头牛中，大牛、小牛、牛犊各有几头？”

皇帝把“百牛问题”交给了某大臣，该大臣做了半天也做不出来，只好带回家，结果被他儿子给做出来了。

对歌中的方程

电影《刘三姐》中，秀才和刘三姐对歌的场面十分精彩。

地主莫怀仁请来三个秀才，同刘三姐和乡亲们对歌，想压倒刘三姐。陶秀才和李秀才相继被斗败了。这时，罗秀才急忙拿出书来，摇头晃脑地唱道：“三百条狗交给你，一少三多四下分，不要双数要单数，看你怎样分得均？”

刘三姐示意舟妹来答。舟妹唱道：“九十九条打猎去，九十九条看羊来，九十九条守门口，剩下三条财主请来当奴才。”答得绝妙！

罗秀才出的是一道数学题，题目是：“把三百条狗分成四群，每群的条数是单数，一群少，三群多，数量多的三群要求条数同样多，问如何分法？”

可以用方程来解。设三群多的每群狗有x条，少的一群有狗y条，可列出方程

$$3x+y=300. \qquad (1)$$

其中$0<y<x<300$，x与y取奇数。

一个方程有两个未知数，这是一个不定方程。移项，得

$$x=100-\frac{1}{3}y.$$

因为x必须是正奇数，因此$\frac{1}{3}y$是小于100的正奇数.

可设$y=3t$，得$x=100-t$，其中t是小于 100 的正奇数。

可得如下形式的解：

$$\begin{cases}x=100-t,\\ y=3t.\end{cases}\quad（t\text{是小于 100 的正奇数}）\qquad (2)$$

再利用条件 $0<y<x<100$，x与y为奇数，可得

$$0<3t<100-t<100,$$

$$0<t<25(\ t\text{为奇数}\ ).$$

t 可取的值为 1,3,5,7,9,11,13,15,17,19,21,23，共 12 个奇数。

将 t 值代入方程(2)可得 12 组解：

$$\begin{cases}x=99,\\ y=3;\end{cases}\quad \begin{cases}x=97,\\ y=9;\end{cases}\quad \begin{cases}x=95,\\ y=15;\end{cases}\quad \begin{cases}x=93,\\ y=21;\end{cases}$$

$$\begin{cases}x=91,\\ y=27;\end{cases}\quad \begin{cases}x=89,\\ y=33;\end{cases}\quad \begin{cases}x=87,\\ y=39;\end{cases}\quad \begin{cases}x=85,\\ y=45;\end{cases}$$

$$\begin{cases}x=83,\\ y=51;\end{cases}\quad \begin{cases}x=81,\\ y=57;\end{cases}\quad \begin{cases}x=79,\\ y=63;\end{cases}\quad \begin{cases}x=77,\\ y=69.\end{cases}$$

舟妹回答的只是第一组解：$x=99$，$y=3$。

收粮食和量井深

“方程”一词最早见于我国的《九章算术》。不过，《九章算术》中所说的“方程”与现在的方程含义不同，它不是指那种含有未知数的等式，而是由一些数字排列成的长方形阵。《九章算术》中已经出现了多元一次方程组，解方程组时用算筹，将方程组的系数和常数项摆成长方形阵，然后再解。下面以《九章算术》中“方程”章的第一题为例来说明：

“今有上禾三秉，中禾二秉，下禾一秉，实三十九斗；上禾二秉，中禾三秉，下禾一秉，实三十四斗；上禾一秉，中禾二秉，下禾三秉，实二十六斗。问上、中、下禾实一秉各几何？”

这里“禾”是庄稼，“秉”是捆，“实”是粮食。用现代语言来说：

“今有上等庄稼三捆，中等庄稼二捆，下等庄稼一捆，收粮食三十九斗；上等庄稼二捆，中等庄稼三捆，下等庄稼一捆，收粮食三十四斗；上等庄稼一捆，中等庄稼二捆，下等庄稼三捆，收粮食二十六斗。问上、中、下等庄稼每一捆各收粮食多少？”

古代解这个问题时，先画一个方框，第一行写上禾的捆数，第二、第三行分别写中禾和下禾的捆数，最下面一行写粮食数。每一列代表一个方程的系数和常数项，次序是从右往左写。这就是一个方阵。用现代符号来写就是

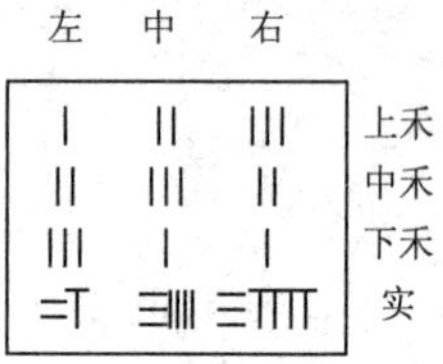

$$\begin{cases}3x+2y+z=39, & (1)\\ 2x+3y+z=34, & (2)\\ x+2y+3z=26. & (3)\end{cases}$$

按《九章算术》的解法“以右行上禾遍乘中行，而以直除”，意思是说用(1)式中x的系数3去乘(2)的各项，得

$$6x+9y+3z=102. \quad (4)$$

由(4)累减(1)式两次，有

$$5y+z=24. \quad (5)$$

再用$3\times(3)$，得

$$3x+6y+9z=78. \quad (6)$$

由(6)减(1)一次，有

$$4y+8z=39. \quad (7)$$

同样办法用于(5)和(7)，消去y，有$z=2\frac{3}{4}$(斗)。

然后求得$y=4\frac{1}{4}$(斗)，$x=9\frac{1}{4}$(斗)。

《九章算术》中的解法相当于现在的加减消元法，但是它不是把对应项系数互乘，而只是对一个方程乘，然后一次一次地减，这种方法就叫“直除”。它比现在的加减消元法要麻烦一些。

我国古代在解方程组方面表现出很高的水平，不但会解一般方程组，

还会解不定方程组。下面以《九章算术》中“五家共井”为例(今译):

“今有甲、乙、丙、丁、戊五家共用一口水井,不知井有多深。各家都有提水用的绳子,但都不够长。甲家的两条(同样长,下同)和乙家的一条接起来正好够用;乙家的三条和丙家的一条接起来正好够用;丙家的四条和丁家的一条接起来正好够用;丁家的五条与戊家的一条接起来正好够用;戊家的六条与甲家的一条接起来也正好够用,问井深和各家一条绳子的长。”

这是一道很有趣的题。假设甲、乙、丙、丁、戊各家的每条绳长分别为x,y,z,u,v,井深为a,则有

$$\begin{cases}2x+y=a,\\3y+z=a,\\4z+u=a,\\5u+v=a,\\6v+x=a.\end{cases}$$

这里五个方程有六个未知数,是不定方程组,是世界上最早的不定方程组。《九章算术》中只给了一组解:$a=721$寸,$x=265$寸,$y=191$寸,$z=148$寸,$u=129$寸,$v=76$寸。

我国三国时期的数学家刘徽给出了这个不定方程的一般解

$$\frac{x}{a}=\frac{265}{721},\ \frac{y}{a}=\frac{191}{721},\ \frac{z}{a}=\frac{148}{721}\cdots\frac{v}{a}=\frac{76}{721}.$$

只要符合这个比例,未知数可以取无穷多值。

解三次方程的一场争斗

他的名字叫“结巴”

一元二次方程的解法人们比较早就掌握了,但是如何解一元三次方程和一元四次方程,一直到16世纪才解决。并且,从解决三次方程开始,就

进行着一场争斗，争斗的双方是意大利数学家塔尔塔里亚和比他小两岁的另一名意大利数学家卡尔达诺。

塔尔塔里亚本名叫尼科罗，出生在意大利布雷西亚一个马夫家里。1506年法国军队打进布雷西亚，尼科罗才七岁。他父亲背着他躲进教堂，心想同样信仰天主教的法国士兵，不会在圣母像面前杀人。谁想到，法国骑兵冲进教堂，见人就砍。等尼科罗的妈妈到教堂去找他们时，发现尼科罗的父亲已经死了，尼科罗也被砍了三刀，牙床被砍碎。妈妈把他抱回家，没钱买药，就学猫和狗的样子，给他舔伤，居然好了，但是成了结巴。意大利语“塔尔塔里亚”就是“结巴”的意思。后来，人们都把他叫“塔尔塔里亚”，尼科罗这个名字反倒没人叫了。

塔尔塔里亚家里很穷，但他十分好学。没钱买纸和笔，他就捡些小白石条在父亲的青石墓碑上写算。由于他刻苦自学，不到30岁就当上了威尼斯大学的数学教授。

解三次方程的比赛

在塔尔塔里亚任威尼斯大学的数学教授时期，有许多人向他求教数学问题，其中就有三次方程。在当时，三次方程是最困难的数学问题，谁也没公开声明说自己会解三次方程，数学书上也没有三次方程的解法。塔尔塔里亚通过努力，找出一个解不完备三次方程的方法，他对朋友说他已经会解三次方程了。

塔尔塔里亚会解三次方程的消息传到了波隆那大学教授菲俄的耳朵里。菲俄不信，他认为只有他才会解三次方程，因为菲俄的老师费罗曾把解三次方程的方法，秘密传授给他。因此，菲俄声明只有他才会解三次方程。塔尔塔里亚年轻好胜，一气之下向菲俄提出挑战，两人约定1535年2月22日在米兰的圣玛利亚大教堂进行公开比赛。

当时意大利盛行数学争辩的风气，争辩双方各带30道题，在公证人面前交换题目，规定50天为期，谁解出的题多，谁就胜利。

由于塔尔塔里亚只会解特殊的三次方程，而又知道菲俄真会解三次方程，塔尔塔里亚心里十分后悔。他知道比赛那天，菲奥里一定会出三次方程题来考他。怎么办？塔尔塔里亚为了获得三次方程更一般的解法，常常彻夜不眠。直到比赛前10天，才得出比较好的一般解法。

2月22日比赛正式开始，果然不出塔尔塔里亚所料，菲俄一连出了30道三次方程问题，其中包括如下三次方程：

$$x^3+9x^2=100,\qquad x^3+3x^2=2,$$

$$x^3+4=5x^2,\qquad x^3+6=7x^2.$$

由于塔尔塔里亚事先有准备，在两个小时内，全部解出来了。而塔尔塔里亚出的30道几何代数题，菲俄却一道也没做出来。比赛结果，塔尔塔里亚大获全胜，被米兰人民当作英雄看待。许多人向塔尔塔里亚求教三次方程的解法，他却只字不漏。其实，他当时解三次方程的方法仍不完备，直到1541年才获得了比较完备的解法。他想把这个解法将来收进自己的著作中。

骗走了解法

塔尔塔里亚与菲俄比赛获胜的消息不胫而走，传到了意大利数学家卡尔达诺的耳朵里。卡尔达诺正在写《大法》一书，他非常想把解三次方程这个最新数学成果编进自己的书里。卡尔达诺身为数学家，却有一些不良作风，比如好赌博，常给人家算命，还常常说假话。

卡尔达诺找到塔塔利亚，要塔尔塔里亚把解三次方程的解法告诉给他。当然，塔尔塔里亚是不会轻易告诉他的。卡尔达诺死缠着塔尔塔里亚不放，发誓不会把解三次方程的方法泄露出去。塔尔塔里亚被他缠得没有办法，把解法写成一首语言很难懂的诗给了卡尔达诺。卡尔达诺很快就把解法弄清楚了，并且把这个解法写入自己的《大法》一书中，此书于1545年在纽伦堡出版。后来，人们就把解三次方程的公式叫"卡尔达诺公式"。

卡尔达诺的失信行为激怒了塔尔塔里亚。塔尔塔里亚向卡尔丹提出挑战，约定1545年8月10日仍在米兰市的圣玛利亚教堂进行公开辩论。可是到了约定时间，卡尔达诺只派了自己的学生和仆人费拉里出席。费拉里带着一群亲朋好友来到圣玛利亚教堂，等塔尔塔里亚进行辩论时一起起哄，使塔尔塔里亚辩论不下去。塔尔塔里亚看到无法辩论下去，就离开了米兰，而卡尔达诺却宣布辩论的结果是他获胜。

三次方程的解法

究竟怎样解三次方程呢？

卡尔达诺在《大法》一书中，首先给出了缺二次项，而三次项系数为1的特殊三次方程的解法：

$$x^3+mx=n. \tag{1}$$

考虑恒等式

$$(a-b)^3+3ab(a-b)=a^3-b^3. \tag{2}$$

如果选取a和b，使得

$$3ab=m,\ a^3-b^3=n. \tag{3}$$

那么方程(1)中的x就相当于(2)式中的$a-b$。

可以从方程组(3)中解出a和b来：

$$\begin{cases}a^3-b^3=n, & (4)\\ 3ab=m. & (5)\end{cases}$$

(4)的平方$+4[\frac{(5)}{3}]$的立方，得

$$(a^3-b^3)^2+4a^3b^3=n^2+4(\frac{m}{3})^3,$$

$$(a^3+b^3)^2=4[(\frac{n}{2})^2+(\frac{m}{3})^3],$$

$$a^3+b^3=2\sqrt{(\frac{n}{2})^2+(\frac{m}{3})^3}. \quad (6)$$

由[(4)+(6)]÷2,得

$$a^3=\frac{n}{2}+\sqrt{(\frac{n}{2})^2+(\frac{m}{3})^3},$$

$$a=\sqrt[3]{\frac{n}{2}+\sqrt{(\frac{n}{2})^2+(\frac{m}{3})^3}}.$$

同样可得 $b=\sqrt[3]{-\frac{n}{2}+\sqrt{(\frac{n}{2})^2+(\frac{m}{3})^3}}.$

$$\therefore \quad x=a-b=\sqrt[3]{\frac{n}{2}+\sqrt{(\frac{n}{2})^2+(\frac{m}{3})^3}}-\sqrt[3]{-\frac{n}{2}+\sqrt{(\frac{n}{2})^2+(\frac{m}{3})^3}}.$$

得到了三次方程的一个根。

如果所遇到的三次方程是一般的,即

$$ax^3+bx^2+cx+d=0(a\neq 0).$$

又该怎样解呢?

可以利用变换 $x=z-\frac{b}{3a}$,把上述方程变成为特殊形式

$$z^3+3hz+g=0.$$

这样就好解了。

后来,卡尔达诺的学生和仆人费拉里解决了用公式法解一元四次方程。数学史家伊夫斯称三次方程和四次方程的解决是“16世纪最壮观的数学成就”。

阿贝尔与五次方程

在挪威首都奥斯陆的皇家公园里,竖立着一位年轻人的塑像,他就是19世纪挪威著名数学家阿贝尔。

阿贝尔出生在一个穷牧师家里,有7个兄弟姊妹。小时候阿贝尔跟着父亲学文化,一直到13岁才有机会到一所学校,靠一点奖学金读书。

教数学的老师是个酒徒，教学枯燥无味，还经常体罚学生。在学生和家长的抗议下，后来换了年轻的大学助教洪堡来教数学。洪堡是著名天文学家汉斯廷的助教，学识渊博。他采用灵活、新颖的教学方法，尽量发挥学生的独立解题能力，并经常出一些有趣的数学问题，叫学生演算。

在洪堡老师的教育下，阿贝尔深深地爱上了数学。他常能解出一般同学解不出来的难题。洪堡对阿贝尔的评语是"一个优秀的数学天才"。阿贝尔沉迷于数学之中，他一头钻进图书馆找牛顿和达朗贝尔的书来读，把自己研究的一些收获记在一个大笔记本中。据洪堡后来回忆说："阿贝尔以惊人的热情和速度向数学这门科学进军。在短时间内他学了大部分初等数学。在他的要求下，我单独给他讲授高等数学。过了不久，他就自己读法国数学家泊松的作品，读数学家高斯的书，特别是拉格朗日的书。他已经开始研究几门数学分支了。"阿贝尔 16 岁时发现数学家欧拉对二项式定理只证明了有理指数的情形，于是他给出了一般情况都成立的证明。

在学校里，阿贝尔和同学相处得很好，他并不因为数学教师对他的赞扬而傲视其他同学。由于营养不良，他面色苍白；由于贫穷，他衣服破烂得像个穷裁缝，同学们给他起了个外号叫"裁缝阿贝尔"。

自从 16 世纪意大利数学家找到了解一元三次方程和一元四次方程的方法后，人们一直在寻求一元五次方程的解法。可是经历了 300 年的探索，没有一个数学家能够解决这个问题。

一次，阿贝尔听洪堡讲，解五次方程是当前数学上悬而未决的难题。数学家想按照解二次方程那样用求根公式，通过有限次的加、减、乘、除及开方运算，用方程的系数来表示五次方程的根，但是一直没有成功。

阿贝尔暗下决心，一定要解决五次方程求根的难题。经过一番考虑之后，阿贝尔写出了一篇解决五次方程的论文送交洪堡。洪堡看了半天也没有看懂，只好寄给自己的老师汉斯廷教授。汉斯廷教授也没看懂，又转给丹麦著名数学家达根。达根没有看出阿贝尔的文章有什么错误，但是达根考虑：以前那么多大数学家都没能解决的数学难题，不可能就这么简单地解决了。透过阿贝尔的论文，达根发现阿贝尔是个很有数学才能的人。达根给阿贝尔回信，建议他用实际例子来验证自己的方法。通过验证，阿贝尔发现了自己文章中的错误。

失败激励着阿贝尔去更深入地考虑这个问题。正当他发奋研究五次方程解法的时候，他父亲去世了，家境更加贫穷。洪堡希望阿贝尔上大学，他与教授和朋友们一起筹钱供阿贝尔读书，让他免费住宿。由于弟弟年纪小无人照顾，大学还特别准许阿贝尔带着他弟弟住在学校里，一边读大学一边照料弟弟。

贫穷、劳累都没能动摇阿贝尔探索数学奥秘的决心。他一边学习一边研究，一连在汉斯廷创办的科学杂志上发表了几篇很有价值的数学论文，受到数学界的重视。在此基础上，阿贝尔又继续猛攻五次方程的求解问题。

首先，阿贝尔成功地证明了下面的定理："可以用根式求解的方程，它的根的表达式中出现的每一个根式，都可以表示成该方程的根和某些单位根的有理函数。"举个简单的例子：比如二次方程$x^2+bx+c=0$是可以用根式求解的。它的根的表达式

$$x=\frac{-b\pm\sqrt{b^2-4c}}{2}.$$

中只有一个根式$\sqrt{b^2-4c}$。由韦达定理可知

$$b=-(x_1+x_2),$$

$$c = x_1 \cdot x_2.$$

因此，$\sqrt{b^2 - 4c} = \sqrt{(x_1 + x_2)^2 - 4x_1 \cdot x_2}$

$= \sqrt{x_1^2 - 2x_1x_2 + x_2^2} = |x_1 - x_2|$，

而$x_1 - x_2$（或$x_2 - x_1$）是方程根x_1, x_2的有理函数。

所谓单位根，就是若一个数的n次乘方等于1，则称此数为n次单位根，例如1，-1，i，-i，因为$1^4 = (-1)^4 = i^4 = (-i)^4 = 1$，所以它们都是4次单位根。

接着阿贝尔就用这个定理证出：不可能用加、减、乘、除、开方运算和方程的系数来表示五次方程根的一般解。他的证明结束了人们200年的探索。

在当地印刷厂的帮助下，这篇论文被印制出来了。为了使更多的人了解，这篇论文是用法文写的。可是因为穷，为了减少印刷费，他把论文压缩得只有6页。

阿贝尔满怀信心地把自己的论文寄给外国的数学家，包括当时被誉为数学王子的高斯，希望能得到他们的支持。可惜文章太简洁了，没有人能看懂。当高斯收到这篇论文时，觉得不可能用这么短的篇幅，证明出这个世界著名的问题，结果高斯看也没有看就把这篇论文放到书信堆去了。

阿贝尔大学毕业后，一直找不到工作。他向政府申请旅行研究金，到外国做两年研究，希望回来后，能找到一个正式职业。

1825年，他离开挪威，先到德国的汉堡，后来到柏林住了6个月。1826年7月，阿贝尔离开德国去法国。他在巴黎期间很难和法国大数学家谈论自己的研究成果。他们的年纪太大，对年轻人的工作并不重视。阿贝尔把自己的研究写成长篇论文，交给法国数学家勒让德。勒让德看不大懂，又转给了另一位数学家柯西。柯西只是随便翻了翻，就丢弃到一旁。阿贝尔想在法国科学院发表这篇论文的想法落空了。

1827年5月底，阿贝尔回到了奥斯陆。他身无分文，还欠了债。为生活所迫，他只好去给人家补习功课，从小学生到准备上大学的学生都给补习。他不但帮人补习数学，还补习德文、法文。

即使在这种状况下，阿贝尔也没有放弃他心爱的数学研究，他对数学许多分支的发展都做出了重要的贡献。后来阿贝尔又发表了两个"关于五次以上方程不可能用根式求解"的证明。

贫穷和劳累使阿贝尔的身体越来越衰弱了。1828 年夏天，他持续高烧，而且咳嗽——他得了肺结核。他给德国工程师克勒的信中写道："我已经病了一个时期，而且被迫要躺在床上了。我很想工作，但是医生警告我，任何事操心都对我有极大的伤害。"

从 1829 年 3 月开始，阿贝尔病情恶化，他胸痛，吐血，时常昏迷，一直躺在床上。有时他想写数学论文，可是手不能提笔写字。1829 年 4 月 6 日，年仅 26 岁的阿贝尔离开了人间。阿贝尔是挪威人民的骄傲。

悬赏十万马克求解

有一个著名的数学难题，至今世界上还没有人能够解决，这就是"费马问题"。

费马 1601 年生于法国的图卢兹。他是一名法官，业余从事数学研究。他的所有数学著作在生前都没有发表。他是通过与其他数学家的通信，来广泛地参与数学研究活动的。费马未加证明地提出了许多富有洞察力的命题，这些命题在他去世后很久才陆续被证明。到 1840 年，只剩下一个命题还没有被证明，这就是"费马问题"。

"费马问题"的内容很简单：当整数n大于 2 时，方程$x^n+y^n=z^n$不存在整数解，其中x,y,z不等于 0。

当$n=2$时，方程就变成了$x^2+y^2=z^2$，是我们熟悉的"勾方加股方等于弦方"，也就是勾股定理。这时方程$x^2+y^2=z^2$是有无穷多组整数解。比如$x=3,y=4,z=5$；$x=5,y=12,z=13$；$x=6,y=8,z=10$ 等都是该方程的解。这些整数解可以用一组公式来表示：

$$x=m^2-n^2,\ y=2mn,\ z=m^2+n^2.$$

其中m,n为不相等的整数。

尽管$n=2$时，方程$x^n+y^n=z^n$有无穷多组整数解，但是费马预言：只要n

大于2，方程$x^n+y^n=z^n$连一组非零的整数解也没有。

费马是怎么想起这件事的呢？事情是这样的：1621年，公元3世纪希腊著名数学家丢番图的《算术》一书刚刚译成法文，费马就买了一套。费马有个习惯，喜欢把读书的感想随手写在书页的空白处。他在这本书中看到了丢番图关于方程$x^2+y^2=z^2$有无穷多组正整数解的讨论，于是就在书底页的空白处写了一行旁注："另一方面，不可能把一个立方数表示为两个三次方数之和。一般来说，一个次数大于2的方幂不可能是两个方幂之和。我确实发现了这个奇妙的证明，但是书的页边太窄了，写不下。"

费马提出的结论究竟对不对呢？他没有给出证明，但是他声称确实发现了这个奇妙的证明。费马死后，他的儿子整理了他的全部遗稿和书信，遗憾的是并没有找到关于这个问题的证明，于是它就成了悬而未决的"费马问题"。

"费马问题"的迷人之处，在于它的内容如此简单，如此容易理解，即使具有一般数学知识的人好像也能解决。正如要验证$x^3+y^3=z^3$没有非零的整数解，前十个正整数的立方是1，8，27，64，125，216，343，512，729，1000。不难看出其中没有一个数可以表示为另外两个立方数之和。借助于电子计算机甚至可以证明10位以内数的立方，不可能是其他两个立方数之和。困难的是整数有无穷多个，不管用什么样的电子计算机，也不能对无穷多个数进行检验。

"费马问题"引起数学家的注意。许多大数学家为解决这个问题花费了不少心血，也取得了一定的进展。

1770年，大数学家欧拉证明了当$n=3$时，费马的结论是对的；

1823年，勒让德证明了当$n=5$时，结论是对的；

1839年，拉梅证明了当$n=7$时，结论也对。

特别值得一提的是，靠自学成才的法国女数学家苏菲娅·吉耳曼证明了如果p是奇素数（即除掉2的素数），$2p+1$也是素数，那么$x^p+y^p=z^p$没有整数解。这样一来，小于100的所有奇素数都解决了。

研究“费马问题”最有成就的要算德国数学家库默尔，他几乎用了一生的时间来研究这个问题。虽然他没有最终解决，但是提出了一整套的数学理论，推动了数学的发展。法国科学院为了表彰库默尔的贡献，给他发了奖。

有趣的是，有的数学家自以为解决了“费马问题”而欣喜若狂，但是后来有人指出证明中有错误，结果是一场空欢喜。比如数学家拉梅在法国科学院的一次会议上，宣布自己已经证明了“费马问题”。但是当他讲解自己的证明方法时，数学家刘维尔当场指出他的证明是行不通的，使拉梅感到十分困窘。著名数学家勒贝格晚年也沉迷于解决“费马问题”，他向法国科学院呈上一篇论文，说用他的理论可以全部解决这个问题。法国科学院十分高兴，如果勒贝格真能解决，法国就可以向全世界宣布：这个300年前由法国人提出来的世界难题，最终由本国人解决了。法国科学院立即组织一批数学家，仔细研究了勒贝格的论文，结果发现其证明也是错误的。勒贝格拿着退回来的论文不甘心地说：“我想，我这个错误是可以改正的。”但是，直到他死，也没能解决这个问题。

1900年，德国著名数学家希尔伯特，总结了当时数学界还没解决的重大问题，提出了23个数学难题，“费马问题”被列为第十个问题。

1908年，德国的一位数学爱好者沃尔夫斯凯尔提出，在公元2007年以前，谁能解决“费马问题”，就奖给他十万马克奖金。

前几年，美国数学家大卫·曼福特证明了方程$x^n+y^n=z^n$如果有整数解，那么这样的整数是非常大，解的个数是非常少的。这样的整数解数值之大，不仅超过现有大型计算机的计算能力，还远远超过从长远看来能够设想的任何计算机的能力。但是，他终究没有彻底解决这个难题。

这个问题最终被英国数学家解决了。

20世纪60年代初，一个年仅10岁的英国少年安德鲁·怀尔斯看到了“费马问题”，他立志要解决这个难题。长大以后，他到美国普林斯顿大学任教，1986年他在“费马问题”上取得了突破性进展。1993年6月23日在英国剑桥大学的国际数学家学术会议上，年仅40岁的怀尔斯做了题为《系数结构、椭圆曲线和盖氏理论》的报告，解决了困扰数学家350年之久的难题，受到与会数学家的高度称赞。但是，同年11月有数学家对他的证明过程提出疑问。12月4日怀尔斯发出电子邮件，承认证明有问题。1994年10月25日，美国俄亥俄州立大学的卡尔·鲁宾教授向全世界发出电子邮件宣布，怀尔斯证明中的问题已经得到解决，怀尔斯成功证明了费马的猜想是对的。

4. 闯关纵横谈

他为什么不放心

一闯抽象关

请你从1开始写出三个相邻的奇数。

你很快就可以写出1,3,5。

再请你把所有相邻的三个奇数都写出来。

这可要好好想一想了：写出3,5,7对吗？不对！这仅是一组相邻的三个奇数。多写出几组行吗？1,3,5;3,5,7;5,7,9…这也不行。就是写出成千上万组，也没有把“所有的”都写出来！

这个问题用算术方法是解决不了的，用代数方法解决起来就很容易。代数的一个重要特征就是以字母代替具体的数。这个问题的正确答案是：$2k+1,2k+3,2k+5$。你看，当$k=0$时是1,3,5；当$k=1$时是3,5,7；当$k=2$时是5,7,9……

很明显，这里的k不是具体的哪一个数，而代表了任意整数，这是整个问题的关键。只有使用了字母，才使得$2k+1,2k+3,2k+5$表示的不再是三个具体的数，而是所有的三个相邻的奇数。

使用字母表示数，这是一种抽象化。刚从小学升到初中的人，往往弄不明白为什么要用字母来代替数。举个例子：有些杂志的编辑部经常收到小读者的来信，说他们发现了一些数学规律，又不知对不对，请编辑帮助看看。有位初一同学的信中写道：我发现了一个有趣的数学规律：

$3^2=2+2^2+3$,

$4^2=3+3^2+4$,

$5^2=4+4^2+5$,

……

总之，一个自然数的平方等于它前面一个相邻数加上这个相邻数的平方再加上这个数本身的和。我试了许多数都对，您说有这个规律吗？

这个同学既然试了“许多数”都对，为什么还不放心呢？看来这是位细心的同学，知道自然数是无穷尽的，他无法对所有的数都进行试验。

这又是一个用算术方法解决不了的问题，必须用代数来解决。

引入一个字母n，如果用一个代数式来表示这个同学发现的规律就是：

$$(n+1)^2=n+n^2+(n+1),$$

变形，得 $$(n+1)^2=n^2+2n+1,$$

又得 $$(n+1)^2=n^2+2n\cdot 1+1^2.$$

这最后一个代数式多么眼熟啊！与$(a+b)^2=a^2+2ab+b^2$比一比，原来就是一回事，只不过让这个公式里的$a=n,b=1$而已。

看来，这个同学找到的数学规律是对的，它就是“二数和的平方公式”。

只可惜，他没有经过代数抽象这一步，所以没列出这个代数公式。要是这位同学掌握了代数抽象的方法，并且是在若干年以前这样做了，说不定这个“两数和的平方公式”会是这位同学发现的呢！

这不是开玩笑。抽象的目的正是为了更深刻地发掘数学规律，更准确地表达数学规律，在更广泛的范围内肯定数学规律的正确性。

怎样闯过抽象关？

首先，必须改变一下你的立脚点。在小学学习数学的时候，总是从具体的数字出发来考虑问题。学习代数以后，就要多和字母相联系了。这时候，要注意观念上的转变，不能以算术的观点认为a只代表一个数。要考虑这个字母可能代表着许多数，甚至代表一切数。不要只想着它只代表正数，它也代表负数和零；要考虑它不仅可能代表已知数，也可能代表未知数。总之，要注意字母抽象化的特点。

如果你常常想到：一个字母可以表示“许多数”或“无穷多个数”，解题就不容易出错了。

例如“$a+b$一定大于a吗？”这个问题就不可能简单地回答“大”或“不大”。而要把b分成几种情况加以讨论：

当$b>0$时，$a+b>a$；

当$b=0$时，$a+b=a$；

当$b<0$时，$a+b<a$.

这种讨论形式的答案，在算术中是很少见的，而在代数中却必须掌握。

为了闯过抽象关，还应该熟记一些常用的表达式。例如：全体偶数可以用$2n$表示（n为整数）；

全体奇数可以用$2n+1$或$2n-1$表示；

可以被k整除的数用kn表示（n为整数）；

所有大于 2 而小于 5 的数a,可以表示为 $2<a<5$ 等。

掌握了把数抽象为字母的方法，才能进一步使用字母去探求数学规律。例如：

“怎样表示比a的$\frac{4}{5}$大 1 的数？”

“怎样表示k与 6 的差的 30%？”

想一想就知道前者的答案是$\frac{4a}{5}+1$;后者的答案是$(k-6)\times 30\%$。

2a和 3a 哪个大

二闯负数关

3 和 2 哪个大？当然 3 大。

3a和 2a哪个大？如果你回答“当然 3a大”,这可就错了。在代数里，3a不一定比 2a大。不信,用具体数试一试。

当$a=-5$时,$3a=-15$, $2a=-10$。你看,3a 就比 2a 小了。

由于字母可以代表任何数,也包括了负数,这样 3a和 2a哪个大,就有大于、小于和等于三种可能关系,比 3 和 2 哪个大的关系复杂多了。

负数是正数的相反数,在实际问题中,负数和正数总是表示意义相反的两个量。夏天你从电视屏幕上看到武汉市的气温高达 42℃，你会想到武汉真是个名副其实的大火炉;冬天你会看到哈尔滨最低气温达 -32℃,一个负号就会使你不寒而栗。深刻理解正数和负数是互为相反的数,是闯过负数关的关键。

闯过负数关,要经过哪几个关口呢？

第一个关口是负数比大小。在实际生活中,负数的大小问题,一般是不会弄错的。比如北京最低气温是 -15℃,沈阳最低气温是 -28℃,哪个城市气温低？谁都会回答说是沈阳气温低。可是,抽象地问,-28 和 -15 哪个大？就会有同学回答:-28 比 -15 大。这是什么原因呢？刚上初一的同学，往往一提比大小，就想到正数比大小的法则，忘了负数是正数的相反数。这是一种需要克服的习惯。今后，一定要注意负号，要根据负数的特点来比大小。

过负数比大小这个关口，要多依赖数轴这个重要的工具。在数轴上，不管是正数，还是负数，谁靠右边谁就大。

第二个关口是负数和绝对值的关系。请回答，$|a|=a$和$|a|=-a$哪个对？不管你回答哪个对，都不对。

这两个等式的左边都是a的绝对值，由于绝对值最小是零，不可能是负数。要想上面两个等式成立，就必须保证$|a|=a$中的a，或$|a|=-a$中的$-a$不是负数才行。但是，字母a可以代表任何数，a也好，$-a$也好，都不能保证不是负数。比如，当$a=-2$时，$|a|=a$就成了$|-2|=-2$，绝对值成了负数，显然不对；又比如，当$a=3$时，$|a|=-a$，就成了$|3|=-3$，也不对。可以肯定这两个式子都不成立。

这个问题的正确答案是：

当$a\geqslant 0$时，$|a|=a$；

当$a<0$时，$|a|=-a$.

根据什么标准就肯定这样写是对的呢？标准是不管a取正数、负数或零，等式都成立。比如，当$a=3>0$时，$|3|=3$，就是$|a|=a$；当$a=-3<$

0 时，$|-3|=3=-(-3)$，就是 $|a|=-a$；当$a=0$时，$|0|=0$，就是 $|a|=a$。因此，不管a取什么数，都是对的。

这样，我们就有了一条经验，遇到绝对值符号里面有字母的时候，一定要分情况讨论。比如，计算 $|1-a|+|2a+1|+|a|$ 的值（其中$a<-2$）。在这道题中，限定了字母a的值要小于-2。在去掉绝对值符号时，要保证每一个绝对值都不是负数。因此有

$$|1-a|=1-a>0;$$

$$|2a+1|=-(2a+1)>0;$$

$$|a|=-a>0.$$

这样，

$$|1-a|+|2a+1|+|a|$$

$$=1-a-2a-1-a$$

$$=-4a.$$

在这道题中，如果不给$a<-2$的限制，你还会做吗？题目虽然复杂了，只要记住绝对值不能是负数，完全可以做对。办法是先要一个一个讨论，要综合在一起得出答案。具体解答是：先求出可使其中一个绝对值等于0的a值，它们是$-\frac{1}{2}$，0，1。

当$a<-\frac{1}{2}$时，$|1-a|+|2a+1|+|a|$

$$=1-a-(2a+1)-a$$

$$=1-a-2a-1-a=-4a;$$

当$-\frac{1}{2}\leqslant a<0$时，$|1-a|+|2a+1|+|a|$

$$=1-a+2a+1-a=2;$$

当$0\leqslant a<1$时，$|1-a|+|2a+1|+|a|$

$$=1-a+2a+1+a=2a+2;$$

当$a\geqslant 1$时，$|1-a|+|2a+1|+|a|$

$$=-(1-a)+2a+1+a$$

$$=-1+a+2a+1+a=4a.$$

综合起来写在一起，得

$$|1-a|+|2a+1|+|a|=\begin{cases}-4a\left(a<-\dfrac{1}{2}\right),\\ 2\left(-\dfrac{1}{2}\leqslant a<0\right),\\ 2a+2(0\leqslant a<1),\\ 4a(a\geqslant 1)\end{cases}$$

你如果能正确地解答出下列问题，可以说过了第二个关口：

(1)解方程 $|x-3|=4$；

(2)解方程 $|x+1|+|x-1|=1$；

(3)化简 $|a+1|-|1-2a|$.

负数和绝对值的关系，在求算术根、解方程、解不等式、求函数定义域等问题中还要多次遇到。

第三个关口是使用负数。能灵活使用负数，是学懂负数的主要标志。有这样一道趣题：

“有一座三层的楼房着火了。一个救火员搭了梯子爬到三层楼去抢救东西。当他爬到梯子正中一级时，二楼的窗口喷出火来，他就往下退了3级。等到火过去了，他又爬上了7级，这时屋顶上有一块砖掉下来了，他又往后退了2级。幸亏砖没有打着他，他又爬上了6级，这时他距离最高一层还有3级。你想想，这梯子一共有几级？”

由于梯子有正中一级，因此梯子级数一定是奇数，可设为 $2n+1$。把往上爬算正，往下退算负，可以写出算式。

$$n=(-3)+7+(-2)+6+3=11.$$

所以 $$2n+1=2\times 11+1=23.$$

答：梯子一共有23级。

应该说，只有在大量使用负数过程中，才能逐步深入理解负数的本质，闯过负数关。

老虎怎样追兔子

三闯变化关

先来做一道老虎追兔子的题：

“一只老虎发现离它10米远的地方有一只兔子，马上扑了过去。老虎每秒钟跑20米，兔子每秒钟跑18米，老虎要跑多远的路，才追得上兔子？”

这道题目中把速度、距离都说清楚了，算起来比较容易。因为老虎比兔子跑得快，速度差为 $20-18=2$，这样老虎追上兔子所用的时间为 $10\div 2=5$（秒）。老虎跑的路程为 $20\times 5=100$（米）。这就是答案。

现在把这道题改一下，看你会不会做？

“一只老虎发现离它10米远的地方有一只兔子，马上扑了过去。老虎跑7步的距离，兔子要跑11步。但是兔子频率快，老虎跑3步的时间，兔子能跑4步。问老虎能不能追上兔子？如果能追上，它还要跑多远的路？”

这道题没有直接把速度告诉我们，要求出速度需费一番周折。用算术方法解比较困难，可用代数方法来解。

可以设老虎跑7步的路程为 x 米，则兔子跑完 x 米需要11步。求速度还需要知道时间。因此，又设老虎跑3步用了 t 秒，则兔子在 t 秒钟跑了4步。这里的 x 和 t 不是具体的数，而是抽象的字母。还有，在老虎追赶兔子的过程中，路程和时间不是固定不变的，而是在不断地变化。

下面来求速度：老虎7步跑了 x 米，每一步的距离是 $\frac{x}{7}$ 米。老虎在 t 秒钟跑了3步，合 $3\times\frac{x}{7}$ 米。这样，老虎的速度 v_1 就可以求出来了，即

$$v_1=\frac{3}{7}x\div t=\frac{3}{7}\cdot\frac{x}{t}.$$

同样，可以求出兔子的速度 $v_2=\frac{4}{11}\cdot\frac{x}{t}.$

虽然 v_1，v_2 具体是多少还不知道，但是它们谁大谁小是清楚的。因为 $\frac{x}{t}$

是一个大于零的数，又因为$\frac{3}{7}>\frac{4}{11}$，所以$v_1>v_2$。这说明老虎的速度比兔子快，它是可以追上兔子的。

再来解第二个问题。设s_1，s_2分别表示老虎追上兔子时，老虎和兔子跑过的路程。由于兔子在老虎前10米处，所以$s_1=10+s_2$（米）。

$\because\quad s_1=v_1t,\qquad s_2=v_2t.$

$\therefore\quad \frac{s_1}{s_2}=\frac{v_1t}{v_2t}=\frac{3}{7}\cdot\frac{x}{t}\div\frac{4}{11}\cdot\frac{x}{t}=\frac{33}{28}.$

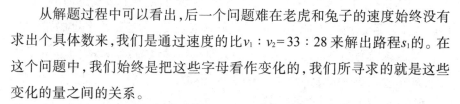

即　　$s_2=\frac{28}{33}s_1.$

将上式代入　$s_1=10+s_2$ 中，得

$$s_1=10+\frac{28}{33}s_1.$$

解出　　$s_1=66$（米）.

说明老虎要跑66米才能追上兔子。

从解题过程中可以看出，后一个问题难在老虎和兔子的速度始终没有求出个具体数来，我们是通过速度的比$v_1:v_2=33:28$来解出路程s_1的。在这个问题中，我们始终是把这些字母看作变化的，我们所寻求的就是这些变化的量之间的关系。

日常生活中没有一成不变的量，数字中就要有相应的“变量”来描述它。比如一个人骑自行车，在他行驶的过程中，行驶的距离s和行驶的时间t，都是变化的量。学函数，把字母看成不断变化的变量，要过“变化关”。下面以骑车为例加以说明。

一个人骑车以每小时15千米的速度从甲地驶往乙地。两地相距45千米，求自行车离开甲地的距离s（千米）和行驶时间t（小时）的关系。

1小时自行车离开甲地15千米，2小时离开甲地15×2千米……t小时离开甲地$15t$千米。我们找到s和t的关系$s=15t$。

对于式子$s=15t$来说，t可以任意变化，可是对于这个实际问题来讲，t的取值只能是$0\leqslant t\leqslant3$，因为出发后3小时就到达乙地了。式子$s=15t$

$(0 \leqslant t \leqslant 3)$反映了自行车运动的规律，这里的$t$和$s$都是变量。

怎样使t和s在我们脑子里变化起来呢？

一种办法是列表。比如间隔半小时给t取一个值，再通过$s = 15t$ 算出相应的s值，就可以列出表来：

t（小时）	0.5	1	1.5	2	2.5	3
s（千米）	7.5	15	22.5	30	37.5	45

这个表描述了t和s的变化。在第 1 小时末，自行车行进了 15 千米；第 2.5 小时末，行进了 37.5 千米。这不是t在变，s也跟着变吗？当然用这个表来描述t和s的变化还比较粗糙。比如想求 1.4 小时自行车行进了多远的距离，在表上是查不到的。

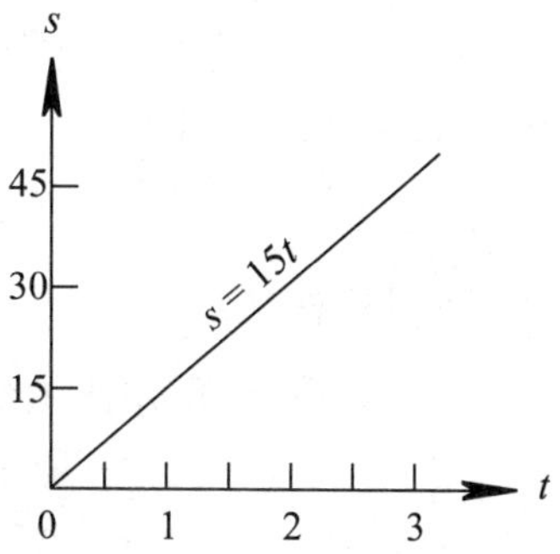

另一种办法是画图。在坐标系中画出$s = 15t$的图象。图象是一条线，这条线反映了随着t的增大，s也增大的变化。

大数学家没做出来

四闯综合关

莱布尼茨是 17 世纪德国著名数学家，微积分的创始人之一。他不会分解代数式$x^4 + a^4$，认为这个式子不能再分解了。

18 世纪英国数学家泰勒说，$x^4 + a^4$还可以进一步分解，把它分解成$(x^2 + \sqrt{2}ax + a^2)(x^2 - \sqrt{2}ax + a^2)$，泰勒分解的方法并不复杂，仅仅是用了配方法：

$$\begin{aligned} & x^4 + a^4 \\ &= (x^4 + 2a^2x^2 + a^4) - 2a^2x^2 \\ &= (x^2 + a^2)^2 - (\sqrt{2}ax)^2 \\ &= [(x^2 + a^2) + \sqrt{2}ax][(x^2 + a^2) - \sqrt{2}ax] \end{aligned}$$

$$=(x^2+\sqrt{2}ax+a^2)(x^2-\sqrt{2}ax+a^2).$$

这个历史事实告诉我们，掌握代数中的基本概念和基本方法还不算太困难，但是能够灵活使用这些方法，去解决一些综合性问题却比较困难，这需要掌握一些技巧。

比如，设函数 $y=\lg(2-\frac{m}{4})\cdot x^{m^2-7m+11}$.

问：(1)当m为何值时，y是x的反比例函数？

(2)当m为何值时，y是x的正比例函数，且图象通过第二、第四象限？

这个问题中涉及的知识比较多，如对数函数、幂、正比例函数、反比例函数、图象在坐标系中的位置。这些知识中如果有一环没掌握好，题目就不可能做对。

可以这样来解：

(1)若y是x的反比例函数，

则 $$y=\frac{k}{x}=kx^{-1}\quad(k\neq 0).$$

现在的问题是寻找合适的m值，使得

$$\lg(2-\frac{m}{4})=k. \quad ①$$

$$m^2-7m+11=-1. \quad ②$$

①和②两式中②式起决定作用。解方程

$$m^2-7m+12=0,$$

得 $$m_1=3,\ m_2=4.$$

将$m_2=4$代入①式中，得

$$k=\lg(2-\frac{4}{4})=\lg1=0.$$

所以$m_2=4$不能取；

将$m_1=3$代入①式，得$k=\lg(2-\frac{3}{4})$

$$=\lg\frac{5}{4}\neq 0.$$

因此，取$m=3$.

(2)若y是x的正比例函数，则 $y=kx$，仿(1)得二次方程

$$m^2-7m+11=1,$$

$$m^2-7m+10=0,$$

解得　$m_1=5$，$m_2=2$.

因为正比例函数的图象过第二、第四象限，

所以　　$\lg(2-\frac{m}{4})<0$.

将 $m_1=5$ 代入，得

$$k=\lg(2-\frac{5}{4})=\lg\frac{3}{4}<0.$$

将 $m_2=2$ 代入，得

$$k=\lg(2-\frac{3}{4})=\lg\frac{5}{4}>0.$$

因此，取$m=5$.

要提高解综合问题的能力，还要使自己的思路更开阔些。国外流传着这样一个故事：从前有一个大国的国王叫爱数，从名字就可以知道，他非常喜欢数学。爱数国王爱上了邻国的一位公主，就向公主求婚。

公主说："听说国王非常喜欢数学，我给你一个十四位的大数，要求你把它分成质因数的连乘积。如果三天之内你能分解出来，我就嫁给你，不然的话，请不要再提求婚的事！"

爱数国王觉得办成这件事并不困难，回国以后就从最小的质数 2 开始试除。由于这个数字太大，他试了两天两夜也没分解出来，爱数国王发愁了。

大臣孔唤石觐见爱数国王，见国王愁容满面，问明原因以后，孔唤石笑着说："这有何难？我国有一千万百姓，按十进位制把他们分组、编号。比如，一个老百姓在二军团、五军、三师、八团、九营、〇连、二排，这个老百姓的编号就是 2538902。"

爱数国王问："给老百姓编上号有什么用？"

孔唤石大臣说："你把公主给的十四位数公布出去，让每个老百姓用自

己的编号去除这个大数，凡是能整除的编号都报上来，你从这些报上来的编号中再找质因数就容易多了。”

“好主意！”爱数国王称赞说，“你不应叫孔唤石，而应该叫‘空换时’，你是用空间来换取宝贵的时间呀！”

当然，爱数国王终于与公主结合了。

解数学题时，也常常会发生类似的情况。比如，已知在$\triangle ABC$中，$\sin A\cos A=\sin B\cos B$，试判断$\triangle ABC$的形状？这道题直接去证$\triangle ABC$会不会有一个角是直角、会不会有两个角相等都比较困难。可以走另外一条道路：由正弦定理得

$$\frac{a}{\sin A}=\frac{b}{\sin B}=\frac{c}{\sin C}.$$

即
$$\sin A=\frac{a}{c}\sin C,\ \sin B=\frac{b}{c}\sin C.$$

代入题设的等式，得

$$\frac{a}{c}\sin C\cos A=\frac{b}{c}\sin C\cos B.$$

$\because\ \sin C\neq 0\quad\therefore\ a\cos A=b\cos B.$

再用余弦定理，得

$$a\frac{b^2+c^2-a^2}{2bc}=b\frac{a^2+c^2-b^2}{2ac},$$

$$a^2(b^2+c^2-a^2)=b^2(a^2+c^2-b^2),$$

展开整理，得 $c^2(a^2-b^2)=(a^2+b^2)(a^2-b^2)$,

$$(a^2-b^2)(c^2-a^2+b^2)=0.$$

当$a=b$时，$\triangle ABC$为等腰三角形；

当$c^2=a^2+b^2$时，$\triangle ABC$为直角三角形。

5. 代数万花筒

波斯国王出的一道难题

古时候波斯有个国王，他认为自己是世界上最聪明的人。

有一天，国王出了一个告示，宣布半个月以后他将要在皇宫里出一道难题，谁要是能准确地回答出来，就重重地奖赏他。

到了那一天，皇宫里聚集了文武百官，还有许多老百姓，显得十分热闹。国王命令侍从取来了三只大金碗，金碗上盖着镶嵌着宝石的金盖子。国王向皇宫里的人扫了一眼，然后说出他的难题：

"我的三只金碗里放着数目不同的珍珠。我把第一只金碗里的一半珍珠给我的大儿子；第二只金碗的三分之一珍珠给我的二儿子；第三只金碗里的四分之一珍珠给我的小儿子。然后，再把第一只碗里的 4 颗珍珠给我的大女儿；第二只碗里的 6 颗珍珠给我的二女儿；第三只碗里的 2 颗珍珠给我的小女儿。这样分完之后，第一只金碗里还剩下 38 颗珍珠；第二只金碗里还剩下 12 颗珍珠；第三只金碗里还剩下 19 颗珍珠。你们谁能回答，这三只金碗里原来各有多少珍珠？"

听完国王所说的题目，文武百官你看看我，我看看你，谁也没作声。

突然，从人群中走出三个外国人，其中一个向国王深深鞠了一个躬，说道："尊敬的国王，请让我第一个回答您的问题吧！您的第一只金碗里最后剩下38颗珍珠，加上您给大女儿的4颗，一共是42颗，而这42颗珍珠只是原来珍珠数的一半，因为您把另一半给了您大儿子了。这样第一只金碗中应该有84颗珍珠。”

听到这里，国王点了点头。这个外国人又接着说：“您的第二只金碗里最后剩下12颗珍珠，加上您给二女儿的6颗，共计18颗。这18颗珍珠只是原来珍珠数的三分之二，因为有三分之一您给了二儿子了。所以第二只金碗里原来有27颗珍珠。

第三只金碗里最后剩19颗珍珠，加上您小女儿拿去的2颗，就是21颗。这21颗只是碗里原来数目的四分之三，这样第三只金碗里原有28颗珍珠。”

国王听了满意地说：“聪明人，你说对了。”

这位外国人说：“尊敬的国王，数学帮助我回答了您的问题。数学是一门有关数的特征和计算法则的科学。”

这时，第二个外国人往前站了两步说：“高贵的国王，我用方程来算您出的题，要简单得多。

我用x来代表您第一只碗里珍珠的数目。

您给大儿子一半，就是$\frac{x}{2}$，又给您大女儿4颗，最后剩下38颗。可以列出方程如下：

$$x-\frac{x}{2}-4=38.$$

移项，得

$$x-\frac{x}{2}=38+4,$$

$$\frac{x}{2}=42,$$

$$x=84.$$

说明第一只金碗里有84颗珍珠。

再算第二只金碗里珍珠的数目。设这个数目为x。从中减去您给二儿子的$\frac{x}{3}$，再减去您给二女儿的6颗，剩下12颗，列出方程为：

$$x-\frac{x}{3}-6=12,$$

$$\frac{2}{3}x=18,$$

$$x=27.$$

第二只碗里有 27 颗珍珠。

用同样办法可以算出第三只金碗里珍珠的数目：

$$x-\frac{x}{4}-2=19,$$

$$x=28.$$

第三只金碗里有 28 颗珍珠。”

国王高兴地说：“你用方程来计算，很简单，算法很高明。”

轮到第三个外国人了。他一声不响地从口袋里掏出一张纸，在纸上写了一个算式，递给了国王。

国王看到纸上写着一个算式：

$$x-ax-b=c,$$

$$x=\frac{b+c}{1-a}.$$

国王非常生气地问：“你写的是些什么！我一点也看不懂。你为什么只有一个答案？你难道不知道我有三只金碗吗？”

这个外国人说：

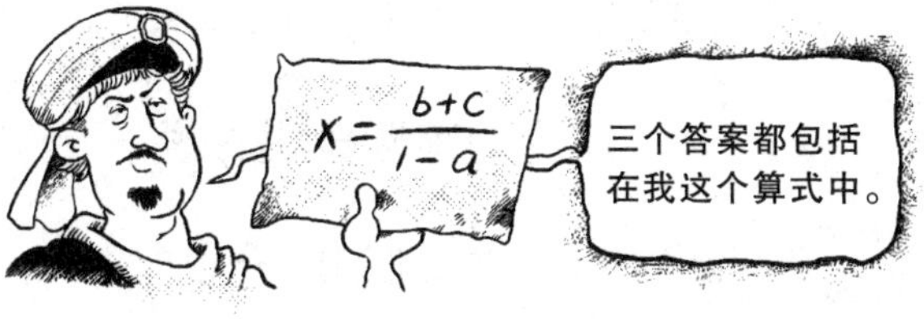

x = b+c / 1-a
三个答案都包括在我这个算式中。

“这个算式中的x代表碗里的珍珠数，a代表您给儿子珍珠数占碗里珍珠数的几分之几，b代表您给女儿的珍珠数，c代表剩下的珍珠数。

“如果您不信的话，可以用具体数字代一代看看是否正确，国王陛下，我的算法充分体现了代数的特点，是最简单、最明确的算法。利用我的算法，即使您有100只金碗、100个儿子、100个女儿，也同样可以算出珍珠数来。”

国王听完，亲自代入数字进行计算。

用x代表第一只碗里珍珠的数目，因给大儿子一半，a应该是$\frac{1}{2}$；b代表给大女儿的数目，应该是4；c代表剩下的38颗珍珠。

代入算式 $x=\frac{b+c}{1-a}$，得

$$x=\frac{4+38}{1-\frac{1}{2}},$$

$$x=84.$$

国王点点头说：“对，是84颗。”接着国王又把$a=\frac{1}{3}$，$b=6$，$c=12$代入算式，得

$$x=\frac{6+12}{1-\frac{1}{3}},$$

$$x=27.$$

国王又算出第三只金碗中珍珠的数目，也完全正确。国王给第三个外国人奖赏最多，其次是第二个外国人，用算术方法解算的外国人得到的奖赏最少。

国王笑着说：“我这是按解算方法好不好来发奖的，你们不会有意见吧？”

印度的国际象棋传说

印度是一个有很多古老传说的国家。传说印度的舍罕王很喜欢下国际象棋。有一天，舍罕王打算重赏国际象棋的发明人、宰相西萨·班·达依尔，这位聪明的大臣看来胃口并不大，他跪在国王面前说：“陛下，请您在这张棋盘的第一个小格内赏我一粒麦子，在第二个小格内给两粒，第三个小格内给四粒，照此下去，每一小格内都比前一小格加一倍。陛下，把这样

摆满棋盘上所有64格的麦粒，都赏给您的仆人罢！”

“爱卿，你所求的并不多啊！” 国王为自己不用太多的东西就能奖励宰相而暗自高兴。

国王说：“你会如愿以偿的。”接着命人把一袋麦子扛到宝座前，心想有这一袋麦子就足够了。

计数麦粒的工作开始了。第一格内放一粒，第二格内放两粒，第三格内放四粒……还没到第二十格，袋子已经空了。麦子一袋又一袋地被扛到国王面前，可是麦粒数一格接一格地飞快增长。不一会儿，王宫里麦子堆积如山，管粮库的大臣急忙跑来报告说，粮库中麦子不多啦！

“怎么回事？”国王十分吃惊。

管库大臣也精通数学，他说：“按宰相的要求，第一格里放一，第二格里放二，第三格里放四，64个格子总共要放

$$n = 1 + 2 + 2^2 + 2^3 + \cdots + 2^{63}.$$

为了算出这个数，可以把上式两边同时乘2：

$$2n = 2 + 2^2 + 2^3 + 2^4 + \cdots + 2^{64}.$$

然后用下面式子减去上面式子，得

$$2n - n = (2 + 2^2 + 2^3 + 2^4 + \cdots + 2^{64}) - (1 + 2 + 2^2 + \cdots + 2^{63}),$$

即 $n = 2^{64} - 1 = 18446744073709551615$（颗）麦粒。”

国王问：“18446744073709551615颗麦粒有多少？”

管库大臣说：“一升小麦约150000颗，照这个数，那得付给西萨·班·达依尔140万亿升小麦才行。这么多小麦需要全世界生产2000年！”

国王听后，像一摊泥似的从宝座上滑到了地下。

印度还有一个著名的传说，叫“世界末日问题”：在世界中心，印度北部

的庙里，安放着一块黄铜板，板上插着三根宝石针。传说在创造世界的时候，在其中的一根针上从下到上放了由大到小共64片金片，把这个塔形金片堆叫作"梵塔"。庙里不论白天黑夜，都有一个值班的僧侣，把这些金片在三根针上移来移去。要求：一次只能移动一片金片，要求不管在哪一根针上，小金片永远在大金片上面。当所有64片金片都从创造世界时所放的那根针上移到另外一根针上时，世界将在一声霹雳中消灭，梵塔、庙宇和众生都将同归于尽。

研究这个古老传说，不难发现，移动金片的规律是，把相邻两片金片中下面一片金片移动到另一根针上，移动的次数总要比移动上面一片增加一倍。也就是说，移动第一片只需要一次，移动第二片需要两次，移动第三片需要四次，每移动下面一片都是上面金片次数的两倍。这样把64片金片都移动到另一根针上，所需要的次数是：

$$1+2+2^2+2^3+\cdots+2^{63}.$$

这和宰相西萨·班·达依尔所要的麦粒一样多，为把这座梵塔全部64片金片都移到另一根针上，需要多长时间呢？假如僧侣一秒钟就能移动一次，夜以继日，永不休息。一年有31558000秒，共需要58万亿年才能完成。

真是了不起的幂呀！一个2^{64}竟是这么大的数字！

五子盗宝

从前有个财主，他有五个儿子。这五个儿子从小游手好闲，财迷心窍。他们听说东海龙宫里有无数金银财宝，做梦都想偷点出来。

一天，五个人在海边徘徊，忽遇狂风暴雨，他们躲进一棵空心大树里。不料这树洞竟是无底的。五个人像掉进了深渊直往下落，吓得他们直冒冷汗。过了一会儿，觉得两脚着地，睁眼一看，原来他们掉进龙王宫里了。五兄弟心中大喜，无心观赏龙宫的景色，一心只想偷得龙宫的珍宝。

他们转过了几道弯，突然眼前一亮，在一棵大珊瑚树下发现有一堆耀眼的东西。老大禁不住叫了一声："宝珠！"拔腿直奔过去，抓起宝珠往衣袋里塞。其他几个兄弟也冲了过去。

"快走吧！"老大得了鼓鼓几口袋宝珠，急于回去。可是老五才捞了一把，不肯就走。正在此时，耳边响起吼声："站住！干什么的？"五个人大惊失色，随即被龙宫的卫兵抓进牢房。

半夜了，老大怎么也睡不着，因为龙王有旨，偷宝珠最多的，天明就要处死，其余的也要杖刑之后赶出龙宫。老大见四个兄弟睡着了，便悄悄地爬起来，把自己偷的宝珠往他们四个人的口袋里各塞了一些，塞进去的宝珠颗数恰恰等于这四人原有的宝珠数。老大做完这些事后才安心地睡了。过了一会儿，老二醒来，摸摸口袋里的宝珠，奇怪，宝珠怎么变多了？他也悄悄地爬起来，把自己口袋里的宝珠给其余四个人各塞进一些，塞进的宝珠数恰好也等于四个人口袋里的宝珠数。接着，老三、老四、老五依次醒来，也都这样做了一遍，随后就放心睡到大天亮。次日，当卫兵搜查清点五个人偷的宝珠时，发现每人口袋里的宝珠不多不少都是32颗，兄弟五人都吓得目瞪口呆。

那么，五个人原来各偷了多少宝珠呢？

这道题如何解？关键是从哪儿入手。由于最后每人有宝珠32颗，五人所偷宝珠总数是

$$32 \times 5 = 160(\text{颗}).$$

设老大原来偷的宝珠数为x_1,那么其余四个兄弟偷的宝珠总数为$(160 - x_1)$颗。

老大第一次给出$(160 - x_1)$颗后,余数是

$$x_1 - (160 - x_1) = 2x_1 - 160.$$

老二塞给老大一定数目的宝珠后,老大的宝珠数为

$$2(2x_1 - 160),$$

老三塞给老大宝珠后,老大的宝珠数为

$$4(2x_1 - 160),$$

老四塞给老大宝珠后,老大的宝珠数为

$$8(2x_1 - 160),$$

老五塞给老大宝珠后,老大的宝珠数为

$$16(2x_1 - 160).$$

最后老大有宝珠 32 颗,可列出方程

$$16(2x_1 - 160) = 32,$$

$$x_1 - 80 = 1,$$

$$x_1 = 81.$$

设老二偷宝珠数x_2颗,其余四个兄弟偷得宝珠总数为$(160 - x_2)$颗。

老大给老二宝珠后,老二的宝珠数为$2x_2$。

老二给出宝珠后,余数为

$$2x_2 - (160 - 2x_2) = 4x_2 - 160,$$

老三塞给老二宝珠后,老二的宝珠数为

$$2(4x_2 - 160),$$

老四塞给老二宝珠后,老二的宝珠数为

$$4(4x_2 - 160),$$

老五塞给老二宝珠后,老二的宝珠数为

$$8(4x_2 - 160),$$

可列出方程

$$8(4x_2-160)=32,$$

$$x_2-40=1,$$

$$x_2=41.$$

设老三、老四、老五原来偷的宝珠数分别为x_3,x_4,x_5,依次列出方程

$$4(8x_3-160)=32,$$

$$2(16x_4-160)=32,$$

$$32x_5-160=32.$$

解得 $x_3=21$, $x_4=11$, $x_5=6$.

老大到老五偷得宝珠数依次为 81 颗、41 颗、21 颗、11 颗、6 颗。

船上的故事

一艘远洋巨轮停泊在港湾，某中学的学生上船和外国船员联欢。联欢会上，外国船长给学生出了一道有趣的题目。

船长说："你们看，我已经是四十开外的中年人了。我的儿子不止一个，我的女儿也不止一个。如果把我的年龄、我的儿女数与你们所参观的这条船的长度（取整数）相乘，它们的乘积等于 32118。同学们，你们能说出我的年纪是多少？共有几个儿女？这条船有多长吗？"

船长的怪题引起了学生极大的兴趣。他们仔细琢磨船长的每一句话，终于把题目解出来了。你知道他们是怎样解出来的吗？

他们是这样解的：设船长的年龄为y，他的儿女数为x，船的长度为z，由"儿子不止一个，女儿也不止一个"可知，他儿子和女儿的总数至少为 4，即

$$x\geqslant 4.$$

由“我已经是四十开外的中年人了”可知

$$40 < y < 60.$$

（60 岁以上称为老年人）

根据题意，可以列出一个方程和一组不等式

$$\begin{cases} xyz = 32118, \\ 40 < y < 60, \\ x \geq 4. \end{cases}$$

接着他们把 32118 分解为质因数的连乘积

$$32118 = 2 \times 3 \times 53 \times 101.$$

把这 4 个不同质数搭配成 3 个整数连乘积，共有 6 种不同的搭配方法

$$2 \times 3 \times 5353, 2 \times 159 \times 101, 2 \times 53 \times 303,$$

$$3 \times 53 \times 202, 3 \times 106 \times 101, 6 \times 53 \times 101.$$

这里，前 5 组中三个因数不都大于 4，只有第六组的三个因数都大于 4。因此，此题只有一组解：$\begin{cases} x = 6, \\ y = 53, \\ z = 101。 \end{cases}$ 即船长有 6 个儿女，船长 53 岁，船的长度为 101 米。

应该赞赏几位学生分析问题的能力。

这时，该船的大副走过来，给学生又出了一道题。

大副说：“这是过去的事啦。有一艘船，它有x只烟囱，y只螺旋桨，$x \neq y$，而且烟囱数和螺旋桨数都不会超过 6。t个船员。它于（$1900 + z$）年p月n日开船启程。上述六个未知数的乘积，加上船长年龄的立方根，等于 4752862。请问：①船长几岁？②船上的烟囱和螺旋桨共有几只？③共有几名船员？④它在何年何月何日启航？”

哎呀！大副出的题比船长出的题还难。但是通过学生的努力，还是解算出来了。

船长年龄的立方根是正整数，那么船长的年龄必定是某个正整数的立

方，可能是$2^3=8$，$3^3=27$，$4^3=64$，$5^3=125$。显然，8和125都不可能。试试$\sqrt[3]{27}=3$，$4752862-3=4752859$。由于4752859不能被2，3，4，5，6整除，而按常识，船上烟囱数和螺旋桨数都不会超过6，所以船长年龄不会是27岁。船长年龄必定是64岁了。因为$\sqrt[3]{64}=4$，所以这时$4752862-4=4752858$，此数可分解为

$$4752858=2\times3\times11\times23\times31\times101.$$

这六个因数就应该是六个未知数，因此有螺旋桨和烟囱之和必然等于5；月份只能取11；11月不会有31日，因此日期只能取23日；年份z只能取31；船员数为101。

即船长64岁，烟囱和螺旋桨共5只，共101名船员，1931年11月23日启航。

一句话里三道题

“当王强达到张洪现在的年龄的时候，张洪的年龄是李勇年龄的两倍。”

根据上面这一句话，回答三个问题：

1. 谁的年龄最大？

2. 谁的年龄最小？

3. 王强和李勇现在岁数的比是几比几？

这一句话提出了三个问题，第一个问题最容易回答，张洪年龄最大。第二个问题要确定出王强和李勇的岁数之比后才好回答。

设张洪为a岁，王强为b岁，李勇为c岁。

又设x年后，王强达到张洪现在的年龄。则x年后，张洪$(a+x)$岁，王强$(b+x)$岁，李勇$(c+x)$岁。

根据题目条件可得

$$b+x=a, \qquad (1)$$

$$a+x=2(x+c),$$

即

$$2c+x=a. \qquad (2)$$

由(1)和(2)式，得 $b=2c.$

即 $c:b=1:2.$

上式说明王强和李勇现在年龄的比是 2∶1，李勇的年龄最小。

有关年龄问题的代数题常常是很有趣的，我们不妨再做几道。

张老师给同学们出了一道题："我有两个孩子都在上小学，老大岁数的平方减去老二岁数的平方等于 63，请算算这两个孩子的年龄。"

可以设老大的年龄为x岁，老二的年龄为y岁。

根据题目条件可得方程

$$x^2-y^2=63.$$

左端分解因式，得 $(x+y)(x-y)=63.$

这是一个不定方程，可以有无穷多组解。但是，年龄都是正整数，且$x>y$，故其和、差也是正整数。因为 $63=63\times1=21\times3=9\times7$，所以只能得以下三组方程：

$$(1)\begin{cases}x+y=63,\\x-y=1;\end{cases}\quad(2)\begin{cases}x+y=21,\\x-y=3;\end{cases}\quad(3)\begin{cases}x+y=9,\\x-y=7.\end{cases}$$

分别解这三个方程组，可得

$$(1)\begin{cases}x=32,\\y=31;\end{cases}\quad(2)\begin{cases}x=12,\\y=9;\end{cases}\quad(3)\begin{cases}x=8,\\y=1.\end{cases}$$

这三组解中只有第二组解符合题意。因此，老大 12 岁，老二 9 岁。

黄老师也给同学们出了一道题："我年龄的个位数字刚好等于我儿子的年龄，我年龄的十位数字刚好等于我女儿的年龄；同时我的年龄又刚好是我儿子和女儿年龄乘积的两倍。请你们算一算，我的年龄是多少？"

设黄老师女儿的年龄为x岁，儿子的年龄为y岁。

则黄老师的年龄为 $10x+y$岁。

根据题意可列出方程：

$$10x+y=2xy.$$

解这个不定方程要比上一个困难，

因为$x \neq 0$，方程两端可同用x除，得

$$10+\frac{y}{x}=2y.$$

令$\frac{y}{x}=z$，上面不定方程变成

$$10+z=2y.$$

因为10和$2y$都是正整数，所以z也是正整数。

因为$y=xz$，所以y一定是z的整倍数。

根据上面条件，满足不定方程

$$2y-z=10$$

的y不能小于6，而y又是z的整倍数，y只能取6。

$$y=6，则z=2，$$

$$x=\frac{y}{z}=\frac{6}{2}=3.$$

即女儿3岁，儿子6岁，黄老师36岁。

下面的"三人百岁"题比较著名。

"赵、钱、孙三人年龄之和是100岁。赵28岁时，钱的年龄是孙的两倍；钱20岁时，赵的年龄是孙的三倍。问三人年龄各是多少？"

设赵、钱、孙现在的年龄分别为x岁，y岁，z岁。

又设a年前赵28岁，则有

$$y-a=2(z-a).$$

$$\because \quad x+y+z=100,$$

$$\therefore \quad a年前，有$$

$$28+(y-a)+(z-a)=100-3a,$$

$$28+2(z-a)+(z-a)=100-3a,$$

$$3z+28-3a=100-3a,$$

$$z=24.$$

再设b年前钱20岁，则有

$$x-b=3(z-b).$$

同理有 $3(z-b)+20+(z-b)=100-3b.$

$$4z-b=80.$$

将 $z=24$ 代入，得 $b=16.$

即16年前钱20岁，现在钱为36岁，孙24岁，赵40岁。

蛇与孔雀

11世纪的一位阿拉伯数学家曾提出一个“鸟儿捉鱼”的问题：

“小溪边长着两棵棕榈树，恰好隔岸相望。一棵树高是30肘尺（肘尺是古代长度单位），另外一棵树高是20肘尺；两棵棕榈树的树干间的距离是50肘尺。每棵树的树顶上都停着一只鸟。忽然，两只鸟同时看见棕榈树间的水面上游出一条鱼，它们立刻飞去抓鱼，并且同时到达目标。问这条鱼出现的地方离比较高的棕榈树根有多远。”

解这个问题可以先画一个图。设所求的距离为x肘尺。

根据勾股定理，有

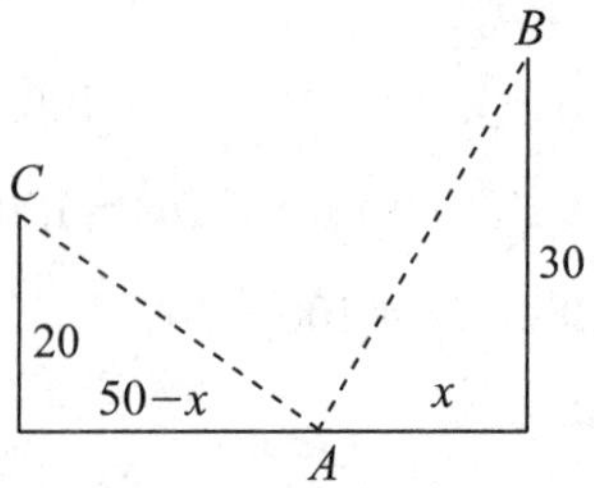

$AB^2=30^2+x^2,$

$AC^2=20^2+(50-x)^2.$

$\because\quad AB=AC,$

$\therefore\quad 30^2+x^2=20^2+(50-x)^2.$

经过化简整理，得

$$100x=2000.$$

这是一个一元一次方程，解得$x=20$.

因此，这条鱼出现的地方离比较高的棕榈树根20肘尺。

12世纪印度数学家婆什迦罗提出过一个“孔雀捕蛇”问题：

“有一根木柱。木柱下有一个蛇洞。柱高为15腕尺（古代长度单位），柱顶站有一只孔雀。孔雀看见一条蛇正向洞口游来，现在与洞口的距离还有三倍柱高。就在这时，孔雀猛地向蛇扑过去。问在离蛇洞多远，孔雀与蛇相遇？”

计算这个问题也要先画一个图，并假定孔雀和蛇前进的速度相同。

设离蛇洞x腕尺孔雀与蛇相遇。

$\because\quad AB=AD=45-x,$

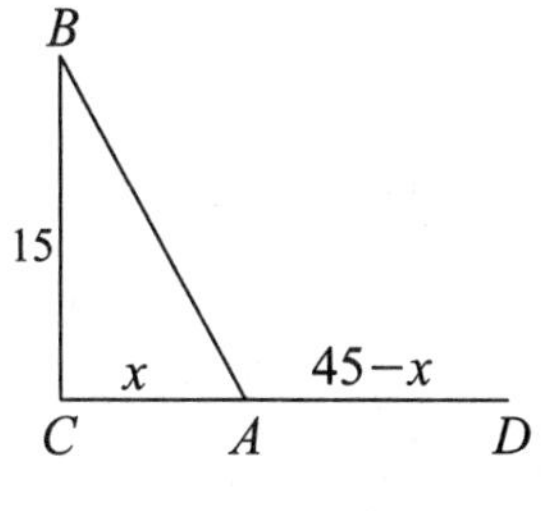

根据勾股定理，有

$(45-x)^2=15^2+x^2.$

化简整理，得一元一次方程

$$90x=1800,$$

解得 $x=20.$

因此，在离蛇洞20腕尺处孔雀与蛇相遇。

细细分析这两个出自不同地区、不同时间的问题，它们有许多相似之处，连答数都一样！

解算夫妻

在智力游戏和智力竞赛中，经常会遇到找夫妻的题目。这类题目也是很有趣的。先看一道题：

“有三对夫妻一同上商店买东西。男的分别姓孙、姓陈、姓金，女的分别姓李、姓赵、姓尹。他们每人只买一种商品，并且每人所买商品的件数正好等于那种商品的单价（元数）。现在知道每一个丈夫都比他的妻子多花63元，并且老孙所买的商品比小赵多23件，老金所买的商品比小李多11件，问老孙、老陈、老金的爱人各是谁？”

这道题可以利用方程组解算出来。

设丈夫买了x件商品，妻子买了y件商品，

根据“每人所买商品的件数正好等于那种商品的单价（元数）”，可以知道丈夫总共花去x^2元，妻子花去y^2元；

再根据“每一个丈夫都比他的妻子多花去63元”，可得不定方程

$$x^2-y^2=63.$$

由于x,y代表商品件数，只能取自然数，而左端又能因式分解，因此，下列方程

$$(x+y)(x-y)=63.$$

的右端也应分解。有三种可能：63×1，21×3，9×7。可得三组联立方程

$$\begin{cases}x_1+y_1=63,\\x_1-y_1=1;\end{cases}\quad\begin{cases}x_2+y_2=21,\\x_2-y_2=3;\end{cases}\quad\begin{cases}x_3+y_3=9,\\x_3-y_3=7.\end{cases}$$

解得

$$\begin{cases}x_1=32,\\y_1=31;\end{cases}\quad\begin{cases}x_2=12,\\y_2=9;\end{cases}\quad\begin{cases}x_3=8,\\y_3=1.\end{cases}$$

以上三组解就是三对夫妻所买商品的件数。

根据条件“老孙所买的商品比小赵多23件”，可确定x_1为老孙买的商品

件数，y_2为小赵买的商品件数；

李太太　　赵太太　　尹太太　　跟班

再根据条件“老金所买的商品比小李多11件”，可确定x_2为老金所买的商品件数，y_3为小李买的商品件数。

由此定出老孙和小尹是夫妻，老金和小赵是夫妻，老陈和小李是夫妻。

再来看一道题：

“依万、彼得、谢明和他们的妻子奥丽、伊林和安娜的年龄总和是151岁，同时每个丈夫都比妻子大5岁。依万比伊林大1岁，奥丽和依万年龄的总和是48岁，谢明和奥丽年龄的总和是52岁。试问他们之中谁和谁是夫妻？他们的年龄各是多大？”

解算这个问题可以分两步来做。首先确定谁和谁是夫妻：

由“依万比伊林大1岁”和“每个丈夫都比妻子大5岁”可知依万的妻子不可能是伊林。另外“奥丽和依万年龄的总和是48岁”，由48减去5得43，不能被2整除，而年龄都是整数，因此，奥丽也不是依万的妻子。因此只有安娜才是依万的妻子。

由“谢明和奥丽年龄的总和是52岁”可知，$52-5=47$仍不能被2整除，奥丽不是谢明的妻子，而是彼得的妻子。

剩下的谢明和伊林为夫妻。

其次，再算他们的年龄：

设依万为x岁，彼得为y岁，谢明为z岁，则安娜为($x-5$)岁，奥丽为($y-5$)岁，伊林为($z-5$)岁。

利用题设条件可得

$$\begin{cases}x+y+z+(x-5)+(y-5)+(z-5)=151,\\x+(y-5)=48,\\z+(y-5)=52.\end{cases}$$

整理，得

$$\begin{cases}x+y+z=83,\\x+y=53,\\y+z=57.\end{cases}$$

解得　$x=26, y=27, z=30.$

又得　$x-5=21,\ y-5=22,\ z-5=25.$

即依万为26岁，安娜为21岁；彼得为27岁，奥丽为22岁；谢明为30岁，伊林为25岁。

弯弯绕国的奇遇

铁蛋和铜头到弯弯绕国去玩，经历了几件惊险和有趣的事。

第一件事——开密码锁

铁蛋和铜头到弯弯绕国不久，就被士兵当作奸细抓住，关在一间石头房子里。石头房子只有一扇铁栅栏门，门上锁着一把密码锁。门上还钉有一块小牌，上面写着：

“开锁的密码是$abcdef$，这六个数字各不相同，而且$b\times d=b$，$b+d=c$，$c\times c=a$，$a\times d+f=e+d$。”

铁蛋指着小牌说：“只要能把$abcdef$这六个数字算出来，咱俩就可以打开锁出去。”

铜头搓着双手问：“六个未知数，只有四个式子怎么算法？得出来的结果也不唯一呀！”

铁蛋说："你看这第三个式子是$c\times c=a$，说明a一定是一个平方数。从0到9这十个数中，只有0，1，4，9是平方数。a不能是0，否则c一定是0，这时a和c相等了，与纸条上写的六个数字各不相同这个条件不相符合。同样道理，a也不能是1，a只能是4或9，而c只能是2或3。"

一听铁蛋分析的有道理，铜头也来精神了，他说："给出了$b\times d=b$，说明d一定等于1。"

铁蛋接着说："d等于1，由$b+d=c$可以知道c比b大1。由刚才分析出c或等于2，或等于3，可以得到$b=2$，$c=3$。"

"那是为什么？"铜头有点糊涂。

铁蛋说："你看，c不能等于2，否则b必定等于1，可是d已经是1了，因此，b只能等于2，c就等于3了。"

铜头高兴地两手一拍说："$c=3$，a就等于9，快算出来喽！"

铁蛋指着最后一个式子说："既然$a\times d+f=e+d$，可以肯定$f=0$，$e=8$。"

"噢!算出来啦！$abcdef=923180$，快开锁吧！"铜头说完就动手去拨密码锁的号码，当拨到923180时，只听"咔嗒"一响，密码锁打开了。铜头拉开铁栅栏，拉着铁蛋跑了出去。

第二件事——走快乐与烦恼之路

铁蛋和铜头向前走了一段，前面出现一个大门，门上写着"快乐与烦恼之路"。

一进大门，就看见两边各站着一个机器人。前面有两条道路，不用说，一条是快乐之路，一条是烦恼之路。可是哪条是快乐之路呢？

铜头问两个机器人："走哪条路能得到快乐？"

左边的机器人说："走右边那条路。"

右边的机器人说："走左边那条路。"

"嘿！这倒好，你们俩一人说一条。"铜头回头问铁蛋，"它俩谁说得对？"

铁蛋正在专心看一个小白牌，牌上写着："这两个机器人，一个只说真话，不说假话；另一个只说假话，不说真话。”

铜头摸着脑袋说：“这两个机器人一模一样，我知道谁专门说真话？有了，我去问问他俩。”

铜头先问左边的机器人：“你专说真话吗？”

左边的机器人点点头说：“对，我专说真话。”

铜头转身又问右边的机器人：“你专说假话吗？”

右边的机器人摇摇头说：“不，我专说真话。”

铜头生气地说：“怎么？你们俩都专说真话，难道是我铜头专说假话不成？真是岂有此理！”

铜头对铁蛋说：“问不出来怎么办？”

“不能这样直接问，我来试试。”说着，铁蛋走到左边的机器人面前，“如果请右边那个机器人回答‘走哪条路能得到快乐’，它将怎样回答？”

左边的机器人说：“它将回答‘走左边那条路’。”

铁蛋往右一指说：“咱们应该走右边这条路。”

铜头可糊涂了。他问：“这是怎么回事？为什么你这样一问，就肯定走右边这条路呢？”

铁蛋解释：“其实，直到现在我也不知道哪个机器人说假话。但是，我可以肯定它的回答一定是假话。”

“那是为什么？”铜头越听越糊涂。

铁蛋说：“假如右边的机器人说假话而左边的说真话，那么左边机器人回答的‘它会说走左边那条路’是一句假话，真话应该走右边的路。”

“你并不知道左边的机器人说假话呀？”

“对。假如右边的机器人说假话而左边的说真话。那么左边机器人回答的一定是一句真话，而右边机器人说的‘走左边那条路’是假话，咱俩还是要走右边这条路。如果把讲真话记作+1，讲假话记作−1，左边机器人的回答就好比$(-1)\times(+1)=-1$或$(+1)\times(-1)=-1$，其结果总是−1，也就是说的一定是假话。”

铜头一拍大腿说："真绝！你让一句假话和一句真话合在一起说，其结果一定是句假话。"

第三件事——遇到了兄弟四人

铁蛋和铜头路过一家门口，见兄弟四人在争吵什么。铜头凑过去看热闹，被大哥一把拉住。

大哥说："你来给我们解决一下纠纷，解决不了你就别想走！父亲临终前留给我们兄弟四人4500元钱，但是不许我们平分。"

铜头问："那应该怎样分呢？"

大哥接着说："如果把我分得的钱增加200元，老二的钱减少200元，老三的钱增加一倍，老四的钱减少二分之一，那么大家手里的钱都一样多了。请你给算算我们各应该分多少钱？"

"这么个简单问题，你们兄弟四人硬是解决不了？看我的！"铜头捋了捋袖子蹲下来边写边说，"设你们四人应分得的钱数分别为x元，y元，z元，w元。钱数总共有4500元，可列出一个方程

$$x+y+z+w=4500.$$

又老大增加200元，老二减少200元，老三增加一倍，老四减少二分之一，你们的钱数就相等了，可列出

$$x+200=y-200=2z=\frac{w}{2}.$$

这实际上是一个四元一次方程组：

$$\begin{cases}x+y+z+w=4500,\\x+200=y-200,\\x+200=2z,\\x+200=\dfrac{w}{2}.\end{cases}$$

把y,z,w都用x来表示，有

$$y=x+400,\ z=\frac{1}{2}x+100,\ w=2x+400.$$

把它们代入方程组的第一个方程中，得

$$x+(x+400)+(\frac{1}{2}x+100)+(2x+400)=4500,$$

解得 $x=800.$

进而可得 $y=1200$，$z=500$，$w=2000.$”

铜头站起来，把手一挥说：“好了，老大分800元，老二分1200元，老三分500元，老四分2000元。做爹妈的都疼最小的，老四分得最多！”兄弟四人一再感谢铜头帮忙。

铜头高兴地说：“这没什么，解个方程组就解决了。”

第四件事——两个牧人之争

两人继续往前赶路，前面来了一大群羊，一胖一瘦两个赶羊的，边走边争吵。

铜头对两个人说：“你们俩为什么要吵？我可以帮助你们做些什么吗？”

胖子气呼呼地说：“我们俩有笔账总算不清楚，你要帮不了忙啊，就少管闲事！”

“嘿，你这个人！你怎么知道我不会算？我刚刚给兄弟四人算清了一笔遗产。”铜头最怕别人瞧不起他。

瘦子满脸堆笑地说：“如果你能给算出来，那可太好了。事情是这样的：原来我们俩有一群牛，后来把牛卖了，每头牛卖得的钱数恰好等于牛的总数。我们俩又以每只10元的价钱，买回来一群羊。我们把卖牛的钱都交给了卖羊的。卖羊的一算，我们给的钱还多出了几元，他又多给了一只小羊。”

铜头着急地问：“那你们吵什么呀？”

“嗨！问题是我们俩不想再合伙了，想把这群羊分了。”胖子接着说，“他比我多分了一只大羊，我只得了那只小羊，当然我吃亏了。他要补给我一点钱。你给算算，他应该给我多少钱？”

铜头拍着脑门儿想了想，问：“你们当初有多少头牛，现在有多少只羊，你们数过了没有？”

胖子说：“你不懂干我们这一行的规矩！我们的牛呀，羊呀，都不许数数，因为越数越少！”

“哪有的事！牛的头数、羊的只数都不知道，我没法算。”铜头说完拉着铁蛋就要走。

“站住！”胖子把眼一瞪说，“你把我们俩拦住，说你能给算出来。转过脸，你又说算不了。哼，你算不出来，要吃俺几下赶羊棍！”说着举棍就要打。

“我看你敢打！”铜头摆好架势要动武。铁蛋赶紧给拉开了。

铁蛋说：“我来试试吧。你卖牛的钱数应该是个完全平方数。”

“有什么根据？”

“假设你们有n头牛，既然每头牛卖的钱数与牛的头数相等，是n元，那么卖牛的总钱数就是n^2元。n^2不就是一个完全平方数吗？”

“对，对。”瘦子点点头：“请继续说下去。”

铁蛋对瘦子说：“既然你多得了一只大羊，说明你们俩买的大羊是奇数只。又因为每只大羊10元钱，买了大羊还剩下几元钱，可以肯定剩下的钱大于0而小于10元。”

“那是当然。”胖子点点头，“如果够10元，我们会再买一只大羊。请你注意，钱数都是整元的，没有几角几分的。”

铁蛋继续说：“设剩下的钱为m元，那么$\frac{n^2-m}{10}$就是你们买的大羊数，这个数是个奇数,可以进一步肯定n^2-m的十位数一定是个奇数。又由于m是个一位数,这样n^2的十位数一定是个奇数。"

铜头摸着脑袋问:"铁蛋,你这是绕什么弯子?"

铁蛋又对胖子说:"为了算出他应该补给你多少钱,关键是求出n^2的个位数m是多少。这m也就是小羊的价钱。"

胖子点点头说:"你算得一点也不错。你快把m算出来吧!"

铁蛋琢磨了一会儿,才说:"一个平方数,如果它的十位数是奇数,那么它的个位数一定是6。"铁蛋说到这儿回头一看,胖子、瘦子和铜头一起摇头,知道他们都没听懂。

铁蛋边写边讲:"决定n^2十位数字的,只有n的个位数字b和十位数字a。由$(10a+b)^2=100a^2+20ab+b^2=(10a^2+2ab)\times10+b^2$可以看出,$n^2$的十位数字有一部分来源于$10a^2+2ab$,另一部分来源于$b^2$。而$10a^2+2ab=2\times(5a^2+ab)$是一个偶数,$n^2$的十位数字如果是奇数,只可能来源于$b^2$的十位数字是奇数。"

三人一齐说:"对,偶数加奇数才能得奇数。"

铁蛋说:"你们想,$1^2=1$,$2^2=4$,$3^2=9$,$4^2=16$,$5^2=25$,$6^2=36$,$7^2=49$,$8^2=64$,$9^2=81$,这九个平方数中,十位数字是奇数的只有16和36,它们的个位数都是6吧?"

"我明白了。"胖子高兴地说,"n^2的个位数m一定是6,也就是说小羊价钱是6元,瘦子应该找给我2元钱才对!"

瘦子掏出2元递给胖子,就算找补给他的钱。两人谢过铁蛋,各自赶路去了。

第五件事——评判谁干得多

"站住,站住!"从远处跑来四个大汉。

领头的一个黑大汉说:"听说你们俩专会解决纠纷,快给我们解决一个纠纷吧!"

铜头问:“请问贵姓？干什么的？”

黑大汉说:“我们四个人依次姓赵、钱、孙、李,同在一个工厂里干活。厂长说,赵比钱干得多;李和孙干活的数量之和,与赵和钱干活的数量之和一样多;可是,孙和钱干活的数量之和,比赵和李干活的数量之和要多。我们四个人都说自己干得多,你给我们排个一二三四吧！”

铜头用手抓脑袋说:“这么乱,我从哪儿下手给你们解决呀？”

铁蛋小声提示铜头说:“其实只有三个条件,你一个一个地考虑嘛！”

“好,我一个条件一个条件地给你们考虑,先给你们列三个式子。”铜头在地上写着:

$$赵 > 钱, \tag{1}$$

$$李 + 孙 = 赵 + 钱, \tag{2}$$

$$孙 + 钱 > 赵 + 李, \tag{3}$$

铜头小声问铁蛋:“往下可怎么做啊？”

铁蛋小声说:“用(3)式减去(2)式。”

“对,用(3)式减去(2)式就成啦！”铜头又写道:

$孙 + 钱 - (李 + 孙) > 赵 + 李 - (赵 + 钱)$,

$孙 + 钱 - 李 - 孙 > 赵 + 李 - 赵 - 钱$,

$钱 - 李 > 李 - 钱$,

$2钱 > 2李$, $\therefore$ $钱 > 李$.

“这就算出来钱比李干得多！可以排出

$$赵 > 钱 > 李.$$

你们三个人中数姓赵的干得多。”铜头挺高兴。

姓孙的凑过来问:“我呢？”

“你别着急啊！”铜头说,“把(2)式变变形,有,

$钱 - 李 = 孙 - 赵$,

$\because$ $钱 - 李 > 0$,

$\therefore$ 孙 - 赵 > 0,

即孙 > 赵."

铜头郑重地宣布:"姓孙的第一,姓赵的第二,姓钱的第三,姓李的最末。"四个人高兴地走了。

铜头摇了摇头说:"这弯弯绕国真够绕人的。"

三、传奇与游戏

1. 数学奇境

寻找吃人怪物的忒修斯

下面是一个古老的希腊神话传说：

古希腊克里特岛上的国王叫米诺斯。不知怎么搞的，他的王后生了一个半人半牛的怪物，起名叫米诺陶。王后为了保护这个怪物的安全，请古希腊最卓越的建筑师代达罗斯建造了一座迷宫。迷宫里有数以百计狭窄、弯曲、幽深的道路，高高矮矮的阶梯和许多小房间，不熟悉路径的人，一走进迷宫就会迷失方向，别想走出来。王后就把怪物米诺陶藏在这座迷宫里。米诺陶是靠吃人为生的，它吃掉所有在迷宫里迷路的人。米诺斯国王还强迫雅典人每9年进贡七个童男和七个童女，供米诺陶吞食。米诺陶成了雅典人民的一大灾害。

当米诺斯国王派使者第三次去雅典索取童男童女时，年轻的雅典王子忒修斯决心为民除害，杀死怪物米诺陶。忒修斯自告奋勇充当一名童男，和其他13名童男童女一起去克里特岛。

当忒修斯一行被带去见国王米诺斯时，公主阿里阿德尼爱上了王子忒修斯。她偷偷送给忒修斯一个线团，让他进迷宫入口处时把线团的一端拴在门口，然后放着线走进迷宫。公主还送给忒修斯一把魔剑，用来杀死怪物。

忒修斯带领 13 名童男童女勇敢地走进迷宫。他边走边放线边寻找，终于在迷宫深处找到了怪物米诺陶。经过一番激烈的搏斗，忒修斯杀死了米诺陶，为民除了害。13 名童男童女担心出不了迷宫，会困死在里面。忒修斯带领他们顺着放出来的线，很容易地找到了入口。

克里特岛迷宫的故事广为流传，那座传说中的迷宫究竟存不存在呢？

1900 年，英国地质学家兼考古学家伊文思在克里特岛上进行了挖掘，在 3 米深的地层下面，发掘出一座面积达 2400 平方米的宫殿遗址，共有 1200 到 1500 个房间，据说这就是米诺斯迷宫的遗址。

传说古罗马的埃德萨城也有一座迷宫。这座迷宫建在一个巨大的山洞里，里面有走道、房间和阶梯。那些阶梯特别迷惑人，明明是顺着阶梯往上走，走一段之后却发现是在往下走。

据说国外至今还保留有一座 1690 年建造的迷宫。下面是这座迷宫的平面图，你从下面的门进去，试试能否走出来。

游迷宫是不是只能靠碰运气呢？不是这么回事。游迷宫的方法是很多的。下面是最简单的游法：

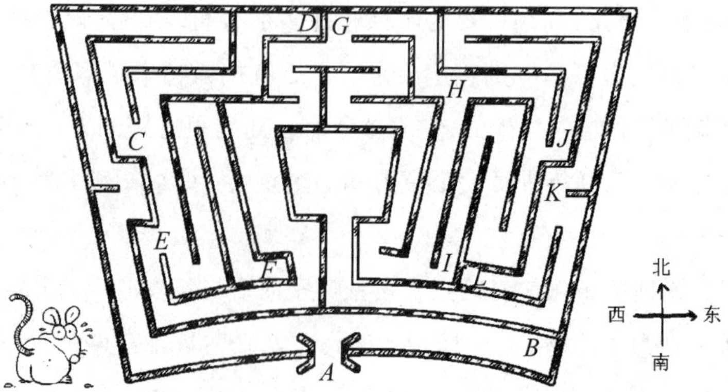

（1）进入迷宫后，可以任选一条通道往前走。

（2）如果遇到走不通的死胡同，就马上返回。

（3）如果遇到了岔路口，观察一下是否有还没走过的通道，有，就任选一条通道往前走；没有，就顺原路返回原来的岔路口。然后就重复步骤（2）和步骤（3）所说的走法，直到找到出口为止。

假如你不急着出迷宫，而是想把迷宫都游一遍的话，那么，在到达每个入口处时，要看一下跟入口相连的各通道是否都走过了。如果都走过了，你就可以出来；如果没有走过，你就按着前面讲的步骤（2）和步骤（3）步骤再去走那些没走过的通道，直到都走过为止。

不妨按着上面介绍的方法，把1690年建造的迷宫游览一次：从入口A进，向东拐到B点走不通，由原路返回A。再向西走，沿着通道一直走到C点，由C有两条通道可走，选向北走的通道走到D，不通，按原路返回到C，再往南走，到E。选择靠东的通道走到F，不通，原路返回E，再走靠西的通道走到G。然后是$H \to I \to J \to K$，最后可以把迷宫都走一遍，再从A走出来。

幻方奇谈

7	12	1	14
2	13	8	11
16	3	10	5
9	6	15	4

在本书前面介绍数的时候，曾谈过幻方。我国古代的“九宫图”就是一个3阶幻方。在印度一座古老神庙的门楣里侧，发现过一个4阶幻方（如右图）。这个4阶幻方雕刻在石头上，是吉祥物，像我国的门神一样。古代印度人认为，把幻方画在门上可以避邪，佩戴在脖子上或腰上可以护身。由此可见，幻方过去往往和迷信有些关系。

16世纪，德国著名画家丢勒发表了一幅铜版画，题名为《忧郁》。雕刻年代为1514年。画中有一个4阶幻方（如下页上图）。这个幻方的巧妙之处在于它最下面中间两个数15和14，连在一起恰好是绘画年份。

16	3	2	13
5	10	11	8
9	6	7	12
4	15	14	1

丢勒所设计的4阶幻方，具有一般幻方的性质：横行、竖行和对角线上四个数相加都等于34。34叫作幻方常数。

我国考古工作者在元朝安西王府的夯土台基中，发现了一块13世纪阿拉伯数字幻方铁板。这是一个6阶幻方，幻方常数为111。它是到目前为止，我国应用阿拉伯数字的最早实物证据。

28	4	3	31	35	10
36	18	21	24	11	1
7	23	12	17	22	30
8	13	26	19	16	29
5	20	15	14	25	32
27	33	34	6	2	9

有些幻方除了横、竖、斜相加等于幻方常数外，还有一些更奇妙的性质。丢勒所设计的4阶幻方中就有一些特殊性质。比如：

(1)上面两行数的平方和等于下面两行数的平方和。算一下：

$16^2+3^2+2^2+13^2+5^2+10^2+11^2+8^2=748$,

$9^2+6^2+7^2+12^2+4^2+15^2+14^2+1^2=748$.

完全正确。

(2)第一行和第三行数的平方和等于第二行和第四行数的平方和。

(3)两条对角线上数的平方和等于不在对角线上数的平方和。

(4)两条对角线上数的立方和等于不在对角线上数的立方和。

算一下：

$16^3+10^3+7^3+1^3+13^3+11^3+6^3+4^3=9248$,

$3^3+2^3+5^3+8^3+9^3+12^3+15^3+14^3=9248$.

也完全正确！

看来，丢勒设计的这个4阶幻方，具有很多奇妙的性质。

凡是阶数为4的倍数的幻方叫作双偶阶幻方。下面介绍一种制作双偶阶幻方的简单方法：

	2	3	
5			8
9			12
	14	15	

16	2	3	13
5	11	10	8
9	7	6	12
4	14	15	1

首先，考虑一个4阶方阵，画上两条对角线（如图）。然后，从左上角开始，顺序是从左到右，从上到下，按着自然数的次序1,2,3,4,…,15,16依次填写。但是，要注意被对角线割开的格不要填数。这样可以填上8个数。最后，从右下角开始，从右向左，从下到上，从1开始，依次把没填上的其他自然数，填到被割开的格子里，这就得到了4阶幻方。

下面是一个8阶幻方，也可按上述方法来填。图中已经完成了一半，请你把另一半完成。

	2	3			6	7	
9			12	13			16
17			20	21			24
	26	27			30	31	
	34	35			38	39	
41			44	45			48
49			52	53			56
	58	59			62	63	

“双重幻方”也叫平方幻方。双重幻方的特点是，把幻方中的每一个数用它的平方数代替之后，可得到一个新幻方。

把第一行的数相加可得到原幻方常数M_1（见下页上图）：

$M_1 = 5 + 31 + 35 + 60 + 57 + 34 + 8 + 30 = 260.$

把第一行的每个数平方之后再相加，可得新幻方常数M_2：

$M_2=5^2+31^2+35^2+60^2+57^2+34^2+8^2+30^2=25+961+1225+3600+3249+1156+64+900=11180.$

5	31	35	60	57	34	8	30
19	9	53	46	47	56	18	12
16	22	42	39	52	61	27	1
63	37	25	24	3	14	44	50
26	4	64	49	38	43	13	23
41	51	15	2	21	28	62	40
54	48	20	11	10	17	55	45
36	58	6	29	32	7	33	59

20世纪初，法国人里列经过长期探索，找到了近200个双重幻方。

“乘积幻方”的特点是，除了横、纵、斜各数之和相等外，其乘积也相等。下面这个8阶幻方，其和为26840，其积为

2 981 655 295 772 625 441 274 032 274 000.

4050	6111	1995	1338	4641	5336	2692	677
4669	5304	2708	673	4074	6075	2007	1330
2716	675	4683	5320	2001	1326	4062	6057
1989	1334	4038	6093	2700	679	4655	5352
1346	2031	5967	4002	665	2676	5400	4753
669	2660	5432	4725	1354	2019	6003	3978
5416	4711	667	2652	6021	3990	1358	2025
5985	4014	1350	2037	5384	4739	663	2668

如果一个幻方是标准幻方，也就是由1开始，按自然数顺序依次填写到n^2为止。那么，它的幻方常数M可用以下公式来求：

$$M=\frac{n}{2}(1+n^2).$$

其中n表示幻方的阶数。

有了这个公式，容易算出标准幻方的幻方常数。比如

3阶幻方常数　$M_3=\frac{3}{2}(1+3^2)=\frac{3}{2}\times10=15,$

4阶幻方常数　$M_4=\frac{4}{2}(1+4^2)=2\times17=34.$

类似可求出$M_5=65, M_6=111, M_7=175, M_8=260$等。

上述幻方常数公式，是这样求出来的。一个标准幻方常数M，可以先把这个n阶幻方的所有数的和先求出来

$$S=1+2+3+\cdots+(n^2-1)+n^2$$
$$=(1+n^2)+(2+n^2-1)+(3+n^2-2)+\cdots$$
$$=\frac{n^2}{2}(1+n^2).$$

除以n，得$M=\frac{1}{n}\cdot\frac{n^2}{2}(1+n^2)=\frac{n}{2}(1+n^2).$

我国宋代数学家杨辉曾经系统研究过幻方。他于 1275 年排出了从 3 阶到 10 阶全部的幻方。到现在，国外已经排出了 105 阶幻方，而我国数学家排出了 125 阶幻方。

同一阶幻方的排法也是多种多样的。比如 4 阶幻方，据美国幻方专家马丁·加德纳的研究就有 880 种不同的排法。有了电子计算机，可以算出更高阶幻方的不同排法，比如

5 阶幻方有 275 305 224 种；

7 阶幻方有 363 916 800 种；

8 阶幻方已经超过了 10 亿种！

许多人热衷于编写幻方。下面这个 8 阶幻方是美国著名科学家富兰克林编出来的，又叫“富兰克林幻方”。这个 8 阶幻方有个奇特性质，你把用线连起来的两个数相加，都等于 65。

52	61	4	13	20	29	36	45
14	3	62	51	46	55	30	19
33	60	5	12	21	28	37	44
11	6	59	54	43	38	27	22
35	58	7	10	23	26	39	42
9	3	57	56	41	40	25	24
50	63	2	15	18	31	34	47
16	1	64	49	48	33	32	17

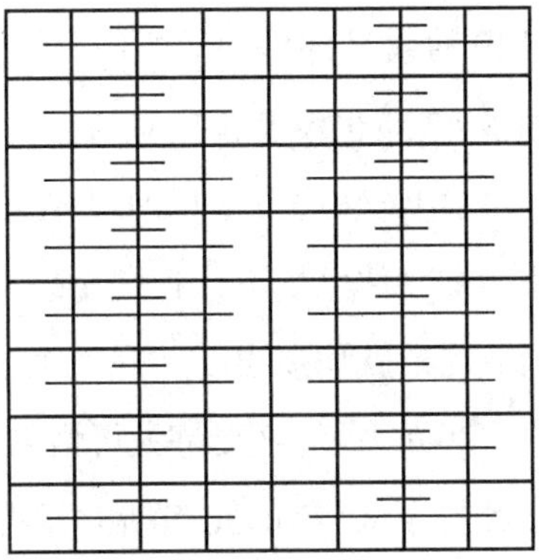

现代科学家热衷于研究幻方，已经不是为了好玩或者驱灾避邪。电子计算机出现以后，幻方在程序设计、组合分析、人工智能、图论等许多方面找到了新的用处。

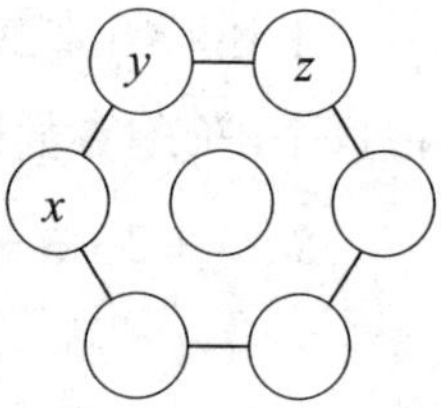

52 年填成一幻方

有正方形的幻方，会不会有其他形状的幻方呢？20 世纪初，有一名叫亚当斯的年轻人要排出“六角幻方”。他从 1910 年开始研究这种六边形的幻方。

他发现一层的六角幻方是不存在的。因为要想使

$$x+y=y+z,$$

必然得出 $x=z$.

但是同一个幻方中是不允许有两个相同的数字的。

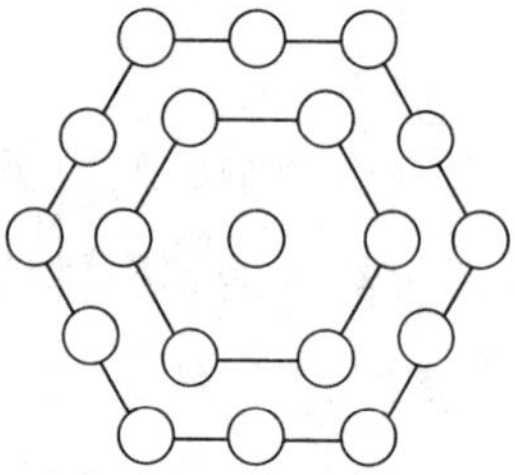

他开始研究两层的六角幻方。两层六角幻方要填上从 1 到 19 一共 19 个数，使得横着、斜着的 3 个数或 4 个、5 个数相加，其和相等。这可比填正方形幻方难多了！

亚当斯在一个铁路公司的阅览室工作。他制作了 19 块小板，上面写上从 1 到 19 的数字，白天工作，晚上就摆弄这 19 块小板。从 1910 年到 1957 年，整整用了 47 年也没有排出双层六角幻方。有一次他在病床上摆弄 19 块小板，无意之中竟然排成了！面对这耗费了他一生业余时间的成果，激动的心情可想而知。他急忙下床把这个幻方记了下来。心里高兴，病就好得快，没过几天亚当斯就病愈出院。在回家途中，他糊里糊涂竟把 19 块小板和记录的纸片一起弄丢了，这真是太可惜啦！他怎么回忆也回忆不起来了。

已经排了 47 年的亚当斯并没有灰心，回家后又继续研究。又用了 5 年时间，在 1962 年 12 月的一天，亚当斯再一次排出了两层六角幻方。这

时，已经是白发苍苍的老头的亚当斯热泪盈眶。亚当斯排出的这个两层六角幻方，只要你沿着直线相加，也不管是几个数，其和总等于38。

亚当斯立刻把这个宝贵的幻方寄给了幻方专家马丁·加德纳。但是，马丁·加德纳从没有排过六角幻方，他对这方面所知不多。马丁·加德纳又写信给才华出众的数学游戏专家特里格。特里格十分赞赏亚当斯的开创性工作。他又想，方形幻方有3阶、4阶、5阶……六角幻方会不会有两层、三层、四层……的呢？特里格反复研究，他发现六角幻方只有两层的可以排出来，两层以上的六角幻方根本就不存在！

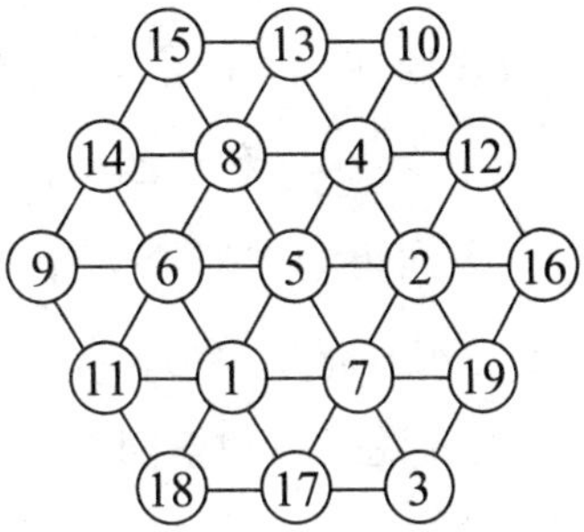

对这个问题理论上的证明是在1969年，由滑铁卢大学二年级学生阿莱尔完成的。他证明，如果六角幻方的层数为n，则n只能等于2。阿莱尔使用电子计算机，对两层六角幻方可能有多少种不同的排列方法进行了研究，发现有20种可能的选择。他还用电子计算机进行了编排，仅用了17秒钟就排出了亚当斯花费了52年才得到的结果。

谎言与逻辑

前面曾分析过一个例子：

“张三说：‘我从来都是说谎的。’请问：张三这句话是真话还是谎言？”

经过逻辑思维的推断，可以肯定张三的这句话是谎言。

逻辑是数学的一大支柱，不会逻辑推理肯定学不好数学。下面把前面提到的这个问题再深化一步：

“现有张三和李四两个人。张三说李四在说谎，李四则说张三在说谎。请问：张三和李四谁在说谎？谁说了真话？”

与前面的问题相比，这个问题要复杂一些。可以先把它变成一个数学问题。设张三为A，李四为B，说真话为1，说谎话为0。

(1)若$A=1$,即张三说真话。

由于张三说:“李四说假话。”则李四在说谎,即$B=0$;又由于李四说:“张三说假话。”而$B=0$,也就是说李四在说谎,所以张三必说真话,即$A=1$。

经验证,给定条件$A=1,B=0$符合题目条件,为该问题的一个解。

(2)若$A=0$,即张三说假话。

由于张三说:“李四说假话。”则李四说的必是真话,即$B=1$;又由于李四说:“张三说假话。”而$B=1$,也就是说李四说真话,所以张三必说假话,即$A=0$。

经验证,$A=0,B=1$符合题目条件,为该问题的另一个解。

结论:张三和李四所说的话,必然是一真一假。

下面再增加一个王五,看看怎么样。

“现有张三、李四、王五三个人。张三说李四在说谎,李四说王五在说谎,王五说张三和李四都在说谎。请问:张三、李四、王五谁在说谎?谁说的是真话?”

设张三、李四、王五分别为A、B、C。说真话为1,说假话为0。

(1)若$A=1$,即张三说真话。

由于张三说:“李四在说谎。”可推知$B=0$;而李四说:“王五在说谎。”但是$B=0$,李四说假话,则王五说的是真话,$C=1$;由于王五说:“张三和李四都说谎。”可知$A=0,B=0$,与$A=1$矛盾。

$A=1$时此问题无解。

(2)若$A=0$,即张三说假话。

由于张三说:“李四在说谎。”可知李四说真话,即$B=1$;李四说:“王五说谎。”由于$B=1$,可推知$C=0$;由于王五说:“张三和李四都说谎。”而$C=0$,可得或$A=1,B=1$,或$A=0,B=1$,或$A=1,B=0$。只要这三种情况有一种成立,都可以说明王五说的张三、李四全都说谎是假的。因为在这三种情况中至少有一个人说的是真话。

从三种情况可以挑选出$A=0,B=1,C=0$符合要求。

结论：张三说假话，李四说真话，王五说假话。

运用逻辑思维进行判断的题目，形式可以多种多样。请看下面两个问题：

“某次会议有100人参加。参加会议的每个人都可能是诚实的，也可能是虚伪的。现在知道下面两项事实：

(1)这100人中，至少有1名是诚实的。

(2)其中任何两人中，至少有1名是虚伪的。

请你判断：有多少名诚实的？多少名虚伪的？”

既然参加会议的人至少有1名是诚实的，就让这名诚实者与剩下的99人每人组成一对。根据“任何两人中，至少有1名是虚伪的”，可以推知剩下的99人都是虚伪的。

结论：1名诚实的，99名虚伪的。

另一个问题：

“张村只有一个磨坊，某师傅只知道它坐落在村的东头或西头，但是究竟在村东头还是在村西头呢？这位师傅可记不清了。一天，他走到了张村的街中央。他想打听磨坊的具体位置。尽人皆知，张村有一对爱管闲事的好朋友甲和乙，两个人长得非常相像，其中甲专说真话，乙专说假话。这位师傅正巧遇到了其中的一个，他分辨不出遇到的这个人是甲还是乙。请问：这位师傅如何能问出磨坊的确切位置？”

师傅应该这样来问：“如果我问到你的那位好朋友，磨坊在哪头，他将怎样回答呢？”然后按着他回答的反方向走，就一定能找到磨坊。

原因是这样的：

(1)如果师傅遇到的是甲。甲是说真话，甲若回答：“乙会说磨坊在西头。”这句回答肯定是真话。但是，乙是专门说假话的，乙说磨坊在西头，那么磨坊肯定在东头。

(2)如果师傅遇到的是乙。乙说假话，若回答：“甲会说磨坊在西头。”

这句回答肯定是假话。但是，甲只说真话，因此，甲原来的回答肯定不是这样，甲会说磨坊在东头，因此，磨坊一定在东头。

下面这个“克赖格侦探访问传塞凡尼亚”问题，留给读者自己来分析：

侦探克赖格被派去调查传塞凡尼亚有关吸血鬼的案件。克赖格到达之后，他发现这个地方居住着吸血鬼和人。吸血鬼总是说谎，而人却诚实。然而，这里的半数居住者(包括吸血鬼和人)神智不正常，所有的真话他们都认为是假话，所有的假话他们都相信是真的。另一半居住者神智正常，有正确的判断力。因此，实际上神智正常的人和神智不正常的吸血鬼只讲真话；神智不正常的人和神智正常的吸血鬼只讲假话。

克赖格侦探遇到两姐妹，路西和敏娜。他知道其中一个是吸血鬼而另一个是人，但是不知道她们的神智是否正常。下面是调查时的对话：

克赖格问路西：“给我们讲讲你们的情况。”

路西说：“我们的神智都不正常。”

克赖格问敏娜：“是真的吗？”

敏娜回答：“当然不是。”

由此，克赖格已判断出两姊妹中谁是吸血鬼。请问：谁是吸血鬼？

结论：路西是吸血鬼。

自讨苦吃的理发师

公元前 6 世纪的古希腊人伊壁孟德是个传奇式的人物。在一个神话里，他一下子睡了 57 年。伊壁孟德是克里特岛上的人，他说过这么一句话：

“所有的克里特人都是说谎的人。”

请问:伊壁孟德说的是真话吗?

现在来分析一下这句话:

如果伊壁孟德说的是真话,那么克里特岛上的人都是说谎,而伊壁孟德也是克里特人,那么伊壁孟德说的是假话;

如果伊壁孟德说的是假话,那么克里特人都应该是说真话的,而伊壁孟德也是克里特人,那么伊壁孟德说的是真话。

这真是怪事!你说他说假话吧,却推出了他说真话;你说他说真话吧,却又推出他说假话。不管你认为伊壁孟德说的是真话还是假话,总要出现矛盾。

古希腊人曾为伊壁孟德这句话大伤脑筋,无法判断这句话到底是真话还是假话。传说,古希腊有位诗人叫菲勒特斯,他因为常常思考这句话的答案,变得身体非常瘦弱,以至于不得不在鞋里常常放上铅块,防止被大风刮跑。

实际上,伊壁孟德的说话问题是一个“悖(bèi)论”。什么是悖论呢?

一个命题A,如果它具有这样的性质:

(1)若假定A是真的,就可以逻辑地推出A是假的;

(2)若假定A是假的,就可以逻辑地推出A是真的。

这时称命题A是一个悖论。

古代人就发现过许多有趣的悖论。比如古希腊的哲学家喜欢讲一个鳄鱼的故事:

一位母亲抱着孩子在河边上玩耍,突然从河里窜出一条大鳄鱼,从母亲手中抢走了她的孩子。

母亲着急地叫道:“还我的孩子!”

鳄鱼说:“你来回答我提出的一个问题。如果回答对了,我立刻就把孩子还给你。”

母亲恳切地说:“你快说,是什么问题?”

鳄鱼说："你来回答'我会不会吃掉你的孩子？'你可要好好想想，答对了我就还你孩子，答错了我就吃掉你的孩子。"

母亲认真想了想说："你是要吃掉我的孩子。"

母亲出乎意料的回答，使鳄鱼愣住了。它自言自语地说："如果我把孩子吃掉，就证明你说对了，说对了就应该把孩子还给你；如果我把孩子还你，又证明你说错了，说错了就应该吃掉孩子。哎呀！我到底应该吃掉呢，还是还给你？"

正当鳄鱼被母亲的回答搞晕了的时候，母亲夺过孩子，快步跑走了。

在古希腊哲学家讲的上述故事中，也出现了一个悖论。而这个悖论却救了孩子一条命！

在众多的悖论中"理发师悖论"占有重要地位。

张家村的一位理发师宣称："我的职责是给并且只给本村所有那些不给自己理发的人理发。"请问：这位理发师自己的头发该由谁来理呢？

如果这位理发师的头发由别人给他理，那么他就是不给自己理发的人。由于这位理发师的宣言，他的头发应该自己理；

如果这位理发师的头发由自己来理，那么他就是给自己理发的人。由他的宣言可知，他的头发不能自己理，而应该由别人来理。

这样一来可就麻烦啦！按着他的宣言，他的头发既不能自己理，也不能由别人理。只好长成"长毛鬼"啦！

"理发师悖论"是由近代哲学家兼数学家罗素提出来的。罗素在"集合论"中发现一个悖论，这个悖论非常抽象，不好理解，数学上称为"罗素悖论"。罗素为了使人们能理解"罗素悖论"的实质，提出了通俗易懂的"理发师悖论"。由此，一个自讨苦吃的理发师诞生了。

毁灭神提出的难题

古印度是个信奉佛教的国家，在它的一些古代著作中有许多与神有关的问题。

传说有一个神叫哈利神，他长有四只手。他的四只手交换着拿狼牙棒、铁饼、莲和贝壳。哈利神四只手拿的四样东西排列不同，这个神就有不同的名字。请问哈利神可以有多少种不同的名字？

要知道哈利神会有多少种不同的名字，只要弄清楚这四样东西有多少种可能的排列方法就成了。具体的排法是：

第一只手	第二只手	第三只手	第四只手
(1)狼牙棒	铁 饼	莲	贝 壳
(2)狼牙棒	铁 饼	贝 壳	莲
(3)狼牙棒	莲	铁 饼	贝 壳
(4)狼牙棒	莲	贝 壳	铁 饼
(5)狼牙棒	贝 壳	莲	铁 饼
(6)狼牙棒	贝 壳	铁 饼	莲

先排出了第一组共有6种不同的排列方式。这一组排列的特点是：第一只手固定拿着狼牙棒，而其余的三只手交换着拿不同的三件东西。这种排列法使排列出的结果很有规律，不重不漏。做完了还可以检查结果对不对。由于铁饼、莲、贝壳出现在第二、三、四只手的机会是一样的，都是两次。多于两次不对，少于两次也不对。

这种有规则的排列方法还有一个好处，剩下的各组不用再具体排了。让第一只手固定拿着铁饼，其余三只手交换着拿狼牙棒、莲、贝壳时，又可以得出6种不同的排法；让第一只手固定拿着莲，其余三只手交换着拿狼牙棒、贝壳、铁饼，也可以得出6种不同的排法；让第一只手固定拿着贝壳，其余三只手交换着拿狼牙棒、铁饼、莲，还可以得出6种不同的排法。加在

一起总共有 $6+6+6+6=6\times4=24$(种)不同的拿法。

哈利神共有 24 种不同的名字。

还要对 24 这个数进行一番研究。我们已经知道 $24=6\times4$,而 $6=3\times2\times1$。因此,$24=4\times3\times2\times1$,这也是有规律的。24 是 4 与 3 与 2 与 1 连乘的结果。

还有个故事说:毁灭之神长有 10 只手。10 只手分别拿着 10 件东西:绳子、钩子、蛇、鼓、头盖骨、三叉戟、床架、匕首、箭、弓。按着哈利神的规定,毁灭之神各只手拿的东西不同,也应该有不同的名字,问毁灭之神会有多少不同的名字?

按着刚才的算法,应该有

$10\times9\times8\times7\times6\times5\times4\times3\times2\times1=3628800$(种)不同的名字。

古印度这两道题,给我们提出了一类数学问题——排列问题。

捉鸡和求$\sqrt{2}$

求一个数的平方根,在初中已经学过查表。下面介绍两种求平方根的新方法,从思维方法上看,可能更重要一些。

先介绍试凑法:

以求$\sqrt{2}$为例。首先拿 1 做答案试一试,因为 $1\times1=1$,比 2 要小,看来用 1 作 2 的平方根偏小了;

用 2 试一试,因为 $2\times2=4$,比 2 要大,看来用 2 作 2 的平方根偏大了。

经过了两次试验,我们知道$\sqrt{2}$的值在 1 和 2 之间。

用 1.5 去试,因为 $1.5\times1.5=2.25$,也偏大,但是我们看到这个值比 1 和 4 都更接近 2;

用 1.4 去试,因为 $1.4\times1.4=1.96$,1.96 与 2 仅差 0.04,更接近 2。$\sqrt{2}$必然在 1.4 和 1.5 之间,而且靠近 1.4。

再试 1.41,因为 $1.41\times1.41=1.9881$,这个值比 2 小;

再试 1.42,因为 $1.42\times1.42=2.0164$,比 2 大。$\sqrt{2}$的值在 1.41 和

1.42之间。

这个试算过程可以一直持续下去，一直算到所需要的小数位。这种“寻找”$\sqrt{2}$的想法非常重要，它是用已知去探求、捕捉未知的一种基本方法，在数学中经常用到。可以用“胡同里捉鸡”来比喻这种方法的实质：

不知谁家的鸡跑到胡同里来了。忽然，从一家院子里跑出来了一个小男孩，他想捉住这只鸡。只见鸡在前面，一会儿快跑，一会儿慢走，小男孩一个劲在后面追，累得满头大汗，也没有捉住这只鸡。这时候，从胡同的另一头，走来一个小女孩，两个人一人把住一头，一步一步地逼近鸡。当两个小孩碰面的时候，鸡无处可逃，终于被捉住了。

如果把数轴当作一条胡同，把$\sqrt{2}$看作跑进胡同里的鸡，用试凑法求$\sqrt{2}$的值类似胡同里捉鸡，用两串数把$\sqrt{2}$夹在中间，不断缩小两串数的差：

$$1<\sqrt{2}<2,$$
$$1.4<\sqrt{2}<1.5,$$
$$1.41<\sqrt{2}<1.42,$$
$$1.414<\sqrt{2}<1.415,$$
$$1.4142<\sqrt{2}<1.4143,$$
……

需要精确到多少位，就可以精确到多少位。

用试凑法求平方根，必须从一大一小两边来逼近，不能像小男孩捉鸡那样，一个人只从一面去捉，这样就难于把鸡捉住。

尽管这个方法表现出的思路很重要，但是计算的工作量大，进展缓慢。下面介绍一个有趣的求平方根公式，它所使用的方法对电子计算机特别有用，所以很受数学家的重视。

想求出$\sqrt{2}$的近似值，首先要估值。如果第一个估计值取1，第二个估计值取2，求出1和2的平均值

$$\frac{1+2}{2}=\frac{3}{2}.$$

用$\frac{3}{2}$作为偏高一些的新估计值。另外

$$2\div\frac{3}{2}=\frac{4}{3}.$$

$\frac{4}{3}$是偏低一些的新估计值。这两个数的平均数给出一个更好的估计值

$$\frac{\frac{3}{2}+\frac{4}{3}}{2}=\frac{\frac{9}{6}+\frac{8}{6}}{2}=\frac{17}{12}=1.416.$$

这种算法可以一直算下去，直到达到要求为止。把这种算法输入到电子计算机中特别简单。指令机器先做一个除法，再做一个加法，最后做一个除法。这样循环反复进行，直到达到所求精确度为止。

一般来说，求一个数N的平方根($N\geqslant 0$)。先选择$\sqrt{N}$的一个估计值X_1，做除法$\frac{N}{X_1}$。把X_1和$\frac{N}{X_1}$相加后，再除以2，得到一个改进了的估计值X_2。可以得到以下公式：

$$X_2=\frac{X_1+\frac{N}{X_1}}{2}.$$

这个公式的直观意义是：求$\sqrt{N}$，如果X_1是一个较好的估计值，但偏大，而$\frac{N}{X_1}$又偏小，则这两个数的平均值必定是比这两个数都更好的估计值。数学上把这个式子叫递推公式。

下面用递推公式求$\sqrt{2}$的近似值：

取　$X_1=1$，

则　$X_2=\frac{1+\frac{2}{1}}{2}=\frac{3}{2}=1.5$；

取　$X_1=1.5$，

则 $X_2=\frac{1.5+\frac{2}{1.5}}{2}=\frac{1.5+1.33}{2}=1.415$；

取 $X_1=1.415$，

则 $X_2=\frac{1.415+\frac{2}{1.415}}{2}=\frac{1.415+1.41342}{2}=1.41421$；

取 $X_1=1.41421$，

则

$$X_2=\frac{1.41421+\frac{2}{1.41421}}{2}=\frac{1.41421+1.4142171}{2}=1.4142135.$$

这时X_1和X_2相差的只有百万分之几了。

杯子里的互质数

匈牙利著名的数学家保罗·埃尔德什教授听说有一个叫拉乔斯·波萨的少年，聪明过人，擅长解数学题，于是想去亲自考验一下他。

埃尔德什教授到了波沙的家中，见到了12岁的波萨。教授提了个问题："从1,2,3直到100中任意取出51个数，至少有两个数是互质的。你能说出其中的道理吗？"

波萨稍微想了一下，把父母和教授面前的杯子都移到自己的面前，他指着这些杯子说："这几只杯子就算50个吧。我把1和2这两个数放进第一个杯子，把3和4两个数放进第二个杯子，这样两个两个地往杯子里放，最后把99和100两个数放进第50个杯子里。我这样放可以吧？"

教授点点头说："可以，当然可以这样放了。"

波萨又说："因为我要从中挑出51个数，所以至少有一只杯子里的两个数全被我挑走，而连续两个自然数必然互质。"

埃尔德什教授笑着说："你的杯子能喝酒、喝咖啡，还能做题，你这是两用杯呀！"教授几句幽默话，把大家逗笑了。

埃尔德什教授追问："为什么相邻的两个自然数一定互质呢？"

波萨说:"假设a,b为两个相邻的自然数而又不互质,那么a和b必存在着大于1的公约数c,c一定是$b-a$的约数。因为$b-a=1$,$b-a$存在大于1的约数是不可能的。因此,两个相邻的自然数必互质。"

埃尔德什教授夸奖小波萨答得好!

小波萨在解答埃尔德什教授的问题时,使用了两个数学原理:抽屉原则和反证法。

什么是"抽屉原则"?

如果将$n+1$件物体放进n个抽屉里,那么至少有一个抽屉里放着两件或两件以上的物体。

抽屉原则的证明并不困难,可以用反证法来证:如果n个抽屉里每个抽屉至多放一件物体,则物体总数至多是n件,与假设将$n+1$件物体放进去矛盾,所以抽屉原则成立。

抽屉原则也叫作"鸽笼原理"或"鞋盒原理",是数学中经常使用的原理。请看下面问题:

"在一所有400人的小学里,至少有两个小学生的生日相同。"

一个人的生日可以从1月1日到12月31日,把这些不同的生日看作365个或366个抽屉,而要把400个人的生日往这365(或366)个抽屉里"放",至少有两个人的生日在同一个抽屉里,也就是至少有两个人的生日相同。

当然这个问题比较简单,直接一说就明白了。如果问题稍微复杂一点,在使用抽屉原则时,就要讲究一些方法了。请看下面问题:

"现有9个人,每人都有一支红蓝双色圆珠笔。请每个人用双色圆珠笔写'爱科学'三个字,每个字必须用同一种颜色写,其中至少有两个人写字颜色是相同的。"

如果用0代表红色字,用1代表蓝色字,那么用红蓝两种颜色写“爱科学”三个字,会出现如下8种可能:

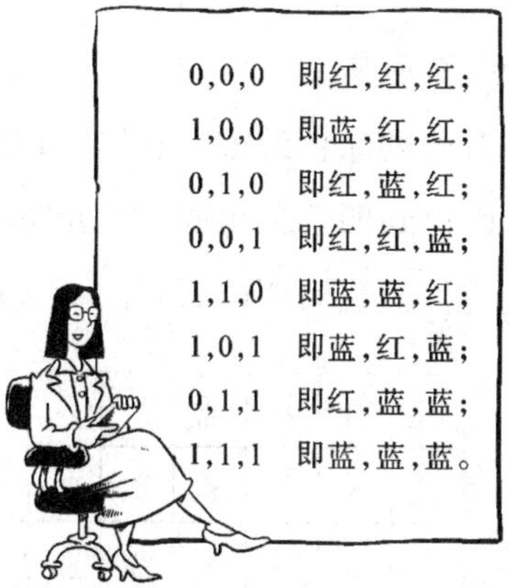
0,0,0　即红,红,红;
1,0,0　即蓝,红,红;
0,1,0　即红,蓝,红;
0,0,1　即红,红,蓝;
1,1,0　即蓝,蓝,红;
1,0,1　即蓝,红,蓝;
0,1,1　即红,蓝,蓝;
1,1,1　即蓝,蓝,蓝。

这8种可能可以看作8个抽屉,现在9个人写字,也就是要装进9件物体。由抽屉原则可知,至少有两个人所写的字,颜色相同。

数学竞赛特别喜欢出使用抽屉原则的题。下面这道题是美国第5届数学竞赛的试题:

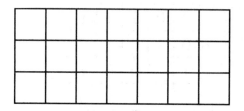

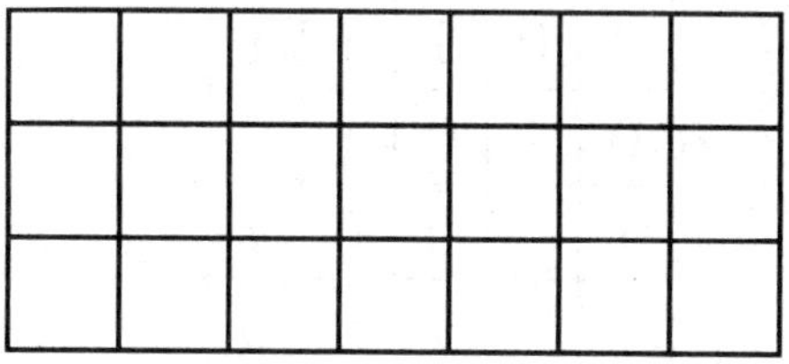

“如图,有一个3×7矩形,由21个小正方形组成。现在用两种颜色任意涂其中的小正方形。①证明不论怎样涂必存在一个矩形,使其四角上小正方形颜色相同。②找出一种涂法,证明4×6不行。”

在证明写“爱科学”三个字的题中,我们用数字代替颜色,使用了编码的方法。用同样方法可以解这道竞赛题:

用0表示第一种颜色,用1表示第二种颜色,3×7矩形共有7列,每一列有三格。对于一列的三个格来说,必然至少有两个格涂同一种颜色。两个格涂同一种颜色共有 6 种可能：

(0，0，×)，(0，×，0)，(×，0，0)，

(1，1，×)，(1，×，1)，(×，1，1)，

其中×表示不管是 0 还是 1。

现在有 7 列，必有两列涂色的方式相同。取定这两列，从这两列中选取同色的两行，就可以得到四个顶角同色的矩形。

也可以用红、蓝两种颜色为例，具体往 3×7 矩形里填一下：

红	红	×	蓝	蓝	×	
红	×	红	蓝	×	蓝	
×	红	红	×	蓝	蓝	

把至少有两个格涂同一种颜色，所有六种可能填在前六列。不管你在最后一列填什么颜色，一定可找出一个四个角同色的矩形。

下面来回答第二个问题。在 4×6 矩形中，如下图的涂法，就不存在四角同色的矩形。

0	0	1	1	1	0
0	1	0	1	0	1
1	0	0	0	1	1
1	1	1	0	0	0

使用抽屉原则除了可以采用编码外，还可以采用涂色的方法。请看下面问题：

“在全世界范围内任意找出六个人来，证明其中的三个人要么彼此认识，要么不认识。”

现在用涂色方法来证明：

把六个人看作平面上六个点，两人认识用红色(或实线)表示，两人不

认识用蓝色(或虚线)表示。

从六个点中任一个点A，向其余五点用任何颜色作连线。根据抽屉原则至少有三条连线是同一种颜色。比如说是三条红线，这三条红线的另一端点为B、C、D(图中用实线表示)。

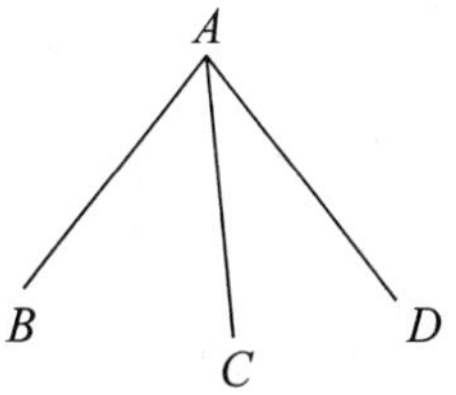

B、C、D三点之间也要连线,这时有两种可能:

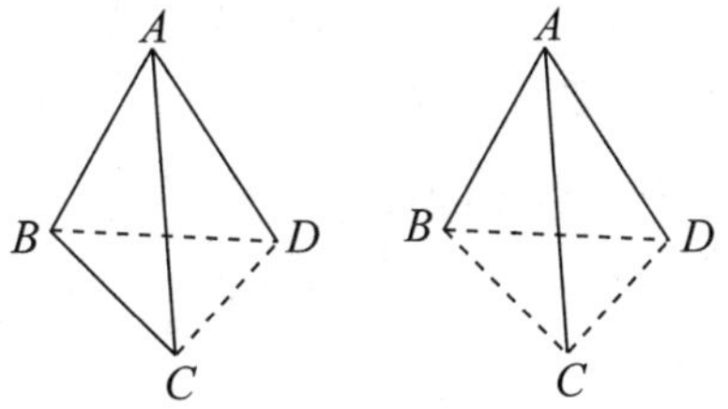

一种可能,至少有一条红线(实线),比如说BC线是红线,那么A、B、C构成的三角形三边是红色,表示A、B、C三个人彼此认识;

另一种可能,连接B、C、D的全是蓝线(虚线),那么B、C、D三人不认识。

下面的题目是第6届国际数学竞赛的题目:

“有17位科学家,每人都和其他16人通信,通信的内容仅仅讨论三个题目,并且任何两位科学家只讨论一个题目。证明:最少有三位科学家,在互相通信中讨论的是同一个题目。”

用涂色方法来证明的话,要把上述问题抽象成为一个数学问题:“用三种颜色涂17个点之间的所有连线。证明:至少有一个三角形的三条边是同一种颜色。”

在17个点中任选一点A,它与其余16点有16条连线。16条线涂上三种不同的颜色,至少有6条线涂相同颜色,不妨涂成红色。

这6条相同颜色线段的另一个端点只为B、C、D、E、F、G。

这6个点可以构成一个六边形。六边形有9条对角线,再加上6条边总共有15条连线。

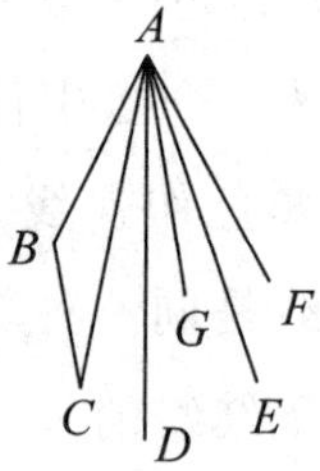

如果这15条线中有一条红色线，比如说BC是红线，那么$\triangle ABC$是红色三角形。

如果这15条线全涂成蓝色，这中间至少有一个蓝色三角形。

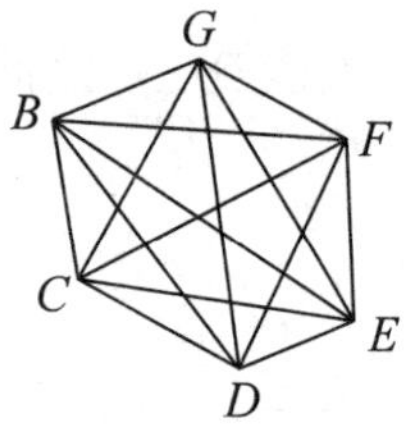

如果这15条线用蓝色、黄色两种颜色涂，这就回到上面讲到的“6个人其中三人要么认识，要么不认识”问题上去了，这里必存在一个同颜色的三角形，要么是蓝色的，要么是黄色的。

总之，至少存在一个三角形的三条线是同一种颜色的。

靠不住的推想

皮鞋店的货架上放着许多纸盒。

如果有人问：“是不是每一个纸盒里都有鞋？”要回答这个问题，就要把一个一个盒子全部打开来看。

假如打开第一个盒子，看到里面有一双鞋，打开第二个盒子，里面也有一双鞋，第三个，第四个……接连七八个盒子，里面都有鞋，是否能推想“每一个盒子里都有鞋”？

这个推想靠得住吗？没有经过证明的推想，往往是靠不住的。很可能打开到第70个或第80个盒子，才发现原来有的盒子是空的。这样的例子生活中有，数学上就更多了。

瑞士大数学家欧拉曾经有过一个推想：能写成n^2+n+41的数一定是质数，这里n取自然数。欧拉是做过试验的，当$n=1$时，$1^2+1+41=43$，43是个质数；当$n=2$时，$2^2+2+41=47$，47是个质数；当$n=3$时，$3^2+3+41=53$，53也是一个质数。欧拉这样一个数一个数试下去，一直试到$n=39$，所有的得数都是质数。看来，这个推想可以成立了。可是在他试验$n=40$时，

$40^2+40+41=1681$，而 $1681=41^2$ 不是质数了。欧拉的推想也就不能成立。

这样的例子还不少。有人曾经推想：$991n^2+1$ 一定不是个完全平方数，也就是说它的平方根不是一个整数。他从 1 试算起，一个数一个数往下算，一直算到 n 等于 100100010000，结果都不是完全平方数，都符合这个推想。

我们可能会想，从 1 到 10000 都试验过了，没出过一次错，总该差不多了吧，这个推想总可以说是正确的了吧！谁料想，当 $n=12055735790331359447442538767$ 这么一个大数的时候，$991n^2+1$ 却是一个完全平方数，它的平方根是一个整数！这么大的数，一个人试验一辈子，恐怕也发现不了。

事实告诉我们，一个猜想单凭验证开头的若干项是正确的，还不能肯定它对所有自然数 n 都是正确的。前面我们看到的例子就说明了这点。

那么推想是不是没有用呢？不是的。发现数学上的规律，恰恰需要推想。关键是对推想进行证明。一个与自然数 n 有关的推想，如果能证明这个推想对于所有自然数 n 都是对的，那么就可以肯定这个推想是正确的了。

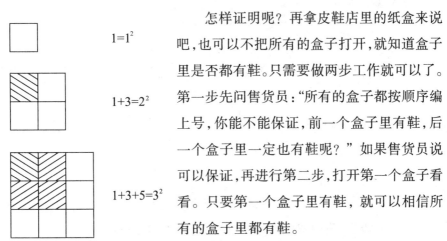

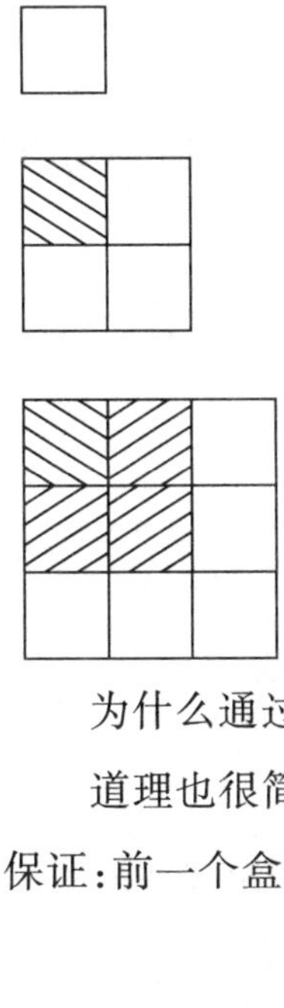

$1=1^2$

$1+3=2^2$

$1+3+5=3^2$

怎样证明呢？再拿皮鞋店里的纸盒来说吧，也可以不把所有的盒子打开，就知道盒子里是否都有鞋。只需要做两步工作就可以了。第一步先问售货员："所有的盒子都按顺序编上号，你能不能保证，前一个盒子里有鞋，后一个盒子里一定也有鞋呢？"如果售货员说可以保证，再进行第二步，打开第一个盒子看看。只要第一个盒子里有鞋，就可以相信所有的盒子里都有鞋。

为什么通过这两步，就可以保证所有的盒子里都有鞋呢？

道理也很简单。已经亲眼看到第一个盒子里有鞋，而售货员已经作了保证：前一个盒子里有鞋，后一个盒子里一定也有鞋。因而可以推断，第二个盒子里一定有鞋;由于第二个盒子里有鞋,又可以推断第三个盒子里也有鞋。依次类推,就可以保证所有的盒子里都有鞋。

回到数学上来。由上页的图可以归纳出一个规律:

$$1+3+5+7+\cdots+(2n-1)=n^2.$$

这个规律是不是对于所有的自然数n都对呢?这里就用上面所说的两步来证明一下:

第一步,检验一下当$n=1$时等式是否成立。

左边$=1$,右边$=1^2=1$,所以左、右两端相等。这就如同打开第一个盒子,看到里面有鞋一样。

第二步,用k和$k+1$代表任意相邻的两个自然数。假设$n=k$时等式是对的,如果能够推出$n=k+1$时也是对的话,就可以保证这个等式对于所有自然数n来说,都是正确的。这如同任意两个相邻的盒子,前一个盒子里如果有鞋,就能保证后一个盒子里一定也有鞋一样。不过,这里不是由售货员来保证,而是看我们能不能推证出来。下面来试一试:

假设$n=k$时等式成立。就是

$$1+3+5+\cdots+(2k-1)=k^2$$

成立。

由于$2k-1$是一个奇数,紧接着它的奇数是$2k+1$,把上式两边都加上$2k+1$,得

$$\begin{aligned}&[1+3+5+\cdots+(2k-1)]+(2k+1)\\&=k^2+(2k+1),\\&=(k+1)^2.\end{aligned}$$

这就证明了$n=k+1$时,等式也是成立的。

从以上两步,我们就可以说,上面归纳出来的那条规律:

$$1+3+5+\cdots+(2n-1)=n^2,$$

对于所有自然数n来说都是正确的了。

这种证明方法叫作"数学归纳法",在数学中是一种很重要的证明方

法。凡是和自然数n有关的命题，可以考虑用数学归纳法来证明。

数学归纳法是17世纪法国数学家帕斯卡首先提出来的。

隐藏海盗

我国有一句成语："一枕黄粱"。讲的是一个穷书生卢生，在一家小店借了道士一个枕头。当店家煮黄粱米时，他枕着枕头睡着了。梦中，他做了大官。可是一觉醒来，自己还是一贫如洗，锅里的黄粱米还没煮熟呢。

传说，这个做黄粱梦的卢生后来真做了大官。一次番邦入侵，皇帝派他去镇守边关。卢生接连吃败仗，最后退守一个小城。敌人把小城围了个水泄不通。卢生清点了一下自己的部下，仅剩55人，这可怎么办？

1	4	7	6
9			10
8	5	3	2

3	2	6	8
7			10
9	4	5	1

卢生左思右想，琢磨出一个退兵之计。他召来55名士兵，面授机宜。晚上，小城的城楼上突然灯火通明，士兵举着灯笼火把来来往往。番邦探子报告主帅，敌帅亲临城下观看，发现东、西、南、北四面城墙上都站有士兵，虽然各箭楼上士兵人数各不相同，但是每个方向上士兵总数都是18人。

敌军主帅正弄不清卢生摆的什么阵式，忽然守城的士兵又换了阵式。并没有看见增加新的士兵，可是每个方向上的士兵却变成了19人。

这究竟是怎么回事？敌方主帅百思不得其解。正当敌帅惊诧之际，从每个方向19人变到20人，又从20人变到

22人。城墙上的士兵不停地摆着阵式，每个方向上士兵总数忽多忽少，变化莫测，一夜之间竟摆出了10种阵式，把敌主帅看呆了。他弄不清这是怎么回事，认为卢生会施法术，没等天亮急令退兵。

4	1	7	8
6			9
10	2	5	3

8	3	5	6
4			7
10	1	2	9

类似的说法在日本也有。在日本江户时代，有个叫柳亭仲彦的日本人，写了一本叫《柳亭记》的书，书中有这样一个故事：

在中国和日本的中间，有个检查船只的关卡。关卡修成四方形的，每边都站有7名士兵，通常称为7人哨所。有一次，8个海盗被官兵追赶，苦苦哀求守关卡的士兵把他们隐藏，如能救他们，发誓不当海盗。可是关卡就那么大一点地方，怎么能藏下8个人呢？装扮成士兵共同守城吧？可是谁都知道关卡是7人哨所，每边固定为7个人。

3	1	3
1		1
3	1	3

1	5	1
5		5
1	5	1

正当大家一筹莫展之时，一个士兵想出了个主意。让8名海盗假扮成守关士兵，把关卡上人员配置改换了一下。官兵乘船追到，没有发现海盗，一数关卡上的士兵，每边还是7人，于是官兵乘船离去。

后来，人们就把类似这样的问题称为“藏盗问题”。

上面讲述的是两个不同问题。第一个是守城的总人数不变，而使每个方向上的人数变化；第二个是每个方向上的人数不变，而守城的总人数发生变化。但是，这两个问题有一个共同之处，它们变化的关键是在四个角上。以东南角上的士兵数为例，计算东边人数时要数他们一次，计算南边人数时还要数他们一次。因此，在总人数不变的前提下，要增加每个方向上的人数，必须增加四个角上的人数，而减少中间的人数；反过来在每个方向人数不变的前提下，要增加总人数，必须减少四个角上的人数，而增加中间的人数，只要掌握这个规律，摆布方阵就不困难了。

高级密码系统 RSA

密码通信在军事上、政治上、经济上都是必不可少的。前面曾提到16世纪法国数学家韦达，在法国和西班牙打仗期间，成功地破译了一份西班牙的数百字的密码，使法国打败了西班牙。第二次世界大战期间，美军成功地破译了日军的密码电报，得知日本海军头目山本五十六的动向，预先设下埋伏，一举击落山本五十六的座机，使这个侵略军头子葬身孤岛。

随着科学技术的不断进步，编制密码的难度也越来越大。前几年国外特工人员设计了一种用数字组成的高级密码系统。要破译这种密码，必须有将大到80位的数字分解成质因数连乘积的本事。可是数学上将一个大数分解成质因数连乘积是十分困难的事。

这种高级密码系统用三位发明者姓名的第一个字母RSA命名，叫“RSA密码系统”。

借助电子计算机帮助会不会好一些呢？科学家曾推算过，利用每秒钟能运算100万次的大型通用电子计算机，要将一个50位的大数分解因数，也要一年以上的时间。

1984年2月13日，美国《时代》周刊报道了一个惊人的消息：美国数学家只用了32小时，将一个69位的大数分解质因数获得成功，创造了世界纪录。

事情是这样的:1982年秋天,桑迪亚国立实验室应用数学部主任辛摩斯与克雷计算机公司的一位工程师在一起聊天。辛摩斯提到了一个大数的因数分解,全要靠尝试,实在困难。工程师说,克雷计算机公司研制出一种计算机,它能同时抽样整串整串的数字。这种计算机或许适用于因数分解。两人答应合作。他们在这种计算机上成功分解了58位、60位、63位、67位,最后解决了一个69位数的分解因数。这个69位的大数,是17世纪法国数学家梅森汇编的一张著名数表中,最后一个尚未分解的数,这个大数是$2^{251}-1$,全部写出来是

132686104398972053177608575506090561429353935989033525802891469459697。

这个大数被分解成三个基本因数,解决了遗留了300多年的难题,也使RSA密码系统面临新的挑战。

电子计算机与红楼梦

我国清代名著《红楼梦》的前八十回与后四十回,是否出自曹雪芹、高鹗两人之手?这是红学研究上一个重要的、又很难解决的问题。

1980年6月,在美国举行的首届国际“《红楼梦》讨论会”上,美国威斯康星大学讲师陈炳藻,宣读了一篇题目为《从词汇统计论证红楼梦的作者》的论文。陈炳藻讲师把曹雪芹惯用句式、常用词语以及搭配方式等,作为样本储存到电子计算机里,作为检验的依据。然后对前八十回和后四十回进行比较鉴别,结果发现两者之间的正相关达80%,因此陈炳藻讲师得出的结论是:前八十回与后四十回都出自曹雪芹一人之手。

各个作家经历不同,遣词造句的风格也不同。曹雪芹在造句遣词上更是独具匠心。俗话说:“刻画人物难,最难是眼睛。”在《红楼梦》里,形容宝玉的眼睛是“虽怒时而似笑,即瞋视而有情”。寥寥数语,把宝玉的眼睛写活了。再比如写黛玉的眼睛是“两弯似蹙非蹙罥烟眉,一双似喜非喜含情目”。这样的“奇眉”“妙目”,纵使由高明的画家来画,也很难表现得恰如其分。

把《红楼梦》中的词汇，或按人物，或按环境，或按情节，分门别类，编成二进制的数码，贮存在电子计算机里。要验证某种用词是否属于曹雪芹的笔法，只要将该词编成二进制数码，输入电子计算机里，电子计算机就会从大量贮存的《红楼梦》词汇信息库中，去查找它们的相关程度，然后做出“是”或“非”的判断。所谓相关程度，是指对特定对象描写时，遣词造句的内在一致性。

例如，黛玉在贾府对不同人物有不同的“笑”：对宝玉“含情”“微瞋”的笑；对袭人“淡淡”“讥讽”的笑；对周瑞家“轻蔑”“冷嘲”的笑；对紫鹃“凄然”“温存”的笑……这些用词同黛玉那种多愁善感、孤傲不屈的性格完全一致，这就叫“正相关”。如果用“横眉冷对”“龇牙咧嘴”等词去描写林黛玉的笑，就与黛玉性格格格不入了，就不符合曹雪芹遣词造句的风格，这叫作“负相关”。

陈炳藻用电子计算机所测定的，就是《红楼梦》前八十回和后四十回用词的相关程度。他按章回顺序将《红楼梦》分成三组：*A*组为一至四十回，*B*组为四十一回至八十回，*C*组为八十一回到一百二十回。为了验证结果的可靠性，他还选了一部与《红楼梦》笔法完全不同的文学作品《儿女英雄传》作为*D*组。从各组随意选取八万字，并划分名词、动词、形容词、副词、虚词等五类，每个词编成二进制数码后，输入到电子计算机内进行比较和统计。比较结果是：*A*组与*B*组用词的正相关达 92%，这说明前八十回用词和谐统一；前八十回与后四十回用词正相关达 80%，这说明前八十回与后四十回用词基本一致；而《红楼梦》前八十回与《儿女英雄传》用词的正相关只有 32%。由此，陈炳藻认为《红楼梦》的前八十回与后四十回均出自曹雪芹一人之手。

尽管陈炳藻所得结论，还不能被大多数红学家所接受，但是电子计算机是研究《红楼梦》

的有力工具是不能否认的。电子计算机将200多年来《红楼梦》研究的全部资料，甚至连断篇残稿、各家注评、草稿手迹，全部贮存起来，对这些资料进行比较、分析、归类、分目、汇编、综合、存疑。因此，有人称电子计算机为“新红学家”。

在我国台湾的台北大学数学和控制论研究所里，就有这样一位“新红学家”，它叫“快速电子计算机R_4”。研究人员计划叫它“读”完《红楼梦》的各种版本、孤本、残稿以及浩如烟海的红楼梦考证史料，将来用以编写一系列《红楼梦》研究辞典，为红学研究做出贡献。

上面谈的鉴别方法，现在被广泛使用在文学研究上。科学家认为，对于常用词汇的搭配，不同的作家会有不同的频率，这样就产生了一种伪造不了的“文学指纹”，英国科学家用这种方法发现了莎士比亚的佚文。

出现于16世纪90年代的一部五幕剧叫《爱德华三世》，剧中表现了14世纪英王爱德华三世勇武的骑士精神。该剧的作者究竟是谁呢？戏剧界一直争论不休，争论持续了几百年。后来通过计算机对该剧的语言风格进行分析，确认了《爱德华三世》是莎士比亚的一部早期作品。

利用计算机来计算一部作品或一位作者的平均句长，对他们使用的字、词、句出现的频率进行统计研究，从而确定作者的风格，这个方法叫作“计算风格学”。现在计算风格学已经成为社会科学领域中，一门饶有趣味的学科，在考证作者真伪上，发挥了很大的作用。

诺贝尔文学奖获得者，著名作家肖洛霍夫，他的长篇小说《静静的顿河》被公认为世界名作。1965年，有人指出肖洛霍夫这部作品是抄袭作家克留柯夫的，在文学艺术界一时掀起了轩然大波。为了弄清谁是《静静的顿河》的真正作者，捷泽等几位学者采用了计算风格学的方法，从句子的平均长度、词类统计等6个方面进行统计和分析，获得了可靠的数据，通过比较，最后确定肖洛霍夫是真正的作者。

用计算机来研究文学这个新兴学科，在我国也已经建立。1986年深圳大学的研究人员为古典名著设计了一套研究系统，把《红楼梦》贮存进了磁盘。

1987年8月，深圳大学完成了把共有25卷、1万多页、330万字的《全唐诗》编制电脑研究系统的繁复工作，将2200位诗人的48900首诗贮存在95个磁盘里。这些磁盘能在几秒钟内提供大量的信息。这台电子计算机一分钟内干的事，需要一个人干三个月。它能做常人实际上办不到的事情。

比如，通过计算机能迅速查到任何一句诗或任何一句话，并能告诉你它的原诗的名字在《全唐诗》的哪一页上。

电子计算机的研究表明，唐代诗人特别喜欢描写月、风、云、山，因为这四个字在《全唐诗》中出现的次数都在12000以上。

巨石计算机

在英格兰东南部的历史名城索尔兹伯里附近，有一个叫阿姆斯伯里的小村庄，村西有一座由许多根硕大无朋的石柱围成的史前建筑。这些石柱排成圆形，直径有70多米。石柱最高的有10米，平均重量有25吨。有些石块是放在两根竖直石柱之上的。古代英国人给它起了个名字叫“高悬在天上的石头”。现在这里是英国的旅游胜地之一。

考古学家已经弄清楚，这座石头城是分三个时期建设的。第一期工程完成于公元前2000年左右，第二期工程、第三期工程分别在公元前1750年和公元前1650年左右建成。那时，英国所在的岛屿正处在由石器时代向铜器时代的过渡阶段。

那么，当初居民为什么要从事这项巨大工程呢？这引起了科学家的争

论。20世纪60年代中期，天文学家霍金斯通过对石头城仔细的测量、计算，发现了一个重要事实：石头城的中间是一圈石柱，外围还有许多大小石块，其中许多石头两两连接而成的直线，瞄准着某个特定时刻的某个天体的方向，这里说的天体主要是指太阳和月球。霍金斯计算了全部石头所连的直线所指的方位，这种连线竟有20700根之多。显然工作量太大。霍金斯把它们输入"IBM7090电子计算机"中，电子计算机很快给出了激动人心的结果。比如，有一组石头共14块，它们的连线中有24根线分别在夏至、冬至和其他节气时，指向太阳和月亮升起或降落的方向。又比如，太阳光或月光穿过由石柱构成的一扇扇"石门"或"石窗"时，也都标志着历法上的某个时刻。霍金斯在电子计算机的帮助下，解开了石头城之谜。原来这个石头城是英国古代居民用来确定24个节气的一本"石头天文历"。

霍金斯在读《古代世界史》一书时，又有了新的发现。这本史书是公元前50年左右，古希腊历史学家狄奥尼修斯写的，在这本书中竟然提到了远隔重洋的英格兰。书中说："在这个岛上，有一座雄伟壮观的太阳神庙。"据说，"月亮神每隔19年要光临这个岛国一次。"

书中的"太阳神庙"就是这座古老的石头城。"月亮神每隔19年光临一次"是什么意思？作为天文学家的霍金斯对天象是十分熟悉的，他想，这莫非是指在当地能观测到的月食的周期？他又制订了新的计算方案，输入到电子计算机里。计算结果表明：石头城不但能确定季节，还可以用来计算日食和月食的日期。右图是石头城里石柱、石块复原图。图中标出了三个可以计算当地月食日期的特殊位置。第56号位置表示，在冬至或夏至日的晚上，如果月光正好从这个位置照过来，就会发生月食；第5号位置表示，春分或秋分时节，月亮正好沉落在这个位置上，也会发生月食；第51号

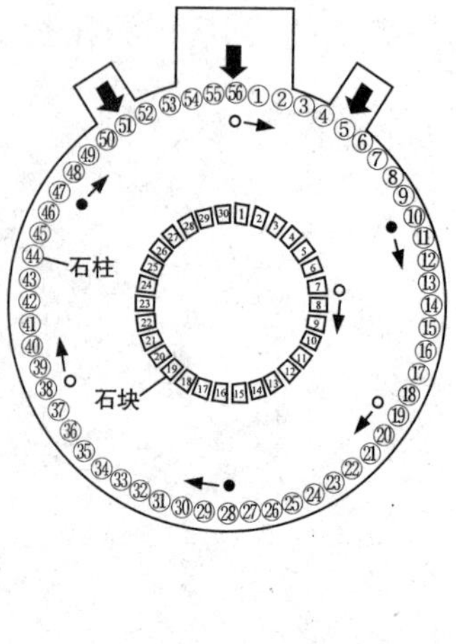

位置表示，在春分或秋分时节，月亮从这个位置升起，将发生月食。这三种方法所预测的月食周期，都恰好是19年！

科学家惊奇地发现，石头城是一台用来计算日食、月食周期的巨石计算机！

神奇的希尔伯特旅馆

$0.\dot{3} = 0.3333\cdots$是一个无限循环小数；

$\sqrt{2} = 1.414213\cdots$是一个无限不循环小数。

人们对无限的理解，经历了一个漫长过程。一般人看来，无限就是没完没了，没有尽头，没有止境。过去，有人把无限看成神秘的、不可捉摸的东西；也有人把无限看成崇高的、神圣的东西。

英国诗人哈莱曾写诗颂扬过无限。他写道：

“我将时间堆上时间，
世界堆上世界，
将庞大的万千数字，
堆积成山。
假如我从可怕的峰巅，
晕眩地再向你看，
一切数的乘方，
不管乘千来遍，
还是够不着你一星半点。”

诗中的“你”指的就是无限！

德国哲学家康德曾为“无限”不可理解而苦恼过。他说：“无限像一个梦，一个人永远看不出前面还有多少路要走。看不到尽头，尽头是摔了一跤或者晕倒下去。”可是，尽管你摔了一跤或者晕倒下去，你也没有到达无限的尽头呀！

随着科学的不断发展，人们开始研究无限了。通过研究，发现无限并不像有些人想象的那样神秘。无限有它自己的性质，有些性质在有限中是找不到的。

首先要提起的，是16世纪意大利著名科学家伽利略。他提出了一个关于无限的著名悖论，叫“伽利略悖论”。

“伽利略悖论”的内容是：“正偶数和自然数一样多。”

谁都知道自然数由正偶数，正奇数和零组成，正偶数只不过是自然数的一部分，怎么会部分等于全体呢？在欧几里得的《几何原本》中，第5条公理明明写着“整体大于部分”。

但是，伽利略所说的，也绝不是没有道理。首先，伽利略论述的对象都有无限多个，而不是有限个。对于有限个来说，“部分小于全体”无可争议。从1到10的自然数比从1到10的正偶数就是多。但是把这个用到无限上就要重新考虑了。对于有限来说，说两堆物体数量一样多，只要把各堆物体数一下，看看两堆物体的数量是否相等就可以。可是，对于两个无限数量，比如自然数和正偶数谁多谁少，数的办法已经不成了，因为无限多个永远不可能数完。

其实，不用数数的办法也可以知道两堆物体的数量是否一样多。居住在非洲的有些部族，数数最多不超过3，但是他们却知道自己放牧的牛羊是否有丢失。办法是，早上开圈放羊时，让羊一只一只往外出。每出一只羊，牧羊人就拾一块小石头。羊全部出了圈，牧羊人拾了一堆小石头。显然，羊的个数和小石头的个数是一样多的。傍晚，放牧归来，每进圈一只羊，牧羊人从小石头堆中扔掉一块石头。如果羊全部进了圈，而小石头一个没剩，说明羊一只也没丢。非洲牧羊人实际上采取了“一对一”的办法，两堆物体只要能建立起这种一对一的关系，就可以说明两堆物体的数量一样多。

对于无限多的比较，既然不能一个一个地去数，那就只可以仿效非洲牧羊人的办法，看看能不能建立起这种一对一的对应关系。实际上，正偶数和自然数是可以建立起这种关系的，办法是：

正偶数：	2	4	6	8	…	$2n$	…
	↕	↕	↕	↕		↕	
自然数：	1	2	3	4	…	n	…

按着建立起的这种关系，你给每一个自然数n，我都有一个正偶数 $2n$ 与n相对应；你选的自然数不同：$n_1 \neq n_2$，我这里相对应的两个正偶数也不同：$2n_1 \neq 2n_2$。反过来，对于每一个正偶数 $2n$，都有一个自然数n与之对应；两个正偶数不同，相对应的两个自然数也不同。因此，伽利略所说的“正偶数和自然数一样多”是完全有道理的。

伽利略这一重要的发现，第一次揭示出无穷集合的特性：部分可以等于全体！这样一来，岂止是正偶数和自然数一样多，所有 3 的倍数也和自然数一样多，因为它们之间同样可以建立起关系：$3n \leftrightarrow n$。所有 4 的倍数也和自然数一样多，因为也有关系：$4n \leftrightarrow n$。

这一崭新的结果，对于习惯比较有限量的人来说，往往是不可理解的。他们称本来正确的结论为“伽利略悖论”。

19 世纪末到 20 世纪初，德国著名数学家希尔伯特，为了通俗地向一般人介绍无穷集合的这种特殊性质，编了一个住旅馆的故事。

一位旅馆经理 A 坐在旅馆的门口。他的旅馆有 100 套客房，现在已经住了 100 位旅客，客房全部住满了。一个旅客匆匆走进旅馆，要求住宿。经

理A双手一摊说:"实在对不起,所有房间都住了人。请您到别处看看。"尽管旅客再三请求,经理A表示无能为力。

这又是一座旅馆,经理B坐在旅馆的门口。他的旅馆客房和自然数一样多,有无穷多间客房。客房虽然有无穷多间,可是也全部住满了。一个旅客匆匆走进旅馆,要求住宿。经理B笑着说:"尽管我的旅馆中所有客房都已经住满,但是,你还是可以被安排住下的。"经理B让服务员去重新安排一下旅客的住房:让住1号的旅客搬到2号住,让住2号的旅客搬到3号住,如此下去,让住在n号房间的旅客搬到$n+1$号房间去。这样一来,就把1号客房腾了出来,让新来的旅客住进了1号客房。

旅客刚刚住下,忽然门外又来了和自然数一样多的旅客同时要求住宿。经理B笑容可掬地对无穷多位旅客说:"虽说我的客房全部住满了,可是我还是可以安排你们这无穷多位旅客全部住下的,请稍候。"经理B让服务员重新安排一下旅客的住房:让住1号的旅客搬到2号住,让住2号的旅客搬到4号住,如此下去,让住在n号房间的旅客搬到$2n$号去住。这样一来,把所有奇数号的房间都腾了出来,让这无穷多位旅客住到奇数号房间去。由于所有的正奇数和自然数一样多,所以完全可以住得下。

后来,人们就把这座有和自然数一样多间客房的旅馆,起名叫"希尔伯特旅馆"。

从"虚无创造万有"的教授

17世纪末到18世纪初,意大利的比萨大学有一位哲学和数学教授叫作格兰迪,他既是教授又是僧侣。由于他的双重身份,他既研究数学,又让数学为宗教服务。

格兰迪曾用数学来说明,神可以从"虚无创造万有"。他找来无穷个1的代数和x,即

$$x=1-1+1-1+1-1+\cdots$$

格兰迪说,x的值可以是0,也就是"虚无"。方法是,从第一个数开始,

每两个数都加一个括号，得

$$\begin{aligned}x&=(1-1)+(1-1)+(1-1)+\cdots\\&=0+0+0+\cdots\\&=0.\end{aligned}$$

格兰迪说，x的值可以是1。方法是，从第二个数开始，每两个数都加一个括号，得

$$\begin{aligned}x&=1-(1-1)-(1-1)-\cdots\\&=1-0-0-0-\cdots\\&=1.\end{aligned}$$

格兰迪又说，我还可以让x的值等于$\frac{1}{2}$。方法是：

$$\begin{aligned}x&=1-1+1-1+1-1+\cdots\\&=1-(1-1+1-1+1-\cdots)\\&=1-x\\&=\frac{1}{2}.\end{aligned}$$

格兰迪对$x=\frac{1}{2}$还做了解释：可以设想一个父亲将一件珍宝遗留给两个儿子，每人轮流保管一年，所以每人应得$\frac{1}{2}$。

由上面三个结果，可以得出

$$0=\frac{1}{2}=1.$$

格兰迪说，你随便给一个数，我都可以从0把它创造出来。比如，给一个675，由

$$0=1$$

两边同时乘以675，得

$$0\times675=1\times675,$$

$$0=675.$$

格兰迪说，这就是从虚无(0)创造万有(任意

数)。

那么,格兰迪的骗人之处在哪儿呢?他把有限项和的运算法则,偷偷用到了无限项和上了。但是,许多适用于有限项和的运算根本不再适用于无限项和。所以,格兰迪的运算出现了一系列错误。

诺贝尔为什么没设数学奖

诺贝尔奖在全世界有很高的地位,许多科学家梦想着能获得诺贝尔奖。数学被誉为"科学女皇的骑士",却得不到每年由瑞典科学院颁发的诺贝尔奖,过去没有,将来也不会得到。因为瑞典著名化学家诺贝尔留下的遗嘱中,没有提出设立数学奖。

事实上,遗嘱的第一稿中,曾经提出过要设立这项奖金。为什么以后又取消了呢?流传着两种说法:

第一种是在法国和美国流行的说法。与诺贝尔同时期的瑞典著名数学家米塔-列夫勒,此人曾是俄国彼得堡科学院外籍院士,后来又是苏联科学院外籍院士。米塔-列夫勒曾侵犯过诺贝尔夫人。诺贝尔对他非常厌恶。为了对他所从事的数学研究进行报复,所以不设立数学奖。

第二种是在瑞典本国流行的一种说法。在诺贝尔立遗嘱期间,瑞典最有名望的数学家就是米塔-列夫勒。诺贝尔很明白,如果设立数学奖,这项奖金在当时必然会授予这位数学家,而诺贝尔很不喜欢他。

数学这样一门重要学科怎么能没有国际奖呢?第一个提出要改变长期没有国际数学奖状况的是加拿大数学家约翰·菲尔兹。在他担任国际数学大会组织委员会主席期间,于1932年提出设立数学优秀发现国际奖。当时为了强调这项奖的国际性,决定不以过去任何一个伟大数学家的名字命名。

1932 年在苏黎世召开的国际数学大会上，通过了菲尔兹的提议，但菲尔兹本人在大会召开前一个月去世。为纪念他的功绩，大会决定以他的名字命名这项数学奖。与诺贝尔奖不同的是，这项奖每隔四年只授予年龄在 40 岁以下的数学家，获奖人应该是过去四年内被公认的优秀数学家。

菲尔兹奖章是纯金制成，正面是阿基米德的头像，并且用拉丁文写着"超越人类极限，做宇宙主人。"背面用拉丁文写着"全世界的数学家：为知识做出新的贡献而自豪。"奖金是 1500 美元。

1936 年，首次将菲尔兹奖授予芬兰青年数学家阿尔福斯和美国青年数学家道格拉斯。在以后的 50 年内，获得此项奖的青年数学家共有 30 人。美籍华裔数学家丘成桐因在微分几何上做出了突出贡献，于 1982 年获菲尔兹奖。

2006 年 8 月在西班牙召开的第 25 届国际数学家大会上，31 岁的华裔数学家，有"数学界的莫扎特"之称的陶哲轩，获得了菲尔兹奖。

陶哲轩 2 岁学加法，7 岁学微积分，12 岁上大学，16 岁大学毕业，赴美留学，21 岁获普林斯顿大学数学博士，24 岁被聘为数学教授。他在调和分析研究上取得重要成就。

目前，中国数学会有三大数学奖：华罗庚奖、陈省身奖和钟家庆奖。

国际数学联盟迄今负责 3 项数学大奖：1932 年设立的菲尔兹奖，1982 年设立的信息科学领域的内万林纳奖，2006 年首次颁发的应用数学领域的高斯奖。

国际数学联盟决定，2010 年在印度举行的国际数学家大会上，在世界范围内首次颁发陈省身奖，用以纪念 20 世纪最伟大的几何学家、享誉世界的"微分几何之父"陈省身。这是国际数学联盟第一个用华人数学家命名的国际数学大奖，陈省身奖每 4 年颁发一次，包括一枚奖章和 50 万美元的奖金。

挪威政府为了弥补科学领域最高荣誉——诺贝尔奖中没有数学奖的遗憾，2002 年创立以挪威著名数学家阿贝尔命名的阿贝尔奖，奖励全世界在数学研究上做出突出贡献的数学家。该奖仿效诺贝尔奖，每年颁发一次，奖金为 87.5 万美元，和诺贝尔奖的 100 万美元相差不多，是目前国际数学奖中奖金最高的。

速算趣谈

许多人有惊人的心算能力。有一次，著名物理学家爱因斯坦生病卧床。一位朋友去看他，给他出了道乘法题，作为消遣。

朋友问："2974 × 2926 等于多少？"

爱因斯坦很快说出答案是 8701924。

原来爱因斯坦注意到 74 + 26 = 100，他采用了一种速算法：

$29 \times 30 = 870$，

$74 \times 26 = (50 + 24)(50 - 24) = 50^2 - 24^2 = 1924$，把两个答数接起来，得答数 8701924。

1846 年，发现海王星的英国天文学家亚当斯，发现了一个叫亨利·斯塔福德的 10 岁男孩，这个小孩擅长心算。

亚当斯让他心算：

365365365365365365×365365365365365365。这可是有意刁难人家小孩啦！谁料想，这个小孩思索了一会，说出了答案：

133491850208566925016658299941583225。答案完全正确！

法国图尔城，有个农民的儿子叫安利·蒙特。巴黎科学院院长庞斯莱曾问他 756^2 = ？ 52 年中共有几分钟？他很快就答出来了。

1840 年 12 月 4 日，组织了一个专门考评组，该组包括著名数学家柯西、刘维尔等。考评组一连向安利·蒙特提了好几个问题，其中第 12 个题目是：

问："求两数，使其平方差等于 133。"

答："66 和 67。"

问："还有更简单的一对数是哪两个？"

安利·蒙特准确的回答，使在场人都很惊讶。

1944 年，电子计算机创始人冯·诺伊曼和著名物理学家费米、费曼等在一起，加紧研制原子弹。费米喜欢用计算尺，费曼爱用手摇计算机，而冯·诺伊曼只用心算。三个人有时同算一道题，结果总是冯·诺伊曼最先算完。费米等人称赞说："冯·诺伊曼的大脑就是一台惊人的计算机！"

2. 名题荟萃

神父的发现

被称为"17 世纪最伟大的法国数学家"的费马，对质数（即素数）做过长期的研究。他曾提出猜想：当n为非负整数时，形如$f(n)=2^{2^n}+1$的数一定是质数。后来，欧拉指出当$n=5$时，$f(5)=2^{2^5}+1$是合数，因此，费马的这个猜想是错误的。

判别一个数是不是质数，常用试除法。这种方法做起来很麻烦，有时用因式分解的方法反而省事，以$f(5)=2^{2^5}+1$为例：

$$\begin{aligned}f(5)&=2^{2^5}+1=2^{32}+1=2^4(2^7)^4+1\\&=16(2^7)^4+1\\&=(5\times3+1)(2^7)^4+1\\&=(2^7\times5-5^4+1)(2^7)^4+1\end{aligned}$$

$=(1+2^7\times5)(2^7)^4+1-(2^7\times5)^4$

$=(1+2^7\times5)(2^7)^4+[1-(2^7\times5)^2][1+(2^7\times5)^2]$

$=(1+2^7\times5)(2^7)^4+(1+2^7\times5)(1-2^7\times5)[1+(2^7\times5)^2]$

$=(1+2^7\times5)\{(2^7)^4+(1-2^7\times5)[1+(2^7\times5)^2]\}.$

$=641\times6700417.$

说明$n=5$时,$f(5)$是合数。

1880 年法国数学家路加算出

$f(6)=2^{2^6}+1=18446744073709551616$

$=274177\times67280421310721.$

1986 年,美国的克莱-2 型超级计算机经过长达十几天的连续计算,肯定$f(20)=2^{2^{20}}+1$是一个合数,被收入吉尼斯世界纪录大全。

后来,人们就把$f(n)=2^{2^n}+1$形式的数叫“费马数”。说来也奇怪,费马生前验算了前 5 个费马数$f(0)=2^{2^0}+1=2+1=3$,$f(1)=2^{2^1}+1=4+1=5$,$f(2)=2^{2^2}+1=16+1=17$,$f(3)=2^{2^3}+1=256+1=257$,$f(4)=2^{2^4}+1=65537$,结果个个都是质数。但是,从费马没有验算过的第 6 个费马数开始,数学家再也没有找到哪个费马数是质数。现在人们找到的最大费马数是$f(1945)=2^{2^{1945}}+1$,其位数多达$10^{10^{584}}$位,这可是个超级天文数字,当然它也不是质数。

在寻找质数规律上做出重大贡献的,还有 17 世纪法国数学家梅森。梅森从小热爱科学,当时欧洲的学术杂志很少,数学家通过书信往来,交流信息,讨论问题。梅森和同时代的最伟大的数学家保持着频繁的通信联系。梅森写了很多信件,将平日收集到的资料分寄给欧洲各地的数学家,然后整理寄回来的信,再作交流。梅森长年做此工作,对当时科学的发展起了重要作用,做出了很大贡献。梅森被誉为“有定期数学杂志之前数学概念的交换站”。

神父梅森于 1644 年发表了《物理数学随感》,其中提出了著名的梅森数。梅森数的形式为2^p-1。梅森整理出 11 个p值,使得梅森数2^p-1成为质数。这 11 个p值是 2,3,5,7,13,17,19,31,67,127 和 257。你仔细观察这 11 个数不难发现，它们都是质数。不久人们证明了：如果梅森数是质数，那么p一定是质数。但是要注意，这个结论的逆命题可不成立，即p是质数，2^p-1 不一定是质数，比如$2^{11}-1=2047=23\times 89$，它是一个合数。

梅森虽然提出了 11 个p值可以使梅森数成为质数，但是他对这 11 个p值并没有全部进行验证，一个主要原因是数字太大，难于分解。当$p=2,3,5,7,13,17,19$ 时，相应的梅森数为 3,7,31,127,8191,131071,524287。由于这些数比较小，人们已经验证出它们都是质数。

1772 年，65 岁双目失明多年的数学家欧拉，用高超的心算能力证明了$p=31$ 的梅森数是质数：

$$2^{31}-1=2147483647.$$

还剩下$p=67, 127, 257$ 三个相应的梅森数是不是质数？长期无人论证。梅森去世 250 年之后，1903 年在纽约举行的数学学术会议上，数学家科勒教授做了一次十分精彩的学术报告。他走上讲坛却一言不发，拿起粉笔在黑板上迅速写出：

$$2^{67}-1=193707721\times 761838257287.$$

然后就走回自己的座位。开始时会场里鸦雀无声，没过多久全场响起了经久不息的掌声。参加会议的数学家纷纷向科勒教授祝贺，祝贺他证明了第 9 个梅森数并不是质数，而是合数！

1914 年,梅森提出的第 10 个数被证明是质数,它是一个有 39 位的数:$2^{127}-1=170141183460469231731687303715884105727$.

1952 年借助计算机的帮助, 证明梅森提的第 11 个数不是质数, 是合数。这样,梅森提出的 11 个质数中,只有 9 个是对的。

1978 年年底,美国加利福尼亚大学的两个学生尼克尔和诺尔,利用电子计算机证明了 $2^{21701}-1$ 是质数;

1979 年,美国计算机科学家斯洛温斯基证明了 $2^{44497}-1$ 是质数;

1983 年 1 月又发现了 $2^{86243}-1$ 是质数。到 1983 年为止,一共找到了 28 个梅森数是质数。

2005 年 2 月 28 日美国奥兰多的梅森数搜索组织宣布, 德国一名数学爱好者, 眼科医生马丁·诺瓦克发现一个新的梅森质数 $2^{25964951}-1$。5 天之后,一名法国数学家独立验算了它,宣布这是发现的第 42 个梅森质数。它是一个有 7816230 位的数,如果用普通稿纸写出来,有 20 本杂志那么厚。

难过的七座桥

哥尼斯堡有一条河,叫勒格尔河。这条河上,共建有七座桥。河有两条支流,一条叫新河,一条叫旧河,它们在城中心汇合。在合流的地方,中间有一个小岛,它是哥尼斯堡的商业中心。

哥尼斯堡的居民经常到河边散步,或去岛上买东西。有人提出了一个问题:一个人能否一次走遍所有的七座桥,每座只通过一次,最后仍回到出发点?

如果对七座桥沿任何可能的路线都走一下的话,共有 5040 种走法。这 5040 种走法中是否存在着一条既都走遍又不重复的路线呢? 这个问题谁也回答不了。这就是著名的七桥问题。

这个问题引起了著名数学家欧拉的兴趣。他对哥尼斯堡的七桥问题,用数学方法进行了研究。1736 年欧拉把研究结果送交彼得堡科学院。这份研究报告的开头是这样说的:

“几何学中，除了早在古代就已经仔细研究过的关于量和量的测量方法那一部分之外，莱布尼茨首先提到了几何学的另一个分支，他称之为‘位置几何学’。几何学的这一部分仅仅是研究图形各个部分相互位置的规则，而不考虑其尺寸大小。

“不久前我听到一个题目，是关于位置几何学的。我决定以它为例把我研究出的解答方法做一汇报。”

从欧拉这段话可以看出，他考虑七桥问题的方法是，只考虑图形各个部分相互位置有什么规律，而各个部分的尺寸不去考虑。

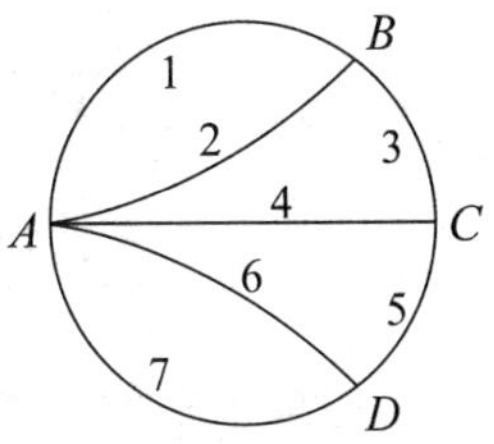

欧拉研究的结论是：不存在这样一条路线！他是怎样解决这个问题的呢？按照位置几何学的方法，首先他把被河流隔开的小岛和三块陆地看成A,B,C,D四个点；把每座桥都看成一条线。这样一来，七桥问题就抽象为由四个点和七条线组成的几何图形了，这样的几何图形数学上叫作网络。于是，“一个人能否无重复的一次走遍七座桥，最后回到起点？”就变成为“从四个点中某一个点出发，能否一笔把这个网络画出来？”欧拉把问题又进一步深化，他发现一个网络能不能一笔画出来，关键在于这些点的性质。

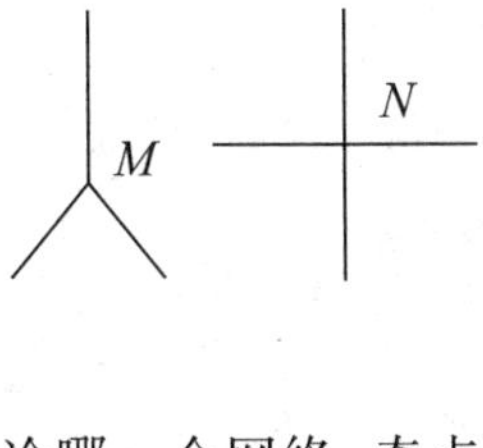

如果从一点引出来的线是奇数条，就把这个点叫奇点；如果从一点引出来的线是偶数条，就把这个点叫作偶点。如左图中的M就是奇点，N就是偶点。

欧拉发现，只有一个奇点的网络是不存在的，无论哪一个网络，奇点的总数必定为偶数。对于A,B,C,D四个点来说，每一个点都应该有一条来路，离开该点还要有一条去路。由于不许重复走，所以来路和去路是不同的两条线。如果起点和终点不是同一个点的话，那么，起点是有去路没有回路，终点是有来路而没有去路。因此，除起点和终点是奇点外，其他中间点都应该是偶点。

另外，如果起点和终点是同一个点，这时，网络中所有的点要都是偶点才行。

欧拉分析了以上情况，得出如下规律：一个网络如果能一笔画出来，那么该网络奇点的个数或者是 2 或者是 0，除此以外都画不出来。

由于七桥问题中的 A,B,C,D 四个点都是奇点，按欧拉的理论是无法一笔画出来的，也就是说一个人无法没有重复地走遍七座桥。

下图中(1)、(2)、(3)都可以一笔画出来，但是(4)中的奇点个数为 4，无法一笔画出。

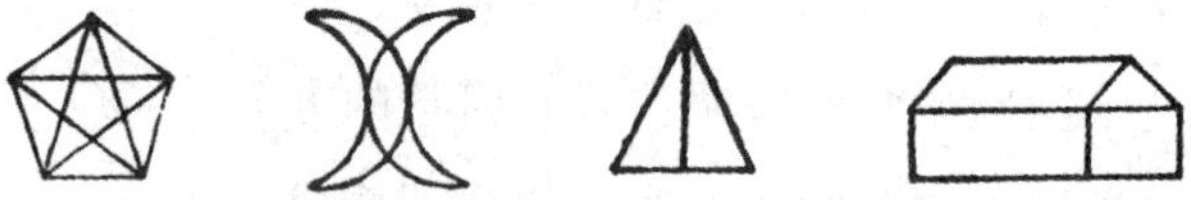

(1)　(2)　(3)　(4)

如果图中没有奇点如图(1)和(2)，可以从任何一点着手画起，最后都能回到起点，如果图中有两个奇点，如图(3)，必须从一个奇点开始画，到另一个奇点结束。

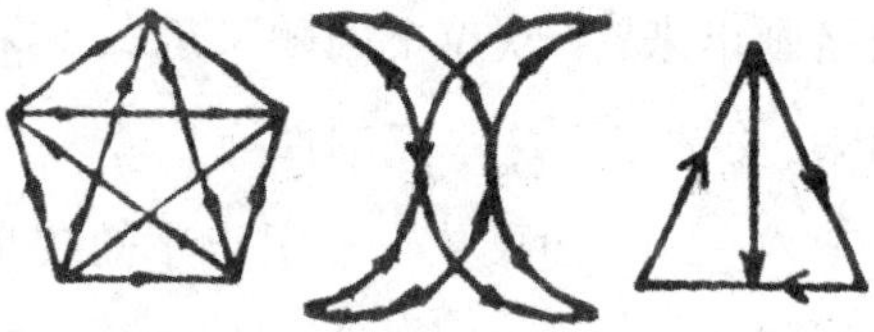

欧拉对哥尼斯堡七桥的研究，开创了数学上一个新分支——拓扑学的先声。

弗雷德里希二世的阅兵式

18 世纪，欧洲有个普鲁士王国，国王叫弗雷德里希二世。有一年，弗雷德里希二世要举行阅兵式，计划挑选一支由 36 名军官组成的军官方队，作为阅兵式的先导。

普鲁士当时有六支部队。弗雷德里希二世要求，从每支部队中选派出六个不同级别的军官各一名，共 36 名。这六个不同级别是：少尉、中尉、上尉、少校、中校、上校。还要求这 36 名军官排成六行六列的方阵，使得每一行和每一列都有各部队、各级别的代表。

弗雷德里希二世一声令下，可忙坏了司令官。他赶忙召来了 36 名军官，按着国王的旨意开始安排方阵。可是左排一次，右排一次，司令官累得满头大汗，36 名军官折腾得精疲力竭，结果也没排出国王要求的方阵。

怎么办呢？正好当时欧洲著名数学家欧拉在柏林，求数学家帮帮忙吧！

数学家研究问题的习惯，总是从简单到复杂，从易到难。欧拉先从 16 名军官组成的四行四列方阵着手研究，他发现这种 4 × 4 方阵是可以排出来的。

我们不妨做一次扑克牌游戏，把合乎国王要求的 4×4 方阵排出来。扑克牌有四种不同的花样：黑桃、红心、方块、梅花，把这四种不同的花样当作四支不同的部队；从每一种花样中各取 J,Q,K,A 四张牌，把这四张不同点数的牌当作四个级别不同的军官。用这 16 张扑克牌，摆成 4×4 方阵，使得每一行和每一列各有一张黑桃、红心、方块、梅花，而且每一行和每一列各有一张 J,Q,K,A。具体排法可见下图：

桃 A			
	桃 K		
		桃 Q	
			桃 J

（1）

桃 A		心 K	
	桃 K		心 A
心 J		桃 Q	
	心 Q		桃 J

（2）

桃 A		心 K	块 Q
	桃 K	块 J	心 A
心 J	块 A	桃 Q	
块 K	心 Q		桃 J

（3）

桃 A	花 J	心 K	块 Q
花 Q	桃 K	块 J	心 A
心 J	块 A	桃 Q	花 K
块 K	心 Q	花 A	桃 J

（4）

接着欧拉又排出了由25名军官组成的5×5方阵。欧拉满怀信心地继续钻研，以求解决由36名军官组成6×6方阵。但是，尽管欧拉绞尽脑汁，也没有排成。于是欧拉猜想：这种6×6方阵可能根本就排不出来！欧拉想寻找，由多少人组成的方阵可以排得出来，由多少人组成的方阵根本就排不出来。但是，这个规律欧拉一直没有找到。

Aα	Bγ	Cβ
Bβ	Cα	Aγ
Cγ	Aβ	Bα

1782年，即欧拉逝世的前一年，他在荷兰的杂志上发表了关于魔方阵的论文，提出了上面讲的“36名军官问题”。对于一般的$n\times n$方阵来说，当$n=2$时，即从2个连队各抽出2种军衔的各一人共4人，这时显然排不出2×2方阵来；当$n=3$时，把A,B,C看作3个不同的连队，把α,β,γ看作3种不同的军衔，这种3×3方阵是排得出来的，见上图。由于排这种方阵通常用希腊字母和拉丁字母来表示，所以称这种方阵为“希腊·拉丁方”，也叫欧拉方阵。

为了便于研究，常用数字来代替字母进行排列。比如前面排的扑克牌方阵，可以用1,2,3,4分别代替J,Q,K,A，先把它排成每行每列都不出现重复数字的方阵I_1：

$$I_1=\begin{bmatrix}4&1&3&2\\2&3&1&4\\1&4&2&3\\3&2&4&1\end{bmatrix}$$

再用1,2,3,4分别代替黑桃、梅花、红心、方块，把它也排成方阵I_2：

$$I_2=\begin{bmatrix}1&4&2&3\\4&1&3&2\\2&3&1&4\\3&2&4&1\end{bmatrix}$$

一般地说，用$1,2,3,\cdots,n$排列成一个n行n列方阵，如果每一行、每一列都是由$1,2,3,\cdots,n$组成，而且没有重复，这个方阵叫作n阶拉丁方。上面写出的I_1和I_2是两个4阶拉丁方。

把上述两个4阶拉丁方I_1和I_2重叠在一起，它们的对应位置的数组成数对，得到由数对组成的4阶方阵。这个方阵中4×4组数对没有一组是相同的，称这两个4阶拉丁方互为正交。

$$\begin{bmatrix} (4,1) & (1,4) & (3,2) & (2,3) \\ (2,4) & (3,1) & (1,3) & (4,2) \\ (1,2) & (4,3) & (2,1) & (3,4) \\ (3,3) & (2,2) & (4,4) & (1,1) \end{bmatrix}$$

前面用J,Q,K,A和黑桃、梅花、红心、方块排出的两个4阶拉丁方I_1和I_2是正交。

前面已经见到两个3阶正交拉丁方，两个4阶正交拉丁方。那么，对于任意大于1的整数n，在n阶拉丁方中是否一定有两个拉丁方正交？如果有，怎样造法？

欧拉由$n=2,6$时没有，$n=3,4,5$时有，猜想：

当$n=4m+2$，$m=0,1,2\cdots$时，不存在正交的n阶拉丁方，也就是不存在n阶欧拉方阵。

许多数学家都相信欧拉的上述猜想是对的，并且力图证明欧拉的这个猜想。但是，1959年春天，欧拉猜想被推翻了。印度数学家玻色和史里克汉德，举出了22阶正交拉丁方是存在的，也就是说$m=5$，$n=4\times5+2=20+2=22$阶欧拉方阵可以排出来。紧接着美国数学家派克又排出了10阶欧拉方阵，这样$m=2$，$n=4\times2+2=10$阶欧拉方阵也排出来了。

玻色和史里克汉德将这个重大突破写成论文。论文中证明除$n=2,6,14,26$这四个数外，对于$n\geqslant3$的任意n都存在着欧拉方阵。在这篇论文送交印刷厂期间，美国数学家派克又造出了$n=14,26$的欧拉方阵，其中$n=26$是用电子计算机算出来的。到目前为止，只有2阶和6阶欧拉方阵造不出来了。

弗雷德里希二世好眼力！只有两种欧拉方阵排不出来，他却挑了其中的一个。

欧拉方阵在数理统计的试验设计中非常有用。举一个例子：

在一块正方形土地中，种植四种农作物：小麦、玉米、高粱、棉花。还有四种肥料：氮肥、磷肥、钾肥、混合肥。想试验一下，这块土地栽种何种农作物，施用何种肥料可以获得高产。

如果把土地划分成四条，在每一条中种一种农作物，施一种肥料。这样得到的结果可靠吗？由于这块土地的土质可能不均匀，得出来的结果并不可靠。

怎样才能使结果更可靠呢？可以用 4 阶正交拉丁方去安排试验，这样得到的结果可靠性就大多了。安排方法如图。这种试验法考虑到了各方面土地的差异。

小麦（氮肥）	玉米（磷肥）	高粱（钾肥）	棉花（混合肥）

氮 麦	混 棉	磷 米	钾 粱
混 粱	氮 米	钾 棉	磷 麦
磷 棉	钾 麦	氮 粱	混 米
钾 米	磷 粱	混 麦	氮 棉

哈密顿要周游世界

19 世纪英国著名数学家哈密顿很喜欢思考问题。1859 年的一天，他拿到一个正十二面体的模型。正十二面体有 12 个面、20 个顶点、30 条棱，每个面都是相同的正五边形。

哈密顿突然灵机一动，他想，为什么不能拿这个正十二面体做一次数学游戏呢？假如把这 20 个顶点当作 20 个大城市：如巴黎、纽约、伦敦、北京……把 30 条棱当作连接这些大城市的道路。一个人从某个大城市出发，每个大城市都走过，而且只走一次，最后返回原来出发的城市。问这种走法是否可以实现？这个问题就是著名的“周游世界问题”。

解决这个问题最重要的是方法。真的拿着正十二面体一个点一个点的去试？显然这个方法很难把问题弄清楚。如果把正十二面体看成由橡皮膜做成的，就可以把这个正十二面体压成平面图形。如果哈密顿所提的走法可以实现的话，那么这 20 个顶点一定是一个封闭的 20 角形的周界。

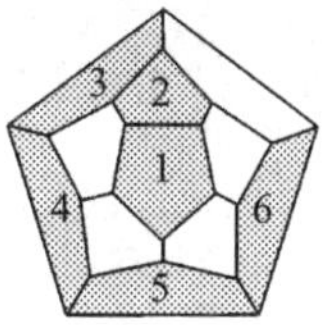

(1)

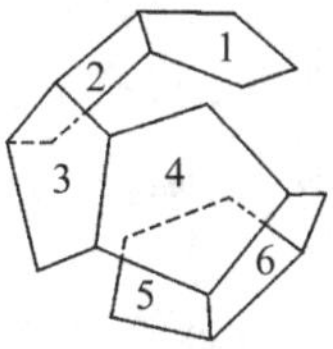

(2)

图（1）是一个压扁了的正十二面体，上面可以看到 11 个五边形，底下面还有一个拉大了的五边形，总共还是 12 个正五边形。从这 12 个压扁了的正五边形中，挑选出 6 个相互连接的五边形（图中画斜线部分）。这 6 个五边形在原正十二面体中的位置如图(2)，把这 6 个相互连接的正五边形摊平，就是图(3)的形状。而图(3)就是一个有 20 个顶点的封闭的 20 边形。

下面一个问题是：图(3)的 20 个顶点，是不是正十二面体的 20 个顶点呢？从图(1)可以看出，图(3)的 20 个顶点确实是正十二面体的 20 个顶点。这样一来，由于图(3)的 20 边形从*A*点出发，沿边界一次都可以走过来，因此哈米尔顿的想法是可以实现的。

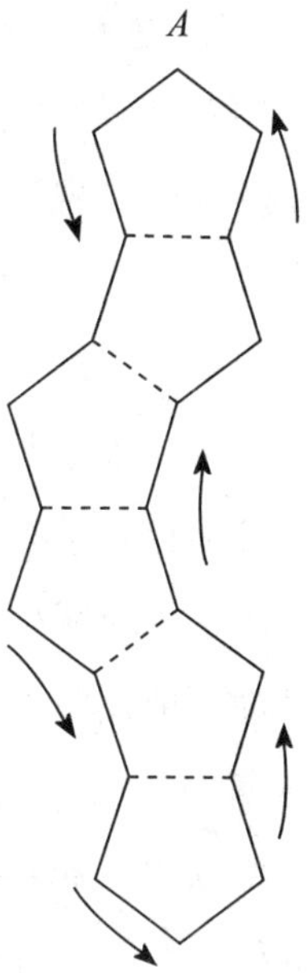

(3)

地图着色引出的问题

先来讲一个有趣的传说：

从前有个国王，他临死前担心死后五个儿子会因争夺疆土而互相拼杀，立下一份遗嘱。遗嘱中说，他死后可以把国土划分为五个区域，让每个王子统治一个区域，但是必须使任何一个区域与其他四个相邻，至于区域的形状可以任意划定。遗嘱中又说，如果在划分疆土时遇到了困难,可以打开我留下的锦盒,里面有答案。

国王死后,五个王子开始划分国土,他们各自寻找聪明人去画一幅符合老国王遗嘱的地图。可是,这些聪明人怎么也画不出五个区域中任意一个区域都和其他四个区域接壤的地图。

为了尽快瓜分国土,五位王子伤透了脑筋,可是,符合要求的地图还是没有画出来。无可奈何,王子们同意打开老国王留下的锦盒,看看老国王怎样分法,有什么高招儿。

五位王子打开锦盒一看,里面没有地图,只有老国王的一封亲笔信。信中嘱咐五位王子要精诚团结,不要分裂,合则存,分则亡。这时,他们才明白,遗嘱中的地图是画不出来的。

这个古老的传说告诉我们,平面上的五个区域要求其中每一个区域都与其余四个区域相邻是不可能的。地图上的不同国家或地区,要用不同的颜色来区别,那么绘制一张地图需要几种不同的颜色呢?如果地图上只有五个区域,由上面的传说可以知道只要四种不同颜色就够了。区域更多一些,四种颜色够不够用呢?

1852 年,英国有一位年轻的绘图员法兰西斯・格斯里,他在给英国地图涂颜色时发现:如果相邻两个地区用不同颜色涂上,只需要四种颜色就够了。

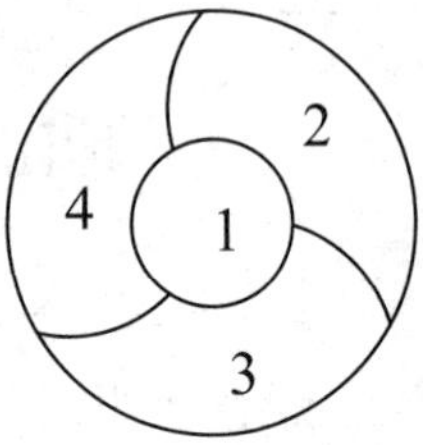

格斯里把这个发现告诉了正在大学数学系里读书的弟弟,并且画了一个图给他看。这个图最少要用四种颜色,才能把相邻的两部分分辨开。颜色的数目再也不能减少了。格斯里的弟弟的发现是对的,但是却不能用数学方法加以证明,也解释不出其中的道理。

格斯里的弟弟把这个问题提给了当时著名数学家德・摩根。德・摩根也解释不了,就写信给另一名数学家哈密顿。德・摩根相信像哈密顿这样聪明的人肯定会解决的。可是,哈密顿觉得这个问题太简单,没有去解决。

当时许多数学家都认为地图着色问题是很容易解决的。比如数学家闵可夫斯基，为人十分谦虚，偏偏有一次给学生讲课时，偶尔提到了这个问题，他把这个问题看轻了。闵可夫斯基在课堂上说："地图着色问题之所以一直没有获得解决，那仅仅是由于没有第一流的数学家来解决它。"说完他拿起粉笔，要当堂给学生推导出来，结果却没能成功。下一节课他又去试，又没推导出来。一连几堂课都毫无结果。有一天，天下大雨，他刚跨进教室，突然雷声轰响，震耳欲聋，他马上对学生说："这是上天在责备我狂妄自大，我证明不了这个问题。"这样才中断了他的证明。

1878 年，著名的英国数学家凯莱把这个问题公开通报给伦敦数学会的会员，起名为"四色问题"，征求证明。

凯莱的通报发表之后，数学界很活跃，很多人都想一显身手。可是，没有一个人的证明站得住脚。

数学家斯蒂文曾设计了一个非常有趣的游戏，用于检验四色问题：

游戏由甲、乙两个人参加。甲先画一个闭合曲线围成的区域，让乙填上颜色；乙填好颜色之后再画一个区域让甲填色……如此继续下去，尽量使对方不得不使用第五种颜色。时至今日还没有一个人找到一张必须用五种颜色才能填满的图。

首先宣布证明了四色问题的是一个叫肯普的律师。他于 1879 年公布了自己的证明方法。可是过了 11 年，一位 29 岁的年轻数学家赫伍德指出肯普的证明中有漏洞，不能成立。接着赫伍德成功地使用了肯普的方法，证明出平面地图最多用五种颜色着色就够了，这就是著名的五色定理。赫伍德一生主要研究的就是四色问题，在以后 60 年的时间里，他发表了关于四色问题的七篇重要论文。他 78 岁退休，而在 85 岁时还向伦敦数学学会呈交了关于

四色问题的最后一篇论文。他这种顽强的攻关精神是后人学习的榜样。

近100年来，人们一直在研究四色问题，也取得了一定成就。但是存在的一个最大困难是：数学家所提供的检验四色问题的方法太复杂，人们难以实现。比如1970年有人提出一个检验方案，这个方案用当时的电子计算机来算，要连续不断地工作10万个小时，差不多要11年。这个任务太艰巨了。

1976年9月，美国数学学会公布了一个震动人心的消息，美国数学家阿佩尔与哈肯，用三台高速电子计算机，运行1200小时，做了100亿个判断，终于证明了四色问题是对的。人类第一次依靠机器的帮助解决了延续124年的数学难题。用机器代替人进行复杂运算这一新事物，开出了绚丽的花朵。

残杀战俘与死里逃生

这是一个古老的传说：有64名士兵被敌人俘虏了。敌人命令他们排成一个圆圈，编上号码1，2，3，…，64。敌人把1号杀了，又把3号杀了，他们是隔一个杀一个这样转着圈杀。最后剩下一个人，这个人就是约瑟夫斯。请问约瑟夫斯是多少号？这就是“约瑟夫斯问题”。

这个问题是比较容易解答的：敌人从1号开始，隔一个杀一个，第一圈把奇数号码的战俘全杀死了。剩下的32名战俘需要重新编号，而敌人在第二圈杀死的是重新编排的奇数号码。

由于第一圈剩下的全部是偶数号2，4，6，8，…，64。把它们全部用2除，得1，2，3，4，…，32。这是第二圈重新编的号码。第二圈杀过之后，又把奇数号码都杀掉了，还剩下16个人。如此下去，可以想到最后剩下的必然是64号。

$64=2^6$，它可以连续被2整除6次，是从1到64中能被2整除次数最多的数，因此，最后必然把 64 号剩下。从 $64=2^6$ 还可以看到，是转过 6 圈之后，把约瑟夫斯剩下来的。

如果有 65 名士兵被俘，敌人还是按上述方法残杀战俘，最后剩下的还是 64 号约瑟夫斯吗？

不是了。因为第一个人被杀后，也就是 1 号被杀后，第二个被杀的必然是 3 号。如果把 1 号排除在外，那么剩下的仍是 64 个人。对于剩下这 64 个人，新 1 号就应该是原来的 3 号。这样原来的 2 号就变成新的 64 号了，所以剩下的必然是原来的 2 号。

对于一般情况来说，如果原来有 2^k 个人，最后剩下的必然是 2^k 号；如果原来有 2^k+1 个人，最后剩下的是 2 号；如果原来有 2^k+2 个人，最后剩下的是 4 号……如果原来有 2^k+m 个人，最后剩下的是 $2m$ 号。

比如，原来有 100 人，由于 $100=64+36=2^6+36$，所以最后剩下的是 $2\times36=72$ 号；又比如，原来有 111 人，由于 $111=64+47=2^6+47$，所以最后剩下的是 $2\times47=94$ 号。

下面把问题改一下：不让被俘的战俘站成圆圈，而排成一条直线，然后编上号码。从 1 号开始，隔一个杀一个，杀过一遍之后，然后再重新编号，从新 1 号开始，再隔一个杀一个。问最后剩下的还是 64 号约瑟夫斯吗？

答案是肯定的，最后剩下的仍然是约瑟夫斯。

如果战俘人数是 65 人呢？剩下的还是约瑟夫斯。只要人数不超过 128 人，也就是人数小于 2^7，那么最后剩下的总是约瑟夫斯。因为从 1 到 128 中间，能被 2 整除次数最多的就是 64。而敌人每次都是杀奇数号留偶数号，所以 64 号总是最后被留下的人。

回数猜想

一提到李白，人们都知道这是我国唐代的大诗人。如果把“李白”两个字颠倒一下，变成“白李”，这也可以是一个人的名字，此人姓白名李。像这样正着念、反着念都有意义的语言叫作回文。比如“狗咬狼”“天和地”“玲玲爱毛毛”。一般来说，回文是以字为单位的，也可以以词为单位来写回文。回文与数学里的对称非常相似。

如果一个数，从左右两个方向来读都一样，就叫它为回文数。比如101，32123，9999等都是回文数。

数学里有个有名的“回数猜想”，至今没有解决。取一个任意的十进制数，把它倒过来，并将这两个数相加。然后把这个和数再倒过来，与原来的和数相加。重复这个过程直到获得一个回文数为止。

例如68，只要按上面介绍的方法，三步就可以得回文数1111。

$$\begin{array}{r} 68 \\ +86 \\ \hline 154 \\ +451 \\ \hline 605 \\ +506 \\ \hline 1111 \end{array}$$

“回数猜想”是说：不论开始时采用什么数，在经过有限步骤之后，一定可以得到一个回文数。

还没有人能确定这个猜想是对的还是错的。196这个三位数也许可能成为说明“回数猜想”不成立的反例。因为用电子计算机对这个数进行了几十万步计算，仍没有获得回文数。但是也没有人能证明这个数永远产生不了回文数。

数学家对同时是质数的回文数进行了研究。数学家相信回文质数有无穷多个，但是还没有人能证明这种想法是对的。

数学家还猜想有无穷个回文质数对。比如30103和30203。它们的特点是，中间的数字是连续的，而其他数字都是相等的。

回文质数除 11 外必须有奇数个数字。因为每个有偶数个数字的回文数，必然是 11 的倍数，所以它不是质数。比如 125521 是一个有 6 位数字的回文数。按着判断能被 11 整除的方法：它的所有偶数位数字之和与所有奇数位数字之和的差是 11 的倍数，那么这个数就能被 11 整除。125521 的偶数位数字是 1,5,2；而奇数位数字是 2,5,1。它们和的差是

$$(1+5+2)-(2+5+1)=0,$$

是 11 的倍数，所以，125521 可以被 11 整除，且

$$125521 \div 11 = 11411.$$

因而 125521 不是质数。

在回文数中平方数是非常多的，比如，$121 = 11^2$，$12321 = 111^2$，$1234321 = 1111^2$，…，$12345678987654321 = 111111111^2$。你随意找一些回文数，平方数所占的比例比较大。

立方数也有类似情况。比如，$1331 = 11^3$，$1367631 = 111^3$.

这么有趣的回文数，至今还存在着许多不解之谜。

猴子分桃子

英国著名物理学家狄拉克曾提出过一个有趣的数学题："现有一堆桃子，5 只猴子要平均分这堆桃子。第一只猴子来了，它左等右等，别的猴子老是不来，于是它便把桃子平均分成 5 堆，最后剩下 1 个桃子。它觉得自己分桃子辛苦了，最后剩下的桃子应该归自己，就把它吃掉了。结果是，这只猴子吃掉了一个桃子，又拿走了 5 堆中的 1 堆。

"第二只猴子来了。它一看有四堆桃子，但并不知道已经来了一只猴子。它想，五只猴子怎么分四堆桃子呢？于是把四堆桃子合在一起，重新分成 5 堆，又剩下 1 个。它吃了剩下的桃子，又拿了一堆桃子。后来的三只猴子也都是这样办理的。

"请问，原来至少有多少桃子？最后至少剩多少桃子？"

1979 年，著名美籍华裔物理学家李政道和中国科学技术大学少年班同

学座谈时，向这些小才子们提出了这个问题，谁也没能当场答出。看来此题有一定的难度。

先来直接解这个问题：设原有桃子x个，又设最后剩下的桃子为y个。

第一只猴子吃了1个，拿走了$\frac{1}{5}(x-1)$个。它走后，留下的桃子数为

$$x-[\frac{1}{5}(x-1)+1]$$
$$=\frac{4}{5}(x-1).$$

第二只猴子吃了1个，拿走了$\frac{1}{5}[\frac{4}{5}(x-1)-1]$个，它一共得到桃子

$$\frac{1}{5}[\frac{4}{5}(x-1)-1]+1.$$

它走后，留下的桃子数为

$$\frac{4}{5}(x-1)-\{\frac{1}{5}[\frac{4}{5}(x-1)-1]+1\}$$
$$=(1-\frac{1}{5})\frac{4}{5}(x-1)+\frac{1}{5}-1$$
$$=\frac{4}{5}[\frac{4}{5}(x-1)-1].$$

我们可以归纳出求剩下桃子的规律：先减1，后乘$\frac{4}{5}$。这样，第5只猴子走后，所剩下的桃子数y，就应该是减了5次1，乘了5次$\frac{4}{5}$，即

$$y=\frac{4}{5}\{\frac{4}{5}[\frac{4}{5}[\frac{4}{5}[\frac{4}{5}(x-1)-1]-1]-1]-1\}$$
$$=\frac{4}{5}\{\frac{4}{5}[\frac{4}{5}[\frac{4^2}{5^2}(x-1)-\frac{4}{5}-1]-1]-1\}$$
$$=\frac{4}{5}\{\frac{4}{5}[\frac{4}{5}[\frac{4^2}{5^2}x-\frac{4^2}{5^2}-\frac{4}{5}-1]-1]-1\}$$
$$=\frac{4}{5}\{\frac{4}{5}[\frac{4^3}{5^3}x-\frac{4^3}{5^3}-\frac{4^2}{5^2}-\frac{4}{5}-1]-1\}$$
$$=\frac{4^5}{5^5}x-\frac{4^5}{5^5}-\frac{4^4}{5^4}-\frac{4^3}{5^3}-\frac{4^2}{5^2}-\frac{4}{5}$$
$$=\frac{4^5}{5^5}x-4[1-(\frac{4}{5})^5]$$
$$=\frac{4^5}{5^5}(x+4)-4.$$

变形，得　$y+4=\frac{4^5}{5^5}(x+4)$.

由于x和y都是自然数，而 4^5 和 5^5 的公约数为 1，所以$(x+4)$一定能被 5^5 整除。所以x的最小值应满足

$$x+4=5^5,$$

即　$x=5^5-4$,

$$x=3125-4,$$

$$x=3121.$$

而　$y=4^5-4=1020$.

就是说，原来至少有 3121 个桃子，最后至少剩下 1020 个桃子。

解这道题要脱 5 层括号，比较麻烦。有没有简单一点的解法呢?

这道题麻烦在哪儿呢? 麻烦在每次分完桃子以后总要多出一个桃子来。解决的办法是先借给猴子 4 个桃子，让它能把桃子正好分成 5 份，猴子拿走其中一份。其结果和原来的分走$\frac{1}{5}$又吃掉一个是一样的。可以对比一下：

原来解法	新解法
第一只猴子	
吃了 1 个又拿走 $\frac{1}{5}$ 份，共拿走$\frac{1}{5}(x-1)+1$. 剩下 $\frac{4}{5}(x-1)$.	先借给猴子 4 个桃子，它拿走$\frac{1}{5}(x+1)$. 分完之后，把 4 个桃子再还给人家，剩下 $\frac{4}{5}(x+4)-4$.
第二只猴子	
共拿走 $\frac{1}{5}[\frac{4}{5}(x-1)-1]+1$, 剩下 $\frac{4}{5}[\frac{4}{5}(x-1)-1]$.	再借给猴子 4 个桃子，它拿走 $\frac{4^2}{5^2}(x+4)$, 拿走后，把 4 个桃子还给人家，剩下 $\frac{4^2}{5^2}(x+4)-4$.

新解法的一个特点是，每次分桃之前都借给猴子 4 个桃子，分完之后立即归还。这样一来，经过 5 借 5 还，最后剩下

$$y=\frac{4^5}{5^5}(x+4)-4.$$

形式要比原来的解法简单多了。

事情并没有完。近代著名数理逻辑学家，英国的怀特海教授，又把这道题进一步演变，变成如下形式：

“五名水手带着一只猴子，来到南太平洋的一个荒岛上，发现那里有一大堆椰子。他们旅途劳顿就躺下来休息。不久，第一名水手醒了，他把椰子平分成5堆，还剩下1个椰子丢给猴子吃了，自己藏起了1堆，就翻身睡下。隔了一会儿，第二名水手醒了，他把剩下的椰子重新分成5堆，正好又多出一个椰子，他又把它赏给了猴子，自己藏起一堆以后又去睡了。接着，第三、第四和第五个人也都如此做了。

“天亮了，大家都醒了过来。发现剩下的椰子已经不多了，水手们都心照不宣，为了表示公平起见，又重新分成5堆。这时，说也奇怪，正好又多出一个椰子，就又把它丢给了早已饱尝甜头的猴子。请算出原先至少有多少个椰子？”

狄拉克和怀特海同是英国科学家。狄拉克生于1902年，怀特海比他大41岁，生于1861年。两个人所提的问题相似，不过是把猴子换成了水手，把桃子换成椰子，把分5次变成分6次。但是，这里着重介绍的是他们解算的不同方法。怀德海的方法是：

设原先有N个椰子。设A,B,C,D,E为5名水手单独分椰子时所得的椰子数。F为最后一次分给每名水手的椰子数。

根据题目条件，可列出以下方程组：

$$\begin{cases}N=5A+1;\\4A=5B+1;\\4B=5C+1;\\4C=5D+1;\\4D=5E+1;\\4E=5F+1.\end{cases}\qquad(1)$$

6个方程有7个未知数，这是一个不定方程组。

将方程组化简，得

$$1024N=15625F+11529. \qquad (2)$$

如果用常用的解不定方程组的方法来解，计算起来很复杂。怀特海教授采取了两点特殊的做法：

一点是，由于椰子数N曾被连续6次分成5堆，因此如果某数是该方程的解，则把某数加上5^6（$5^6=15625$）后，仍是方程的解；

另一点是，他不限定这些字母取自然数，它们也可以取负值。

比如，令$F=-1$，将$F=-1$代入方程(2)，得

$$1024N=-15625+11529,$$

$$1024N=-4096,$$

$$N=-4.$$

显然$N=-4$不是原来问题的解，因为原来的椰子数不能是-4个。

由于$-4+5^6$仍然是方程组的解，所以

$$N=-4+15625=15621(\text{个}).$$

也就是说，原来至少有15621个椰子。

看来，负数帮了怀特海教授的大忙！

掉进漩涡里的数

几十年前，日本数学家角谷静发现了一个奇怪的现象：一个自然数，如果它是偶数，那么用2除它；如果商是奇数，将它乘以3之后再加上1，这样反复运算，最终必然得1。

比如，取自然数$N=6$。按角谷静的做法有：$6\div2=3$，$3\times3+1=10$，$10\div2=5$，$3\times5+1=16$，$16\div2=8$，$8\div2=4$，$4\div2=2$，$2\div2=1$。从6开始经历了3→10→5→16→8→4→2→1，最后得1。

找个大数试试，取$N=16384$.

$16384\div2=8192$，$8192\div2=4096$，$4096\div2=2048$，$2048\div2=1024$，

1024 ÷ 2 = 512，512 ÷ 2 = 256，256 ÷ 2 = 128，128 ÷ 2 = 64，64 ÷ 2 = 32，32 ÷ 2 = 16，16 ÷ 2 = 8，8 ÷ 2 = 4，4 ÷ 2 = 2，2 ÷ 2 = 1。这个数连续用 2 除了 14 次，最后还是得 1。

这个有趣的现象引起了许多数学爱好者的兴趣。一位美国数学家说："有一个时期，在美国的大学里，它几乎成了最热门的话题。数学系和计算机系的大学生，差不多人人都在研究它。"人们在大量演算中发现，算出来的数字忽大忽小，有的过程很长，比如 27 算到 1 要经过 112 步。角谷静夫把演算过程形容为云中的小水滴，在高空气流的作用下，忽高忽低，遇冷成冰，体积越来越大，最后变成冰雹落了下来，而演算的数字最后也像冰雹一样掉下来，变成了 1！数学家把角谷静夫这一发现，称为"角谷猜想"或"冰雹猜想"。

把它叫猜想，是因为到目前为止，还没有人能证明出按角谷静夫的做法，最终必然得 1。

这一串串数难道一点规律也没有吗？观察前面算过的两串数：

6→3→10→5→16→8→4→2→1；

16384→8192→4096→2048→1024→512→256→128→64→32→16→8→4→2→1.

最后的三个数都是 4→2→1.

为了验证这个事实，从 1 开始算一下：

$$3\times1+1=4,4\div2=2,2\div2=1.$$

结果是 1→4→2→1，转了一个小循环又回到了 1。这个事实具有普遍性，不论从什么样的自然数开始，经过了漫长的历程，几十步，几百步，最终必然掉进 4→2→1 这个循环中去。日本东京大学的米田信夫对从 1 到 10995 亿 1162 万 7776 之间的所有自然数逐一做了检验，发现它们无一例外，最后都落入了 4→2→1 循环之中！

计算再多的数，也代替不了数学证明。"角谷猜想"目前仍是一个没有解决的悬案。

其实,能够产生这种循环的并不止“角谷猜想”。下面再介绍一个:

随便找一个四位数,将它的每一位数字都平方,然后相加得到一个答数;将答数的每一位数字再都平方,相加……一直这样算下去,就会产生循环现象。

现在以1998为例:

$1^2+9^2+9^2+8^2$

$=1+81+81+64=227$,

$2^2+2^2+7^2=4+4+49=57$,

$5^2+7^2=25+49=74$,

$7^2+4^2=49+16=65$,

$6^2+5^2=36+25=61$,

$6^2+1^2=36+1=37$,

$3^2+7^2=9+49=58$,

$5^2+8^2=25+64=89$.

下面再经过八步,就又出现89,从而产生了循环:

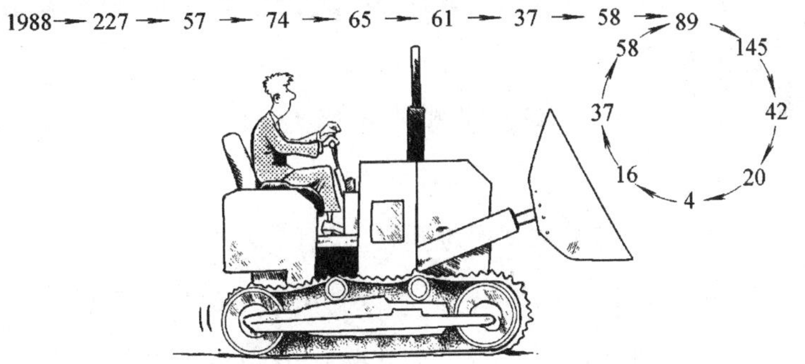

难求的完美正方形

20世纪30年代,在英国剑桥大学的一间学生宿舍里,聚集了四名大学生,他们是塔特、斯东、史密斯、布鲁克斯。他们在研究一个有趣的数学问题——完美正方形。什么是完美正方形呢？如果一个大的正方形是由若干个大大小小的不同正方形构成，这个大正方形叫作“完美正方形”。

许多人认为，这样的正方形是根本不存在的。假如有，为什么没有人把它画出来呢？但是，聚集在这里的四名大学生，相信完美正方形是存在的。这次聚会虽然没讨论出一个结果，但是，他们下决心要突破这个难题。

几年之后，四个人再一次聚会，每个人都有成绩。布鲁克斯发现了一种完美正方形，史密斯和斯东发现了另一种，而塔特找到了进一步研究的途径。

又过了几年，他们发现了一个由39个大小不等的正方形组成的完美正方形。这个完美正方形不是碰运气找到的，而是在理论指导下完成的。这个完美正方形的每边长为4639单位，39个小正方形的边长依次为：

1564，1098，1033，944，1163，65，491，737，242，249，7，235，256，259，478，324，296，219，620，697，1231，1030，201，829，440，992，283，157，126，31，341，519，409，163，118，140，852，712，2378单位长。

四位当年的大学生通过完美正方形的研究，都成了组合数学和图论专家。他们的研究成果被应用到物理、化学、计算机技术、运筹学、语言学、建筑学等许多领域。

数学家又提出一个新的问题：存不存在由最少数目的正方形组成的完美正方形呢？

1978年，荷兰数学家杜伊维斯廷，设计了一个巧妙而又复杂的计算程序，借助于电子计算机的帮助，终于找到了这个由最少数目的正方形组成的完美正方形。它的边长为112单位长，由21个小正方形组成（如下页图）。这些小正方形的边长依次为：

2，4，6，7，8，9，11，15，16，17，18，19，24，25，27，29，33，35，37，42，50单位长。

塔特教授曾于1980年来我国讲学，他是世界上最著名的图论学专家。塔特教授满怀深情地讲述了研究了40年的完美正方形的故事。

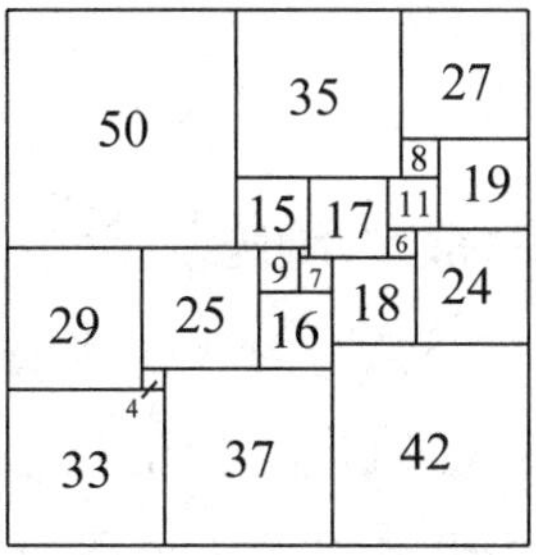

3. 数学群星

双目失明的数学家

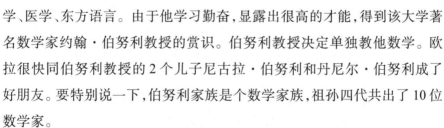

著名数学家欧拉 1707 年 4 月 15 日出生在瑞士第二大城巴塞尔。父亲保罗·欧拉是位基督教的教长,喜爱数学,是欧拉的启蒙老师。

欧拉幼年聪明好学,父亲希望他继承父业,学习神学,长大了当个牧师或教长。

1720 年,13 岁的欧拉进入了巴塞尔大学,学习神学、医学、东方语言。由于他学习勤奋,显露出很高的才能,得到该大学著名数学家约翰·伯努利教授的赏识。伯努利教授决定单独教他数学。欧拉很快同伯努利教授的 2 个儿子尼古拉·伯努利和丹尼尔·伯努利成了好朋友。要特别说一下,伯努利家族是个数学家族,祖孙四代共出了 10 位数学家。

欧拉 16 岁大学毕业,获得硕士学位。在伯努利家族的影响下,欧拉决心以数学为毕生的事业。他 18 岁开始发表论文,19 岁发表了关于船桅的论文,荣获巴黎科学院奖金。以后,他几乎年年获奖,奖金成了他的固定收入。大学毕业后,欧拉经丹尼尔·伯努利的推荐,应沙皇叶卡捷琳娜一世女王的邀请,到了俄国的首都圣彼得堡。在他26岁时,担任了圣彼得堡科学院的数学教授。

欧拉在圣彼得堡异常勤奋,成果迭出。著名的"七桥问题"就是这个时候解决的。在沙皇时代,欧拉虽然身为教授,可是生活条件比较差,有时他要一手抱着孩子,一手写作。1735年,年仅28岁的欧拉,由于要计算一个彗星的轨道,奋战了三天三夜,用他自己发明的新方法圆满地解决了这个难题。过度的工作,使欧拉得了眼病,就在那一年,他的右眼不幸失明了。

疾病没有吓倒欧拉,他更加勤奋地工作。大量出色的研究成果,使欧拉在欧洲科学界享有很高的声望。这期间,普鲁士国王弗雷德里希二世,标榜要扶植学术研究。他说:"在欧洲最伟大的国王身边也应该有最伟大的数学家。"于是弗雷德里希二世邀请欧拉出任柏林科学院物理数学所所长,还要求给他的侄女讲授数学、天文学、物理学等课程。在柏林期间,欧拉写了几百篇论文,有趣的"三十六名军官问题"就在这时解决的。

欧拉59岁时,沙皇叶卡捷琳娜二世诚恳地聘请欧拉重回圣彼得堡。欧拉到圣彼得堡不久,仅剩的一只左眼视力也开始衰退,只能模糊地看到物体,最后左眼也失明了。这对于热爱科学的欧拉来说,是多么沉重的打击!

灾难接踵而来。1771年圣彼得堡发生了大火,欧拉的住宅也着了火。双目失明的欧拉被围困在大火之中,虽然他被人从火海中抢救了出来,但是他的藏书及大量研究成果都化为灰烬。

接二连三的打击,并没有使欧拉丧失斗志,他发誓要把损失夺回来。眼睛看不见,他就口述,由他的儿子记录,继续写作。欧拉凭着他惊人的记忆力和心算能力,一直没有间断研究,他在黑暗中整整工作了17年。

欧拉能熟练地背诵大量数学公式,背诵前100个质数的前六次幂。欧拉的心算并不限于简单的运算,高等数学中的问题也一样能用心算完成。一次,欧拉的2名学生各把一个颇复杂的收敛级数的前17项加起来,算到第50位数字相差一个单位。欧拉为了确定究竟谁对,用心算进行了全部运算,最后把错误找了出来。

欧拉始终是个乐观和精力充沛的人。1783年9月18日下午，欧拉为了庆祝他计算气球上升定律的成功，请朋友们吃饭。那时天王星刚被发现不久，欧拉提笔写出计算天王星轨道的要领，还和他的孙子逗笑，和朋友们谈论的话题海阔天空，大家喜笑颜开。突然，欧拉的烟斗掉在了地上，他喃喃自语："我死了。"就这样，欧拉停止了呼吸，享年76岁。欧拉生在瑞士，工作在俄国和德国，这3个国家都把欧拉作为自己国家的数学家，以他为荣。

欧洲的数学王子

数学史上有一颗光芒四射的巨星，他与阿基米德、牛顿齐名，被称为历史上最伟大的3位数学家之一。他就是18世纪德国著名数学家高斯。

高斯1777年4月30日出生在德国的不伦瑞克。祖父是农民，父亲是位喷泉技师，后来做园艺工人，有时还给人家打打短工，干点杂活。高斯的父亲性格刚毅，比较严格；高斯的母亲性格温柔，聪明能干。由于父母都没受过教育，高斯在学习上得不到父母的指导。高斯的舅舅是位织绸缎的工人，他见多识广，心灵手巧，常给高斯讲各种见闻，鼓励高斯奋发向上，是高斯的启蒙教师。

高斯小时候就表现出很高的数学天赋。有一天，他父亲算一笔账，算了好半天才算出一个总数。在一旁看父亲算账的小高斯却说："爸爸，你算错了，总数应该是……"父亲感到很惊讶，赶忙再算一遍，发现真是自己算错了，孩子的答数是对的。这时高斯还没上小学呢！

高斯晚年常幽默地说："在我会说话之前，就会计算了。"

高斯上小学了。教他们数学的老师叫布德勒，他是从城里到乡下来教书的。布德勒错误地认为乡下的穷孩子天生就是笨蛋，教这些孩子简直是大材小用！他教学不认真，有时还用鞭子抽打学生。

有一天，也不知谁得罪了这位老师，他站在讲台上命令同学说："今天，你们给我计算1加2加3加4……一直加到100，求出总和。算不出来，就别想回家吃饭！"说完他拿本小说，坐到一边去看。

布德勒心想这群笨学生，一上午也别想算出来，我可以安心看小说了。谁想，布德勒刚翻开小说，高斯就拿着演算用的小石板走到他身边，说："老师，我做完了，你看对不对？"

做完了？这么快就做完了？不可能，肯定是瞎做的！布德勒连头也没抬，挥挥手说："错了，错了！回去再算！"

高斯站着不走，把小石板往前递了一下说："我这个答数是对的。"

布德勒扭头一看，吃了一惊。小石板上端端正正地写着5050，一点也没错！更使他惊讶的是，高斯没有用一个数一个数死加的方法，而是从两头相加，把加法变成乘法来做的：

$$
\begin{aligned}
& 1+2+3+\cdots+99+100 \\
=& (1+100)+(99+2)+\cdots+(50+51) \\
=& 101\times 50 \\
=& 5050.
\end{aligned}
$$

这是他从未讲过的计算等差数列的方法。

高斯的才智教育了布德勒，使他认识到看不起穷人家孩子是错误的。布德勒逢人就说："高斯已经超过了我。"从此，高斯在布德勒的指导下，学习高深的知识。布德勒还买了许多书送给高斯。

高斯小学毕业，考上了文科学校。由于他古典文学成绩很好，一开始就上二年级。2年后，他又升到高中哲学班学习。

高斯是个读书迷。有一次，高斯回家，边走边看书，不知不觉地闯入了斐迪南公爵的花园，碰巧公爵夫人在那里。高斯因误闯了公爵的花园，心里挺害怕。公爵夫人拿过高斯手中的书，提问书中的问题，发现高斯竟能完全明白书中的深奥道理，非常惊讶。公爵知道后，派人把高斯找来，亲自考查，发现高斯的确是个难得的人才，决定出钱资助高斯继续读书。

高斯15岁进入了卡罗琳学院学习语言学和高等数学。他攻读了牛顿、欧拉、拉格朗日等著名数学家的著作，打下了坚实的数学基础。

高斯18岁时在斐迪南公爵的推荐下，进入了格丁根大学。这时高斯面临痛苦的抉择。他非常喜欢古代语言学，又热爱数学，究竟是学语言学呢，还是学数学呢？后来，是一次数学研究的突破，使高斯决心学习数学。事情是这样的：

几何学中的“尺规作图”问题，一直吸引着数学家。从古希腊的欧几里得，到后来的许多著名学者，他们用圆规和直尺作出了许多正多边形，但是作不出正十七边形。许多人认为正十七边形无法用圆规和直尺作出来。但是，出人意料的是，1796 年 3 月 30 日，19 岁的高斯用圆规和直尺把正十七边形作了出来。不但如此，他还给出了可以用尺规作图法作出的正多边形的一般规律。

正十七边形尺规作图的解决，使高斯下决心学习数学。在大学读书的几年里，高斯的数学成就简直像喷泉一样的涌流出来。他的研究涉及数论、代数、数学分析、几何、概率论等许多数学领域。

在发现正十七边形尺规作图法的同一天，高斯开始写他的数学日记。这本日记是以密码形式写的，在 1898 年发现这本日记时，内有 146 条短条目，如

$$num = \triangle + \triangle + \triangle.$$

意思是“每个正整数是 3 个三角形数之和”。从日记中发现，高斯早就知道椭圆函数的双周期性等重要内容了。

高斯大学毕业后，回到自己的家乡不伦瑞克。1799 年他向赫尔姆什塔特大学提交了博士论文，在这篇论文中第一次给出了代数基本定理的严格证明。对这个重要定理，许多著名数学家，如达朗贝尔等都试图证明而未能成功，而高斯给解决了。高斯后来又给出了这个定理的第二个、第三个证明。

代数基本定理为什么重要呢？这个定理告诉我们，任何一个一元n次方程至少有一个根（实根或复根）。由这个定理很容易推出一元n次方程一定有n个根。这个定理使数学家放心了，不管什么样的代数方程，根一定存在，问题是如何把根算出来。

高斯研究的领域不仅仅限制在数学，他在天文学方面也有重大贡献。

1801 年 1 月 1 日凌晨，意大利天文学家皮亚齐在西西里岛上的巴勒莫天文台核对星图。他发现金牛座附近有一颗星与星图不合，第二天这颗星继续西移。皮亚齐怀疑是一颗“没有尾巴的彗星”。他连续观测了 40 个夜晚，直到累倒了。他写信给欧洲的其他天文学家，要求共同观察。可是，由于战争，地中海被封锁，书信无法传递。直到 9 月份天文学家再去观察，这颗“没有尾巴的彗星”已经无影无踪了。

在一次科学家聚会上高斯得知了这一消息。他经过研究，创造了只需要 3 次观测数据，就能确定行星运行轨迹的方法。高斯根据皮亚齐观测的有限数据，算出了这颗“没有尾巴的彗星”的运行轨道。天文学家按着高斯算出的方法一找，果然重新找到了这颗丢失了的星，并确定它不是“没有尾巴的彗星”，而是人类发现的第一颗小行星，命名为“谷神星”。隔了不到半年，天文学家又发现了第二颗小行星——“智神星”。

高斯生前发表了 155 篇论文，这些论文都有很深远的影响。高斯治学作风严谨，他自己认为不是尽善尽美的论文，绝不拿出来发表。他的格言是“宁肯少些，但要好些”。人们所看到的高斯论文是简练、完美和精彩的。高斯说：“瑰丽的大厦建成之后，应该拆除杂乱无章的脚手架。”

高斯虽然有很高的社会地位，但一生生活俭朴。他智多言少，埋头苦干，不喜欢出风头，对那些不懂装懂的人非常厌恶。少年时期，人们就把高斯誉为“神童”和“天才”。他却说：“假若别人和我一样深刻和持续地思考数学真理，他们会做出同样的发现。”

高斯 78 岁去世。

救过高斯的女数学家

1776 年 4 月的第一天，一个小女孩在法国的巴黎出生了。爸爸给她起了个好听的名字，叫苏菲娅·热尔曼。

苏菲娅的少年时代，正赶上轰轰烈烈的法国大革命。巴黎是革命的中心，枪声、口号声响彻了巴黎上空。

苏菲娅是独生女，是爸爸妈妈的掌上明珠。爸爸妈妈怕她到外面去出事，把她整天关在家里。整天待在家里多没意思呀！苏菲娅开始寻找消磨时光的办法。后来她终于找到了一个好办法，那就是读书。父亲有很多藏书，她一头扎到了书的海洋里。

书中的一个故事深深地打动了她。这个故事讲述的就是古希腊著名科学家阿基米德，在罗马士兵踩坏他沙盘上的几何图形时，大声呵斥罗马士兵，最后惨死在罗马士兵的刀下。苏菲娅想，为什么阿基米德在刀尖对准胸口时，想到的还是几何图形啊？阿基米德这样珍惜几何，几何学一定非常吸引人，非常有趣。我也要学几何，看看几何学里讲了些什么知识。

苏菲娅开始自学几何学，她越学越有趣，越学越入迷，后来学到连饭也忘了吃，觉也忘了睡。苏菲娅的父母看自己的宝贝女儿学数学着了魔，又听别人说学数学特别费脑子，容易把身体弄坏，可着了急，不许苏菲娅学数学。爸爸劝完了，妈妈劝，对苏菲娅讲，学数学对身体怎么怎么不好。可是，苏菲娅对数学已经入了迷，不让学已经不成了。

父母一看好言劝说不起作用，就来硬的了。苏菲娅不是晚上读书忘记睡觉吗？那就晚上不给她点灯。可是苏菲娅还是想办法搞到蜡烛，晚上偷偷起来，穿好衣服再钻研数学。有一次晚上看书被父母发现了，第二天晚上，父母看着她上床之后，把她的衣服拿走了，心想晚上没衣服看你怎样起来学数学。结果苏菲娅先是假装睡着，过了一会儿又悄悄爬了起来，用被子裹好身体，拿出藏好的蜡烛，学了起来。第三天早上，父母到苏菲娅的卧室一看，宝贝女儿披着被子趴在桌上睡着了。老两口心疼得要命，但是也为苏菲娅钻研的精神所感动。从此，父母不但不反对女儿学数学，而且还鼓励她学习。苏菲娅就这样自学了代数、几何和微积分。

法国大革命后，巴黎办起了科技大学。“能上大学就太好了！”苏菲娅满怀信心前去报名投考。可是到了学校一看，校门口挂着一块牌子，上面写着“不收女生”。

“难道女孩子就不能上大学？”苏菲娅想不通。“进不了大学门，也一样学大学的课。”她弄来这个学校所有的数学讲义，自己刻苦钻研。在学习当中，她发现拉格朗日教授写的讲义最精辟。她很想同这位教授交换一下看法，可是自己不是拉格朗日的学生，又是女的，人家大教授肯和自己交换看法吗？她想了个主意，化名“布朗”，用这样一个男人的名字，把自己的见解写出来，寄给拉格朗日教授。

拉格朗日非常欣赏苏菲娅的论文，决定亲自登门拜访这位布朗先生。谁知一跨进布朗先生的家门，迎接他的布朗先生竟是位亭亭玉立的姑娘，拉格朗日真是又惊又喜。从此，苏菲娅在大数学家拉格朗日的指导下，向数学的高峰挺进了。

“欧洲数学王子”高斯于1801年发表了关于“等分圆周问题”的著名论文，由于内容深奥，连当时的许多数学家也看不大懂。苏菲娅反复钻研了高斯的这篇论文，得出不少新的结果。她把这些心得写信给高斯，署名仍是布朗。高斯看到苏菲娅的信，很喜欢这位布朗先生，两个人就通起信来。高斯也没想到布朗是位姑娘。

1807年，普法战争爆发，拿破仑的军队占领了高斯的家乡。消息传来，可急坏了苏菲娅。她想起了阿基米德死于古罗马士兵之手，高斯会不会成为第二个阿基米德？当时攻占高斯家乡的法军统帅培奈提是苏菲娅父亲的朋友。苏菲娅为了救护高斯，拜访了培奈提将军，以古罗马士兵杀死阿基米德这件悲惨的历史事实为例，劝说培奈提将军，不要重演古罗马统帅马塞拉斯的悲剧。培奈提将军深为苏菲娅的言辞所感动，专门派一名密使去探望和保护高斯。

后来高斯打听出解救他的是一位法国女子苏菲娅，感到不可理解，一个法国女人为什么要保护我？最后才搞清楚这个苏菲娅就是一直和他通信的布朗先生。

苏菲娅在高斯的帮助下，数学水平又有了提高。她开始解决数学难题了。苏菲娅在攻克“费马大定理”上取得了突破。她证明了对于在x,y,z和

n互质的条件下，$n<100$以内的奇素数，费马大定理都是对的。这在当时是了不起的数学成就。

特别值得一提的是，有一位德国物理学家叫悉拉尼，他提出一个建立弹性曲面振动的数学理论问题。这个问题很难，许多数学家一时也无法解决。苏菲娅敢于攻难关，她对这个问题进行了研究，1811年苏菲娅向法国科学院提交了第一篇论文，由于论据不够完善，未被接受；1813年苏菲娅向法国科学院递交了第二篇论文，法国科学院给予很高评价，但是问题没能全部解决；1816年她向法国科学院递交了第三篇论文，出色地解决了这个问题。为此，她获得了法国科学院的最高荣誉——金质奖章。苏菲娅的成就震动了整个科学界，她被誉为近代数学物理的奠基人。数学家拉维看了苏菲娅的论文说："这是一项只有一个女人能完成，而少数几个男人能看懂的伟大研究！"

从小语言学家到大数学家

哈密顿于1805年生于爱尔兰首都都柏林。他父亲是个律师兼商人，也是个酒鬼。母亲聪明能干，很有修养。有人评论哈密顿是继承了他母亲的才华，又继承了他父亲的酒癖。哈密顿的叔叔叫詹姆士·哈密顿，本人是牧师，他精通多种语言，不仅懂得许多欧洲语言，还懂得西亚地区的语言，是位语言专家。哈密顿从小就受叔叔的教导，外语学得既多又好。他3岁能看懂英文书。4岁对算术和地理产生兴趣。5岁会讲拉丁语、希腊语、希伯来语，喜欢用希腊文赞美爱尔兰秀丽的山川。8岁会说法语、意大利语。10岁会梵文、阿拉伯语、波斯语、闪族语、叙利亚语、印地语、马来语、马拉他族语、孟加拉语。10岁的小哈密顿，堪称语言学者了。他叔叔还想教他学汉语，但是当时在英国中文书很难买到。

哈密顿很早就失去了双亲：12岁母亲去世，14岁又失去了父亲。他跟着叔叔生活。从13岁开始，哈密顿差不多以每年掌握一种外语的速度，迅速扩大自己的语言能力。传说，他14岁时，波斯大使到都柏林访问，哈密顿用波斯文写了一篇欢迎辞。哈密顿语言能力的早期发展,提高了他的逻辑思维能力,为他以后发展数学思维能力打下了牢固的基础。

哈密顿既没有上小学,也没有上中学,这些功课都是在叔叔指导下自学的。他12岁读完了拉丁文本的《几何原本》,接着又读了法国数学家克莱罗的名著《代数学基础》,掌握了初等代数。从13岁到16岁钻研了牛顿和拉普拉斯的著作。16岁时写文章指出拉普拉斯的名著《天体力学》中,关于力的平行四边形法则有缺陷。哈密顿的这篇文章引起了爱尔兰皇家科学院院长约翰·布林克利教授的注意。

是什么原因促使哈密顿如此迷恋数学呢?有人说,他14岁时认识了美国的一位速算能手库尔班。库尔班闪电般的运算,激发了他学习数学的兴趣。也有人说,他是在和快速计算器接触中,对数学产生了兴趣。

1823年7月,18岁的哈密顿报考都柏林著名的三一学院。在100多名考生中他名列榜首。在大学学习中,他的论文受到数学家的称赞。

1827年,约翰·布林克利教授辞去天文学教授的职位。许多天文学家都申请获得此职位。但是三一学院的教授们却一致推选22岁的学生哈密顿为布林克利教授的继承人,同时授予他爱尔兰皇家天文学家的称号。让一个没有毕业的学生当教授,这在三一学院是史无前例的。

年轻的哈密顿教授全力钻研数学和天文学。他在研究一些新的数学方法时是锲而不舍的。比如他从1828年开始研究四元数,这是一种非常有用的新数,前后用了15年仍无结果。哈密顿毫不灰心。1843年10月16日黄昏,都柏林秋高气爽,哈密顿与夫人沿皇家运河散步。美丽的秋天景色,使哈密顿心情很舒畅。当他走上勃洛翰桥时,突然悟出了四元数的要领。他欣喜若狂,赶快从口袋里掏出小本子,把四元数基本形式$a+bi+cj+dk$记下来。他害怕把这个思索了15年的伟大成果丢失了,又掏出小刀,把四元数及运算公式刻写在勃洛翰桥头的石碑上。

1843年11月,哈密顿在爱尔兰科学院宣布了四元数,这一发现轰动了当时的数学界。一时四元数成了都柏林人茶余饭后的谈论对象。哈密顿在大街上时常被人扯住衣袖，让他讲讲四元数到底是怎么回事。可是，哈密顿怎么能用三言两语，把关于四元数的深奥道理给普通人讲清楚呢？

哈密顿在30岁时被封为爵士，1837年成为爱尔兰皇家科学院院长，这时他年仅32岁。

哈密顿通宵达旦地研究数学，劳累过度，加上夫人有病，生活上没人照顾，饿了就喝酒，终因酒精中毒于1865年9月2日去世，终年60岁。

哈密顿共有著作140篇（部），爱尔兰人民以有哈密顿这样伟大的数学家而骄傲。把勃洛翰桥重新修整，改名为“四元桥”，现在是都柏林的一处名胜。1943年爱尔兰政府发行了纪念四元数发现一百周年的特种邮票。

哈密顿说：“我长久以来，非常欣赏托勒密对他的伟大的天文学导师希帕哈斯的颂词——‘勤奋工作而酷爱真理的人’。我希望这几个字，能作为我的墓志铭。”

决斗而死的数学家

170多年前，即1832年5月31日清晨，法国首都巴黎近郊的一条道路旁边，默默地躺着一位因决斗而负重伤的青年。当人们把他送进医院后，不到一天，这个青年就离开了人间，他还不到21岁。

这个青年就是近代代数学的奠基人，代数奇才，名叫伽罗瓦。伽罗瓦1811年10月25日出生在法国巴黎附近的一个小城市。父亲原来主管一所学校，后来被推选为市长。伽罗瓦从小就有强烈的好奇心和求知欲，对每一件新鲜事物总要寻根究底。虽然父母都受过很好的教育，有时也难以回答他的问题。不过，父母总是鼓励他说：“孩子，你问得好，让我们查查书，想一想。”父母还尽量抽空给伽罗瓦讲些科学家追求真理的故事。有时已经讲到深夜，父母很疲倦了，而伽罗瓦还在聚精会神地听，还不断提出问题。就这样，父母在伽罗瓦幼小的心灵中撒下了为科学、为真理而献身的种子。

在父母的教导下，伽罗瓦学习识字、看书，并且逐渐学会自己阅读。有时，他一个人去图书馆看书，看书看入了神，直到管理员提醒他："伽罗瓦，这儿都下班了，你该回家吃饭了。"他才恋恋不舍地离开图书馆。

伽罗瓦15岁时进入巴黎的一所公立中学读书，他非常喜欢数学。当时，挪威青年数学家阿贝尔证明了"除了某些特殊的五次和五次以上的代数方程可以用根式求解外，一般高于四次的代数方程不能用根式来解"。这是一个延续了200年的数学难题，被阿贝尔初步解决了。什么是根式求解呢？以一元二次方程为例，对于任意一个一元二次方程 $ax^2+bx+c=0$ ($a\neq0$)都可用公式

$$x=\frac{-b\pm\sqrt{b^2-4ac}}{2a}$$

来解。在这个公式中除了四则运算外，主要是一个根式。一元三次方程的求根公式也是由根式来表示的。

阿贝尔的杰出成就轰动了整个数学界，可是有些问题他没有来得及解决，比如怎样判断哪些方程可以用根式求解，哪些方程不能用根式解。由于阿贝尔不满27岁就过早地离开了人间，这些问题便被遗留下来了。

阿贝尔的成就激励着伽罗瓦。五次方程问题使伽罗瓦产生了浓厚的兴趣，中学时代的伽罗瓦就开始钻研五次方程问题。他研究了大数学家拉格朗日、高斯、柯西和阿贝尔的著作，他特别喜欢读那些能够指出疑难问题的书。他说："最有价值的科学书籍，是著作者在书中明白指出了他不明白的东西的那些书。遗憾的是，这还很少被人们所认识，作者由于掩盖难点，大多害了他的读者。"伽罗瓦通过阅读拉格朗日的《几何》，弄懂了数学的严密性。

1829年3月，17岁的伽罗瓦在《纯粹与应用数学年刊》上发表了一篇论文。这篇论文清楚地解释了拉格朗日关于连分式的结果，显示了一定的技巧。

在这篇论文发表的前一年，即1828年，伽罗瓦就把自己关于方程的两

篇论文,送交法国科学院要求审查。科学院决定由数学家柯西和泊松负责审查这个中学生的论文。由于柯西根本不把中学生的论文看在眼里,他把伽罗瓦的论文给丢了。1829年伽罗瓦又把自己的研究成果写成论文,送交法国科学院。这次负责审查论文的是数学家傅立叶。不幸的是,傅立叶接到论文,还没来得及看,就病逝了,论文又不知下落了。

伽罗瓦的论文两次丢失,使他非常气愤。但是他没有因此而丧失信心,仍继续钻研方程问题。新的打击接踵而来:1829年7月,伽罗瓦的父亲,因持有自由主义政见,遭到政治迫害而自杀。一个月后,他报考在科学上有很高声望的多科工艺学院,由于拒绝采用考核人员提出的解答方法来解答问题,结果名落孙山,第二年再考,仍没有考上。他转而报考高等师范学院,因数学成绩出色,而被该校录取。这期间,他通过《数学科学通报》得知了阿贝尔去世的消息,同时发现在阿贝尔最终发表的论文中,有许多结论在他送交法国科学院的论文中曾提出过。

伽罗瓦这一阶段的研究十分重要,最主要的是他完整地引入了“群”的概念,并且成功地运用了“不变子群”的理论。这些理论着重解决了“任意n次方程的代数解问题”。运用这些理论,还可以解决一些多年来没有解决的古典数学问题。由伽罗瓦引入的“群”的概念,现在已经发展成近代代数的一个新分支——群论。

1831年,伽罗瓦向法国科学院送交了第三篇论文,论文题目是《关于用根式解方程的可解性条件》。由于论文中提出的“置换群”这个崭新的数学概念和方法,连泊松这样著名的数学家也难以看懂和不能理解,于是将论文退了回去,并劝告伽罗瓦写一份详尽的阐述。可惜,后来伽罗瓦投身政治运动,屡遭迫害,直到死也没完成这项工作。

伽罗瓦刚上大学,就结识了几位共和主义的领导人。他越来越不能容忍学校的苛刻校规。他在一个刊物上发表了激烈抨击校长的文章。为此,他被学校开除了。

伽罗瓦失学以后,一方面替别人补习数学维持生活,另一方面投身于火热的民主革命运动。1831 年 5 月和 7 月，他因参加游行和示威两次被捕入狱。在狱中他继续研究数学，修改关于方程论的论文，研究群论的应用和椭圆函数。半年之后，由于霍乱流行，伽罗瓦从监牢转到一家私人医院服刑。在医院里他继续研究，还写了几篇哲学论文。

由于传染病继续流行，伽罗瓦被释放了。但是反动派又设下圈套，以解决爱情争执为借口，让伽罗瓦与一个反动军官进行决斗。

决斗中伽罗瓦受到致命伤，第二天就死去了。

决斗前夕，伽罗瓦已经预料到自己的不幸结局。他连夜给朋友们写了几封信，请求朋友把他对高次方程代数解的发现，交给德国著名数学家雅可比和高斯，“恳求他们，不是对这些东西的正确性，而是对它们的重要性发表意见。并且期待着今后有人能够认识这些东西的奥妙，做出恰当的解释。”在朋友们的帮助下，伽罗瓦的最后信件发表在 1832 年 9 月的《百科评论》上，可惜没有引起人们的注意。

伽罗瓦死后 14 年，法国数学家刘维尔，从伽罗瓦弟弟手里得到了伽罗瓦生前未公开发表的大部分论文手稿，并把这些手稿发表在自己创办的《数学杂志》上，这才引起数学家的注意。在伽罗瓦死后 38 年，法国数学家约当写了一部巨著《论置换与代数方程》，全面介绍伽罗瓦的工作，人们才终于真正认识了伽罗瓦。

伽罗瓦短暂的一生给数学留下了瑰宝，正如他给朋友的信中所写的那样：“记住我吧！朋友。为了使祖国知道我的名字，我的生命实在太不够了。除了我的生命，我的一切都已献给了科学，献给了广大群众。”

她是一位罕见的探索者

能在数学史上留名的女数学家是很少的，俄国女数学家柯瓦列夫斯卡娅是杰出的一个。

柯瓦列夫斯卡娅 1850 年生于莫斯科，父亲是一位俄国将军。在她 8 岁的时候，父亲退休携全家到靠近立陶宛的帕里彼那庄园定居。

在庄园安家的时候，发现没有带来足够的糊墙纸，买新纸要跑很远的路。后来发现将军的笔记本上的纸很好，就拿它来糊墙了。这些笔记本是将军早年听数学课的笔记，这样，柯瓦列夫斯卡娅居住的房间里，上上下下，左左右右都是数学公式、数学符号和证明，她生活在数学的海洋里了。

过了几年，柯瓦列夫斯卡娅声称她懂得了许多数学，还包括高深的微积分。她的数学教师惊讶地说："你已经懂得了微积分，好像你预先就熟悉它们。"其实，她的数学知识是从糊墙纸上学来的。

柯瓦列夫斯卡娅的父亲是不喜欢她学数学的，因为学数学一般是男孩子的事。可是，她喜欢数学。13岁时，她偷偷把一本代数教科书拿到自己房里去读；14岁时，她弄到一本物理书，书中的光学部分需要用三角知识，她自学了三角。在既没有教师也没有课本的情况下，她通过在圆上作弦的办法，居然能解释正弦函数，并能推导其他三角公式。她的邻居是一位物理教授，这位教授看到她推导的过程非常惊讶，这跟书上的推导几乎一样。教授称赞她为"新的帕斯卡"，并建议让她学数学。建议提出一年之后，她父亲才动了心，允许她到圣彼得堡学数学。

在圣彼得堡，柯瓦列夫斯卡娅征得教师的同意，非正式随班旁听。由于俄国许多学校都不收女生，她每天在男同学的护送下从后面楼梯去教室，以躲开学校管理人员好奇的目光。

柯瓦列夫斯卡娅学完课程想继续求学。但是，所有俄国大学对妇女都是关闭的，求学唯一的希望是去瑞士。但是，她的父亲不允许女儿出国，几次协商，无济于事。当时俄国有一条规定，结过婚的妇女不需要父母的签名就可以领到出国的护照。怎么办？为了出国读书，她来了个假结婚。她的假丈夫是一位26岁的大学生弗拉基米尔。在征得父母的同意后，她和弗拉基米尔于1868年10月"结婚"了。

经别人介绍，柯瓦列夫斯卡娅来到柏林，投奔柏林大学著名数学家魏尔斯特拉斯。可是，她一到柏林就吃了一个闭门羹。柯瓦列夫斯卡娅写道："普鲁士首都是落后的，我的一切恳求和努力都落空了，我没有被批准进入柏林大学。”

怀着研究数学的决心，柯瓦列夫斯卡娅亲自找到魏尔斯特拉斯表达自己渴望攻读数学的心情。魏尔斯特拉斯当场给她出了几道题目，这些题目恰好是他刚刚给大学生们留的作业，她在解题中表现的才能给魏尔斯特拉斯留下了深刻的印象。他亲自向柏林大学请求让柯瓦列夫斯卡娅能非正式地随班听课。但是，学校坚持不让女生听课。

魏尔斯特拉斯不甘心埋没这样一位数学天才，大学不收，就自己给她当家庭教师。课程于1870年开始，持续了4年之久。讲课每周2次，星期日在魏尔斯特拉斯家中，另一次在柯瓦列夫斯卡娅的寓所。她后来回忆说：“这样的学习，对我的整个数学生涯影响至深，它最终决定了我以后的科学研究方向，我的所有工作是在魏尔斯特拉斯的精神指导下完成的。”

1874年，柯瓦列夫斯卡娅完成了3件有独创性的工作，魏尔斯特拉斯对其中的每一项都很满意。1874年7月在她未到场的情况下，既没有经过口试，也没有进行答辩，著名的格丁根大学以其优异的成绩授予柯瓦列夫斯卡娅博士学位，这在历史上是破天荒的第一次。

虽然柯瓦列夫斯卡娅写出了精彩的论文，获得了博士学位，但是依然找不到工作。有名望的魏尔斯特拉斯为她奔走也无济于事。学业已成，无事可做，她于1875年回到俄国老家。

在俄国，柯瓦列夫斯卡娅再次试图找一个工作。对于妇女，数学方面的职业只有到女子学校去教低年级的算术。但是，她承认自己“做乘法运算很慢”。她改行写小说，写戏剧评论，为报纸写科普报道。

1880年在俄国的圣彼得堡召开了科学大会，这次大会激励柯瓦列夫斯卡娅回头搞数学研究。俄国著名数学家切比雪夫邀请她给大会提交一篇论文，她找出了几年前写的还未发表的一篇论文，一夜之间把它由德文译成俄文并献给大会。虽然这篇论文已被原封不动地放置了6年，审查小组的数学家们仍满意地接受了它。

提交论文之后，瑞典数学家米塔-列夫勒教授想在瑞典为她找一份与数学有关的工作。早年,她在德国读书时曾见过这位教授。柯瓦列夫斯卡娅非常高兴。她在给这位教授的信中说:“若我能教书,我将以此为妇女打开通向大学的道路。”

米塔-列夫勒教授被任命为新成立的斯德哥尔摩大学数学系主任后,同意让她到斯德哥尔摩大学试教一年,以验证她的能力。在试教的一年中没有薪金,也不是大学的正式教员。1883年秋,柯瓦列夫斯卡娅在斯德哥尔摩大学担任讲师,她用德文讲课,很受学生的欢迎。试用一年期满,她被指定为教高等分析的教授。第二年,她又被任命为力学教授。一个35岁的女人在大学里同时担任两门学科的教授,在那个时代是绝无仅有的。

她一面教书,一面进行科学研究。她匿名提交的15篇论文中有一篇十分杰出,法国科学院因此把奖金从3000法郎增至5000法郎。1888年12月,她到巴黎领奖,法国科学院院长在给柯瓦列夫斯卡娅的祝词中说:“我们的成员发现了她的工作不仅证明她拥有广博深刻的知识,而且显示了她巨大的创造才智。”1889年,她又获得瑞典科学院的奖励。

1891年初,柯瓦列夫斯卡娅从法国返回斯德哥尔摩的途中病倒了。医生起初误诊,当后来发现是肺炎时,病情已无法控制。2月19日,柯瓦列夫斯卡娅与世长辞,时年还不到41岁。对于她的死,欧洲学术界广泛地为她致哀。柏林大学的克罗内克教授在悼词中说:“她是一位罕见的探索者。”魏尔斯特拉斯教授深为悲恸,他烧掉了她写来的所有信件后说:“人虽然离世,思想永存。对柯瓦列夫斯卡娅这样一个杰出人物来说,仅是她在数学和文学上留给子孙后代的业绩就足够多了。”

柯瓦列夫斯卡娅短短的一生,留下了出色的数学成果。她冲破重重障碍完成的业绩,充分肯定了她在数学史上的崇高地位。

计算机之父

冯·诺伊曼是20世纪最杰出的数学家之一。由于他在研制世界上第一台电子数字计算机方面做出了巨大的贡献,被人们誉为“计算机之父”。

冯·诺伊曼的父亲为犹太人，是位银行家，曾被皇帝授予贵族封号。这个封号就是他家姓氏“冯”的来历。

冯·诺伊曼从小聪明过人，记忆力很强。据说他6岁就能心算七位数的除法。19岁就掌握了微积分。他10岁时到学校读书，数学老师发现了他出色的数学才能，说服他父亲聘请数学家菲克特做他的家庭教师，以尽快提高他的数学水平。这一招儿果然奏效。中学毕业时，冯·诺伊曼和菲克特合作写了第一篇数学论文。次年，他通过了专门考试，成了一名数学家。

冯·诺伊曼心算能力极强，思维敏捷。据他的另一个老师、著名数学家波利亚回忆说：“约翰·冯·诺伊曼是唯一让我感到害怕的学生。如果我在讲演中列出一道难题，那么当我讲演结束时，他总会手持一张写得很潦草的纸片，说他已把难题解出来了。”冯·诺伊曼兴趣广泛，除了数学，他还喜欢历史，他会讲流利的英语、法语、德语，他熟悉拉丁语和希腊语。他喜爱下棋，为人幽默。

1927年至1929年，冯·诺伊曼在柏林大学当不领薪金的义务讲师。在这期间他发表了集合论、代数学和量子理论的论文，在数学界崭露头角。

1929年10月，他接受美国普林斯顿大学的邀请，到了美国。1931年被任命为终身教授，1933年加入美国国籍。

在普林斯顿大学期间，冯·诺伊曼结识了许多世界第一流的科学家，如爱因斯坦、魏尔等。他和控制论的创始人、著名数学家维纳经常在一起讨论计算机的研制问题。他和摩根斯特恩研究对策论，合作写出了《博弈论与经济行为》一书，该书是数理经济学的经典著作。

在工作休息时，他常和科学家们打扑克。一次，有位数学家赢了冯·诺伊曼10美金。他用5美金买了一本《博弈论与经济行为》，把剩下的5美金贴在该书的扉页上，与冯·诺伊曼开个玩笑，表示自己胜过博弈论大师冯·诺伊曼。他哪里知道，冯·诺伊曼总是在思考问题，心算推理，打扑克时也难于把精神都集中在玩上。

1940年后，冯·诺伊曼参与了许多军事方面的研究工作。他担任美国陆军弹道实验室的顾问。他对原子弹的配料、引爆、估算爆炸效果等问题，提出过重要改进意见。

在科学技术高度发展的时代，冯·诺伊曼深深感到电子计算机的重要性。他参观了美国费城宾夕法尼亚大学正在研制的电子计算机，指出它的缺点。1945年3月，冯·诺伊曼起草了一个设计报告，确定计算机采用二进制，用电子元件开与关表示"0"和"1"。用这两个数字的组合表示任何数，可以充分发挥电子元件的开关变换，实现高速运算。计算机还要采用存储程序。整个计算机由五部分组成：计算器、控制器、存储器、输入和输出。

1946年以后，冯·诺伊曼在普林斯顿高等研究院领导研制现代大型电子计算机。1951年制成一台每秒钟可以运算百万次以上的电子计算机。他还将电子计算机应用于核武器设计和天气预报上。

冯·诺伊曼拼命地工作，在许多重要的数学领域内取得了重要成果。1955年，发现他患有癌症，癌细胞正在扩散。他以惊人的毅力克服癌症带来的痛苦，研究人工智能问题，写出了讲稿《计算机与人脑》，留给后世。

冯·诺伊曼于1957年2月8日去世，享年53岁。

自学成才的数学家

在芝加哥一家博物馆中，有一张引人注目的名单，名单上开列的都是当今世界著名的数学家，在这当中有一个中国人的名字——华罗庚。

华罗庚1910年11月12日出生在江苏常州附近的金坛县。华罗庚刚刚生下来，就被装在一个箩筐里，上面再扣上一个箩筐，说是这么一扣，灾难病魔就被隔在箩筐外面，可以消灾避难。"罗庚"这个名字，就是这么得来的。

华罗庚15岁那年，从金坛县初中毕业，到了上海中华职业中学读书。

由于家里比较穷，交不起饭费，只读了一年就读不下去了。当时和他一起念书的，许多是有钱人家的子弟，他们见华罗庚没钱交饭费，就讥笑他是“鲁蛋”。鲁蛋也就是穷光蛋。

华罗庚失学以后，只好回到家乡，在父亲的小杂货店里记账，帮助做买卖。但是，他并没有和书本断绝来往，他被数学迷住了。他到处托人，借来一本《大代数》，一本《解析几何》和一本只有 50 页的《微积分》。

人们经常看见华罗庚坐在柜台后面，一边放着算盘，另一边放着数学书。脸虽然朝着外面，眼睛却一直盯着书。有时顾客来买东西，他心里只想着数学，人家问东他答西，常常答非所问，于是就叫他“罗呆子”。

晚上，店铺关门了，他抓住这空闲时间学习到深夜。华罗庚的父亲看儿子像着了魔似的看书，可拿过书一看，又看不懂。劝说儿子要把心用在做买卖上，可是劝说不起作用。父亲一气之下，夺过儿子手中的书，要扔进火炉里，幸亏母亲给抢了下来，才没有把书烧掉。

华罗庚 18 岁时，他的初中老师王维克当上了金坛县初级中学的校长。王老师喜欢华罗庚的聪明好学，就叫他到学校当了会计兼事务。他离开了父亲的小杂货店，开始专心研究数学。

有一次，华罗庚借到一本名叫《学艺》的杂志，这本书第七卷第十号上刊载了苏家驹教授写的《代数的五次方程式之解法》一文。他仔细一研究，发现苏教授这篇论文有错误。

华罗庚跑去问王校长：“我能不能写文章，指出苏教授的错误？”

王维克回答：“当然可以。就是圣人，也会有错误！”

华罗庚在王维克校长的鼓励下，写出了论文——《苏家驹之代数的五次方程式解法不能成立之理由》。寄给了上海《科学》杂志，那时华罗庚才 19 岁。

华罗庚刚刚迈上数学的殿堂，不幸染上了伤寒病，病情严重。最后，虽然从死神的手掌中挣脱了出来，但是左腿骨弯曲变形，落了个终身残疾。也就在这个时候，他的论文在《科学》杂志第十五卷第二期上登出来了。这篇文章改变了华罗庚今后的道路。

华罗庚在《科学》杂志上发表的论文,被当时清华大学理学院院长熊庆来发现了。熊教授看到华罗庚的文章观点准确,层次清楚,说理明白,十分欣赏。经多方打听,才知道他是江苏金坛一位失学的青年。熊教授对一个自学青年能写出这样高水平的文章,十分佩服,觉得这样的青年,经过系统培养,一定能成为大数学家。熊教授写信给华罗庚,请他到清华大学来。

华罗庚接到熊教授的信,心情十分激动,可是转念一想,自己只有初中文化水平,左腿又有毛病,行动不便。另一方面,自己一贫如洗,连路费也没有啊!经过再三考虑,华罗庚复信熊教授,婉言谢绝了邀请。

熊教授爱才心切,又给华罗庚写了一封信,信中说,华罗庚不来,他就亲自去金坛拜访华罗庚。华罗庚被熊教授一颗赤诚的心所感动,借了钱启程北上。

在清华大学这所名牌大学里,一个初中毕业生能干什么呢?熊教授让华罗庚当助理员,管理图书,收发公文,干一些杂事。最重要的,是让他和大学生一起听课,课后,熊教授亲自辅导。

华罗庚只用了一年半的时间就学完了数学系的全部课程;花了4个月自学英语,就能阅读英文数学文献。他用英文写了3篇论文,寄到国外,全部发表了。清华大学教授会议决定,破格提升华罗庚做教员,他登上了大学的讲坛。在清华大学这几年,华罗庚夜以继日地刻苦攻读,为了弄懂一个问题有时连续几夜不睡。

1936年,熊教授推荐华罗庚去英国著名的剑桥大学深造。在英国的两年多时间里,他写出了十几篇高水平的论文,引起国际数学界的注意。他关于“塔内问题”的论文,被誉为“华氏定理”。

有人劝华罗庚在剑桥大学考取博士学位,可是考取博士要花7年时间。华罗庚说:“学位于我如浮云。”他于1938年回国。

当时正值日本侵略者向我国发动全面战争,中国大片国土被占。华罗庚到了昆明,在西南联大任教授。当时的教授非常穷。华罗庚讲过一个笑话:一个小偷跟在一位教授的后面,想偷教授的东西。教授发现了,回头对小偷直率地说，我是教授。小偷一听，扭头就走，因为小偷知道教授身上没钱。"教授教授，越教越瘦！"

抗日时期，昆明生活很苦。华罗庚住在城外的小村里，他住楼上，楼下是猪圈、牛棚，蚊虫乱飞，老鼠乱跑。牛靠在柱子上蹭痒痒，蹭得整座小楼都摇动。在这种艰苦条件下，华罗庚用了3年时间写出了巨著《堆垒素数论》，他又把这本书翻译成英文。他把中文稿交给国民党的中央研究院，几次询问，总是说正在研究。在华罗庚的一再催促下，中央研究院答应把书稿退给他。可是一找，书稿不见了！

这个打击实在是太大了，华罗庚难过了好多日子。幸好，还有一部英文稿，华罗庚把这部英文稿交给了苏联著名数学家维诺格拉托夫。维诺格拉托夫是苏联科学院院士，他非常赏识这本书。他组织人把书从英文翻译成俄文，在苏联出版了。

解放以后，由于没有中文稿，只好把《堆垒素数论》再从俄文翻译成中文。这部巨著后来得到了国家的奖励。

1946年，华罗庚应美国著名数学家魏尔教授邀请，去美国伊利诺伊大学任教，被该大学聘为终身教授。

1949年，中华人民共和国诞生了。为报效新生的祖国，华罗庚放弃了美国优裕的生活条件，于1950年3月带领全家回到北京。他先在清华大学当教授，后又担任中国科学院数学研究所所长，中国科学技术大学副校长，全国人大常委会委员等职，一手抓研究，一手抓工作。

从1956年起，华罗庚教授在工农业生产中积极推广优选法，亲自带队跑遍全国二十几个省市，取得了很大成绩。

1985年，已经几次心肌梗死的华罗庚教授，不顾70多岁高龄，东渡日本讲学。由于劳累过度，他倒在了讲坛上，再也没有起来。

从放牛娃到著名数学家

"人的一生看上去很长，但也很短，就看你怎么利用。如果献身于祖国的科学事业，而这事业又代代相传下去，那么，你的生命也仿佛延长了。”这段充满哲理的话，是我国著名数学家苏步青教授的肺腑之言。

苏步青9岁才上学。他出生在一个贫苦人家，从小给人家放牛，深知上学的艰难，立志苦学。刚刚升入中学，他已经能把我国古典名著《左传》倒背如流了。他听老师说，《资治通鉴》是宋代大学者司马光主持编写的，全书294卷，记载了上起战国下至五代的历史，要想做个博古通今的学者，不可不读。苏步青开始读起大部头的《资治通鉴》。

苏步青原来比较喜欢古诗词。可是，在温州中学读书时，学校来了一位留学日本的物理老师。这位老师不但课讲得好，还借给同学们许多杂志看，杂志上有不少数学题。这些有趣的数学题，像磁石一样吸引着苏步青，使他爱好文学的志向开始转移。中学的洪校长给他们上《几何》，洪校长讲课生动有趣，把苏步青带进了神奇的数学王国。他开始在数学中寻找新的乐趣，立志学习数学。

1919年，苏步青高中毕业，东渡到了日本。当时正赶上春季招生，只有东京高等工业学校一所大学招生。东京高等工业学校是日本名牌大学，报考人数多，竞争十分激烈。中国的留学生没有一年的准备，是不敢报考的。苏步青到日本时离考试只有3个多月了，他毅然报考。数学试题包括算术、代数、几何、三角共24道题，要求3个小时答完。苏步青只用了一个小时，就全部准确地答完了，第一个交卷。他的解题速度，使监考老师十分吃惊。

苏步青以优异成绩考取了东京高等工业学校，又以优异成绩毕业。毕业前夕，学校训导长把苏步青找去，交给他一封信说：“苏先生，你有数学才能，应当得到深造。我写了一封介绍信，你拿信到东北帝国大学，找数学系主任。我祝你成功。”苏步青拿着信来到了东北帝国大学，系主任很客气地对他说：“苏先生，我们欢迎你。本校是非常重才的，希望你能考取本校。”

1924年，东北帝国大学只招收9名学生，而报考的却有90人，苏步青是唯一的中国留学生。考试结果，苏步青的微积分和解析几何都以满分

100分的优异成绩名列第一。他跨进了数学系的大门。

在东北帝国大学学习期间，国内政局动乱，有时根本没有钱寄给留学生。苏步青利用星期六晚上给人家当家庭教师，挣点钱来维持生活。在校期间，苏步青发表了第一篇论文《某个定理的扩充》，引起了校长的注意，接着又连续发表了30多篇论文，在微分几何方面取得很大的成就，他获得了博士学位。

1931年，在日本学习了12个春秋的苏步青回到了祖国，在浙江大学教书。当时物价飞涨，大学教师的工资仅能勉强维持家庭生活。抗日战争爆发，浙江大学内迁，他的生活更苦了。在艰苦条件下，苏步青并不灰心。他常用“长风破浪会有时，直挂云帆济沧海”的诗句鼓励自己。晚上，孩子们都睡下了，他在桐油灯下，继续研究微分几何。除了自己研究，他还带出了几个有前途的年轻人。在当时，想找一间屋子很困难，他挑选了4名学生，叫他们搬了2条木板凳，跟着他走进了附近一个山洞。山洞里，地上乱石成堆，石壁上长满了青苔，洞顶上钟乳倒悬，石缝里冒着水珠。由于阳光的折射，洞里倒是挺明亮。苏步青叫学生在板凳上坐好，说：“这里就是我们的数学研究室。山洞虽小，数学的天地广阔。你们要确定自己的研究方向，定期做报告和进行讨论。”苏步青就在这个小小山洞中创立了专题讨论班。

苏步青在浙江大学任教期间，不少才华出众的青年，慕名投考浙江大学数学系。谷超豪就是其中一个。谷超豪除了听苏教授的课，还要求参加专题讨论班。苏步青为了考查一下这个年轻大学生的能力，没有马上答应他参加专题讨论班的要求，只是交给他一篇数学论文，要求他一个月之内读懂。谷超豪以为读懂一篇文章不算什么，可是，当他打开文章一读，头上立刻就冒汗了。论文中难点很多，读起来十分困难。谷超豪没有辜负苏教授的期望，对这篇论文全面进行了解释，得到苏教授的赏识。谷超豪在老一辈数学家的关怀下，成长为一名出色的数学家。

苏教授对学生的要求十分严格。苏教授有一名女研究生叫胡和生，苏教授很器重这位才能出众的女弟子，对她要求也很严格。一天，苏教授把一位著名德国数学家写的《黎曼空间曲面论》交给胡和生，要她把这本书读懂，而且每周在专题讨论班上做一次报告。这是一本原版德文书，内容抽象难懂，胡和生的德文又不太好，她便对照德汉字典一页一页地啃。有一次，胡和生为了准备明天的报告，整整一夜没合眼。天刚刚亮，她想合眼休息一下，忽听"咚咚"的敲门声，拉开门一看，见苏教授站在门口，严厉地问："报告时间到了，你为什么还不去？"胡和生只想闭眼休息一下，谁想睡过了头。苏教授知道她干了通宵，没有再批评她，叫她赶快去做报告。

粉碎"四人帮"之后，复旦大学数学系恢复了专题讨论班。每次讨论班活动，年近80高龄的苏教授都亲自参加。1978年8月20日，上海下了通宵暴雨。第二天上午，复旦大学的校园内水深过膝，一片汪洋，一会儿，又刮起了大风。这样恶劣的天气，大家以为苏教授不会来参加讨论会了。谁料想，会议刚刚开始，苏教授已经打着雨伞赶到会场。苏教授就是这样严格要求学生，更严格要求自己的。

苏教授是在国际上有威望的数学家，他在微分几何方面有很高水平，他写的《一般空间微分几何》一书，获得了1956年国家自然科学奖。

苏教授为祖国培养出一大批成绩卓著的数学家，现在全国数学理事会中就有15名理事曾是苏教授的学生。

2003年3月17日，苏步青在上海逝世，享年101岁。

立志摘取明珠

在数学皇冠上，有一颗耀眼的明珠，那就是著名的"哥德巴赫猜想"。200多年来，多少世界著名的数学家想解决这个问题，都没有成功。在伸向这颗明珠的无数双手中，有一双手距离明珠最近，那就是我国著名数学家陈景润的一双勤奋的手。

陈景润是福建人，父母是邮局职员。母亲一共生了12个孩子，可是只活了6个。陈景润排行老三。母亲终日劳动，也顾不上疼他、爱他，再加上日寇的烧杀抢掠，给陈景润幼小的心灵留下了创伤。他性格孤僻，个子矮小。

陈景润非常喜爱读书，上小学和中学时是班上有名的读书迷，同学们都佩服他背诵书本的能力。他说："我读书不只满足于读懂，而是要把读懂的东西背得滚瓜烂熟，熟能生巧嘛！"他把数、理、化的许多定义、定理、公式全装进脑子里，等需要时就拿来用。

有一次化学老师要求同学把一本书都背下来。背下一本书？有必要吗？但是，陈景润却不以为然，他说，这怕什么？多花点工夫就可以记下来。果然，没过几天，他就把整本书背了下来。不过，陈景润最感兴趣的还是数学。

陈景润平时少言寡语，可非常勤学好问。为了深入探求知识，他主动接近老师，请教问题或借阅参考书。为了不耽误老师的时间，他总利用下课后老师散步或放学的路上，跟老师一边走，一边请教数学问题。他自己说："只要是谈论数学，我就滔滔不绝，不再沉默寡言了。"

陈景润的高中是在英华中学念的。在这所中学里有一位数学教师叫沈元，他曾是清华大学航空系系主任。沈老师知识渊博，课上给学生们讲许多吸引人的数学知识。有一次，他向学生讲了个数学难题，叫"哥德巴赫猜想"。

哥德巴赫本来是普鲁士驻俄国的一位公使，他的爱好是钻研数学。哥德巴赫和著名数学家欧拉经常通信，讨论数学问题，这种联系达 15 年之久。

1742 年 6 月 7 日，哥德巴赫写信告诉欧拉，说他想发表一个猜想：每个大偶数都可以写成两个质数之和。同年 6 月 30 日欧拉给他回信说："每一个偶数都是两个质数之和，虽然我还不能证明它，但我确信这个论断是完全正确的。"可是欧拉和哥德巴赫一生都没能证明这个猜想，以后的 200 年里，也没有哪位数学家把它攻克。

沈老师又说："中国古代出过许多著名的数学家，像刘徽、祖冲之、秦九韶、朱世杰等。你们能不能也出一个数学家？昨天晚上我做了一个梦，梦见你们当中出了个了不起的人，他证明了哥德巴赫猜想。”

沈老师最后一句话引得同学们哈哈大笑。陈景润却没笑，他暗下决心，一定要为中国争光，立志攻克数学堡垒。

福州的英华中学，当时是文、理分科的。特别喜欢数学的陈景润偏偏选读文科班，他是有他的想法的。陈景润想，文科班所学的数理化都比理科班浅，这样就可以集中最大精力去攻读数学中更高深的知识。他自学了大学的《微积分学》、哈佛大学讲义《高等代数引论》以及《赫克氏大代数》等。

陈景润考入厦门大学之后，更加用功了。大学的书本又大又厚，携带阅读十分不方便，他就把书拆开。比如，他曾把华罗庚教授的《堆垒素数论》和《数论导引》拆成一页一页的，随时带着读。陈景润坐着读，站着读，躺着读，蹲着读，一直把一页一页的书都读烂了。

大学毕业之后，陈景润到北京当了一段时间的中学数学教师，后来又回到厦门大学，在图书馆工作，这下子陈景润可有时间钻研他喜爱的数学了。由于夜以继日地攻读，身体底子又不好，再加上舍不得吃，把节省下的钱买书，他得了肺结核和腹膜结核病。一年住了 6 次医院，做了 3 次手术。

疾病的折磨，攀登道路的艰险，都没有吓倒瘦小的陈景润。他写出了数论方面的论文，寄到中国科学院数学研究所。华罗庚所长看了他的论文，从论文中看出陈景润是位很有前途的数学天才，建议把陈景润调到数学研究所，专门从事数学研究。陈景润欣喜若狂。熊庆来教授发现了华罗庚，华罗庚又发现了陈景润，数学接力棒就是这样一代一代传下去的。

陈景润调到数学研究所以后，数学研究取得长足进步，在许多著名数学问题，如“圆内整点问题”“华林问题”等都取得了重要成果。陈景润开始研究“哥德巴赫猜想”，准备摘取这颗数学皇冠上更大、更光彩夺目的明珠。

前人在“哥德巴赫猜想”上，已经做了许多工作：

1742 年，哥德巴赫提出每个不小于 6 的偶数都可以表示为两个质数之和，比如 $6 = 3 + 3$，$24 = 11 + 13$，等等。

有人对偶数逐个进行了检验，一直验算到三亿三千万，发现这个猜想都是对的。但是，偶数的个数无穷，几个偶数代表不了全体偶数。因此，对全体偶数这个猜想是否正确，还不能肯定。

20世纪初，数学家发现直接攻破这个堡垒很难，就采用了迂回战术。先从简单一点的外围开始，如果能证明每个大偶数都是两个“质数因子不太多的”数之和，然后逐步减少每个数所含质数因子的个数，直到最后，每个数只含一个质数因子。也就是说，这两个数本身就是质数，这不就证出了“哥德巴赫猜想”了吗？

1920年，挪威数学家布朗证明每一个大偶数都可以表示为两个“质数因子个数都不超过九的”数之和。简记为9+9。

1924年，数学家拉德马哈尔证明了7+7；1932年，爱斯斯尔曼证明了6+6；1938年和1940年，布赫斯塔勃相继证明了5+5，4+4；1958年，我国青年数学家王元证明了2+3；1962年，王元和山东大学的潘承洞教授又证明了1+4；1965年，维诺格拉托夫等人证明了1+3。包围圈越缩越小，工作越来越艰巨，每往前走一步都是异常困难的。

1966年5月，陈景润向全世界宣布，他证明了1+2，离最终目的1+1只有一步之遥了。由于陈景润的证明过程太复杂，有200多页稿纸，所以没有全部发表。数学要求准确、简洁，陈景润不满足于现有的成果，他要简化自己的证明过程。

“文革”开始了，陈景润被限制了生活的自由。后来虽然放松一点，但是还是不允许他继续从事数学研究，把他屋里的电灯拆走了，灯绳也剪断了。

黑暗怎么能遮住陈景润内心的光明？陈景润买了一盏煤油灯，把窗户用纸糊严，使外面看不到屋里，继续从事研究。但是，疾病使他虚弱到了极点。

毛主席和周总理知道了陈景润的工作和处境，把他送进医院，使他获得了新的生命力。1973年他全文发表了《表大偶数为一个素数及一个不超过两个素数的乘积之和》这篇重要论文。

陈景润的论文，在国际数学界得到极大的反响。英国数学家哈勃斯丹和联邦德国数学家李希特的著作《筛法》正在校对，他们见到陈景润的论文后，要求暂不付印，在书中加了一章“陈氏定理”。一位外国数学家写信给陈景润说：“你移动了群山！”

4. 游戏与数学

巧取石子

找一些小石子，两个人就可以玩抓石子的游戏了。玩法是先把石子分成数目不同的两堆，两人轮流抓石子，每次可以从一堆石子中任取一个或者几个，甚至可以把一整堆石子全部取走。如果从两堆中同时取石子，从每堆取走的石子数必须相等。另外，轮到谁取，他至少要取一颗石子，不许不拿。谁取到最后一个石子，谁就得胜。

这个游戏虽然简单，可也有窍门儿。按这个窍门儿取，就必胜无疑。

窍门儿是：要记住在每次取走石子以后，使留下的石子数为以下数对：(1,2)，(3,5)，(4,7)，(6,10)…

比如，原来的两堆石子数，一堆是7个石子，另一堆有10个石子。你先取，可从有10个石子的一堆取走6个，使剩下的石子数为(7,4)。往下不管对手怎样取，你已稳操胜券。

比如说，往下对手从多的一堆取走一个石子，留下(6,4)个石子；你从每一堆中各取一个石子，使剩下的石子数为(5,3)。如果对手也从每一堆各取一个石子，剩下(4,2)，你从一堆中取走3个石子，剩下(1,2)。如果对手把一堆的石子全抓走，你把另一堆石子全抓走，你获胜；如果对手从有两个石子的一堆中取走一个，按规定你可以把剩下的(1,1)全部拿走，你获胜。因此，只要你使剩下的石子数为（7,4），不管对手怎样拿法，最后，总是你获胜。

人们把（1,2），（3,5），（4,7），（6,10）…… 叫作"胜利数"。胜利数是怎样得来的呢？

先取定第一对胜利数（1,2）。接着取3，让3加上第二对的序数2，3+（序数）2=5，这就得到了（3,5）；再取4，4+（序数）3=7，又得到（4,7）。这样一步步算下去，可得下表：

序　　数	1	2	3	4	5	6	7	8	9	10
第一堆石子数	1	3	4	6	8	9	11	12	14	16
第二堆石子数	2	5	7	10	13	15	18	20	23	26

这个表的特点是：最上面一行写序数。第一堆石子数，就是前面（包括第一行和第三行）没有用过的最小自然数。把对应的第一行和第二行数相加，就得到第二堆石子数。

点燃烽火台

战争中通信联络是十分重要的。古代没有电报、电话，战争中靠骑马来传递军事情报。如果路途比较远，军情紧急，用马来作通信工具就太慢了。为此古代常修筑烽火台。现在北京八达岭附近，还保留着烽火台，点燃烽火就能把情报及时传出去。

修建一座烽火台，可以报告有无敌人来犯。如果修建6座烽火台，不但可以报告有无敌人来犯，还可以报告敌人来犯的人数。如果以1000人为单位，6座烽火台可报告来敌1000～63000的数目。

先来谈谈如何报告敌人的人数：如图所示有A,B,C,D,E,F六座烽火台。烽火台下面依次标上数码32,16,8,4,2,1。

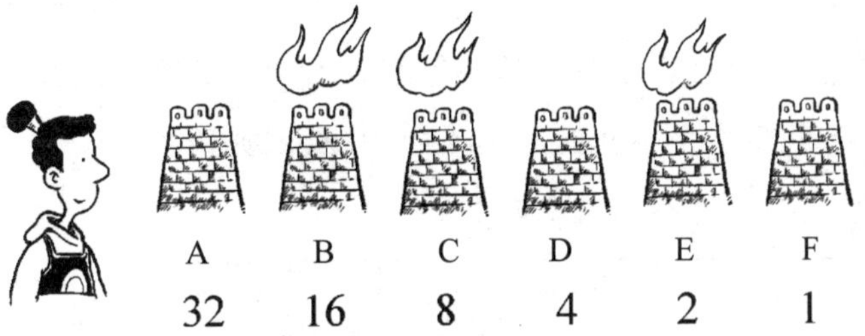

现在是B,C,E三座烽火台点燃了烽火，就把这3座烽火台下面的数目相加，$16+8+2=26$，说明有26000名敌人来犯。假如是把A,E,F三座烽火台点燃，由$32+2+1=35$可知，有35000名敌人来犯。

以上是作为接收信号的一方，如何根据烽火点燃的情况来计算敌人的数目。那么，如果作为发出信号的一方，又如何根据来犯的人数决定点燃哪几座烽火台呢？可以使用短除法。比如来了35000名敌人，将35连续用2除，右端写出余数，一直除到0为止。

把余数由下向上依次填到A,B,C,D,E,F 烽火台的下面。凡是下面写1的烽火台点燃烽火，下面写0的不点烽火。这样，点燃A,E,F三座烽火台，就能把35000名敌人的情报传出去。

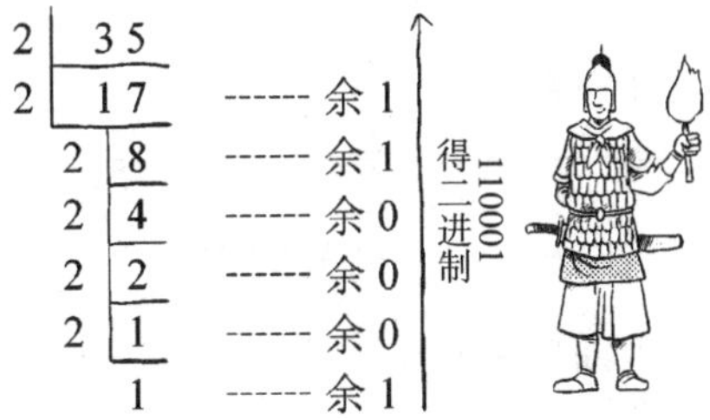

烽火传数的道理是什么呢？主要是使用了二进制数。

我们平时使用的数制是十进位制。十进位制需要10个不同的数字0,1,2,…,9，然后是“逢十进一”；在二进位制中只需要两个不同的数字0和1，然后是“逢二进一”。

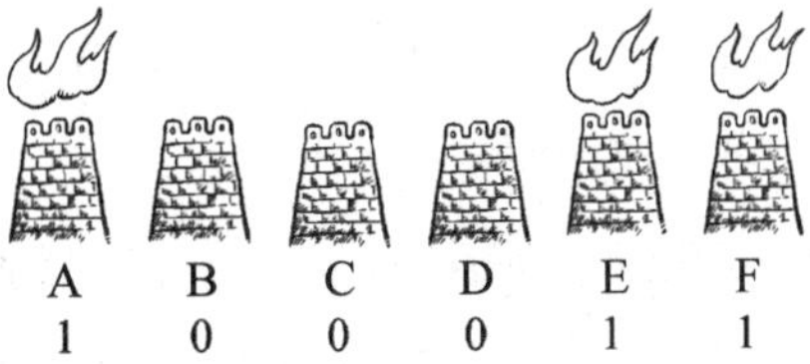

二进制数一个最大的优点是，用两个动作就可以表示出任何数字。比如，用电灯的“亮”表示1，用“灭”表示0，那么用一排电灯就可以把一定数目的数传出去。同样，可用点燃蜡烛或点燃烽火台表示"1",用熄灭蜡烛或熄灭烽火台表示"0"。在电子计算机中用接通电路表示"1",断掉电路表示"0",等等。如果用十进制数来传递数字,就需十个不同的动作才行,那就麻烦多了。

十进制与二进制的关系如下:

十进位制	0	1	2	3	4	5	6	7	8	9	10
二进位制	0	1	10	11	100	101	110	111	1000	1001	1010

二进制数每一位都固定表示十进制的一个数。具体可见下表:

二进制的数位	九位	八位	七位	六位	五位	四位	三位	二位	末位
二进制数某一	2^8	2^7	2^6	2^5	2^4	2^3	2^2	2^1	2^0
位上的"1"	即	即	即	即	即	即	即	即	即
表示十进制数	256	128	64	32	16	8	4	2	1

比如,将二进制数 101101 化成十进制数,就可以使用上表来化:

二进制数　1　　0　　1　　1　　0　　1
　　　　　⋮　　⋮　　⋮　　⋮　　⋮　　⋮
十进制数　2^5　+　0　+　2^3　+　2^2　+　0　+　2^0

即 $32+0+8+4+0+1=45$,记作 $101101_{(2)}=45$。右下角的(2)表示二进制数,以示与十进制数区别。

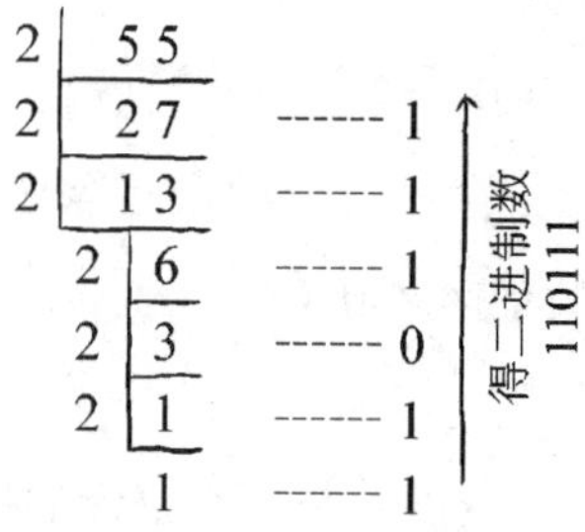

上面提到的 6 座烽火台,用点燃表示"1",不点燃表示"0",就可以把一个 6 位的二进制数传递出去。以 1000 人为单位,最少点燃烽火台 F,这时所表示的是 $000001_{(2)}=1$,即有 1000 名敌人;最多把 6 座烽火台全部点燃,表示了 $111111_{(2)}=32+16+8+4+2+1=63$,即有 63000 名敌人。因此,这 6 座烽火台能表示的数是 1000 到 63000 人。

把十进制数化成二进制数采用连续用 2 短除,一直除到商 0 为止。比如将 55 化成二进制数，得 110111，即 $55=110111_{(2)}$。

有趣的数字卡片

“你叫什么名字？”

“我叫王一兵。”

“你今年多大年龄？”

“我 14 岁。”

这是一般的问话。如果能做出 A，B，C，D，E，F 六块数字板，问话就可以变化一下：

“你叫什么名字？”

“我叫王一兵。”

32	33	34	35	36	37
38	39	40	41	42	43
44	45	46	47	48	49
50	51	52	53	54	55
56	57	58	59	60	61
62	63				

(A)

16	17	18	19	20	21
22	23	24	25	26	27
28	29	30	31	48	49
50	51	52	53	54	55
56	57	58	59	60	61
62	63				

(B)

8	9	10	11	12	13
14	15	24	25	26	27
28	29	30	31	40	41
42	43	44	45	46	47
56	57	58	59	60	61
62	63				

(C)

4	5	6	7	12	13
14	15	20	21	22	23
28	29	30	31	36	37
38	39	44	45	46	47
52	53	54	55	60	61
62	63				

(D)

2	3	6	7	10	11
14	15	18	19	22	23
26	27	30	31	34	35
38	39	42	43	46	47
50	51	54	55	58	59
62	63				

(E)

1	3	5	7	9	11
13	15	17	19	21	23
25	27	29	31	33	35
37	39	41	43	45	47
49	51	53	55	57	59
61	63				

(F)

“我这儿有 6 块数字板，依次给你看。你看数字板上有你的年龄就答‘有’，没有你的年龄就答‘无’。我立刻就知道你多大年龄。”

你按照 A，B，C，D，E，F 次序给王一兵看，他答“有”你记个“1”；他答“无”你记个“0”。比如王一兵回答说无、无、有、有、有、无。这时你记下的数就是 0，0，1，1，1，0。然后用下式计算

$$0\times2^5+0\times2^4+1\times2^3+1\times2^2+1\times2+0\times2^0$$
$$=0+0+8+4+2+0$$
$$=14(岁).$$

所以，王一兵今年 14 岁。

如果一位中年人回答是：有、有、无、无、无、有。那么这位中年人的年龄是

$$1\times2^5+1\times2^4+0\times2^3+0\times2^2+0\times2+1\times2^0$$
$$=32+16+0+0+0+1$$
$$=49(岁).$$

从计算过程中不难看出，这里使用的还是二进制数化十进制数。猜年龄的奥妙在于这 6 块数字板的制作。制作方法如下：

使用这组数字板所能猜的最大年龄为 63 岁。把从 1 到 63 都转化成二进制数，凡是最末位为 1 的数填到表格 F 板中，第二位为 1 的数填到 E 板中，依此类推，凡第六位为 1 的数填到 A 板中。如果这个二进制数同时在几位上出现了 1，那就同时在几个板上填上此数。

2	42	
2	21	------ 0
2	10	------ 1
2	5	------ 0
2	2	------ 1
2	1	------ 0
	1	------ 1

以 42 为例，先用短除将 42 化成二进制数 101010，这个数的第二、四、六位是 1，其他位全是 0。就把 42 这个数分别填进 E，C，A 三块数字中。按这种方法把 1 到 63 分别填进六块数字板，就得到了这副猜年龄的道具。

取火柴游戏

上面谈到了取石子游戏，现在介绍取火柴游戏。这两种游戏有相似之处，也有很多不同。

有若干根火柴，分成数堆，堆的数目和每堆火柴的数目都可以是任意的。现有甲、乙两人轮流取这些火柴，取火柴的规则是：可以取任何一堆里的任何数量的火柴；只许从一堆里取，不许同时从两堆或两堆以上的火柴堆里取火柴；不许轮空不取。最后拿尽者为胜。

从上面规则中可以看到取石子和取火柴的不同之处：取石子可以从两堆中取相同数量的石子，而取火柴只许从一堆里取；取石子只限于两堆石子，而取火柴可以有任意堆火柴。

据说，这种游戏发源于我国，后流传到国外，至今外国人还称这个游戏为"中国的两人游戏问题"。

与取石子相似，取火柴也有所谓胜利位置。比如，两堆火柴，每堆火柴有两根时，谁后取谁就占有胜利的位置。假设甲后取而乙先取，乙取火柴只有两种方案：从一堆中取走一根或两根。当乙取一根时，甲从另一堆中也同样取一根，剩下(1,1)，由于不许不取，乙再取一根，甲就取得最后一根，甲胜；当乙取两根时，甲把另一堆的两根取走，也是甲胜。

现在考虑3堆的情况：3堆火柴分别是1根、2根、3根，写成(1,2,3)。把它们用二进制数表示就是01、10和11，把它们相加有

$$\begin{array}{r} 01 \\ 10 \\ +)\ 11 \\ \hline 22 \end{array}$$

如果加出来的数全是偶数，这时后取就是胜利位置，否则就是失败的位置。再如(1,3,4)这样三堆火柴，用二进制数来写就是001、011、100，相加有

$$\begin{array}{r} 001\\ 011\\ +)\ 100\\ \hline 112 \end{array}$$

加出来的数有两个奇数，这时后取就是失败的位置。

甲要想战胜乙，必须是甲取后用二进制数表示的每行之和全是偶数，这就需要甲在取火柴之前，做好心算，根据心算的结果进行适当调整。比如乙取后出现了：偶、偶、奇、偶、奇、偶。

这时甲从适当的一堆中取走10根火柴。由于10用二进制表示是1010，所以取走之后，其和必是：偶，偶，偶，偶，偶，偶。

这时甲就占据了胜利位置。

调动士兵

在一张硬纸上画好一排格子，格子的数目可以从十几个到几十个不限。再找若干个小石子充当士兵。

每次参加游戏的是两个人，把小石子任意放在格子里，每格最多放一个。

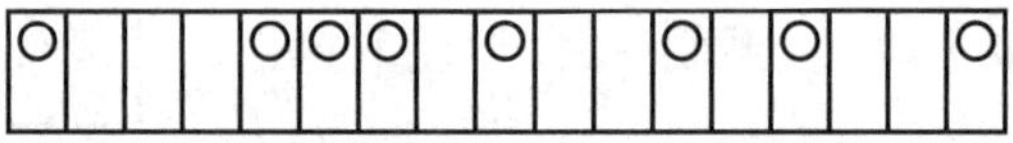

参加游戏的人可以命令士兵向左移动，但是每次只能命令一个士兵移动。士兵移动的格数不限，但不能跳跃过前面的士兵，也不能把两名士兵放到同一个格子里。两人轮流调动士兵，谁能把士兵在最左边的位置排好，谁就取胜。

先画好了一排17个格子，里面放上8名士兵，从右到左把士兵排上号。

从右边开始，把相邻士兵中间的格子数写出来：

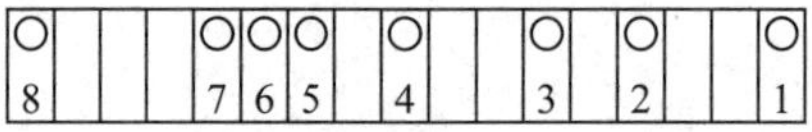

2， 1， 2， 1， 0， 0， 3.

然后从第一个数开始，隔一个数取一个，得到以下 4 个数：

2， 2， 0， 3.

取胜的诀窍在于：把上面的 4 个数先化成二进制数，再把这 4 个二进制数按十进制数加法相加。如果其和的每一位都是偶数，那么这就是正确的调动，否则就可能输掉。

把 2，2，0，3 化成二进制数。由于 0 不影响其和的奇偶性，0 可以不去考虑，这样得到 10，10，11。

相加：

$$\begin{array}{r} 10 \\ 10 \\ +\ 11 \\ \hline 31 \end{array}$$

其和的两位数字全是奇数。

下面该你调动士兵了。你就应该想办法通过你的调动，使和的两位数字全变成偶数。最简单的办法是去掉 11，可以命令 7 号士兵向左走 3 步，让它紧靠 8 号士兵。这时相邻士兵中间的格子数是：

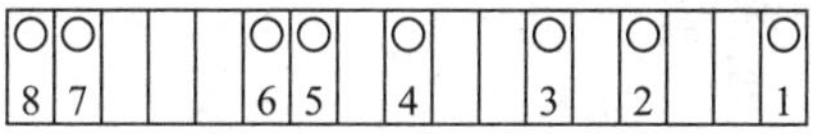

2， 1， 2， 1， 0， 3， 0.

从左边开始，间隔取出 4 个数是：

2， 2， 0， 0.

把它们化成二进制数后，按十进制数加法相加，得

$$\begin{array}{r} 10 \\ +\ 10 \\ \hline 20 \end{array}$$

如果对方调动某一个士兵使某一空隙扩大，你只要调动右边紧邻的那个士兵，亦步亦趋保持原先的空隙就行了。比如，对方把 6 号士兵向左调动 3 步，与 7 号士兵紧靠。

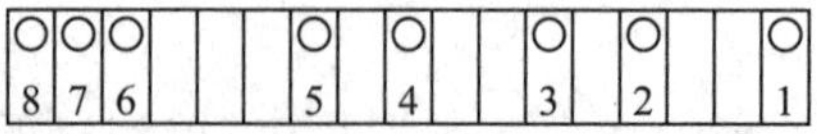

你就把5号士兵也向左调动3步,见下图。

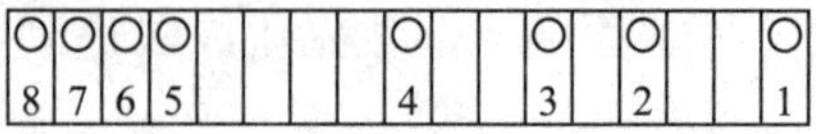

对方把6号向左调动3步,从右数的空格数依次为

2, 1, 2, 1, 3, 0, 0.

间隔挑出的4个数是:

2, 2, 3, 0.

化成二进制数相加,得

$$\begin{array}{r} 10 \\ 10 \\ +\ 11 \\ \hline 31 \end{array}$$

其和的两位数字都成了奇数。

你把5号也向左调动了3步,空格数变成了

2, 1, 2, 4, 0, 0, 0.

间隔挑出的4个数是:

2, 2, 0, 0.

这时有

$$\begin{array}{r} 10 \\ +\ 10 \\ \hline 20 \end{array}$$

又变成偶数,你处在胜利的位置了。

小游戏里有大学问

前面做游戏时,取了石子,取了火柴,这次取硬币。

取硬币的游戏还是由两个人来玩。先准备好13个硬币,由两个人轮流拿。规则是,一人一次可以拿1到3个,不许多拿也不许不拿。谁拿到最后一个硬币，谁就算输。

比如乙先拿，甲要获胜，只要根据乙拿硬币的多少，甲相应地拿一定数目的硬币，就一定能获胜。甲拿硬币的原则是：使每次剩给乙的数相差4个。请看下表：

13个

乙拿3个 甲拿1个	乙拿2个 甲拿2个	乙拿1个 甲拿3个

↓

9个

乙拿3个 甲拿1个	乙拿2个 甲拿2个	乙拿1个 甲拿3个

↓

5个

乙拿3个 甲拿1个	乙拿2个 甲拿2个	乙拿1个 甲拿3个

↓

1个

最后剩下一个，必然是乙拿走，则甲获胜。

这种根据对手的不同情况，而采取不同的策略，是属于“对策论”的范畴。所谓“对策论”，是军事上的一种理论，它是把数学的道理应用到军事上去，研究如何能够取胜的一门学问。

我国战国时代的军事家孙膑，是对策论的创始人。著名的“田忌赛马”就是应用对策论的例子。

传说孙膑曾在齐国将军田忌家里作客。田忌常和齐王及诸公子赛马打赌。田忌的马有上、中、下三等，齐王的马也有上、中、下三等。但是，齐王的马每等都比田忌的好，因此田忌很难取胜。孙膑给田忌出了个主意，他说：“齐王出上等马，你就出下等马与他比，当然你必输；等齐王出中等马时，你就出上等马，这时你赢；等齐王出下等马时，你出中等马，你还能赢。”田忌按照孙膑的话去做，结果是赢了两场，输了一场，赢得了齐王一千金。

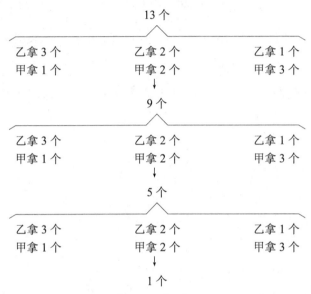

详细分析敌我实力，运用数学的规律，采取适当的策略，使劣势变成优势，掌握胜利的关键，这就是对策论的指导思想。

小游戏里可有大学问哪！

切蛋糕的学问

现在有一块圆蛋糕，用刀把它切开，只许竖着切，不许横着切。谁能6刀切出最多块数，谁就获胜。

图1、图2都是各切了6刀，把蛋糕切成了12块；而图3只切了5刀，却切出了16块，获胜。

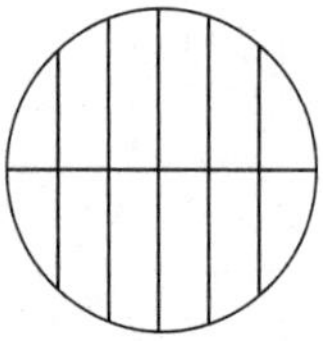
图1

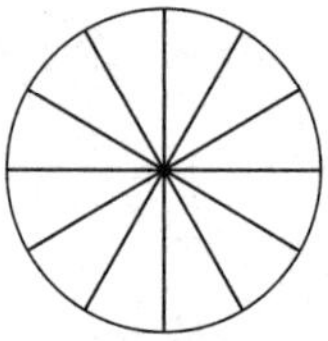
图2

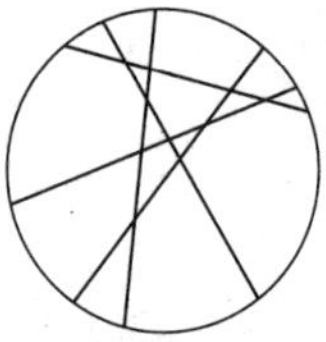
图3

分析一下图1、图2为什么不好呢？

图1的切法中有5刀是相互平行的；

图2的切法中6刀都通过共同一点；

图3的切法中，第一没有2刀平行，第二没有3刀通过一点，第三每一刀都和其他刀相交。

如果能按着图3切法中的三条要领去切，一定能获胜。

在按着图3的切法的前提下，能不能知道切出的块数？

令$f(n)$表示n刀切下去出现的蛋糕块数。

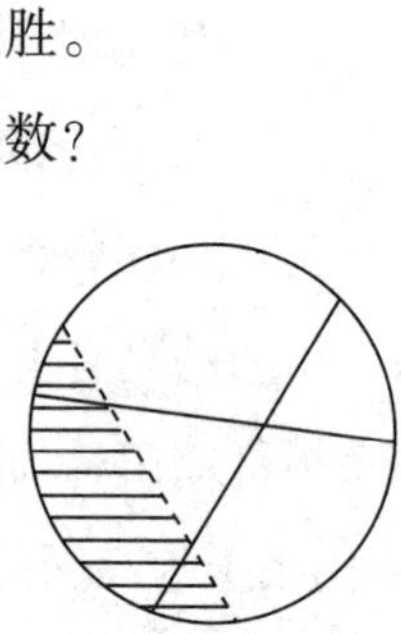

那么$f(1)=2$，即切1刀得2块；

$f(2)=4$，即切2刀得4块；

$f(3)=7$。即切3刀得7块。

为什么切3刀得7块而不是得6块呢？因为第三刀与前两刀有3个交点，原来的4块并没减少，只是每块的面积变小，而第

三刀又多切出3块。因此

$f(3)=f(2)+3=4+3=7,$

$f(4)=f(3)+4=7+4=11,$

$f(5)=f(4)+5=11+5=16,$

$f(6)=f(5)+6=16+6=22,$

……

$f(n)=f(n-1)+n.$

从这个递推公式可以知道,切6刀最多可以得22块。

以上这个递推公式用起来不太方便,你要求$f(7)$,需要把$f(1)$,$f(2)$,$f(3)$,…,$f(6)$都依次求出来,最后,才能用$f(7)=f(7-1)+7$求出$f(7)$来。

由 $f(n)=f(n-1)+n$,

可推出 $f(n)=1+\frac{n(n+1)}{2}$.

有了这个公式,再计算块数可就方便多了。比如,切10刀能切出多少块?

$$f(10)=1+\frac{10\times(10+1)}{2}=1+55=56(\text{块}).$$

从三角板到七巧板

用一副三角板拼不出什么好看的图形,如果有几块各种形状的板,情况就大不一样了。

七巧板是产生于我国的一种古老的智力玩具,它的制作并不复杂,找一块正方形的硬纸板,按右图的实线剪开,就可以得到一副七巧板,它由5块三角形、1块正方形和1块平行四边形组成。

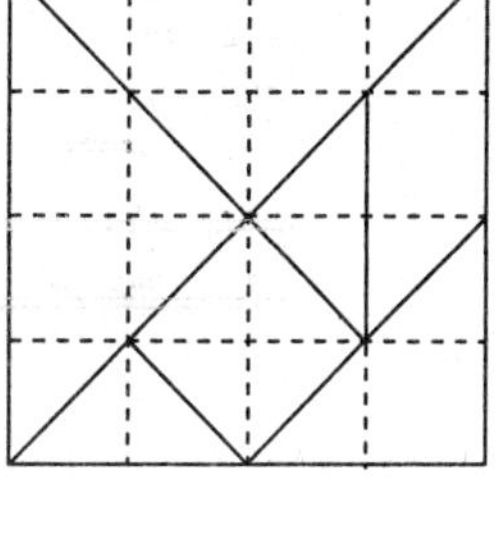

七巧板据说起源于我国古代的一种组合家具——燕几。在1000多年前的唐代,有人发明了

一套可以分开、拼合的桌子用来宴请客人。在客人到来的时候把桌子摆成各种有趣的图案，来增加宴会的气氛。后来，这种可以拼图的桌子慢慢演变成今天的七巧板。

我国清代有人撰写研究七巧板的书叫《七巧图合璧》。至今剑桥大学还珍藏着一本《七巧新谱》。七巧板传入欧美后引起许多人的兴趣。传说，法国皇帝拿破仑就十分喜欢七巧板。1815 年，拿破仑的军队兵败滑铁卢，拿破仑被俘，被流放到南大西洋的圣赫勒拿岛，在这个荒岛上他津津有味地摆弄七巧板，一直到死。

你别看它只有 7 块板，它可以拼出字、数、动物、人物、建筑、车辆等好多种图形，请看一组动物造型：

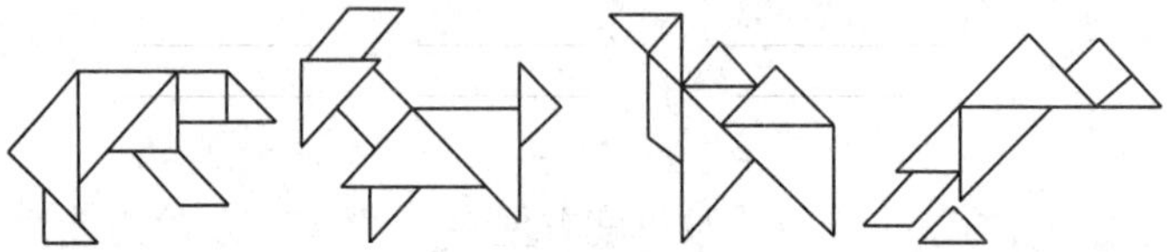

熊　羊　骆驼　乌鸦

再看一组运动造型：

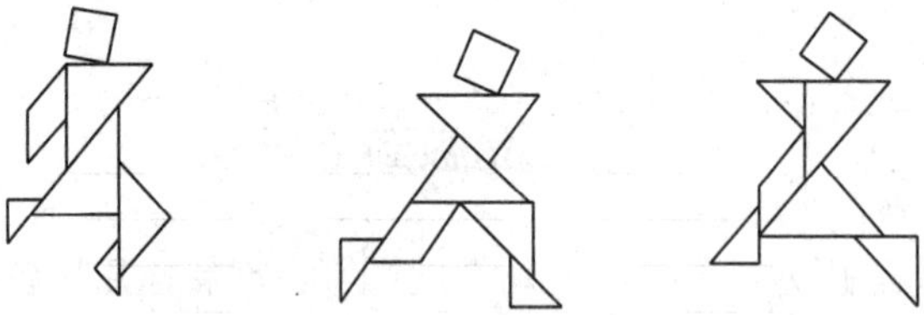

跳　跑　掷

下面是物品造型：

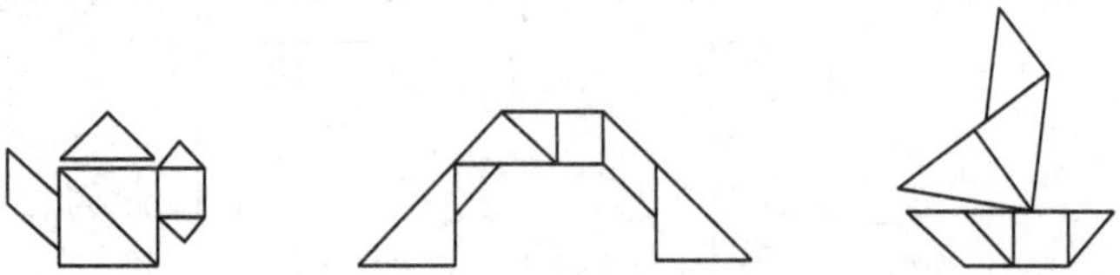

茶壶　石桥　帆船

用几副七巧板可以拼出各种复杂的图形。除了可以拼图，还可以利用七巧板来证明几何定理，比如证明勾股定理。

下图△*ABC*为直角三角形，在每边上作一个正方形，只要能证明大正方形面积等于两个小正方形面积之和，就证明勾股定理$a^2+b^2=c^2$。

在大正方形上划分出七巧板，这七巧板正好能拼在两个小正方形上。这里要说明一点的是，△*ABC*是特殊直角三角形，它的两腰相等。对于证明来说，应该是一般的直角三角形才对。

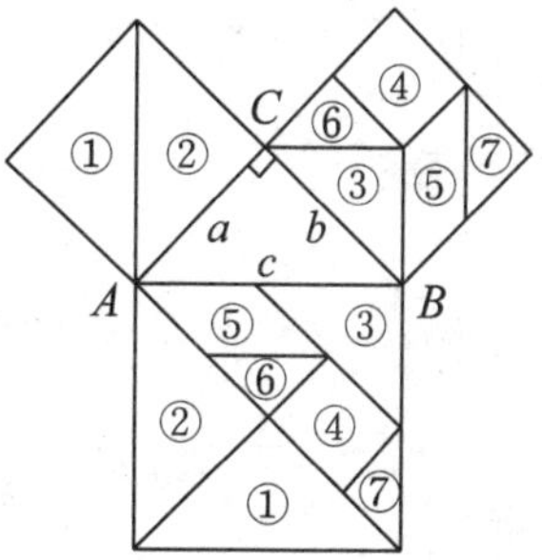

七巧板可以拼出什么图形？不能拼出什么图形？这是个很重要的问题。现在有人使用电子计算机对它进行研究。他设计出一种程序，你随便画出一个图形，在2秒钟内电子计算机就可以告诉你，你画的这个图能不能用七巧板拼出来。如果能拼，它会显示出拼的方法，如果不能拼，你也就不用白费力气啦！

七巧板除了能在正方形中分割出来，还可以在圆中分割，在圆中分割的叫“圆形七巧板”。制作方法如下：

作半径*OA*的垂直平分线交圆*O*于*C*；

以*C*为圆心，*OA*为半径画弧$\overset{\frown}{OA}$。同样方法画弧$\overset{\frown}{OB}$，$\overset{\frown}{OE}$，$\overset{\frown}{OF}$；

以*B*为圆心，*OA*为半径画弧$\overset{\frown}{OD}$。

找到$\overset{\frown}{AF}$的中点*N*，分别以*F*、*N*为圆心，*OA*为半径画弧交于*M*点，以*M*点为圆心，*OA*为半径画弧$\overset{\frown}{FN}$。同样方法可画弧$\overset{\frown}{EG}$。

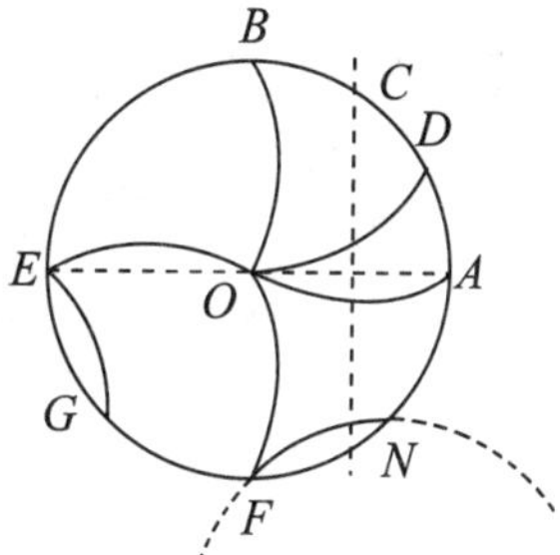

这样就画出了圆形七巧板。用圆形七巧板可以拼出带有圆弧线的动物，姿态活泼逼真。请看下面拼图：

由于七巧板是一种益智玩具，对开发人的智力很有好处，所以玩的人越来越多，而七巧板本身也在不断地演变。

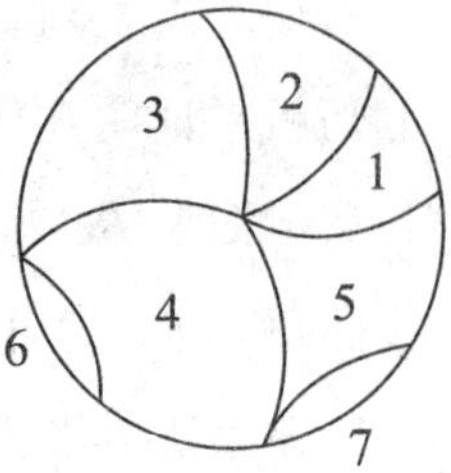

比如五巧板、十巧板、十二巧板、双七巧板、百巧板、双圆拼板、心形拼板等。由于板数加多，形状多样，拼出来的图也就越来越复杂，越来越好看。

奔马　　游鱼　　公鸡

下面的双人舞蹈是由两副双七巧板拼成的：

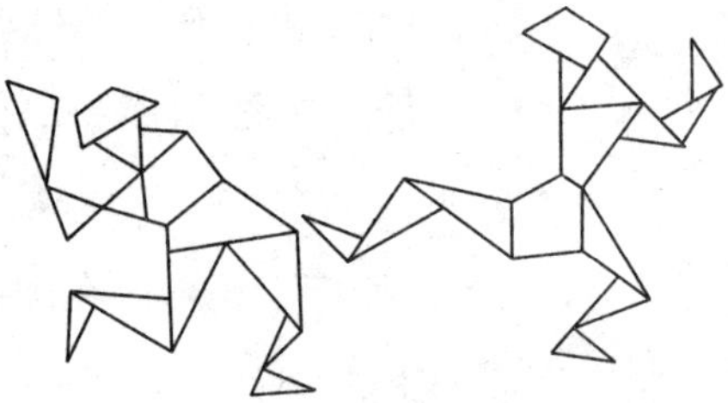

下面的骑兵乘胜前进是由百巧板拼成的：

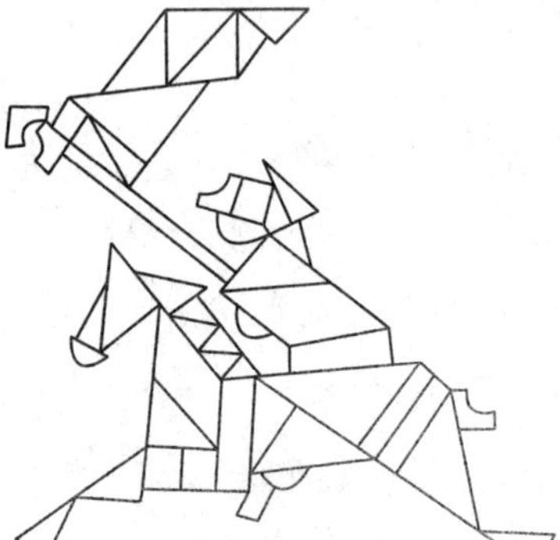

天平称重

“天平称重”是数学游戏或智力测验中经常遇到的。这类问题种类繁多，花样翻新，常见的有以下几种类型。

1)砝码不够，需要巧分。

“一架天平，一只5克、一只30克的砝码。用这两只砝码将300克药粉，分成100克和200克2份。问如何分法？注意最多只能称2次。”

当然，一种最容易想到的称法是：用30克砝码称3次，再用5克砝码称2次，一共5次称出100克药粉。但是，只允许称2次，这样做不合要求。

可以这样称：将35克砝码放到天平的一端，先称出35克药粉；再将35克药粉和30克砝码放到一端，称出65克药粉，这样35+65=100(克)。也就是说，称2次就得到100克药粉。

这种分法的巧妙之处，在于“借”已经称出来的药粉为砝码。

“仍用5克和30克2个砝码，将300克药粉分成150克、100克、50克三份，最多只能称3次，如何分法？”

第一次，利用天平将300克药粉分成2个150克；第二次，将150克药粉平分成2份，每份75克；第三次，天平的一端放30克砝码，另一端放5克砝码和药粉，可称出25克药粉。这样，第一次已称出150克药粉了；将称出的25克药粉与第二次称出的75克合在一起得25 + 75 = 100克；剩下的一份必为75 − 25 = 50(克)。

2)称有限次，挑出假球。

“有4个球，其中有一个是假球，但不知假球比真球重还是轻。现在找来一个标准球，请用天平称2次，把假球挑出来，并指出假球比真球轻呢还是重。”

首先把四个球按①，②，③，④编上号。由于在称重时会产生多种情况，可按以下框图进行分析、寻找。最下面一行就是寻找结果，其中标号就是假球的编号，“轻或重”表示假球比真球是轻还是重。比如左下角是“③轻”，表示③号是假球，它比真球轻。

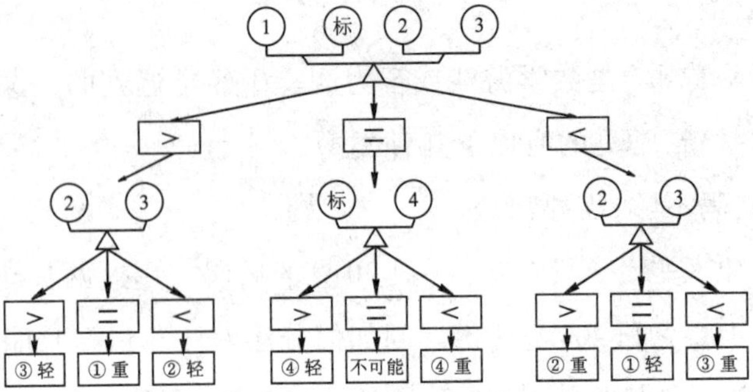

从最后结果看，4 个球都分别可能是假球，而且是假球的机会相等。

“12 个球中有一个假球，只用天平称 3 次把假球挑出来，并指出假球比真球轻还是重。”

仿照上面的方法，先把 12 个球编上号，然后取出 8 个球来称，最后得出 24 个结果。

3)只许称一次，挑出假球。

这类题目的难度往往比较大。请看下题：

“有 5 堆球，每堆球都有 5 个，其中一堆全部是假球，其他 4 堆全是真球。真球每个重 50 克，假球每个重 40 克。只许用天平称一次，找出哪一堆是假球。”

随便找两堆球放到天平上去称，行不行？这样做肯定不行。因为无法保证这 2 堆中，一定有一堆是假球。如果天平两端重量相等，而已经用了一次天平，这样就失败了。

可以这样做：

把 5 堆球都编上号。第一堆不拿，第二堆拿 1 个，第三堆拿 2 个，第四堆拿 3 个，第五堆拿 4 个，总共拿了 10 个球。把 10 个球放到天平上称，假如 10 个都是真球，每个真球 50 克，称出来的重量是 500 克。但是，这里面有假球，每个假球 40 克，因此，称出来的总重量很可能少于 500 克。要分以下几种情况：

（1）恰好500克，说明第一堆是假球；

（2）重量为490克，说明第二堆是假球；

（3）重量依次为480克，470克，460克，分别说明第三、四、五堆是假球。

4）巧选砝码。

“有27个球，外形一致，重量是1~27克中各整数值。如果将它们按重量排列，但是又不许把球放到天平上直接比较，问至少要几个砝码可以找出它们的重量各是多少？”

利用以下运算，可以称出1~27克中偶数克的球：

$2=2$，$4=6-2$，$8=6+2$，

$10=18-(6+2)$，$12=18-6$，

$14=18+2-6$，

$16=18-2$，$18=18$，$20=18+2$，

$22=18+6-2$，$24=18+6$，

$26=18+6+2$.

这里每个等号都相当于一架天平，左边是偶数克的球，右边是砝码数。由上面的运算可知，只需要2克、6克、18克三个砝码就可以把1~27克中偶数克球都称出来。

奇数克球就可以利用介于2个偶数克砝码之间来确定。

铁匠的巧安排

在格鲁吉亚流传着这样一个故事：300多年前，这里的统治者——大公有一位美丽、善良的女儿。大公要把女儿许配给邻国的一位王子，而这位公主却爱上了一位年轻的铁匠海乔。

高贵的公主怎么能嫁给一个穷铁匠！大公强迫女儿嫁到邻国去。

公主和海乔偷偷地逃走了。可是没逃多远，又被抓了回来。

大公非常生气，把海乔、公主和一个曾帮助他俩逃走的侍女关押在一座高塔里。塔很高，最上面才有一扇窗，想从窗户跳下来逃走是绝对不可

能的。大公亲自用大锁把高塔下面的门锁上，大锁的钥匙只有一把，大公把钥匙藏好，撤走全部警卫，放心地走了。

公主说，大公一定会杀死他们的。海乔说，他们不能等死，要想办法逃出去。海乔在高塔里寻找可以逃走的工具。首先，他发现在窗户上方有一个生了锈的滑轮，这可能是修建高塔时留下来的。海乔用手一拨滑轮，还能转动。他又在底层和中层各找到一个旧筐，两个筐子一样大。他估计了一下，这两个筐子载重相差大约10千克时，重筐可以平稳降下来。海乔又把捆梯子的绳子解了下来结在一起，结成了一条很长的绳子。

海乔问了公主和侍女的体重，知道公主50千克，侍女40千克，而自己是90千克。海乔七找八找，又找来了一条30千克重的铁链。于是高兴地说："我们可以逃出去了。"

海乔把绳子套进滑轮，绳子两端各拴上一个筐。一个逃离高塔的方案产生了：

第一步，先把30千克重的铁链放到一个筐里降到地面，让40千克重的侍女坐到另一个筐里。由于侍女比铁链重，装侍女的筐降到地面，装铁链的筐升了上来。

第二步，让侍女仍然坐在筐里，把铁链取出来的同时，让公主坐进筐里。由于公主比侍女重，装公主的筐降到地面，装侍女的筐升了上来。海乔让她们两个人都走出筐子。

第三步，利用空筐把铁链降到地面，让公主坐进装有铁链的筐里，这时筐子载重 $30+50=80$（千克）。体重90千克的海乔坐进上面的空筐里，由于海乔重，他坐的筐降到地面，公主和铁链升了上去。公主和海乔同时走出筐子。

第四步，装有铁链的筐子降到地面，侍女坐进上面的筐里，侍女降落下来，装铁链的筐子升了上去。侍女不要出筐。

第五步，公主将铁链从筐中取出，自己坐进筐里降到地面，侍女升了上去。侍女和公主走出筐子。

第六步，侍女把铁链先放到地面，然后自己坐进上面的筐里，侍女降到地面。

聪明的海乔取得了成功,3 个人一起逃走了。

以上的方案还不是唯一的。实际上,海乔是使用的一种很重要的数学方法,叫作状态—手段分析法,在实践中非常有用。

最后留下谁

有 15 名甲班同学,15 名乙班同学,一起玩游戏。甲班班长介绍了游戏规则:30 个人围成一个圈儿,从甲班班长开始,顺序往下数,凡是数到 10 的就离开,然后再从 1 开始数。甲班班长说完就把所有同学按着特定位置安排好。第一个离开的是乙班同学,第二个离开的还是乙班同学,最后 15 名乙班同学全部离开。

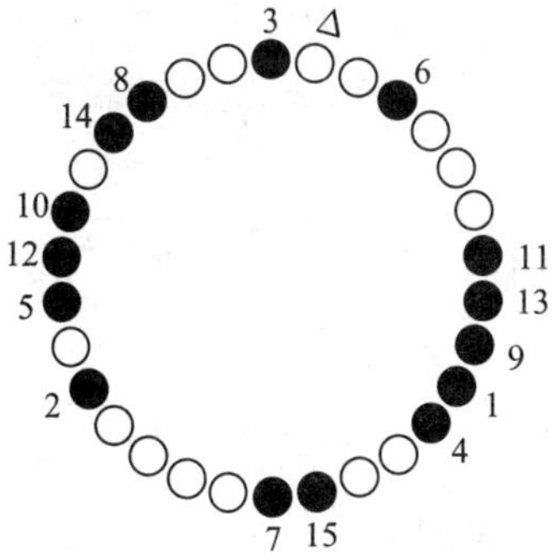

问题的关键是乙班同学的排法。左图中黑点代表乙班同学,圆圈代表甲班同学,△是甲班班长的位置,旁边的数码表示被推下海的顺序。只要按左图的顺序排好,从△处开始数,黑点就全部被拿走了。

如果换成用黑、白两色的围棋子。上面的故事就变成了"拿尽黑子的游戏"了。这个游戏出现得比较早,大约在 12 世纪,国外就流传一个叫"继子的圈套"的游戏。游戏是这样的:

有个财主死了,把他的财产留给哪个儿子来继承呢?前妻留下了 15 个儿子(继子),现在的妻子又生了 15 个儿子(亲生子),共有 30 个儿子。现在的妻子不愿意让继子继承财产,就制订了一个计划,让 30 个儿子站成一个圆圈,从一个亲生子开始数起,每数到第 10 个人就从圈子里退出,丧失了继承权,直到最后剩下的孩子才能继承财产。那么,最后剩下的是谁呢?

当然,财主现在的妻子会像船长安排土耳其人那样,把继子安排到特定的位置上去。继子一个接一个地被淘汰下去,没多会儿,只剩下最后一名继子了。

这名继子很伤心地说:“继子被去掉得太多了。现在,从我这里开始数吧!”继母想,在剩下的16人中,只有一个继子了,总不会最后把他剩下吧!就同意从这名继子开始数。谁想到,数的结果把15名亲生子全部淘汰,财主的财产全由这名继子获得。

神奇的莫比乌斯圈

找到一张纸条,把它一面涂成红色,一面涂成蓝色。你要想从红色的一面,不离开纸而到蓝色的一面去,必须经过纸的边界。不然的话,说什么也是过不去的。

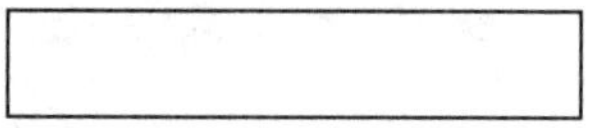

如果把纸条的两面用笔在中间各画上一条中心线,然后把两端粘上,成为一个纸圈。

用笔沿着外面的中心线画一圈,笔还在圈的外面;用笔沿着里面的中心线画一圈,笔还留在圈的里面。

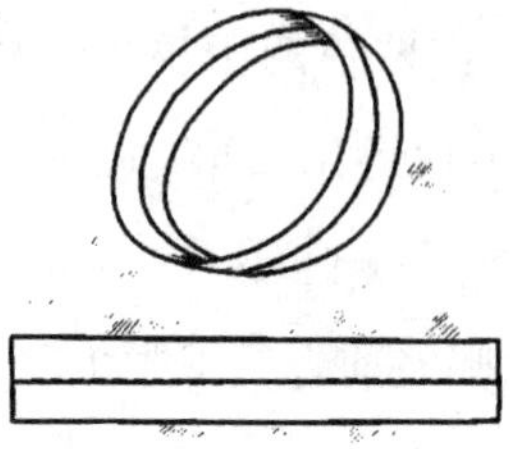

如果先把纸条拧一下,然后把两端粘上(如下图)。用笔沿着外面的中心线画一圈,你会发现这条中心线特别长,而且是把红、蓝两面都画过一次,最后又回到了原来的出发点。

这真是怪事!没有经过纸条的边界,“不知不觉地”从一面跑到了另一面,最后又回来了。

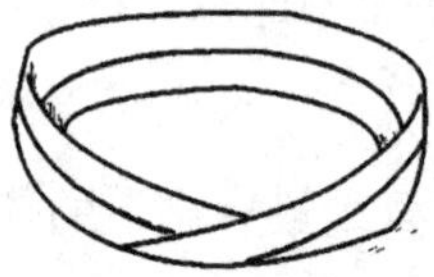

看来,这一先一后粘成的圈是不同的。前一个圈有里面外面之分,数学上叫双侧面;后一个圈没有里面外面的区别,叫作单侧面。双侧面与单侧面有许多重要区别。

生活在双侧面上的人,有上和下的区别。如果一个人生活在上面,那么他不经过边界是不可能来到下面的。可是，生活在单侧面的人，虽然他用手指指着上，可是他走着走着，他手指所指的“上”已经变成“下”了。因此，生活在单侧面的人，没有上和下的区别。

一个双侧面的纸圈，顺着中心线把它剪开，得到两个断开的纸圈；一个单侧面的纸圈，顺着中心线把它剪开，得到的仍是一个纸圈，这个纸圈变大了，中间拧了两次。由于它拧了两次，再沿中线剪开就变成两个圈了，这两个纸圈还紧紧套在一起。

莫比乌斯圈是德国数学家莫比乌斯首先发现的。玩莫比乌斯圈已经成了世界各国数学爱好者的游戏。在美国华盛顿一座博物馆门口，耸立着一座2.5米高的莫比乌斯圈，它每天不停地旋转，向人们展示着数学的魔力。

没人能玩全的游戏

我国古代曾流行一种游戏叫“华容道”。后来“华容道”流传到欧洲，演变成以数字为主角的“重排九宫”的游戏。这种游戏在数学上占有重要地位，它是“人工智能”的一个研究课题。

“重排九宫”的一般玩法是，在有限步骤内将图1变成图2。也就是说，把从左上角开始的87654321，改排成12345678，顺序来个大颠倒。

19世纪，数学家亨利 · 杜特尼研究出一种走法，从图1到图2一共需要36步，当时被公认是比较好的走法。把这36步，分成6步一组，每组最后一步配一个图。现在看一下杜特尼的走法：

首先把1右推，进入空格；把2右推，进入1留下的空格里；接着是5往下推，4往左推，3往左推，1向上推，得图3。为了简化过程，记为125431，表示从1号推入空格开始，一直到把1号推上为止，一共走了6步。

8	7	6
5	4	3
2	1	

图1

⇒

1	2	3
4	5	6
7	8	

图2

接下去的5组走法是：

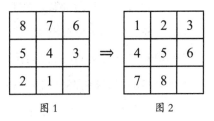

237612 （图 4）；

376123 （图 5）；

754812 （图 6）；

365765 （图 7）；

847856 （图 8）；

最后得到图 2。

8	7	6
4	3	1
5	2	

图 3

⇓

8	6	1
4	7	2
5	3	

图 4

⇓

8	1	2
4	6	3
5	7	

图 5

⇓

1	2	
8	6	3
4	5	7

图 6

⇓

1	2	3
8		5
4	7	6

图 7

⇓

1	2	3
4	5	6
7	8	

图 8

那么，36 步是不是最少的步数呢？借助电子计算机的帮助，从图 1 到图 2 最少的步数为 30 步，而不是 36 步。

从图 1 到图 2 共 30 步可以达到，一共有多少种走法呢？国外一家杂志，向读者征求解答。在规定的 3 个月里，虽然收到了大量读者的来信，但是没有一个人能把所有的解法找全的。

实际上有 10 种不同的解法，下面以 5 步为一组，每种走法分成 6 组：

（1）34785，21743，74863，86521，47865，21478；

（2）12587，43125，87431，63152，65287，41256；

（3）34785，21785，21785，64385，64364，21458；

（4）14587，53653，41653，41287，41287，41256；

（5）34521，54354，78214，78638，62147，58658；

（6）14314，25873，16312，58712，54654，87456；

（7）34521，57643，57682，17684，35684，21456；

（8）34587，51346，51328，71324，65324，87456；

（9）12587，48528，31825，74316，31257，41258；

（10）14785，24786，38652，47186，17415，21478.

如果不借助于电子计算机的帮助，单凭一个人去找全所有 10 种玩法，难度实在太大了！

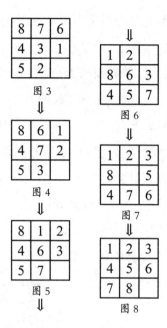

难填的优美图

优美图是世界上流行的一种数学游戏。什么是优美图呢？为了使大家有个直观的印象，还是先看一个例子吧！

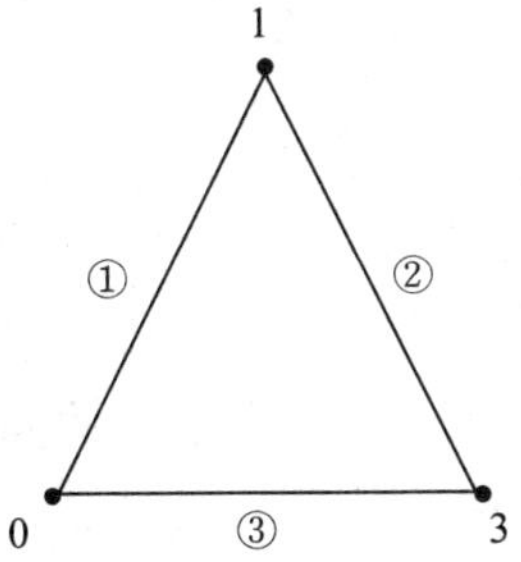

图 1

图 1 是由 3 个顶点和 3 条边组成的一个图。现在我们给每个顶点加上一个标号，标号必须是正整数或零，并且不许重复。加标号的方法多极了，那有什么意思呢？别着急，我还没说要求呢！给顶点加标号以后，我们再给边加标号。不过，边的标号是不能随意加的，它必须是这条边的两个顶点的标号的差（用大数减去小数）。比如，图 1 中一个顶点是 3，另一个顶点是 1，那么连接这 2 个顶点的边的标号只能是 3 − 1 = 2。对于优美图来说，要求给顶点加上标号以后，全部边的标号恰好是从 1 开始的连续自然数，既不准遗漏，也不准重复。图 1 就是一个编上了标号的优美图，它的 3 个顶点标号分别是 0、1、3，3 条边标号分别是 1、2、3（标在圆圈中）。

图 2 是由 5 个顶点和 4 条边组成的图。它的顶点标号分别为 0、4、1、3、2，边的标号分别为④、③、②、①，也构成一个优美图。

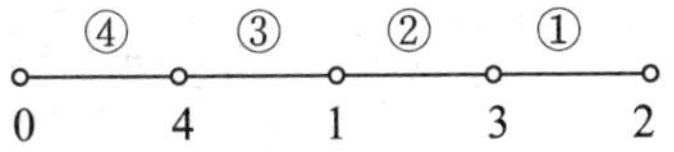

图 2

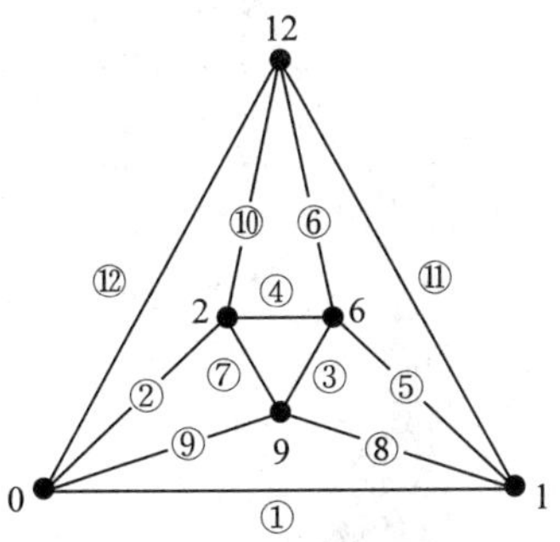

图 3

不是所有的优美图都那么简单，有些图添加标号是非常伤脑筋的。例如图 3 是一个有 6 个顶点和 12 条边的图（它有个特殊的名称叫许莱格尔图），使这个图成为优美图可不是件容易事。

由于图形是千变万化的，因此没有一个统一的方法能解决所有优美图的添加标号问题。如何给一个优美图添加标号，只能靠我们的聪明智慧和顽强的毅力。当然，优美图见得多了，也能就某些类似图形找出一些添加标号的规律。

不是所有的图都能构成优美图，有些图无论怎么添加标号，也不能使它具备优美性。哪些图是优美图，哪些图不是优美图？这是个至今没有解决的问题，也是当代数学家研究的热门课题。

找鼻子的游戏

你见过这样的算术吗？ 6 + 5 = 9.

你也许以为这是计算错误，不！这里一点也没有算错。请看下面的问题："现在有戴帽子的 6 人，戴眼镜的 5 人，问一共有多少人？"

6 + 5 = 11，一共有 11 人呗！

不对，这里面有 2 个人是既戴帽子又戴眼镜。这样，算戴帽子的 6 人中有他们 2 人；算戴眼镜的 5 人中还有他们 2 人。他们 2 人被重复算了 2 次，所以实际上是 9 人，于是就成了 6 + 5 = 9 啦！

毛病出在哪儿呢？出在题目出得不严谨。如果想得到 6 + 5 = 11，题目就要这样出：

"现在有戴帽子而不戴眼镜的 6 人，戴眼镜而不戴帽子的 5 人，问一共有多少人？"

这 2 个问题的差异通过画圈的办法看得更清楚。第一个问题，把戴帽子的放在一个圈里，把戴眼镜的放在另外一个圈里。这 2 个圈有一个公共

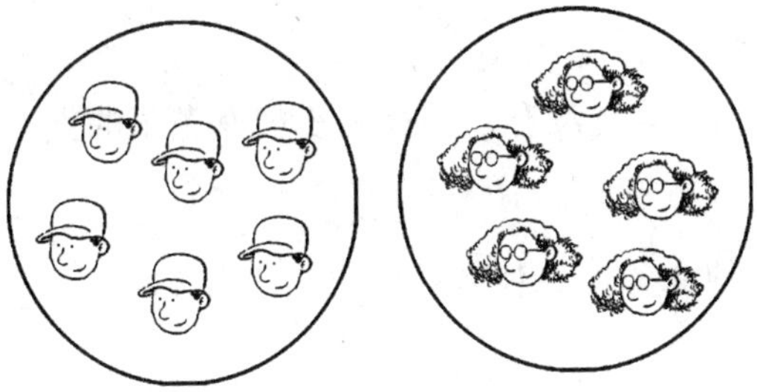

部分，在公共部分中的 2 个人和 2 个圈的特点都具备；第二个问题中，戴帽子的圈和戴眼镜的圈没有公共部分，至多交于一个点，不会有既戴帽子又戴眼镜的人。

现在来做找鼻子的游戏：

在一张大纸上，如图画上 14 个黑点，再画红、蓝、绿三个圈。

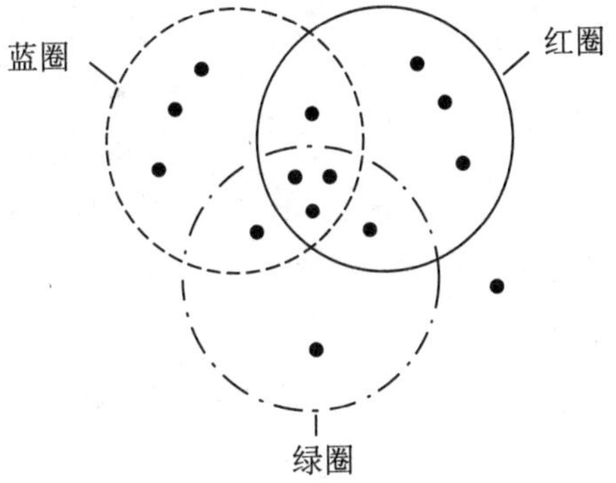

这 3 个圈和 14 个黑点都有实际含意。3 个圈的含意是：

红圈里的点代表 4 条腿的动物，蓝圈里的点代表会爬树的，绿圈里的点代表爱吃肉的。

14 个黑点代表着：3 只兔子，1 只松鼠，3 只蝉，3 只猫，1 只狮子狗，1 位爱吃肉的老大爷，1 个淘气的小朋友和小朋友的鼻子。

请找出哪个黑点代表小朋友的鼻子？其余各点又都代表什么？

先从红圈着手研究。红圈里的点代表 4 条腿的动物，因此，1 只松鼠，3 只兔子，3 只猫，1 只狮子狗应该在红圈里；

蓝圈里的点代表会爬树的，因此，3 只蝉，1 只松鼠，3 只猫，1 位小朋友应该在蓝圈里；

绿圈里的点代表爱吃肉的，因此，3 只猫，1 只狮子狗，1 位小朋友，1 位老大爷应该在绿圈里。

好了，圈里的点都研究过了，就是没有发现代表小朋友鼻子的点。可以肯定 3 个圈外的那个点，表示鼻子。

鼻子找到了，再来确定其他点各代表什么。

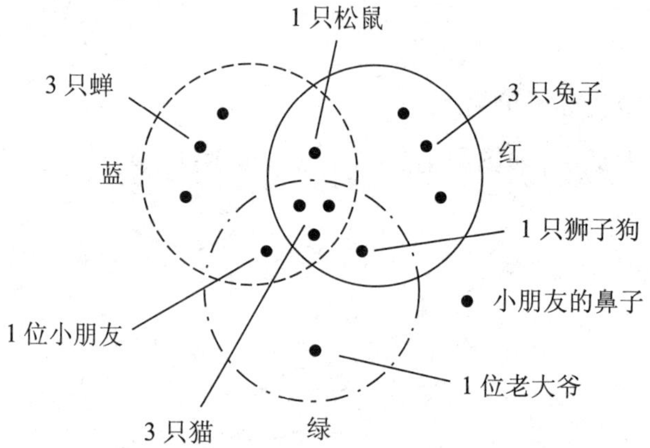

由于 3 只猫同时在 3 个圈里，所以 3 个圈相交部分的 3 个点表示 3 只猫；

由于 1 只狮子狗在红圈里同时又在绿圈里，但是不在蓝圈里，所以狮子狗在红圈和绿圈相交部分。同理，1 只松鼠和小朋友也各在 2 个圈相交部分。

3 只蝉、3 只兔子和老大爷各在一个圈里。这样 14 个黑点各代表什么，全清楚了（见上图）。

拾物游戏

下面这个游戏，流传年代已经很久了，古代叫作“拾物游戏”：

画一个有 7×7 个方格的正方形棋盘，准备 19 个白围棋子和 1 个黑围棋子。

把 20 个围棋子在棋盘上摆成个井字形，黑围棋子放在左上角。要求从黑子开始拿起，要顺着棋盘上的直线依次去拿，不许跳着拿，不许重复一条线段，但是拿掉棋子以后空下的位置是可以向前通行的。谁能把 20 个棋子按要求全部拿走，谁就获胜。

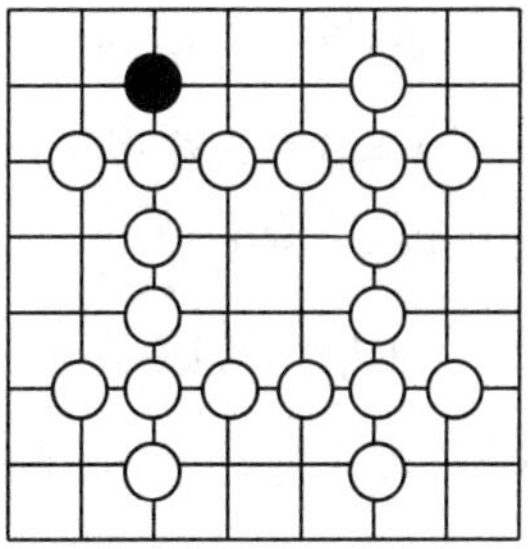

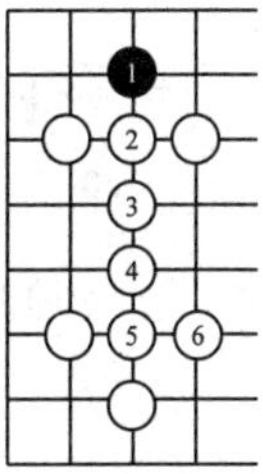

图 1

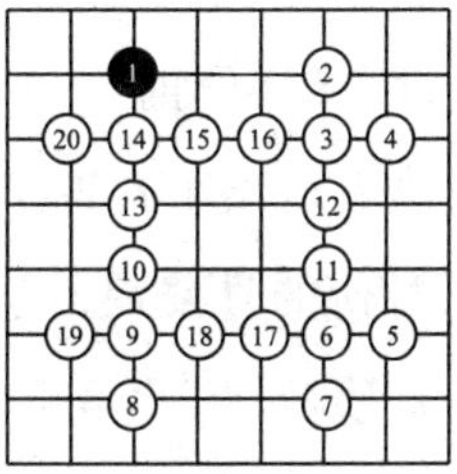

图 2

如果按一般的顺序去拿棋子的话，外边的棋子就要剩下，如图 1。

看来顺着一条直线连续拿几个棋子的方法，是不可取的。图 2 是一种拿法，这种方法的前 8 步，就拿走了外边的 8 个棋子中的 6 个，看来先把外边的棋子尽早拿走是十分重要的。

右面像箭形的摆法，也是在前 11 步将两边的棋子全部拿走了。

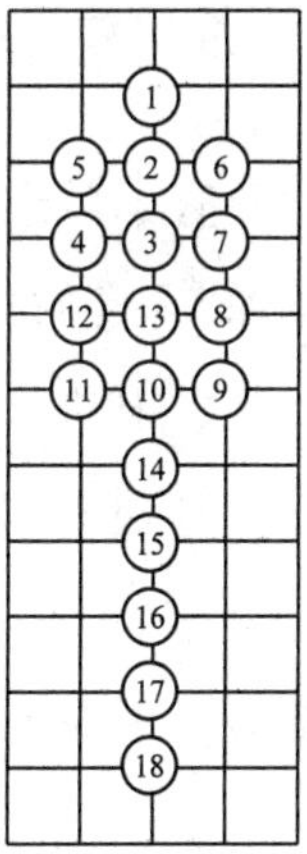

奇妙的运算

6 + 3 = 2，3 × 3 = 2，这可不是开玩笑，而是讲一种有用的运算。

一个星期有 7 天。如果用 0 表示星期日，用 1，2，…，6 表示星期一、二……六。由于星期的出现是周而复始的，在计算星期几时就出现了一种新的运算：

1 + 3 = 4,星期一再过三天是星期四;

6 + 3 = 2,星期六再过三天是星期二;

2 + 5 = 0,星期二再过五天是星期日。

如果用算术眼光来看,左边的运算都是错误的。可是,对照右边的解释来看又都是千真万确的。它的特点是把右边大于7的数减7看差数。

掌握了上述运算,只要告诉我某年某月某日,就可以立刻算出那天是星期几。下面以1998年为例,具体来计算一下。

首先查一下,1998年的前11个月的最后一天都是星期几,按上面约定的记号把它们用数表示出来,叫作月的残数。把1997年最后一天的月残数作为1998年1月份的月残数,把1998年1月份最后一天是星期几,作为1998年2月份的月残数,依此类推。列出下表:

月　份	1	2	3	4	5	6	7	8	9	10	11	12
月残数	3	6	6	2	4	0	2	5	1	3	6	1

有了月残数,还需要会算日残数,把日数除以7所得余数叫日残数。比如14日的日残数是0,19日的日残数是5,31日的日残数是3等。

求1998年某月某日是星期几,只要用下面公式算就可以求出来:

月残数+日残数=星期几。

比如,求1998年6月1日是星期几。因为6月的月残数为0,1日的日残数为1,所以

$$0 + 1 = 1.$$

即1998年6月1日为星期一。

求1998年9月10日为星期几。9月的月残数是1,10日的日残数是3,

$$1 + 3 = 4.$$

即1998年9月10日为星期四。

做个神算家

人人都可以当神算家，下面就让你当一次神算家。

任意找出4个人，每人发一张白纸和一支铅笔。你让他们各自想好一个自然数，不要说出来。

让第一个人把想好的数上加18，第二个人把想好的数上加37，第三个人用想好的数乘以4，第四个人用想好的数乘以7。

将以上运算的结果作为基数，让第一个人乘59，第二个人乘74，第三个人加128，第四个人加215。接着让他们把得数都乘以9。

把最后得数的各位数字相加。如果相加还是多位数，再把各位数字相加，直加到一位数为止。

你可以对4个人说："你们最后结果都是9对不对？"4个人一看，真的都得9。

这个游戏的道理是：

一个自然数乘以9，把乘积的各位数字相加，最后所得的一位数必然是9。

先看一位数乘9。

$$1\times9=9;$$

$$2\times9=18;\qquad 1+8=9;$$

$$3\times9=27;\qquad 2+7=9;$$

$$4\times9=36;\qquad 3+6=9;$$

$$5\times9=45;\qquad 4+5=9;$$

$$6\times9=54;\qquad 5+4=9;$$

$$7\times9=63;\qquad 6+3=9;$$

$$8\times9=72;\qquad 7+2=9;$$

$$9\times9=81;\qquad 8+1=9.$$

多位数乘 9，相当于几个一位数乘 9 再相加，其和还是 9。比如 $327\times9=(300+20+7)\times9=3\times9\times100+2\times9\times10+7\times9$，积的各位数字相加，实质上相当于 $3\times9+2\times9+7\times9$，由上面知道它们相加都得 9，三个 9 相加相当于 3×9，最后还得 9。

由此看来，前面的两步加和乘都是虚晃一枪，真正起作用的是第三步乘 9。

白帽还是黑帽

事先用硬纸糊好 5 顶纸帽子，其中 3 顶白色的，两顶黑色的。

从参加游戏的人当中挑出 3 个人，让他们闭上眼睛，替每人戴一顶帽子，同时把余下的 2 顶帽子藏起来，然后叫他们睁开眼睛，谁能第一个说出自己戴的帽子是什么颜色的，谁就得胜。

要想取胜，必须对自己可能戴什么颜色的帽子进行分析。

由于从 5 顶中随便挑出 3 顶给做游戏的戴，这 3 顶帽子的颜色会有以下 3 种情况：

1）两黑一白。

这是最简单的情况。戴白帽子的看到其余两人都戴黑帽子，而黑帽子只有两顶，他可以肯定自己戴的是白帽子。

戴白帽子的应该取胜。

2）两白一黑。

一个戴白帽子的看到其余两人帽子颜色是一白一黑，他就分析：如果我戴的是黑帽子，此时戴白帽子的人看到两人都戴黑帽子，就会立刻说出自己戴的是白帽子。但是另一个戴白帽子的人迟迟不说，这就说明自己戴的是一顶白帽子。在这种情况下，2 个戴白帽子的都有可能取胜。

3)三白。

其中一人分析：如果我戴的是黑帽子，就成了“两白一黑”，这种情况与第2种情况一样，他俩之中的一个会说出自己戴的是白帽子。可是，他俩迟迟不说，这说明我戴的不是黑帽子，而是白帽子。在这种情况下，三人都可能取胜。

挖空心思叠纸盒

找一个立方体的小纸盒，把它打开，你会发现它是由连接在一起的6个小正方形组成。不同的小纸盒，打开后它们连接的方式也有不同。

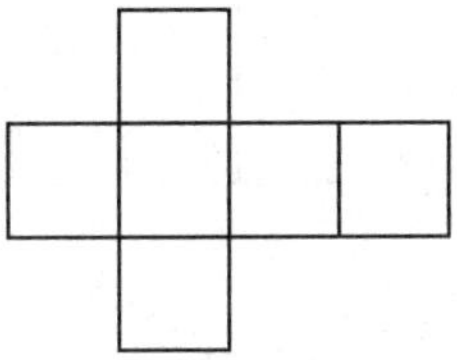

现在需要解决两个问题：6个小正方形有多少种不同的连接方法？其中有哪几种可以折叠成立方体的小纸盒？

首先讨论第一个问题：

6个正方形排成一条直线的，只有1种；

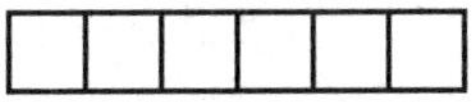

(1)

5个正方形排成一条直线的有3种；

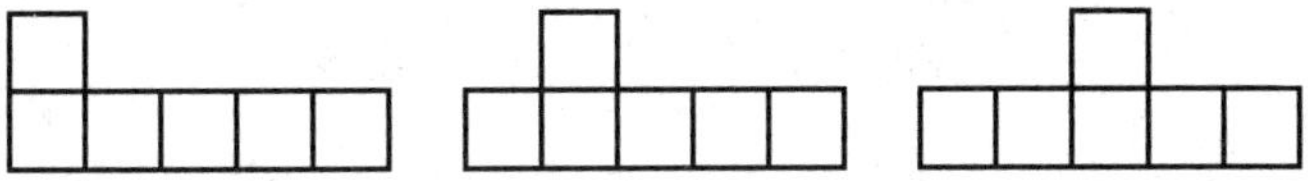

(2)　　(3)　　(4)

4个正方形排成一条直线的有13种；

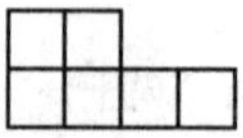
（5）

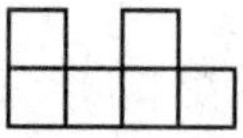
（6）

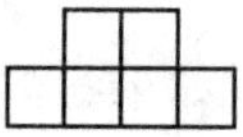
（7）

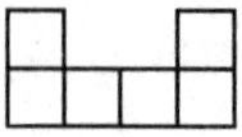
（8）

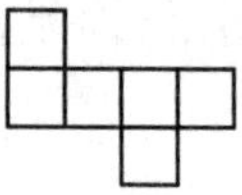
（9）

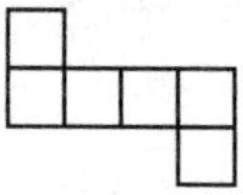
（10）

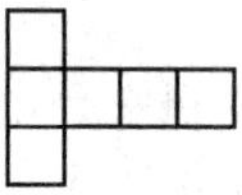
（11）

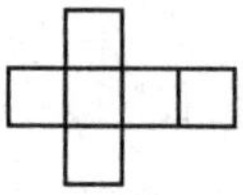
（12）

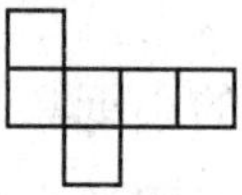
（13）

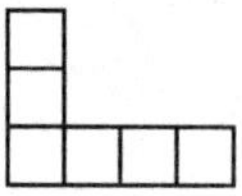
（14）

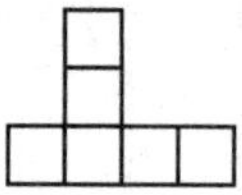
（15）

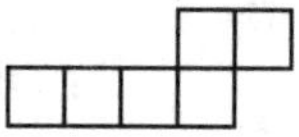
（16）

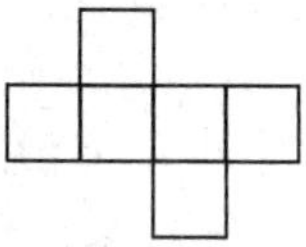
（17）

其他排法还有 18 种，一共有 35 种不同排法。下面再画出几种：

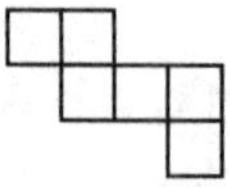
（18）

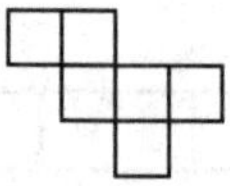
（19）

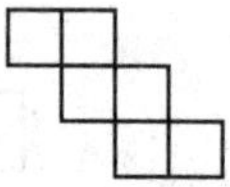
（20）

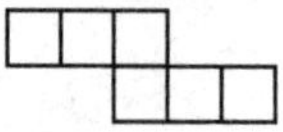
（21）

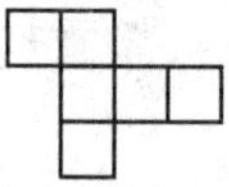
（22）

尽管有 35 种不同排列方法，但是能折成立方体纸盒的却不多，只有 11 种，它们是图上画的（9）、（10）、（11）、（12）、（13）、（17）、（18）、（19）、（20）、

(21)、(22)。

这 11 种可以同时放到一个 9×9 的方格中。

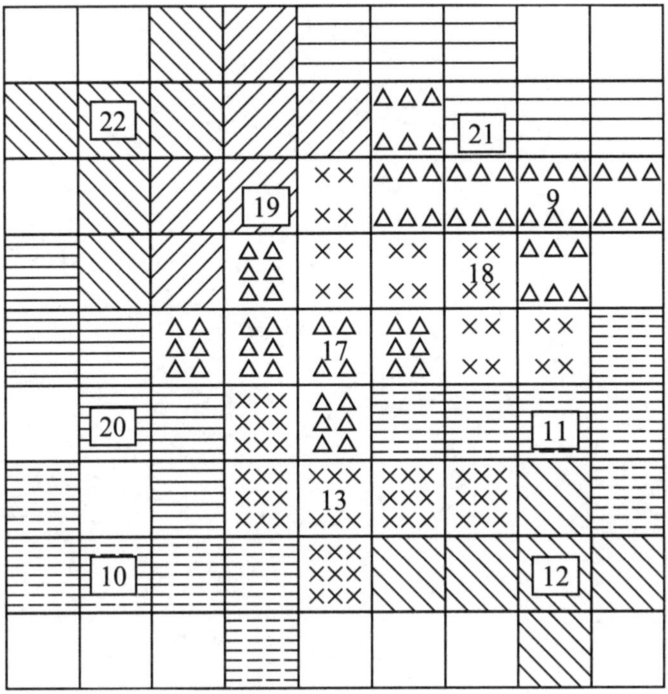